普通高等教育“十二五”规划教材

结构力学电算

主　编　郑　鑫
副主编　解恒燕　　陶传迁
主　审　张兆强

中国水利水电出版社
www.waterpub.com.cn

内 容 提 要

本书着重介绍了结构力学电算的基本方法，包括结构体系的数值化、矩阵位移法及利用矩阵位移法分别对平面超静定结构和空间超静定结构进行分析。

本书以土木工程与农业工程的交叉融合为切入点，突破土木工程结构力学电算的编写常规，融入设施农业结构（含农田水利工程）的结构力学电算基本内容，内容丰富、系统、理论联系实际。既适用于土木工程专业，又适用于水利工程专业，可作为农业院校大学本科应用型人才培养的教材，也可供教师、学生及工程技术人员使用。

图书在版编目（CIP）数据

结构力学电算 / 郑鑫主编. -- 北京 : 中国水利水电出版社, 2015.7
普通高等教育“十二五”规划教材
ISBN 978-7-5170-3587-9

Ⅰ. ①结… Ⅱ. ①郑… Ⅲ. ①结构力学－计算机辅助分析－高等学校－教材 Ⅳ. ①O342-39

中国版本图书馆CIP数据核字(2015)第208938号

书　　名	普通高等教育“十二五”规划教材 **结构力学电算**
作　　者	主编　郑鑫　副主编　解恒燕　陶传迁　主审　张兆强
出版发行	中国水利水电出版社 （北京市海淀区玉渊潭南路1号D座　100038） 网址：www.waterpub.com.cn E-mail：sales@waterpub.com.cn 电话：(010) 68367658（发行部）
经　　售	北京科水图书销售中心（零售） 电话：(010) 88383994、63202643、68545874 全国各地新华书店和相关出版物销售网点
排　　版	中国水利水电出版社微机排版中心
印　　刷	北京瑞斯通印务发展有限公司
规　　格	184mm×260mm　16开本　18.25印张　432千字
版　　次	2015年7月第1版　2015年7月第1次印刷
印　　数	0001—2000册
定　　价	**38.00**元

凡购买我社图书，如有缺页、倒页、脱页的，本社发行部负责调换

前　言

众所周知，结构力学是土木工程专业最重要的专业基础课之一。结构力学电算是以结构力学原理为基础，以工程计算程序语言（本书采用 Fortran）为工具，系统地训练利用计算机编程、分析计算复杂的超静定结构、空间结构内力及变形的能力，是掌握大型复杂结构设计的必修专业课之一，也是结构力学在土木工程结构计算及分析的实用化体现。

目前，结构力学电算课程没有确切的全国统编教材，以各校自编教材为主，一部分教材偏重理论，一部分教材偏重编程技巧，二者兼顾且突出特色的结构力学电算教材一书难求。

面对这一形势，在人才培养注重实践能力并鼓励创新的大背景下，我们成立了《结构力学电算》教材编写团队。该团队由讲授《结构力学》《结构力学电算》《Fortran 语言》等课程的教师组成，他们在拥有丰富教学经验的同时，熟悉并掌握现有教材所欠缺的内容。编写团队在多年教学、实践及科学研究的基础上，基于对兄弟院校教材进行改进完善的指导思想，在既兼顾课程主要知识点又突出实践特色的前提下，编写了这部《结构力学电算》教材。

本教材以土木工程与农业工程的交叉融合为切入点，突破土木工程结构力学电算的编写常规，融入设施农业结构（含农田水利工程）的结构力学电算基本内容。既适用于土木工程专业，又适用于水利工程专业，可作为农业院校大学本科应用型人才培养的教材，也可供教师、学生及工程技术人员使用。

本书由郑鑫主编，解恒燕、陶传迁副主编，张兆强主审。本教材获得了黑龙江八一农垦大学特色教材资助，由黑龙江八一农垦大学工程学院教师负责编写。具体分工如下：第 1、第 2 章由张斌执笔，第 3、第 4 章及第 6.2 节由郑鑫执笔，第 5 章由李彦阳执笔，第 6.3、7.1、7.3 节由解恒燕执笔，第

6.1、7.2节由陶传迁执笔，第8章由刘少东执笔，第9、第10章由杨忠国执笔。

本教材在编写过程中得到了中国水利水电出版社的大力帮助，在此表示衷心的感谢！

由于作者水平有限，书中难免存在疏漏及不足之处，恳请广大读者批评指正。

编　者

2015年3月

目 录

第1章　绪　　论

1.1　结构力学教学内容的改革与发展

结构力学是固体力学的一个分支，它主要研究工程结构受力和传力的规律，以及如何进行结构优化。结构力学是一门具有悠久历史和丰富内容的传统学科，是土木工程、水利工程、交通工程等专业领域的一门重要基础课程。

结构力学研究的内容包括结构的组成规则，结构在各种作用（荷载、温度、支座位移等）下的效应，包括内力（轴力、剪力、弯矩）计算，位移（线位移、角位移）计算，以及结构在动力荷载作用下的动力响应（自振周期、振型）的计算等。结构力学通常有三种分析的方法：能量法、力法和位移法。由位移法衍生出的矩阵位移法后来发展出有限元法，成为利用计算机进行结构计算的理论基础。

结构力学的主要任务就是研究工程结构在外载荷作用下的应力、应变和位移等的规律；分析不同形式和不同材料的工程结构，为工程设计提供分析方法和计算公式；确定工程结构承受和传递外力的能力；研究和发展新型工程结构。

结构力学的教学内容与科学技术发展水平有着密切的关系，特别是随着科学计算技术和计算机的发展而不断地更新。在计算机出现之前，利用结构力学来分析结构工程时，人们多以手算为主，将精力集中在如何构造一些巧妙的分析求解方法，既能够解决问题，又不至于过于复杂，能够通过手算进行求解。反映在教材当中，表现在包含了很多适用于不同情况的、有特色的求解技巧和方法，例如虚功原理、力法、位移法，以及力矩分配法等。这些方法反映了结构力学中的丰富的学术思想，同时也反映了结构力学受到计算手段的制约。但是，随着结构复杂化和超静定次数的增加，导致采用手算的方法无法解决一些结构工程问题。随着计算机技术和科学计算技术的发展，大大丰富了结构力学的计算手段和计算方法，将矩阵理论引入到结构力学之中，这样就形成了一个新的学科——结构力学电算，结构力学电算是利用编程软件来计算结构的离散模型来完成结构分析，将计算机技术应用到结构力学之中的一门交叉学科。

结构力学电算是将科学计算技术、科学计算语言和结构力学这三门学科有机结合起来的一门学科，基于结构力学的理论和科学计算技术，利用科学计算语言进行编程，来对结构工程进行分析。在结构力学电算这门课程中，求解一个结构工程的步骤包括：

1）对结构进行离散化，将连续的结构离散成由结点和单元组成的杆系。在矩阵位移法中，将每一个编号的杆件称为一个单元，将原结构视为由这些单元按照实际的连接条件组合而成的；

2）建立各单元的刚度矩阵；

3）将单元刚度矩阵组装成整体刚度矩阵；

4）引入边界条件，包括位移边界条件和荷载；

5）求解整体刚度方程，得到结构的位移向量；

6）根据位移向量，求解各单元的杆端力。

1.2 面向能力培养的结构力学

对于土木工程专业的学生来说，结构力学是一门非常重要的课程，是分析结构工程的受力状态和传力的理论基础。就基本原理和方法而言，结构力学是与理论力学、材料力学同时发展起来的，所以结构力学在发展的初期是与理论力学和材料力学融合在一起的。由于工业的发展，人们开始设计各种大规模的工程结构，对于这些结构的设计，要做较精确的分析和计算。因此，工程结构的分析理论和分析方法开始独立出来，到19世纪中叶，结构力学开始成为一门独立的学科。20世纪中叶，电子计算机和有限元法的问世使得大型结构的复杂计算成为可能，从而将结构力学的研究和应用水平提到了一个新的高度。

随着21世纪的到来，人类进入了信息时代，数字化、信息化和网络化逐渐渗入到各个领域，尤其是计算机的普及和计算机语言的发展，为结构力学的发展带来的机遇，同时也给学生带来了挑战。所以，为了适应当今社会的发展和行业的需求，我们也要培养适合于信息时代的学生，在教授这门课程的同时，还要培养学生的能力。

1.3 杆件与结构

在利用结构力学理论分析结构工程时，是将结构的构件假设为杆件，是一种简化模型，就是分析结构受力的时候只考虑构件的长度和截面力学性能，而不考虑构件的厚度、宽度，将构件简化为一个线形的“杆件”。在结构力学电算这门课程中，也是将结构的构件简化为杆件。例如，对结构进行分析时，我们首先要选取结构的计算简图，可以将梁和屋架简化为水平杆件，将柱简化为竖直杆件，然后对荷载进行简化，利用结构力学的理论，就可以得到杆件的受力和位移。

在结构力学电算这门课程中，首先也要对结构简化，将结构构件简化为单元（杆件）和结点，对结点和单元进行编号，使每一个结点和单元具有唯一的一个编号，建立单元刚度矩阵。然后建立整体刚度矩阵，利用刚度方程求解结构的位移。最后利用结点的位移，求解各单元的内力。

1.4 教学内容

本书在分析结构力学问题的同时，采用的是矩阵位移法，矩阵位移法的求解过程比较容易规一化，更加适用于编写程序利用计算机进行求解结构问题，本教材利用FORTRAN 90语言编写程序。矩阵位移法的基本原理与位移法是一致的，在求解的过程中，将各结点的位移作为基本未知量，利用整体刚度矩阵建立位移向量与荷载向量（结点荷载和非结点荷载）之间的关系，得到整体刚度方程，将结构力学问题转换为一个线性代数方程问题，通过求解整体刚度方程可以得到结点位移，再利用单元刚度矩阵得到各杆件的杆端力。

第 1 章绪论，主要介绍结构力学电算教学内容的改革与发展。

第 2 章 FORTRAN 概述，首先介绍了什么是对象以及对象的分类，面向对象设计的优点；其次简单介绍三种程序结构，顺序程序结构、选择程序结构和循环程序结构；最后介绍子程序和数组以及派生类型。

第 3 章结构体系的数值化，本章是矩阵位移法的基础，介绍整体坐标系和局部坐标系，杆件的杆端位移和杆端力，以及如何对结构进行离散，并进行编码。

第 4 章多跨静定梁程序设计，本章利用 FORTRAN 90 程序进行编程，对多跨静定梁程序设计进行分析。

第 5 章矩阵位移法，主要介绍矩阵位移法，首先介绍如何建立单元刚度矩阵和整体刚度矩阵，其次介绍支座约束条件的引入和非结点荷载的处理方法，最后介绍矩阵位移法的计算步骤。

第 6 章和第 7 章利用矩阵位移法分别对平面超静定结构和空间超静定结构进行了分析。

第 8 章农田水利工程结构分析。

第 9 章温室结构分析（含蔬菜大棚结构分析）。

第 10 章畜禽舍结构分析。

第 2 章　FORTRAN 概述

FORTRAN 语言是第一个面向过程的高级程序设计语言，主要用于科学计算，也可用于数据处理和仿真。FORTRAN 是英文 FORmula TRANslator 的缩写，原意是公式翻译，FORTRAN 语言出现的最初目的就是要将计算公式转换为计算机代码。FORTRAN 语言可使程序员用一种非常接近于常用数学表达式和英语自然语言的方式编制计算机程序。自 1956 年开始使用以来，一直在国际上广泛流行，是使用最广泛的程序设计语言之一。

1954 年美国商业机器公司（IBM）发表第一个 FORTRAN 文本，1956 年在 IBM704 型电子计算机上实现了第一个 FORTRAN 编译程序。FORTRAN 语言自 1954 年提出以后，至今已有近 40 年历史，但仍经久不衰，其间历经多种版本的演变。FORTRAN 语言始终是科学计算领域首选的计算机高级语言。

美国标准化协会（ANSI）在 1976 年对 ANSI FORTRAN（X3.9—1966）进行了修订，吸收了一些厂商各自扩充的行之有效的功能，同时又增加了一些新的特征，预定在 1977 年通过。为区别于 FORTRAN 66，新标准定名为 FORTRAN 77。但实际上到 1978 年 4 月，才由 ANSI 正式公布为新的美国国家标准，即 FORTRAN（X3.9—1978），同时宣布撤销 FORTRAN（X3.10—1966）。1980 年，FORTRAN 77 被接受为国际标准。

1990 年 3 月，ISO 和 ANSI 双重批准了 FORTRAN 语言的最新国际标准，定名为 FORTRAN 90。随后，出现了基于 FORTRAN 90 标准的集成开发环境，例如 Microsoft 公司开发的 Fortran PowerStation、Compaq 公司开发的 Visual FORTRAN 等。FORTRAN 90 对 FORTRAN 77 的主要扩充有：

1）自由形式的源程序形式，不再受老式面向卡片输入的固定栏目布局限制。

2）模块化数据与过程定义机制，这样提供了一种数据与过程包装的强有力的而又安全的形式。

3）从六种内部数据类型中派生出用户定义的数据类型。

4）数组操作机制。

5）指针机制，允许创建与操作动态数据结构。

6）数据类型参数化，允许使用多种字符类型，满足各国字符处理的需要。

7）提供了过程的递归调用机制。

8）提供了附加的控制结构，如 do...enddo，do while 等。

1996 年紧随 FORTRAN 90 之后颁布的 FORTRAN 95 仅有很小的修改，FORTRAN 95 语言中添加了几个新特性，例如 FORALL 结构、纯函数和一些新的内置过程。

FORTRAN 2003 是最新的版本，对 FORTRAN 95 有较多改进，新特性主要包括：

增强的派生数据类型、面向对象编程、Unicode 字符集、增强的数据操作功能、过程指针和与 C 语言互操作等。

本教材所介绍的结构分析程序是一个完整的系统，各程序之间既是独立的又具有内在的联系，教材中的程序采用 FORTRAN 90 进行编写，程序的格式统一。

2.1 对象及其分类

2.1.1 对象的定义

传统的程序设计是一种结构化的程序设计方法，主要基于求解过程来组织程序流程，在这类程序中，数据和施加于数据的操作是独立设计的，以对数据进行操作的过程作为程序的主体。面向对象程序设计则以对象作为程序的主体。对象是数据和操作的"封装体"，封装在对象内的程序通过"消息"来驱动运行。在图形界面上，消息可以通过键盘或鼠标的某种操作来传递。使用面向对象程序设计方法并不是要完全抛弃结构化程序设计方法，这两种方法并不是相互独立的。实际上，在对象内部的程序设计时，常常要使用结构化程序设计方法。

面向对象编程（Object Oriented Programming，OOP），又称面向对象程序设计，是一种计算机编程架构。OOP 的一条基本原则是计算机程序由单个能够起到子程序作用的单元或对象组合而成。OOP 达到了软件工程的三个主要目标：重用性、灵活性和扩展性。为了实现整体运算，每个对象都能够接收信息、处理数据和向其他对象发送信息。

面向对象程序设计中的概念主要包括：对象、类、数据抽象、继承、动态绑定、数据封装、多态性、消息传递。通过这些概念面向对象的思想得到了具体的体现。

1）对象（Object）：可以对其做事情的一些东西。一个对象有状态、行为和标识三种属性。

2）类（class）：一个共享相同结构和行为的对象的集合。

3）封装（encapsulation）：

第一层意思：将数据和操作捆绑在一起，创造出一个新的类型的过程；

第二层意思：将接口与实现分离的过程。

4）继承是指类之间的关系，在这种关系中，一个类共享了一个或多个其他类定义的结构和行为。继承描述了类之间的"是一种"关系。子类可以对基类的行为进行扩展、覆盖、重定义。

5）组合既是类之间的关系也是对象之间的关系。在这种关系中一个对象或者类包含了其他的对象和类。组合描述了"有"关系。

6）多态是类型理论中的一个概念，一个名称可以表示很多不同类的对象，这些类和一个共同超类有关。因此，这个名称表示的任何对象可以以不同的方式响应一些共同的操作集合。

7）动态绑定，也称动态类型，指的是一个对象或者表达式的类型直到运行时才确定。通常由编译器插入特殊代码来实现。与之对立的是静态类型。

8）静态绑定，也称静态类型，指的是一个对象或者表达式的类型在编译时确定。

9）消息传递指的是一个对象调用了另一个对象的方法（或者称为成员函数）。

10）方法，也称为成员函数，是指对象上的操作，作为类声明的一部分来定义。方法定义了可以对一个对象执行哪些操作。

2.1.2 面向对象设计的优点

面向对象出现以前，结构化程序设计是程序设计的主流，结构化程序设计又称为面向过程的程序设计。在面向过程程序设计中，问题被看做一系列需要完成的任务，函数（在此泛指例程、函数、过程）用于完成这些任务，解决问题的焦点集中于函数。其中函数是面向过程的，即它关注如何根据规定的条件完成指定的任务。

在多函数程序中，许多重要的数据被放置在全局数据区，这样它们可以被所有的函数访问。每个函数都可以具有它们自己的局部数据。

这种结构很容易造成全局数据在无意中被其他函数改动，因而程序的正确性不易保证。面向对象程序设计的出发点之一就是弥补面向过程程序设计中的一些缺点：对象是程序的基本元素，它将数据和操作紧密地联结在一起，并保护数据不会被外界的函数意外地改变。

比较面向对象程序设计和面向过程程序设计，还可以得到面向对象程序设计的其他优点：

1）数据抽象的概念可以在保持外部接口不变的情况下改变内部实现，从而减少甚至避免对外界的干扰。

2）通过继承大幅减少冗余的代码，可以方便地扩展现有代码，提高编码效率，也降低了出错概率，降低了软件维护的难度。

3）结合面向对象分析、面向对象设计，允许将问题域中的对象直接映射到程序中，减少软件开发过程中中间环节的转换过程。

4）通过对对象的辨别、划分可以将软件系统分割为若干相对独立的部分，在一定程度上更便于控制软件复杂度。

5）以对象为中心的设计可以帮助开发人员从静态（属性）和动态（方法）两个方面把握问题，从而更好地实现系统。

6）通过对象的聚合、联合可以在保证封装与抽象的原则下实现对象在内在结构以及外在功能上的扩充，从而实现对象由低到高的升级。

面向对象设计方法以对象为基础，利用特定的软件工具直接完成从对象客体的描述到软件结构之间的转换。这是面向对象设计方法最主要的特点和成就。面向对象设计方法的应用解决了传统结构化开发方法中客观世界描述工具与软件结构的不一致性问题，缩短了开发周期，解决了从分析和设计到软件模块结构之间多次转换映射的繁杂过程，是一种很有发展前途的系统开发方法。

但是同原型方法一样，面向对象设计方法需要一定的软件基础支持才可以应用，另外在大型的 MIS 开发中如果不经自顶向下的整体划分，而是一开始就自底向上地采用面向对象设计方法开发系统，同样也会造成系统结构不合理、各部分关系失调等问题。所以面向对象设计方法和结构化方法目前仍是在系统开发领域相互依存的、不可替代的两种方法。

2.1.3 设计方法

在数据输入模块内部设计中，采用面向对象的设计方法，面向对象的基本概念如下：

1）对象：对象是要研究的任何事物。从一本书到一座图书馆，从单个整数到整数列再到庞大的数据库、极其复杂的自动化工厂、航天飞机都可看作对象，它不仅能表示有形的实体，也能表示无形的（抽象的）规则、计划或事件。对象是由数据（描述事物的属性）和作用于数据的操作（体现事物的行为）构成的一个独立的整体。从程序设计者来看，对象是一个程序模块，从用户来看，对象为他们提供所希望的行为。在对象内的操作通常称为方法。

2）类：类是对象的模板。即类是对一组有相同数据和相同操作的对象的定义，一个类所包含的方法和数据描述一组对象的共同属性和行为。类是在对象之上的抽象，对象则是类的具体化，是类的实例。类可有其子类，也可有其他类，形成类层次结构。

3）消息：消息是对象之间进行通信的一种规格说明。一般它由三部分组成：接收消息的对象、消息名及实际变元。

面向对象的主要特征如下：

1）封装性：封装是一种信息隐蔽技术，它体现于类的说明，是对象的重要特性。封装使数据和加工该数据的方法（函数）封装为一个整体，以实现独立性很强的模块，使得用户只能见到对象的外特性（对象能接受哪些消息，具有哪些处理能力），而对象的内特性（保存内部状态的私有数据和实现加工能力的算法）对用户是隐蔽的。封装的目的在于把对象的设计者和对象的使用者分开，使用者不必知晓行为实现的细节，只需用设计者提供的消息来访问该对象。

2）继承性：继承性是子类自动共享父类之间数据和方法的机制。它由类的派生功能体现。一个类直接继承其他类的全部描述，同时可修改和扩充。继承具有传递性。继承分为单继承（一个子类只有一父类）和多重继承（一个子类有多个父类）。类的对象是各自封闭的，如果没继承性机制，则类对象中数据、方法就会出现大量重复。继承不仅支持系统的可重用性，而且还促进系统的可扩充性。

3）多态性：对象根据所接收的消息而做出动作。同一消息为不同的对象接受时可产生完全不同的行动，这种现象称为多态性。利用多态性用户可发送一个通用的信息，而将所有的实现细节都留给接受消息的对象自行决定，这样，同一消息即可调用不同的方法。例如，Print 消息被发送给一图或表时调用的打印方法与将同样的 Print 消息发送给一正文文件而调用的打印方法会完全不同。多态性的实现受到继承性的支持，利用类继承的层次关系，把具有通用功能的协议存放在类层次中尽可能高的地方，而将实现这一功能的不同方法置于较低层次，这样，在这些低层次上生成的对象就能给通用消息以不同的响应。在 OOPL 中可通过在派生类中重定义基类函数（定义为重载函数或虚函数）来实现多态性。

综上可知，在面向对象方法中，对象和传递消息是分别表现事物及事物间相互联系的概念。类和继承是适应人们一般思维方式的描述范式。方法是允许作用于该类对象上的各种操作。这种对象、类、消息和方法的程序设计范式的基本点在于对象的封装性和类的继承性。通过封装能将对象的定义和对象的实现分开，通过继承能体现类与类之间的关系，以及由此带来的动态联编和实体的多态性，从而构成了面向对象的基本特征。

面向对象设计是一种把面向对象的思想应用于软件开发过程中，指导开发活动的系统方法，是建立在“对象”概念基础上的方法学。对象是由数据和容许的操作组成的封装体，与客观实体有直接对应关系，一个对象类定义了具有相似性质的一组对象。而类继承性是对具有层次关系的类的属性和操作进行共享的一种方式。所谓面向对象就是基于对象概念，以对象为中心，以类和继承为构造机制，来认识、理解、刻画客观世界和设计、构建相应的软件系统。按照 Bjarne STroustRUP 的说法，面向对象的编程范式：

1）决定你要的类。

2）给每个类提供完整的一组操作。

3）明确地使用继承来表现共同点。

由这个定义，我们可以看出：面向对象设计就是“根据需求决定所需的类、类的操作以及类之间关联的过程”。

2.2 程序结构

程序结构有三种基本结构，即顺序程序结构、选择程序结构和循环程序结构。顺序结构是三种基本结构中最简单的一种结构，程序中的各操作是按照它们处理的先后顺序执行的，依次写出相应的程序语句；选择结构表示程序的处理步骤出现了分支，它需要根据某一特定的条件选择其中的一个分支来执行，选择结构有单选择、双选择和多选择三种形式；循环结构在程序设计中使用得很多，是一种非常重要的程序结构，循环结构的基本思想就是重复某个操作，表示程序反复执行某个或某些操作，直到某条件为假（或为真）时才可终止循环。

2.2.1 顺序程序结构

顺序结构是面向过程程序设计三种基本结构中最为简单的一种结构，它只需按照处理的顺序，依次编写出相应的语句即可。对于程序设计的学习，首先都是从顺序结构开始的，一个顺序结构的程序由数据和语句两大部分组成，数据是程序加工处理的对象，语句则是描述对于数据所做的具体操作。

1. 常量与变量

FORTRAN 常量（constant，也称为常数）是数据对象，常量定义在程序执行之前，且在程序执行期间取值是不变的，根据数据的类型，常量可以分为整型常量、实型常量和符号常量。整型常量又称为整型常数或整数，包括正数、负数和 0，例如，110，25，+28，0 等。实型常量又称为实型常数或实数，有小数形式和指数形式两种表示形式。小数形式根据小数点前后是否有数字分成 3 种不同的形式，例如 3.22，3.0，－4.0，－6.（相当于－6.0），.75（相当于 0.75）。指数形式可以表示一个绝对值非常大或非常小的数，表示方法是用 E 表示以 10 为底的指数。数字被 E 分成了数字部分和指数部分，E 左边的是数字部分，E 右边的部分是指数部分，例如：

1.4E10 表示 1.4×10^{10}；

1.5E－8 表示 1.5×10^{-8}。

符号常量就是用一个符号来代表一个常量，符号常量常用 PARAMETER 语句来定义，例如：

```
PARAMETER(PI=3.14)
```

FORTRAN 变量（Variable）是一个数据对象，变量的值在程序运行过程中是可以改变的。变量实际上代表的是一个内存单元（高级语言的一个重要优点是：允许通过变量名，而不是存储单元的物理地址来访问存储单元）。因此，在 FORTRAN 程序中常常用到下面的语句：

I＝I＋1

在 FORTRAN 语言中，每个变量必须有唯一的名字，变量名是内存中特定位置的标号，在为变量命名的时候，要方便使用者的记忆和使用。FORTRAN90 中的变量名可以长达 31 个字符，由字母、数字和下划线字符的任意组合构成，但是变量名的第一个字符必须是字母。值得注意的是，FORTRAN90 中的变量名不区分字母的大小写，例如 day、Day、DAY 所表示的是同一个变量名。下面的例子都是有效的变量名：NODE 表示结点；ELEMENT 表示单元；E 表示材料的弹性模量。

在 FORTRAN90 中，定义变量的类型有以下 3 种方式：

（1）类型说明语句。

格式为：

类型说明符 变量名 1，变量名 2，……

类型说明符::变量名 1，变量名 2，……

类型说明符说明变量的类型。

INTEGER 为整型变量说明符，REAL 为实型变量说明符，CHARACTER 为字符型变量说明符，例如：

```
INTEGER  NODE,ELEMENT
INTEGER::NODE,ELEMENT
```

定义了两个整型变量，名字分别为 NODE 和 ELEMENT。

（2）隐含说明语句 IMPLICIT。

IMPLICIT 说明语句可以将某个或某些字母开头的变量规定为所需的类型，格式为：

```
IMPLICIT INTEGER(A, D, X-Z)
```

语句的含义是将以 A、D 和 X 到 Z 开头的变量名定义为整型变量。

（3）隐含约定（I－N 规则）。

在 FORTRAN90 语言中规定，变量名以字母 I、J、K、L、M、N 等 6 个字母开头的变量默认为整型变量，称为 I－N 规则。例如，在没有前面两种说明的情况下，NODE、NN 等都为整型变量。

在以上的 3 种定义变量类型的方式中，第 1 种方式优先级最高，第 2 种次之，第 3 种的隐含约定最低。也就是说，一个变量采用第 1 种方式被强制定义为某种类型后，第 2 种和隐含约定将不再起作用。

2. FORTRAN 算术表达式和赋值语句

将常量、变量、函数用运算符连接起来的式子称为表达式，根据运算符的不同，表达式可以分为算术表达式、字符表达式、关系表达式和逻辑表达式等。

算术表示是将常量、变量、函数用算术运算符连接起来的表达式，在 FORTRAN90 中，提供了 5 种算术运算，运算符依次为：+、-、*、/、**，分别表示加、减、乘、除、乘方运算。像在数学里一样，在 FORTRAN90 中的算术运算符也有运算的先后次序，优先次序为：有括号（FORTRAN90 中用于运算先后的括号只有圆括号一种，可以嵌套使用），先算括号，无括号，先算乘方，再乘、除，最后加、减。同级运算一般从左向右依次运算，但是对于乘方运算从右到左。对于两个整数相除，结果仍然为整数，不会进行四舍五入，而是直接把小数点后面的部分舍去。

在 FORTRAN90 中，赋值语句是最基本的语句，赋值语句的常见形式是：

变量名=表达式

赋值语句首先计算等号右边表达式的值，然后把该值赋给等号左边的变量。值得注意的是，这里的等号不是数学中相等的意思，而是取而代之的意思，就是将表达式的值存储到变量所对应的存储单元。例如：

I=I+1

在 FORTRAN 90 语言中，它的意思是，取出变量 I 中当前存储的值，将它加上 1，再把结果存储到变量 I 对应的存储单元。

3. 输入输出语句

输入语句从输入设备读入一个或多个数值，并存储它们到指定的变量中，输入设备可以是交互环境中的键盘，或者是批处理环境中的文件。在 FORTRAN90 语言中，用 READ 语句来实现数据的输入，输入的方式有 3 种：

（1）用自由格式输入，即表控格式输入。

表控格式输入不必指定输入数据的格式，只需要将数据按其合法形式依次输入即可，所以又称为自由格式输入，其一般格式为：

```
READ*,变量表
```

其中，“*”表示“表控输入”，变量表中的变量之间用“,”隔开。

表控输入也可以写成：

```
READ(*,*)变量表
```

如果变量表中用多个变量，它们之间用“,”分隔，语句中的“(*, *)”表明了输入操作的控制信息。圆括号中的第一个数据域指明了从哪个输入单元读入数据。这个域中的“*”表示从计算机的标准输入设备（通常是在交互模式下的键盘）上读入。圆括号中的第二个数据域指明读入数据的格式，这个域的“*”表示是用表控输入（有时称为自由格式输入）。

（2）数据按用户规定的格式输入。

格式化输入语句 READ 有两种形式：

READ f，变量表

READ（u，f）变量表

f 指明了输入所用的格式，有以下 3 种形式：

1）格式说明符是一个“＊”时，表示输入使用表控格式。

2）格式说明符是一个字符常量，例如：

```
READ(*,'(1X,3I5)')I,J,K
```

3）格式说明符是格式语句（FORMAT）的语句标号，例如：

```
READ(*,100)I,J,K
100 FORMAT(1X,3I5)
```

u 表示设备号，用于指明具体使用的输入设备。u 可以是一个无符号整型常量，也可以是一个整形变量或整型表达式，还可以是“＊”，表示有计算机系统预先约定的外部设备，一般为键盘。

（3）从文件中读入数据。

READ 语句可以直接从已经打开的文件中读入数据，其一般格式为：

```
READ  (u,f)变量表
```

u 表示一个设备单元号，f 表示数据的格式。

使用 READ 语句读入文件中的数据之前，一定要通过 OPEN 打开一个文件，并将一个设备单元号和这个文件或物理设备相联系。一旦建立了联系，程序中将由设备单元号来代替相应的文件或物理设备。例如：

```
OPEN(UNIT=10,FILE='TEST.TXT')
READ(10,100)NODE
100 FORMAT(5I6)
```

对于文件的读写操作有 6 种模式：有格式顺序存取、有格式直接存取、无格式顺序存取、无格式直接存取、二进制顺序存取和二进制直接存取，相关的知识可以参阅其他教材。

输出语句是将一个或多个数值输出到指定的设备中，输出设备可以是交互环境中的电脑显示器，或者是批处理环境的输出设备。表控格式的输出采用 PRINT 和 WRITE 语句，一般格式为：

```
PRINT *,输出项表
```

“＊”表示表控格式，表量表可以是常量、变量、表达式或者字符变量，它们之间用“，”隔开。

WRITE（＊，＊）输出项表

第一个“＊”表示在系统隐含的输出设备上输出，隐含的输出设备一般是指显示器；第二个“＊”表示表控格式输出。

4. 程序举例

【例 2.1】 试计算集中荷载作用下简支梁的最大弯矩和支座反力，集中荷载 F 到左端

支座的距离为 A，到右端支座的距离为 B，简支梁的跨度为 L。

```
PROGRAM SIMPLE_SUPPOTRED_BEAM1
    IMPLICIT NONE
    REAL:: A, B, L, F
    PRINT*, ' INPUT A B L F '
    PRINT*, ' A='
    READ*, A                                  ! 输入集中荷载到支座 A 的距离
    PRINT*,' B='
    READ*, B                                  ! 输入集中荷载到支座 B 的距离
    PRINT*, ' L='
    READ*, L                                  ! 输入简支梁的跨度
    PRINT*, ' F='
    READ*, F                                  ! 输入集中荷载的数值
    RC=F*A*B/L                                ! 计算荷载作用点的弯矩
    RA=F*B/L                                  ! 计算支座 A 的反力
    RB=F*A/L                                  ! 计算支座 B 的反力
    PRINT*, 'Force of Supports A ', RA        ! 输出支座 A 的反力
    PRINT*, 'Force of Supports B ', RB        ! 输出支座 B 的反力
    PRINT*, 'Maximum Moment', RC              ! 输出最大弯矩
END PROGRAM SIMPLE_SUPPOTRED_BEAM1
```

【例 2.2】 计算均布荷载 q 作用下的简支梁的最大弯矩和支座反力。

```
PROGRAM SIMPLE_SUPPOTRED_BEAM2
    IMPLICIT NONE
    REAL:: L, Q
    PRINT*, ' INPUT L F '
    PRINT*, ' L='
    READ*, L                                  ! 输入简支梁的跨度
    PRINT*, ' Q='
    READ*, Q                                  ! 输入集中荷载的数值
    RM=Q*L**2/8                               ! 计算最大弯矩
    RL=Q*L/2                                  ! 计算左端支座的反力
    RR=Q*L/2                                  ! 计算右端支座的反力
    PRINT*, 'Force of Left Supports ', RL     ! 输出左端支座的反力
    PRINT*, 'Force of Right Supports ', RR    ! 输出右端支座的反力
    PRINT*, 'Maximum Moment', RM              ! 输出最大弯矩
END PROGRAM SIMPLE_SUPPOTRED_BEAM2
```

2.2.2 选择程序结构

1. 关系运算和逻辑运算

(1) 关系运算。

在 FORTRAN90 中共有 6 个关系运算符，见表 2.1。

表 2.1 **关系运算符**

关系运算符		英语含义	数学含义
.LT.	<	Less Than	小于
.LE.	<=	Less Than or Equal To	小于等于
.EQ.	==	Equal To	等于
.NE.	/=	Not Equal To	不等于
.GT.	>	Greater Than	大于
.GE.	>=	Greater Than or Equal To	大于等于

需要注意的是，使用在表 2.1 中第一列中的关系运算符时，运算符两边的“.”不能省略。关系表达式的格式为：

表达式 1　关系运算符　表达式 2

在关系表达式中，关系运算符两侧的表达式可以是数值常量、数值变量、数值函数或者与数值计算有关的表达式，也可以是字符表达式。关系表达式计算所得到的结果为逻辑型，只能是.TURE.（真）或者.FALSE.（假）。

(2) 逻辑运算。

在 FORTRAN90 中有 6 个逻辑运算符，见表 2.2。当逻辑变量 X 和 Y 的值为各种不同组合时，各种逻辑运算所得出的结果见表 2.3。

表 2.2 **逻辑运算符**

逻辑运算符	含义
.AND.	逻辑与运算符，当逻辑运算符两侧的逻辑变量均为.TRUE.（真）时，逻辑表达式的结果为.TRUE.（真），只要有一个逻辑变量的值为.FALSE.（假），逻辑表达式的结果为.FALSE.（假）
.OR.	逻辑或运算符，当逻辑运算符两侧的逻辑变量只要有一个为.TRUE.（真），逻辑表达式的结果为.TRUE.（真），当逻辑变量全部为.FALSE.（假）时，逻辑表达式的结果为.FALSE.（假）
.NOT.	逻辑非运算符，对后面的逻辑变量进行取反操作，如果逻辑变量为.FALSE.（假），则逻辑表达式的结果为.TRUE.（真）
.EQV.	逻辑等于运算符，当逻辑表达式中的两个逻辑变量的值相同时（逻辑变量的值同时为真，或者同时为假），逻辑表达式的结果为.TRUE.（真），否则为.FALSE.（假）
.NEQV.	逻辑不等于运算符，当逻辑表达式中的两个逻辑变量的值不同时，逻辑表达式的结果为.TRUE.（真），否则为.FALSE.（假）
.XOR.	逻辑异或运算符，当逻辑表达式中的两个逻辑变量的值不同时，逻辑表达式的结果为.TRUE.（真），否则为.FALSE.（假）

表 2.3 **逻辑运算符真值表**

X	Y	.NOT. X	X.AND.Y	X.OR.Y	X.EQV.Y	X.NEQV.Y	X.XOR.Y
真	真	假	真	真	真	假	假
真	假	假	假	真	假	真	真
假	真	真	假	真	假	真	真
假	假	真	假	假	真	假	假

用逻辑运算符对逻辑变量进行运算的表达式称为逻辑表达式，逻辑表达式的一般形式为：

逻辑变量 1　逻辑运算符　逻辑变量 2

逻辑变量 1 和逻辑变量 2 可以是逻辑型常量、逻辑型变量、逻辑型数组元素、逻辑型函数、关系表达式、逻辑型结构体成员等。逻辑表达式的运算结果是个逻辑值（.TRUE.或者是 .FALSE.）。

在逻辑运算符中，.NOT. 的优先级最高，其次是 .AND.，然后是 .OR.，最后是 .EQV.、.NEQV.、和 .XOR.。当两个逻辑运算符的优先级相同时，逻辑运算按照从左到右的顺序进行。

FORTRAN90 中，允许算数运算符、关系运算符和逻辑运算符等 3 种运算同时出现在一个表达式中，运算次序为：先算数运算，再关系运算，最后逻辑运算。3 种运算的运算的顺序见表 2.4。

表 2.4　　3 种运算符的运算顺序

乘方	乘/除	加/减	关系运算符	逻辑非	逻辑和	逻辑或	逻辑等/逻辑不等
**	*,/	+,−	<,<=,==,>,>=,/=	.NOT.	.AND.	.OR.	.EQV.,.NEQV.

2. IF 和 CASE 选择结构

在 FORTRAN90 中，实现选择结构程序的常用方法有 3 种，即逻辑 IF 语句、块 IF 结构和 CASE 结构。

（1）逻辑 IF 语句。

逻辑 IF 语句是最简单的选择结构，它的一般形式为：

IF（条件表达式）可执行语句

执行的过程是：先计算条件表达式的值，当条件表达式的结果为 .TRUE. 时，执行可执行语句，执行后继续执行该 IF 语句后面的语句；当条件表达式的结果为 .FALSE. 时，直接执行 IF 语句后面的语句。

（2）块 IF 选择结构。

1）单分支块 IF 结构。单分支块 IF 结构的一般格式为：

```
IF(逻辑表达式)THEN
    块语句
END IF
```

在块 IF 选择结构中，块语句是由多条语句组成。

2）双分支块 IF 结构。双分支块 IF 结构的一般格式为：

```
IF(逻辑表达式)THEN
    块语句 1
ELSE
    块语句 2
END IF
```

双分支块 IF 结构的执行过程：首先计算逻辑表达式的值，当逻辑表达式的结果为 .TRUE. 时，执行块语句 1；当逻辑表达式的结果为 .FALSE. 时，执行块语句 2。

3）多分支块 IF 结构。多分支块 IF 结构的一般格式为：

```
IF(逻辑表达式 1)THEN
    块语句 1
ELSE IF(逻辑表达式 2)THEN
    块语句 2
    ……
ELSE IF(逻辑表达式 N)THEN
    块语句 N
ELSE
    块语句 N+1
END IF
```

使用块 IF 结构的注意事项：①“IF（逻辑表达式）THEN”语句必须单独占一行；②当 IF 语句中的逻辑表达式为 .TRUE. 时，执行 THEN 后面的块语句；当逻辑表达式为 .FALSE. 时，执行下一条的 ELSE IF 语句，如果逻辑表达式为 .TRUE.，执行 THEN 后面的块语句；如果 ELSE IF 语句中的逻辑表达式为 .FALSE. 时，执行下一条 ELSE IF 语句，依此类推，直到执行了 ELSE 语句后面的块语句。IF 块结构从上到下来判断逻辑表达式，如果计算某个逻辑表达式的结果为 .TRUE.，则执行 THEN 后面的块语句，然后结束块 IF 结构；如果全部的逻辑表达式为 .FALSE.，则执行 LESE 语句后面的块语句；③最后的 ELSE 语句单独占一行；④END IF 语句的作用为结束整个选择结构，这是为程序编译而设置的，不能缺少，否则将产生编译错误。

多分支块 IF 选择结构的执行过程如图 2.1 所示。

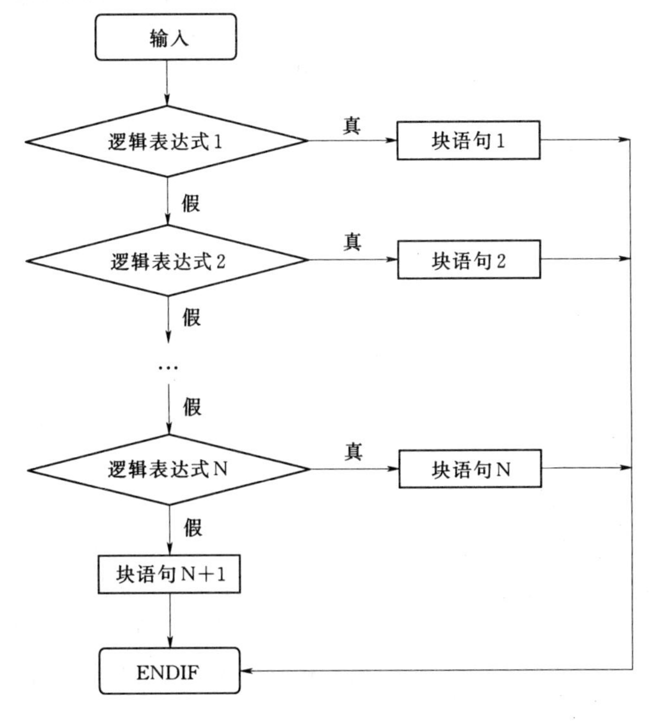

图 2.1　多分支块 IF 结构的执行流程图

4）嵌套式块 IF 结构。嵌套式块 IF 结构是指在块 IF 结构中的 THEN 块或者 ELSE 块中嵌入了一个块 IF 结构，THEN 块嵌套的一般格式为：

```
IF(逻辑表达式 1)THEN
    IF(逻辑表达式 2)THEN
    块语句 1
    ELSE
    块语句 2
    END IF
ELSE
    块语句 3
END IF
```

ELSE 块嵌套的一般格式为：

```
IF(逻辑表达式 1)THEN
    块语句 1
ELSE
    IF(逻辑表达式 2)THEN
    块语句 2
    ELSE
    块语句 3
    END IF
END IF
```

使用嵌套式块 IF 结构的注意事项：①嵌套时，必须把整个块 IF 结构完整地嵌入在 THEN 块中或者 ELSE 块中，不允许跨越；②最内层的块 IF 语句和其下面最近的 END IF 匹配，从内向外；③为了方便识别可以采用缩进的写法。

（3）块 CASE 选择结构。CASE 选择结构与 IF 选择结构的功能相同，都可以用来表示多分支结构，如图 2.2 所示。一般格式为：

```
SELECT CASE(CASE 表达式)
    CASE(选择器 1)
        块语句 1
    CASE(选择器 2)
        块语句 2
    ……
    CASE(选择器 N)
        块语句 N
    CASE DEFAULT
        块语句 N+1
END SELECT
```

块 CASE 选择结构的注意事项：①SELECT CASE 语句是 CASE 结构的标志，是 CASE 结构的入口语句，在 CASE 结构中是必不可少的；②在 CASE 选择结构中，CASE 表达式可以是整型、逻辑型、字符型变量或者相应的表达式，但不能是实型或者复型表达式；③CASE 选择器的类型必须与 CASE 表达式的类型一致。当 CASE 表达式是逻辑型

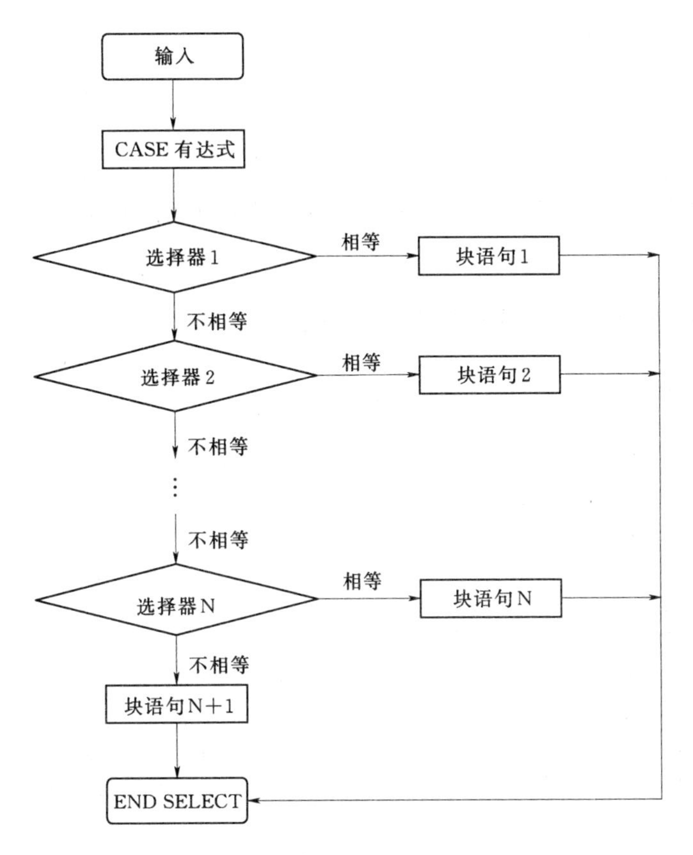

图 2.2 块 CASE 选择结构的流程图

时，CASE 选择器也应该是逻辑型；

(4) 当 CASE 表达式是整型表达式时，CASE 选择器的表示可以有以下几种形式：①列出单值表示法，例如，CASE(3)，CASE(3，5，7) 等；②起始终止值表示法，CASE (起始值：终止值)，表示包括起始值和终止值，以及它们之间的所有值，例如，CASE(3：5)，与 CASE(3，4，5) 的表示方法是相同的；③省略终止值的表示法，CASE (起始值:)，表示包括起始值以及起始值之后所有的值，例如 CASE(3：)；④省略起始值的表示法，CASE (：终止值)，表示包括终止值以及终止值之前的所有的值，例如 CASE(：3)；⑤上述方法的组合表示，例如，CASE(3：6，9) 与 CASE(3，4，5，6，9) 的表示法相同。

(5) 一个 CASE 结构中最多可以包含一个 CASE DEFAULT 语句，而且 CASE DEFAULT 语句位于所有 CASE 语句块之后。当以上所有的 CASE 语句都不相等的时候，才执行 CASE DEFAULT 后面的语句块。CASE DEFAULT 语句可以省略。

(6) END SELECT 是 CASE 结构的结束标志，在 CASE 结构中是必不可少的。

3. 程序举例

【例 2.3】 编写程序计算：简支梁一端固定，另外一端固定、铰支、滑动支承，求简支梁的固端弯矩和固端剪力。

```
PROGRAM
REAL:: Q, L
INTEGER:: B
PRINT*, ' A IS FIXED SUPPORT'
PRINT*, ' B IS RIGHT SUPPORTS'
PRINT*, ' 1: FIXED SUPPORT, 2: HINGE SUPPORT, 3: SLIDING SUPPORT'
PRINT*, ' B='
READ*, B
PRINT*, ' UNIFORMLY DISTRIBUTED LOAD Q='
READ*, Q
PRINT*, ' LENGHT L='
READ*, L
IF(B==1)THEN
    MAB=-Q*L**2/12
    MBA=Q*L**2/12
    QAB=Q*L/2
    QBA=-Q*L/2
ELSE IF(B==2)THEN
    MAB=-Q*L**2/8
    MBA=0
    QAB=5*Q*L/8
    QBA=-3*Q*L/8
ELSE IF(B==3)THEN
    MAB=-Q*L**2/3
    MBA=-Q*L**2/6
    QAB=Q*L
    QBA=0
ELSE
    PRINT*, ' ERROR '
END IF
PRINT*, ' MOMENT OF END A', MAB
PRINT*, ' MOMENT OF END B', MBA
PRINT*, ' SHEAR OF END A', QAB
PRINT*, ' SHEAR OF END B', QBA
END
```

【例 2.4】 编写程序计算：简支梁一端固定，另外一端固定、铰支、滑动支承，求简支梁的固端弯矩和固端剪力。

```
PROGRAM
REAL:: Q, L
INTEGER:: B
PRINT*, ' A IS FIXED SUPPORT'
PRINT*, ' B IS RIGHT SUPPORTS'
PRINT*, ' 1: FIXED SUPPORT, 2: HINGE SUPPORT, 3: SLIDING SUPPORT'
```

```
PRINT *, ' B='
READ *, B
PRINT *, ' UNIFORMLY DISTRIBUTED LOAD Q='
READ *, Q
PRINT *, ' LENGHT L='
READ *, L
SELECT CASE(B)
CASE(1)
    MAB=-Q*L**2/12
    MBA=Q*L**2/12
    QAB=Q*L/2
    QBA=-Q*L/2
CASE(2)
    MAB=-Q*L**2/8
    MBA=0
    QAB=5*Q*L/8
    QBA=-3*Q*L/8
CASE(3)
    MAB=-Q*L**2/3
    MBA=-Q*L**2/6
    QAB=Q*L
    QBA=0
CASE DEFAULT
    PRINT *, ' ERROR '
END SELECT
PRINT *, ' MOMENT OF END A', MAB
PRINT *, ' MOMENT OF END B', MBA
PRINT *, ' SHEAR OF END A', QAB
PRINT *, ' SHEAR OF END B', QBA
END
```

2.2.3 循环程序结构

循环结构是结构化程序设计中十分重要的一种程序结构，在程序设计中用得很多。循环结构的基本思想就是重复执行一个语句或者多个语句组成的语句块，即利用计算机运算速度快以及能够进行逻辑运算的特点，根据程序设计的执行条件，重复执行某些语句，以完成大量的重复性计算。在 FORTRAN90 中，用于实现循环结构的语句主要有 DO 语句和 DO WHILE 语句。

1. GOTO 语句

GOTO 语句是无条件转移语句，一般情况下 GOTO 语句经常和 IF 语句一起使用，GOTO 语句的一般格式为：

GOTO 语句标号

语句标号是一个不超过 5 位数字的正整数。在程序执行的过程，遇到 GOTO 语句，就立刻跳到“语句表号”指明的语句继续执行。

例如，GOTO 100 表示当程序执行到这条语句时，程序就立刻跳到标号为 100 的语句开始执行。

2. 有循环变量的 DO 结构

有循环变量的 DO 语句结构的一般格式为：

```
DO I=E1, E2, E3
    语句块
END DO
```

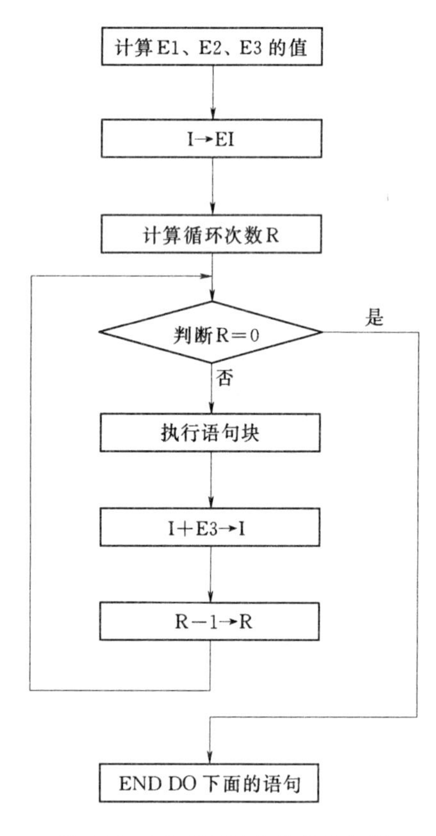

图 2.3 DO 循环结构执行流程图

I 表示循环变量，E1 表示循环变量的初始值，E2 表示循环变量的终止值，E3 表示循环变量的增加的步长值，E3 可以省略，表示循环变量的步长值为 1。END DO 是循环终止语句，表示 DO 循环的结束，所以 DO 语句和 END DO 语句要配合使用。

DO 循环结构执行过程如图 2.3 所示。DO 循环在执行的时候，首先计算表达式 E1、E2 和 E3 的值和循环次数，并将表达式 E1 的值赋给循环变量，然后检查循环次数是否为零。如果循环次数等于零，则退出循环；如果循环次数不等于零，则执行语句块。语句块执行完成后，循环变量增加一个步长，循环次数相应减去 1，然后进行下一个循环。重复以上的步骤，直到循环次数等于零为止。

3. 重复 DO 循环结构

重复 DO 循环结构的一般格式为：

```
DO
    语句块
END DO
```

执行的过程是，语句块的第一条语句开始执行，依次执行到最后一条语句，然后返回到语句块的第一条语句执行，再重复执行语句块，依此类推。可以发现，重复 DO 循环结构是一个无休止的死循环，所以重复 DO 循环语句结构经常和 EXIT 语句、CYCLE 语句一起使用。

EXIT 语句的功能就是终止正在执行的循环，使程序从 END DO 的下一条语句继续执行，它的一般格式为：

```
EXIT [DO 循环结构名]
```

说明：

1）EXIT 语句只能终止由 DO 构成的循环，不能终止由 GOTO 语句构成的循环；

2）EXIT 语句的执行将无条件终止循环，接着执行指定的 DO 循环结构之后的语句；

3）EXIT 语句通常是作为逻辑 IF 语句的内嵌语句来使用，其作用是有条件地中断

DO 循环语句，其一般的格式为：

```
IF(逻辑表达式)EXIT [DO 循环结构名]
```

当逻辑表达式为 .TRUE. 时，终止正在执行的循环；当逻辑表达式为 .FALSE. 时，继续执行循环。

4）当 EXIT 语句中没有制定结构名时，表示跳出当前的循环结构；

5）结构化程序设计方法不提倡使用 EXIT 语句，但在某些特殊情况下，使用 EXIT 语句可以简化程序。

CYCLE 语句的功能是结束本次循环，即跳过循环语句块中 CYCLE 语句后面的尚未执行的语句，重新执行下一个循环。CYCLE 循环的一般格式为：

```
CYCLE[DO 循环结构名]
```

说明：

1）CYCLE 语句只能在 DO 和 DO WHILE 循环结构内使用；

2）CYCLE 语句的执行将终止本次循环的执行，而不是整个循环结构的执行；

3）在有循环变量的 DO 结构中，当执行 CYCLE 语句后，重新下一轮循环时，循环变量应增加一个步长；

4）CYCLE 语句通常是作为逻辑 IF 语句的内嵌套语句来使用，其作用是有条件结束，其一般格式为：

```
IF(逻辑表达式)CYCLE [DO 循环结构]
```

当逻辑变量为 .TRUE. 时，终止正在执行的语句块的剩余语句，将控制转移到该语句块的 END DO 语句并开始进行下一轮循环；当逻辑表达式为 .FALSE. 时，继续执行循环，不进行任何转移。

4. DO WHILE 循环结构

DO WHILE 循环结构属于“当型”循环，语句只包含一个逻辑表达式，当逻辑表达式为 .TRUE. 时，执行循环结构中的语句块；当逻辑表达式为 .FALSE. 时，终止循环结构。DO WHILE 循环结构的一般格式为：

```
DO WHILE(逻辑表达式)
    语句块
END DO
```

2.3 子 程 序

子程序是指能够被其他程序调用，在实现一定功能后能自动返回到调用程序去的程序。子程序是构造大型程序的有效工具，几乎所有的高级语言都能够使用子程序。在 FORTRAN90 中，按照子程序的功能进行分类，包括子例行程序、函数子程序、数据块子程序等。按照在某个特定的程序单元内部来划分，子程序的类型有程序单元子程序、模块子程序和内部子程序等。这些通称为子程序，子程序不能够独立运行，子程序必须和一个主程序组成一个实用程序。一个程序中可以不包含子程序，但是不能够没有主程序。

2.3.1　函数子程序

在 FORTRAN90 中，函数子程序分为外部子程序和内部子程序两种。

1. 外部函数子程序

外部函数子程序是独立的一个程序单元，可以被包括主程序和子程序在内的任何程序所调用。外部函数子程序以 FUNCTION 语句开始，以 END FUNCTION 语句结束。外部函数子程序的一般格式为：

```
FUNCTION 函数名(虚参数表)RESULT(结果变量)
    函数子程序体
END [FUNCTION [函数名]]
```

说明：

1）函数子程序定义的第 1 句成为“FUNCTION 语句”，它是函数子程序的标志，表明该子程序被定义为一个函数子程序；

2）函数名表示该函数子程序的名称，其命名方式与变量相同；

3）虚参数表中可以包含变量名、子程序名、数组名和指针等。当虚参数表中的参数个数多于一个时，各参数之间用“，”隔开。虚参数在函数子程序中进行类型说明。没有虚参数时，“（）”是不能够省略的；

4）RESULT 用来引导结果变量，结果变量用于存放外部函数子程序的执行结果，结果变量必须在主程序中进行类型说明，并在子程序中至少被赋值一次，作为外部函数子程序的执行结果；

5）END 作为外部函数子程序的结束语句，后面可以带有函数名，可以省略函数名。在包含函数名的时候，FUNCTION 一定不能省略。

外部函数子程序的调用与内部函数的调用方法基本相同。不仅主程序能够调用一个函数子程序，函数子程序可以调用其他的函数子程序，甚至函数子程序可以调用本身（递推调用）。在外部函数子程序调用的过程中，调用程序称为主调程序单元，而被调用的函数子程序称为被调程序单元。外部函数子程序调用的一般格式为：

函数名（实参数表）

函数子程序的调用过程为：①在主调程序中，计算各实参数的数值；②利用虚实结合，将实参数的值传递给与之对应的虚参数；③执行外部函数子程序的语句；④执行到 END 语句，结束外部函数子程序的执行，将函数的结果返回到主调程序中，继续执行调用程序。

在调用外部函数子程序时应注意：①在主调程序中，必须说明外部函数的类型，且该函数类型必须与被调函数结果变量的类型相同；②调用时应该用实参代替外部函数子程序的虚参，实参和虚参的类型要相同，实参可以是常量、变量、表达式等；③不能够调用一个没有定义的外部函数子程序。

2. 内部函数子程序

内部函数子程序只能在某个程序单元的内部进行定义并且只能被这个程序单元所调用，它不是一个独立的程序单元。内部函数子程序的一般格式为：

```
CONTAINS
    FUNCTION 函数名(虚参数表) RESULT(结果变量)
        函数子程序体
END FUNCTION [函数名]
```

CONTAINS 是内部函数子程序的开头，称为 CONTAINS 语句，表示在 CONTAINS 语句之后和 END FUNCTION 语句之前的语句体是内部函数子程序。一个程序单元可以包括多个内部函数子程序，它们必须放在 CONTAINS 语句之后和 END 语句之前。内部函数子程序的内部不能再包含内部函数子程序，所以在内部函数子程序中，不能够出现 CONTAINS 语句。

2.3.2 子例行子程序

函数子程序和子例行子程序都是一个独立的程序单元，函数子程序的名字代表一个值，是有类型的，而子例行子程序的名字不代表一个值，其名字是没有类型的。

1. 外部子例行子程序

子例行子程序是以 SUBROUTINE 语句开头，以 END 语句结束的一个程序单元，其一般格式为：

```
SUBTOUTINE 子例行子程序名 [(虚参数表)]
    子例行子程序体
END [SUBROUTINE[子例行子程序名]]
```

子例行子程序的命名方法与变量相同。虚参数可以是变量名、子程序名、数组名和指针等。当虚参数的个数多于一个时，各虚参数之间用“,”隔开。如果子例行子程序没有虚参数，一对括号应该省略。END 语句是子例行子程序的结束语句，END 后面可以带有子例行子程序名，也可以省略子例行子程序名，但是如果有子例行子程序名，关键词 SUBROUTINE 一定不能够省略。

外部子例行子程序的调用使用 CALL 语句，CALL 语句的一般格式为：

```
CALL 子例行子程序名[(实参数表)]
```

当外部子例行子程序没有虚参数时，调用子例行子程序时实参数表可以省略。可以在主调程序中的任何可执行语句中调用外部子例行子程序。实参数与虚参数的名字可以不同，但是在个数、类型和顺序上必须满足一定的规定。

外部子例行子程序的调用过程：

1）在主调程序中，执行到 CALL 语句时，将实参数表和子例行子程序中的虚参数表一一结合，实现数据传递。

2）开始执行子例行子程序中的语句。

3）当执行到 END SUNROUTINE 语句时，将执行权返回到主调程序中，执行 CALL 语句的下一条语句。

2. 内部子例行子程序

内部子例行子程序是一个内部子程序，只能在所在的程序单元内部进行定义和调用，内部子例行子程序不是一个独立的程序。内部子例行子程序定义的一般格式为：

```
CONTAINS
SUBROUTINE 子例行子程序名[(虚参数表)]
子例行子程序体
END SUBROUTINE[子例行子程序名]
```

在使用内部子例行子程序时，应注意：

1）一个程序中可以有多个内部子程序（函数子程序和子例行子程序）。它们都必须放在 CONTAINS 语句和宿主的 END 语句之间，内部子例行子程序的内部不能包含有内部子程序。

2）宿主程序中的说明语句对于内部子例行子程序同样有效。

3）宿主程序中的变量、数组元素、指针等的值可以直接带入内部子例行子程序中使用。在内部子例行子程序中的变量进行赋值后，这些变量的值也同样可以传回给宿主程序。

4）内部子例行子程序的调用与外部子例行程序调用的方式一样，也是通过 CALL 语句进行调用。

2.3.3　虚参数的 INTENT 属性

在对虚参数进行类型说明的时候，可以同时说明虚参数的 INTENT 属性。一般格式为：

1）INTENT（IN）：表示在调用函数的过程中，虚参数从主调程序单元中的对应的实参数处获得值，这时虚参数的值只能被引用，不能被改变。

2）INTENT（OUT）：表示在函数调用结束后，虚参数向主调程序中的对应实参数传送值。

3）INTENT（INOUT）：表示在调用函数的时候，虚参数从主调程序中的对应实参数处获得值，在调用函数结束的时候，虚参数向主调程序中的对应实参数传送值。

4）在默认情况下，虚参数具有 INTENT（INOUT）的属性。

2.3.4　虚实结合

虚实结合是指在子程序被调用的过程中，主调程序与被调用子程序之间的数据传递的过程，即虚参数与实参数之间的数据传递。虚实结合要求虚参数和实参数的个数相等、类型一致、顺序对应，否则就会出现错误。

当变量作为虚参数时，FORTRAN90 中提供了两种类型的虚参数，即入口虚参数和出口虚参数。入口虚参数具有 INTENT（IN）属性，虚参数从主调程序中的实参数获得值，对应的实参数可以是常量、变量、表达式等。出口虚参数具有 INTENT（OUT）属性，虚参数是在子程序执行过程中获得值，在子程序执行完成后，将值传递给主调程序中的实参数。实参数的明显特征是在子程序中被赋值，此时实参数必须为变量、数组或者数组元素，而不能是常量或者表达式。

当虚参数是变量时，对应的实参数应是同一类型的常量、变量或者表达式，在调用时应注意：

1）在简单变量或者数组元素作为实参时，在 FORTRAN90 会将实参数与虚参数安排在同一个存储单元，对于虚参数的任何改变都将作用在对应的实参数上，因而调用一个子程序的时候，实参的值有可能随着虚参数而改变。

2）当常量或者表达式作为实参数的时候，FORTRAN90 系统首先会计算表达式的值（实参数是表达式），然后将该值赋值给对应的虚参数。在这种情况下，子程序中不能改变与常量（表达式）对应的虚参数的值，否则结果难以预料。

3）当虚参数是数组名时，对应的实参数可以是类型相同的数组名或数组元素，并且实参数与虚参数共用一个连续的存储单元。

4）当虚参数是字符型数据时，这时要求对应的实参数必须是字符型数据，实参数和虚参数按照字符位置一一对应。虚参数的长度应小于或等于实参数的长度，或者用“*”表示不定长度。

5）如果虚参数是一个子程序名，作为虚参数的子程序称为虚子程序。调用虚参数中有子程序名（包括函数子程序和子例行子程序）时，要在虚参数的位置代之一个实际存在的子程序名作为实参，实参子程序如果是 FORTRAN90 中的内部函数，则在调用程序单元中用 INTRINSIC 语句对该程序名做出说明；如果实参数子程序是自己编写（或调用他人的程序库）的，则必须用 EXTERNAL 语句对实参数程序名做出说明，对于函数名属性的说明和对变量类型进行说明一样，说明语句必须放在该程序单元的所有可执行语句之前。

2.4 数　组

数组是将具有相同类型的数据存放在一起的一个有序集合，也可以看成是相同类型的变量的集合，主要用于处理成批数据，是 FORTRAN90 提供一个数据结构。给数组取一个名字叫数组名，数组中每一个成员称为数组元素，可以通过数据的顺序号来区分。每一个数据元素可以被赋值，可以参与表达式运算、输入/输出等操作。

按照数组的维数进行划分，数组可以分为一维数组和多维数组。按照数组元素的类型划分，数组可以分为数值型数组、字符型数组、逻辑型数组和指针数组等。

2.4.1 数组的定义

（1）使用 DIMENSION 语句定义数组。

一般格式为：

```
DIMENSION 数组说明符[,数组说明符]…
```

在使用 DIMENSION 语句定义数组的时候，应注意：

1）DIMENSION 语句为非执行语句，必须放在程序单元的可执行语句之前。

2）使用 DIMENSION 语句只能说明数组的名字、维数、大小等特性，但不能定义数组的类型，这时数组类型的定义方法与变量相同。

（2）用类型说明语句定义数组。

使用类型说明语句定义数组的一般格式为：

```
类型符 数组说明符[,数组说明符]…
```

（3）同时使用 DIMENSION 语句和类型说明符语句定义数组。

一般格式为：

```
类型符,DIMENSION(维数说明符[,维数说明符]…)::数组名[,数组名]…
```

2.4.2　数组的赋值

使用赋值语句对整个数组赋值，例如：

```
INTEGER, DIMENSION(1:6):: X,Y
X=2          ! 数组 X 中的每一个元素赋值为 2
Y=3          ! 数组 Y 中的每一个元素赋值为 3
```

利用数组构造器对整个数组或者数组部分元素进行赋值，一般格式为：

```
数组名=(/取值列表/)
```

例如：

```
INTEGER, DIMENSION(6):: X,Y
X=(/1,2,3,4,5,6/)
Y=(/7,8,9,10,11,12/)
```

使用 DATA 语句为数组、数组片段或者数组的某一部分元素进行赋值，DATA 语句的一般格式为：

```
DATA 变量表/初值表[,变量表/初值表]…
```

使用 DATA 语句进行赋值时，应注意：

1）变量表中可以是变量名、数组名、数组片段名、数组元素名、隐含 DO 循环等。初值表中只能是常量，不允许出现任何形式的表达式。

2）初值表中的常量的个数必须与变量表中的变量个数相同。当变量表中出现数组时，初值表中常量的个数必须与数组元素个数相同。

3）初值表中可以出现重复的常量，例如 4×2 表示 4 个 2。

可以使用隐 DO 循环对数组进行输入/输出，一般格式为：

```
(输入/输出表,I=E1, E2[,E3])
```

I 是隐 DO 循环的循环变量，E1 表示循环变量的初始值，E2 表示循环变量的终止值，E3 表示循环变量的增加的步长值，E3 可以省略，表示循环变量的步长值为 1。

隐 DO 循环可以多层嵌套，在内的是内循环，在外的是外循环，对于双层的隐 DO 循环的格式为：

```
((输入/输出表,I=E11,E12[,E13]),J=I=E21,E22[,E23])
```

2.5　派　生　类　型

2.5.1　派生类型的定义

派生类型就是将不同类型的相互联系的数据组合成一个有机整体，派生类型定义的一般格式为：

```
TYPE[,访问说明[::]]派生类型名
类型::成员列表
……
类型::成员列表
END TYPE [类型名]
```

说明：

1）TYPE是定义一个派生类型的开始。

2）访问说明是可供选择的访问方式说明，有PRIVATE（私有的）和PUBLIC（公共的）两种访问方式，如果选择了PRIVATE的访问方式，外部模块是不能够访问它的；如果选择了PUBLIC的访问方式，在其程序中USE语句就可以使用；默认的访问方式是PUBLIC。

3）派生类型名应符合FORTRAN90中标识符的定义规则。

4）END TYPE是派生类型定义的结束标志。

例如定义一个STUDENT派生类型：

```
TYPE STUDENT                       ！定义一个名为"学生"的派生类型
  INTEGER:: NO                     ！定义"学生的学号"
  CHARACTER(LEN=20):: NAME         ！定义"学生的姓名"
  CHARACTER(LEN=6):: SEX           ！定义"学生的性别"
  INTEGER::AGE                     ！定义"学生的年龄"
  INTERGER::RESULTS                ！定义"学生的成绩"
END TYPE STUDENT                   ！结束派生类型的定义
```

2.5.2 派生类型的使用

派生类型变量成员引用的一般形式为：派生类型变量名%成员名

其中，"%"被称为成员运算符。

例如：TYPE(STUDENT)：：ZHANG，SUN

这条语句的意思就是将变量ZHANG和SUN定义为STUDENT的派生类型，要想访问ZHANG的成员可以使用以下的语句：

ZHANG%NO，表示访问了STUDENT派生类型ZHANG的成员NO。
ZHANG%NAME，表示访问了STUDENT派生类型ZHANG的成员NAME。

对于派生类型变量的赋值，可以采用逐个成员进行赋值，例如：

```
ZHANG%NO=201410101
ZHANG%NAME='ZHANG SAN'
ZHANG%SEX='MALE'
ZHANG%AGE=20
ZHANG%RESULTS=85
```

也可以采用整体赋值的方式，用已定义的派生类型名来构造该类型的值，派生类型值

构造一般格式为：派生类型变量名＝派生类型名（表达式表）

例如：

```
ZHANG=STUDENT(201410101,'ZHANG SAN','MALE',20,85)
```

对于同一派生类型的两个变量，FORTRAN90 允许这两个变量之间进行相互赋值。

例如：SUN＝ZHANG

第3章 结构体系的数值化

传统上，结构体系多以简图的形式给出，各杆件之间的联系关系和支座约束一目了然；但用计算机进行结构分析时，必须将所有的信息数值化。因此，在讨论结构程序分析计算之前，首先要解决的问题是如何将一个结构完全用数据来描述和定义，并尽可能使计算机程序的读入、引用和处理简单方便。

一个杆系结构是由一些杆件在结点处连接在一起而构成的。用计算机进行结构分析计算的一个基本思路是：先将结构拆分成零散杆件，然后再根据结点处杆件之间的约束条件将杆件集成为结构。笼统地说，是一个“去约束，加约束”的过程，也就是“离散和集成”的过程。

把结构拆成离散的杆件后，先对单一杆件作单元分析，这一步可以借助基础力学（理论力学和材料力学）的知识来完成；集成为完整的结构后，必须对结构进行整体分析，这一步基本上是结构力学的内容。

本章引进一些基本约定，进而讨论如何用数据定义一个结构及其 FORTRAN90 的实现。本章是全书的先导，特别是其中的单元定位向量的概念，将贯穿于全书始终，是本章的重点。

本书中将以一般的平面结构（梁，刚架、组合结构）作为讨论对象，一般不专门讨论较为单纯的桁架结构，而是将其留在习题中让学生独立思考分析。

3.1 坐标系、位移和力

3.1.1 坐标系

对于整个结构体系，规定一个统一的公共坐标系，称为整体坐标系，用 x，y 表示，如图 3.1 所示。整体坐标系中，x 和 y 方向（即水平和竖直方向）的线位移分别记为 u 和 v，相应的力记为 F_x 和 F_y，均规定与整体坐标正方向相同为正；角位移 θ 和相应的力矩 M 规定由 x 向 y 方向转为正。

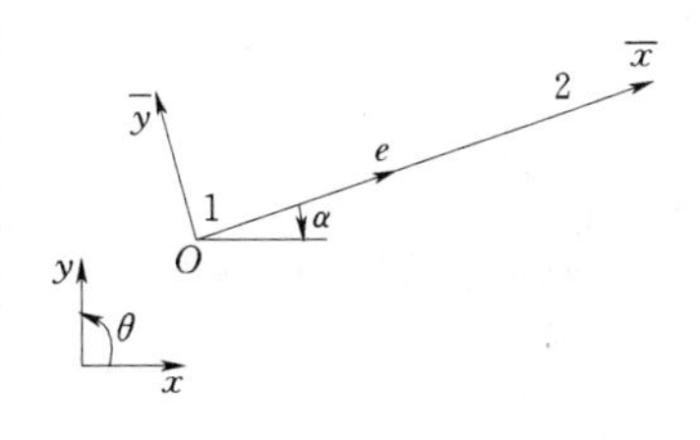

图 3.1 整体坐标和局部坐标系

将结构体系拆成杆件单元后，为每一个单元建立一个局部坐标系，也称单元局部坐标系，用 $\overline{x}$，$\overline{y}$表示。在局部坐标系中，$\overline{x}$和 $\overline{y}$ 方向的位移分别记为 $\overline{u}$ 和 $\overline{v}$，相应的力记为 $\overline{F}_x$ 和 $\overline{F}_y$，均规定与坐标正方向相同为正；角位移$\overline{\theta}$和相应的力矩$\overline{M}$也规定 $\overline{x}$ 向 $\overline{y}$ 方向转为正。

图 3.1 所示为一个典型的杆件单元 e。为单元规定一个方向，即指定一个始端 1 和一

个末端2。单元的方向也可以用轴向的箭头来表示：箭头从始端指向末端。规定局部坐标的原点取在杆端1，$\overline{x}$ 轴指向杆端2。

3.1.2　单元杆端位移和杆端力

按以上定义，一个单元有两个杆端，一般情况下每个杆端可以发生三个位移（两个线位移和一个角位移），因此两个杆端共有6个杆端位移，如图3.2所示。将6个杆端位移组成一个向量，称为单元杆端位移向量，在局部坐标系和整体坐标系中分别记为

$$局部:\{\overline{\Delta}\}^e=\begin{Bmatrix}\overline{u}_1\\\overline{v}_1\\\overline{\theta}_1\\\overline{u}_2\\\overline{v}_2\\\overline{\theta}_2\end{Bmatrix},整体:\{\Delta\}^e=\begin{Bmatrix}u_1\\v_1\\\theta_1\\u_2\\v_2\\\theta_2\end{Bmatrix}\tag{3.1}$$

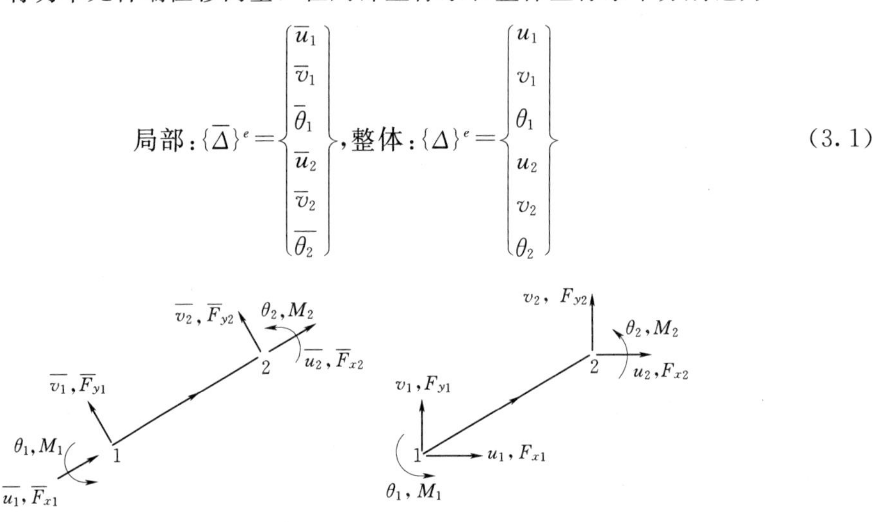

图3.2　单元杆端位移和杆端力

这里，上标 e 表示单元。与杆端位移相应有6个杆端力，如图3.2所示。将这6个杆端力组成一个向量，称单元杆端力向量，在局部坐标系的整体坐标系中分别记为

$$局部:\{\overline{F}\}^e=\begin{Bmatrix}\overline{F}_{x1}\\\overline{F}_{y1}\\M_1\\\overline{F}_{x2}\\\overline{F}_{y2}\\M_2\end{Bmatrix},整体:\{F\}^e=\begin{Bmatrix}F_{x1}\\F_{y1}\\M_1\\F_{x2}\\F_{y2}\\M_2\end{Bmatrix}\tag{3.2}$$

杆端位移向量和杆端力向量均可以按两个端点表示成分块的形式

$$\{\overline{\Delta}\}^e=\begin{Bmatrix}\overline{\Delta}_1\\\vdots\\\overline{\Delta}_2\end{Bmatrix},\{\Delta\}^e=\begin{Bmatrix}\Delta_1\\\vdots\\\Delta_2\end{Bmatrix},\{\overline{F}\}^e=\begin{Bmatrix}\overline{F}_1\\\vdots\\\overline{F}_2\end{Bmatrix},\{F\}^e=\begin{Bmatrix}F_1\\\vdots\\F_2\end{Bmatrix}\tag{3.3}$$

其中

$$\{\overline{\Delta}_i\}^e=\begin{Bmatrix}\overline{u}_i\\\overline{v}_i\\\overline{\theta}_i\end{Bmatrix},\{\Delta_i\}^e=\begin{Bmatrix}u_i\\v_i\\\theta_i\end{Bmatrix},\{\overline{F}\}^e=\begin{Bmatrix}\overline{F}_{xi}\\\overline{F}_{yi}\\\overline{M}_i\end{Bmatrix},\{F_i\}^e=\begin{Bmatrix}F_{xi}\\F_{yi}\\M_i\end{Bmatrix}\tag{3.4}$$

3.1.3 单元坐标变换矩阵

参见图 3.2，不难得到由整体坐标到局部坐标的坐标变换关系为：

$$\begin{Bmatrix}\bar{x}\\ \bar{y}\end{Bmatrix}=[T]_{2\times 2}\begin{Bmatrix}x\\ y\end{Bmatrix},[T]_{2\times 2}=\begin{bmatrix}\text{con}\alpha & \sin\alpha\\ -\sin\alpha & \text{con}\alpha\end{bmatrix} \tag{3.5}$$

其中 $[T]_{2\times 2}$ 为坐标变换矩阵。由此可以得到端点处杆端位移和杆端力的坐标变换关系为

$$\{\overline{\Delta_i}\}=[T]_{3\times 3}\{\Delta_i\},\{\overline{F_i}\}=[T]_{3\times 3}\{F_i\}(i=1,2) \tag{3.6}$$

其中

$$[T]_{3\times 3}=\begin{bmatrix}\text{con}\alpha & \sin\alpha & 0\\ -\sin\alpha & \text{con}\alpha & 0\\ 0 & 0 & 1\end{bmatrix} \tag{3.7}$$

称为杆端坐标变换矩阵，或者端点坐标变换矩阵。将两个端点合在一起考虑，可以得到整个单元的杆端位移和杆端力的坐标变换关系为

$$\{\overline{\Delta}\}^e=[T]_{6\times 6}\{\Delta\}^e,\{\overline{F}\}^e=[T]_{6\times 6}\{F\}^e \tag{3.8}$$

其中

$$[T]_{6\times 6}=\begin{bmatrix}\cos\alpha & \sin\alpha & 0 & & & \\ -\sin\alpha & \cos\alpha & 0 & & 0 & \\ 0 & 0 & 1 & & & \\ & & & \cos\alpha & \sin\alpha & 0\\ & 0 & & \sin\alpha & \cos\alpha & 0\\ & & & 0 & 0 & 1\end{bmatrix} \tag{3.9}$$

称为单元坐标变换矩阵。

以上的坐标变换矩阵虽然大小不同，但都有一个重要的性质，即 $[T]^{\mathrm{T}}=[T]^{-1}$，具有这种性质的矩阵在数学上称为正交矩阵，即 $[T]$ 的任意两个不同的列（行）向量是正交的。利用正交矩阵的性质，立即得到从局部坐标到整体坐标的坐标变换矩阵为 $[T]^{\mathrm{T}}$。因此，很容易得到如下关系

$$\left.\begin{array}{l}\{F\}^e=[T]^{\mathrm{T}}\{\overline{F}\}^e\\ \{\Delta\}^e=[T]^{\mathrm{T}}\{\overline{\Delta}\}^e\end{array}\right\} \tag{3.10}$$

3.2 结构的编码

3.2.1 单元编码

下面以图 3.3（a）所示的结构为例，讨论如何进行单元离散和集成。通常情况下，一个杆件可以看做是一个计算单元，但中间柱子的中点有一个组合结点，为了避免特殊单元（如 3 个结点的单元），将该柱上下两段各取为一个单元。因此，该结构被划分为 6 个单元，逐一编号，以（1），（2），…，（6）表示，如图 3.3（b）所示。

3.2.2 结点自由度

为了方便，以下把结点可能发生的每一个独立位移称为结点的一个自由度。本书中，

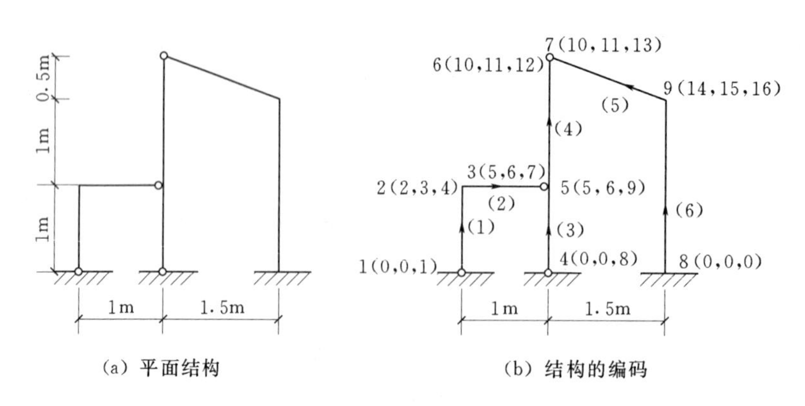

(a) 平面结构　　(b) 结构的编码

图 3.3　结构的数值化定义

结点位移按结构的整体坐标来表示，且顺序为：水平位移 u、竖向位移 v 和角位移 θ。图 3.4（a)、图 3.4（b）的刚结点，可能发生水平位移、竖向位移和转角，因此有三个自由度。图 3.4（c）是一个组合结点，独立的位移有两个线位移和两个转角，整个结点有 4 个自由度。图 3.4（d）是一个铰结点，也有 4 个自由度。图 3.4（e）的结点受到支座的约束，只有一个自由度。图 3.4（f）的结点完全被约束住，不能发生位移，因此有 0 个自由度。所有结点的自由度数目的总数，即为结构的结点位移总数。本书中，结点位移的总数用 N 来表示。

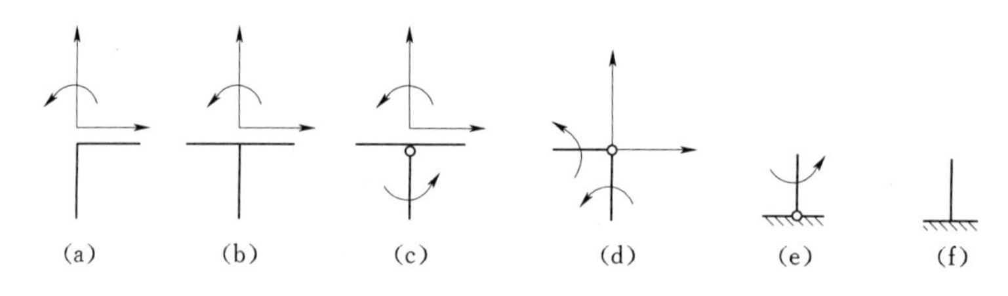

图 3.4　各种结点

对于支座约束的处理，通常有两种方法，即先处理法和后处理法。本章采用的是先处理法，即从一开始便引进给定的位移约束。先处理法可以减少一些计算量，同时也符合原结构的定义。

3.2.3　结点编码

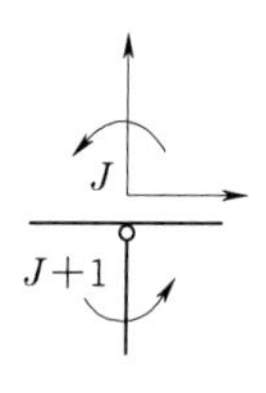

图 3.5　结点的重编码

结点是由杆端聚结而成的。在一般情况下，杆端有 3 个位移分量，与刚结点的自由度数目相同，因此将刚结点看做是标准结点。为了避免直接处理图 3.4（c)、图 3.4（d）中的特殊结点，可以采用重码技巧。以图 3.4（c）中的组合结点为例，将该组合结点看成是由两个标准结点组成，编两个码：J 和 $J+1$，如图 3.5 所示。这里，每个标准结点有 3 个自由度，各自的转角不同而线位移相同，相同的位移在随后的结点位移编码时应编相同的码。重码技巧使得每一个杆端都与一个标准结点连接，便于实施。基于重码技巧，图 3.3（a）中结构的结点编码（用 1，2，……表示）如图 3.3（b）所示。

3.2.4 结点位移的编码

有了结点编码后，可以逐结点地对结点位移（结点自由度）进行编码，其编码的原则是：

1）一个结点位移编一个码（如在标准结点处）。

2）相同的结点位移编相同的码（如在组合结点处）。

3）零结点位移编零码（如在支座结点处）。

基于以上编码原则，图 3.3（a）中结构的结点位移编码如图 3.3（b）中括号内数字所示。

将所有结点位移按照编码的顺序排列成一个向量

$$\{\Delta\}=[\Delta_1 \quad \Delta_2 \quad \cdots \quad \Delta_i \quad \cdots \quad \Delta_N]^T \tag{3.11}$$

称为结构的结点位移向量。以例 3.1（图 3.6）中的平面体系为例，其整体结点位移向量为

$$\{\Delta\}=[\Delta_1 \quad \Delta_2 \quad \Delta_3 \quad \Delta_4 \quad \Delta_5 \quad \Delta_6 \quad \Delta_7]^T \tag{3.12a}$$

或者在 $u_2=u_3$ 和 $v_2=v_3$ 的条件下写成

$$\{\Delta\}=[\theta_1 \quad u_2 \quad v_2 \quad \theta_2 \quad \theta_3 \quad u_4 \quad \theta_4]^T \tag{3.12b}$$

这里，下标表示结点码，如 θ_2 是结点 2 的转角。

【例 3.1】 试写出图 3.6（a）所示平面体系的单元定位向量。

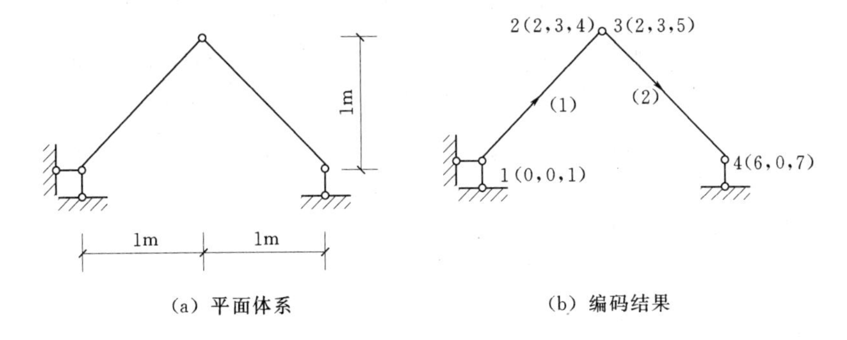

图 3.6 计算简图

解： 先进行单元编码，然后进行结点编码，再逐结点对节点位移编码，如图 3.6（b）所示。单元定位向量如下

$$\{\lambda\}^{(1)}=\begin{Bmatrix}0\\0\\1\\2\\3\\4\end{Bmatrix},\{\lambda\}^{(2)}=\begin{Bmatrix}2\\3\\5\\6\\0\\7\end{Bmatrix}$$

3.2.5 单元定位向量

一个单元共有 6 个杆端位移，其局部编码顺序如图 3.7（a）所示（整体坐标系）。单元的两个端点对应着体系的两个结点，端点位移的编码称为局部码，结点位移的编码称为

整体码。从单元端点的局部码和体系结点的整体码的对应，可以确定单元的6个杆端位移在整体结点位移向量中的位置。图3.7（b）所示为图3.3（b）中单元（5）杆端位移所对应的结点位移的整体码。杆端位移的局部码与整体码的对应关系可以用一个具有6个元素的向量来表示，记为$\{\lambda\}^e$，称为单元定位向量。以图3.3（b）中的单元（3）和（5）为例，单元定位向量分别为

$$\left.\begin{aligned}\{\lambda\}^{(3)}&=(0\ 0\ 8\ 5\ 6\ 9)^{\mathrm{T}}\\ \{\lambda\}^{(5)}&=(10\ 11\ 13\ 14\ 15\ 16)^{\mathrm{T}}\end{aligned}\right\}\tag{3.13}$$

所以，单元（5）的第2个杆端位移即为结构的第11个结点位移，而单元（3）的第2个杆端位移对应的结点位移码为0，表示该位移已被支座约束住，在没有支座位移的情况下为0。

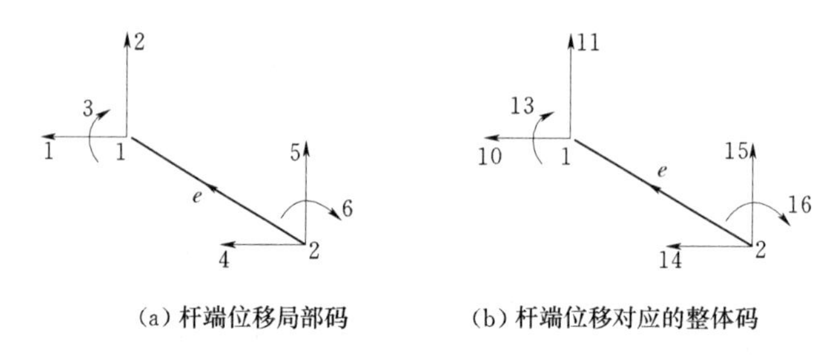

图3.7　杆端位移的局部编码和整体编码［图3.3（b）中单元（5）］

单元定位向量明确地规定了单元与结构的定位与连接，就好像对单元的每个杆端位移都发了一张“入场票”，凭票“对号入座”便可以在结构中找到相应的位置；如果票是无效的（结点位移编码为0），则结构中没有这个杆端位移的“座位”，也就是说该位移受到了支座的约束，其值事先给定。单元定位向量是一个十分重要的概念，后面章节会反复用到，应很好地理解和熟练掌握。

第4章　多跨静定梁程序设计

本章的目的主要是通过一个简单的例子介绍程序设计的一般步骤和程序设计方法学的基础知识，即结构化程序、程序的逐步求精展开、流程的元语言表示以及模块化程序设计等内容。然后通过一些结构力学问题，从程序设计、程序阅读和程序修改等角度，进一步说明目前工程应用软件的程序设计思想。最后，介绍程序质量评价的一般看法和程序调试的有关问题。

通过本章的学习，力图使读者初步掌握程序设计、阅读、修改和调试方面的一般原则，为进一步学习较大一些程序和编程、调试程序打下基础。

4.1　程序设计概念

4.1.1　程序设计步骤

程序设计有广义和狭义两类含义，前者指从接收任务直到写出程序使用说明的全过程，后者指从接受任务到写出源程序的阶段。广义程序设计步骤如下：

（1）分析要求设计程序的问题。

利用与问题有关的学科知识进行分析、抽象、建立数学模型（包括列出有关公式）；确定输入信息；明确求解过程；选定计算方法（也称算法设计）。

（2）描述程序流程。

按4.1.2所介绍的程序设计方法，采用画框图或元语言表示法逐步展开，描述程序的计算流程，直到能用算法语言方便地写出程序为止。

（3）源程序编写和检查。

用FORTARN语言实现框图流程实现框图流程或元语言表示中的自然语言部分，写出源程序并仔细、反复推敲，消除错误，修改、完善源程序。

（4）源程序的输入及编译。

将写在纸上的程序通过机器操作系统中的编辑软件，利用键盘输入机器中，建立源程序文件。然后用FORTARN编译系统对源程序文件进行编译。编译过程中若发现语法错误（可能由算法语言不熟悉所产生，也可能由键盘输入时的疏忽所造成），则需根据编译中所显示的错误信息，对源程序进行修改并重新编译，直到语法上完全正确、获得可执行文件为止。

（5）程序调试。

程序的调试包含两大任务：其一是设法尽可能多地暴露程序所存在的故障（也称为逻辑错误），为此要按4.3和4.4所介绍的软件工程思想精心设计测试用例，按一定的测试顺序和方案进行逐步测试；其二是根据测试所暴露的问题，“诊断”产生故障的原因和部位，并进一步对存在的故障作出有效的“治疗”，通过重新测试尽可能提高程序的可靠性。对于初学者练习的小程序，可按 4.4 所述的方法来进行。

（6）编写程序的使用说明。

使用说明一般应包含以下内容：程序功能（适用范围、限制条件、功能情况等），程序的编写原理，程序的主要标识符含义，程序所需数据的填写说明，程序的使用方法及算例，程序计算结果说明等。编写使用说明的目的既便于用户使用，又便于自己检查、维护。

4.1.2　程序设计方法

本节只就狭义的程序设计（直到编出源程序为止）加以说明。

随着计算机的普及和大型软件的研制，促使人们不得不研究程序的设计方法学：怎样设计程序、以什么指导思想设计程序等。本教材仅介绍读者必须掌握的一些原则性的概念。

1. 结构化程序概念

用只有“一个入口和一个出口”的基本结构形式表示的程序，称为结构化程序，如图 4.1 所示。图 4.1 中 T 为真，F 为假，S 为语句标号，框图符号的含义见表 4.1。

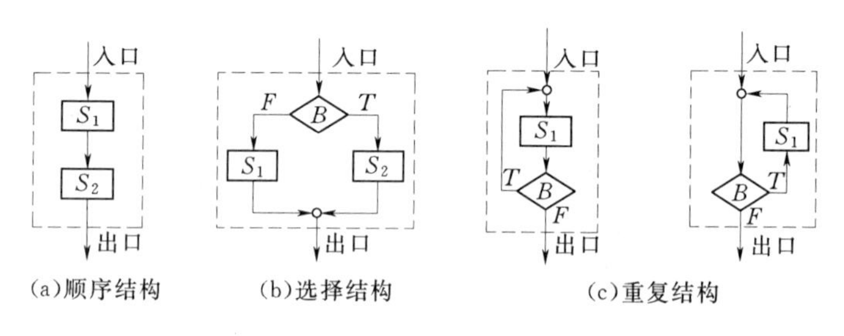

（a）顺序结构　（b）选择结构　（c）重复结构

图 4.1　用于构造结构化程序的基本结构形式

表 4.1　　　　**框图符号说明**

功能框	判定框	汇集点	起止框	输入/输出框
S	F　B　T			

根据结构化程序的定义，一个结构化的程序必须具有嵌套式分层结构（或称为树状结构）性质。为增加程序的易检查、易调试和可读性，应使程序的层次一目了然。为此，在书写编辑程序时，应使位于里层的语句比外层语句缩进（右移）几列，而同层的语句均从同一列开始。

2. 程序逐步求精展开的概念

我们用求解一元二次方程的程序设计为例，说明逐步求精展开的概念。

为求解方程 $ax^2+bx+c=0$（a，b，c 均为实数）由数学知识可知，其计算流程可用图 4.2 框图描述。

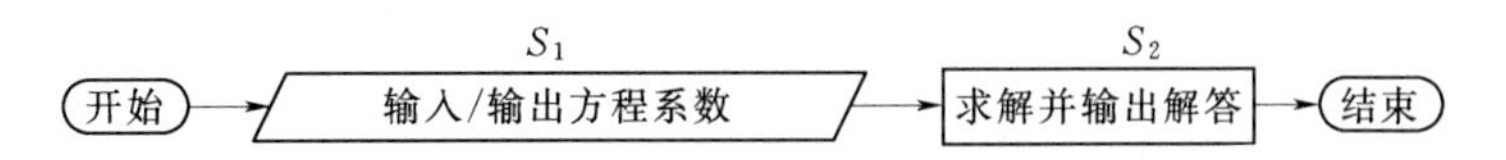

图 4.2 一元二次方程求解程序粗框图

其中功能框 S_1 可进一步细化其流程，如图 4.3 所示框图，功能框 S_2 可进一步细化其流程，如图 4.4 所示。

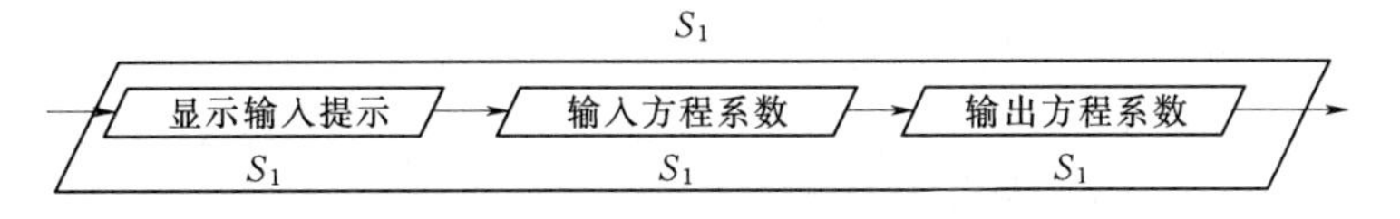

图 4.3 输入、输出框的细化示意图

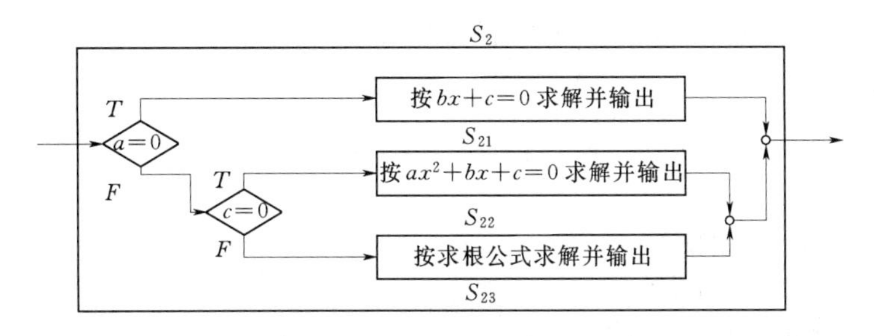

图 4.4 求解输出功能框的细化示意图

功能框 S_{23} 又可进一步细化其流程，如图 4.5 所示。

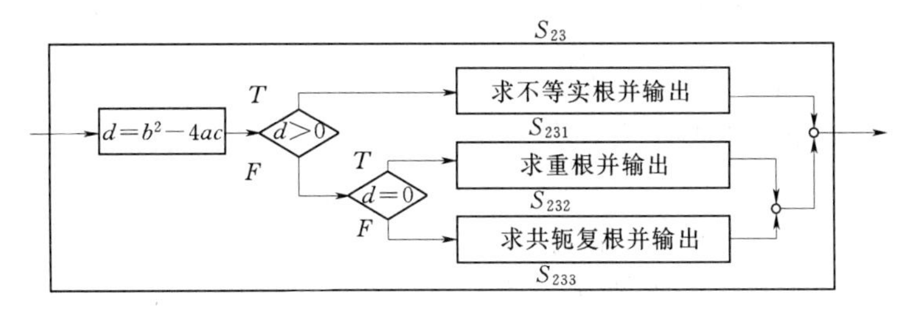

图 4.5 功能框的进一步求精细化示意图

这种将功能（或整个程序）从抽象到具体，直到可用基本结构形式由算法语言方便地实现，将过程称为程序的展开或逐步求精（或逐步求精展开）。

3. 程序流程的元语言表示

一元二次方程求解程序，除可用上述框图逐步求精展开来描述流程外，还可以用另一种方式——元语言表示来描述。此时，图 4.2 可表示为：

```
C       一元二次方程 A*X*X+B*X+C=0 的求解程序
        PROGRAM EXAMPLE01
        输入并输出方程系数等
        求解并输出解答
        STOP
        END
```

图 4.3 可表示为：

```
            WRITE(*,10)
   10       FORMAT(1X,'输入一元二次方程 A*X*X+B*X+C=0 的系数 A,B,C')
            输入 A,B,C
            有格式输出 A,B,C
```

图 4.4 可表示为：

```
            IF(A.EQ.0.)THEN
              按 B*X+C=0 求解并输出
            ELSE IF(C.EQ.0)THEN
                    按 A*X*X+B*X=0 求解并输出
                  ELSE
                    用一元二次方程求根公式求解并输出
            END IF
```

图 4.5 可表示为：

```
            D=B*B-4*A*C
            IF(D.GT.0.)THEN
              按实根公式求根
              有格式输出两不等实根
            ELSE IF(D.EQ.0.)THEN
                    按 X=B/(2*A)求根
                    有格式输出两个相等实根
                  ELSE
                    按复根公式求根
                    有格式输出两共轭复根
            END IF
```

这种部分用算法语言，部分用自然语言（汉语，拼音，英语等），描述成熟流程的方法，即所谓元语言（Metacode）表示。例如，在上述用元语言描述的求精展开基础上，将求解一元二次方程中的自然语言部分变成注解行，在其下一行用算法语言写出它所表达的“功能”，立即可得一个结构清晰、易检、易调、易读的源程序如下：

```
C     ************************************************************
C                      一元二次方程 A*X*X+B*X+C=0 的求解程序
C     ************************************************************
      PROGRAM EXAMPLE01
C     输入并输出方程系数
      WEITE(*,10)
10    FORMAT(1X,'输入方程 A*X*X+B*X+C=0 的系数 A,B,C:')
      READ(*,*)A,B,C
      WRITE(*,20)A,B,C
20    FORMAT(1X,'A=',F10.3,5X,'B=',F10.3,5X,'C=',F10.3)
C     求解并输出解答
```

```
      IF(A.EQ.0.0)THEN
C       按B*X+C=0求解并输出
        X1=-C/B
        WRITE(*,30)X1
30      FORMAT(//'  由于A=0,实际是线性方程,其解为X1=',F10.3/)
      ELSE IF(C.EQ.0.)THEN
C             按X*(A*X+B)=0求解并输出
              X1=0.
              X2=-B/A
              WRITE(*,40)X2
40            FORMAT(/'  由于C=0,方程有一零解,另一解为X2=',F10.3/)
            ELSE
              D=B*B-4*A*C
              IF(D.GT.0.)THEN
C               按求根公式得两不等实根并输出
                X1=SQRT(D)
                X2=(-B-X1)*0.5/A
                X1=(-B-X1)*0.5/A
                WRITE(*,50)X1,X2
50              FORMAT(/'方程有两不等的实根:X1=',F10.3,5X,'X2=',F10.3/)
              ELSE IF(D.EQ.0.)THEN
C                     按求根公式得两相等实根并输出
                      X1=-0.5*B/A
                      WRITE(*,60)X1
60                    FORMAT(/'  方程有两重根:X=',F10.3)
                    ELSE
                      X1=-0.5*B/A
                      X2=0.5*SQRT(-D)/A
                      WRITE(*,70)X1,X2
70                    FORMAT(/' 方程有一对共轭复根:'/1X,'X1=',
                              F10.3,'+i*',F10.3/)
                      END IF
              END IF
              STOP
              END
```

4. 模块化程序概念

具有一定功能、相对独立的程序单位称为模块。

在FORTRAN语言中函数和子程序都是模块。每个模块由对外接口和内部构造两部分组成，外部接口包括过程（函数与子程序的统称）的哑元表和公共区，内部构造细节为完成过程功能的执行语句序列（也称为过程体）。

模块应具有如下特性：

1）每个模块有一个模块名，一个程序中不允许有重名的模块，也就是应有可区分性。

2）应具有明确的功能、清晰的进入量与返回量（即接口）。在这些条件不变的情况下，模块的内部构造细节不管如何修改，均不会对整个程序发生影响（指功能而不包含程序效率），也就是应具有无干扰性。

3）除主模块（主控程序）只能由操作系统调用外，模块间可相互调用以实现特定功能，也就是应具有可拼装性。

4）以程序设计语言实现模块功能后，可作为独立的程序单位进行编译，也就是应具有独立性。

由一个主控程序（也称为主程序）和许多模块组成的程序，称为模块化程序。把一个要求的问题，根据学科知识所确定的求解过程，将其划分为几个子问题，一些子问题又可进一步划分，直到划分为单功能、易实现的小子问题为止。最后，经单功能小子问题的逐步求精展开来获得结构化程序。这种程序设计方法称为模块化设计法，它是当前有效的程序设计方法之一。

一个模块化程序，其程序结构可用图 4.6 示意。图中模块名均用 A＋下标表示。通过问题分解，自主程序到一级模块，从一级模块到二级模块，……这种自顶层到底层将求解问题划分成模块的过程，称为程序的总体设计。解决图 4.6 箭头所示调用关系，实现不同模块之间数据传递的过程，称为模块的接口设计。总体和接口设计是模块化程序设计中的两个关键。

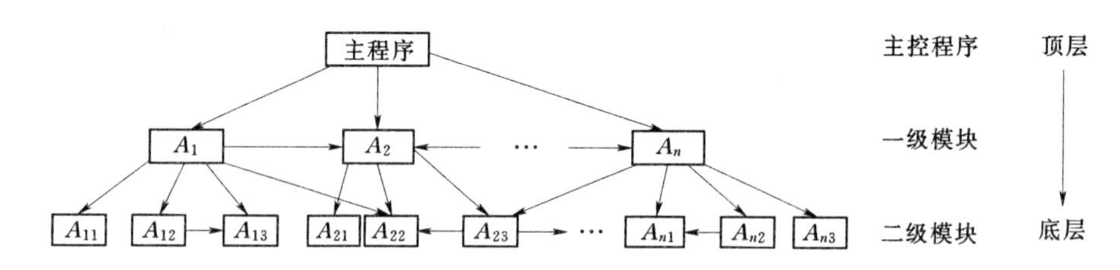

图 4.6　程序结构示意图

模块化程序设计应遵循的原则是：

1）与其他模块之间的接口应力求简明，或者说应尽可能联系“薄弱”（单薄）一些。模块的进入量应作“只读”对象处理。

2）应通过下级模块屏蔽上级模块的一些内部构造细节，使这些部分对上级模块是“封死”的。尤其是一些与机器有关的内容（各机器不一样的语法内容等），在其外部接口与机器无关的条件下设计成低级模块，已达到对上级模块不因修改这些内容而产生影响的“隐藏”作用。

3）当在微型机上运行大、中型工程应用软件时，若无法在内存里同时容纳全部模块，则可采用分层文件传递，将一大型程序采用模块化程序设计思路，分割成若干个小程序。通过前一程序输出文件作为当前程序的输入文件，逐个小子程序“接力”计算，以达到在小机器上解决大问题的目的。但是，这样将增加程序的运行时间。

关于模块化程序设计的具体例子，将在本章后几节结合结构力学中较简单结构的程序设计加以说明。

4.2　多跨静定梁的程序设计

本节只限于讨论仅一个基本部分的多跨静定梁（以后称“一基多附型”）。

4.2.1　设计内容

试设计图4.7所示多跨静定梁反力和控制截面内力的程序。

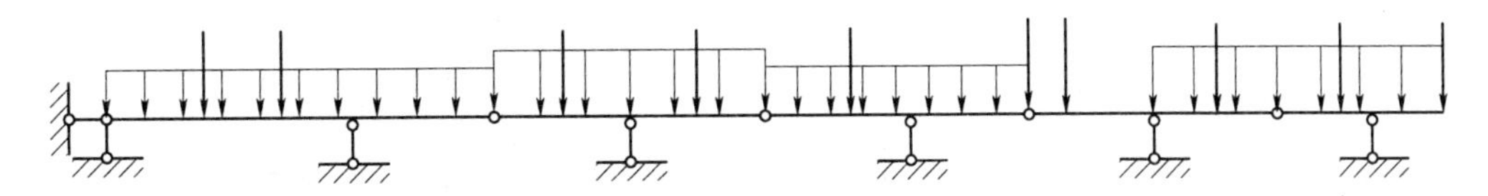

图4.7　仅一个基本部分的多跨静定梁示意图

已知条件：梁的跨数为N，也就是多跨静定梁由N个带外伸的简支梁组成。每个外伸梁的几何尺寸及所受荷载情况如图4.8所示。

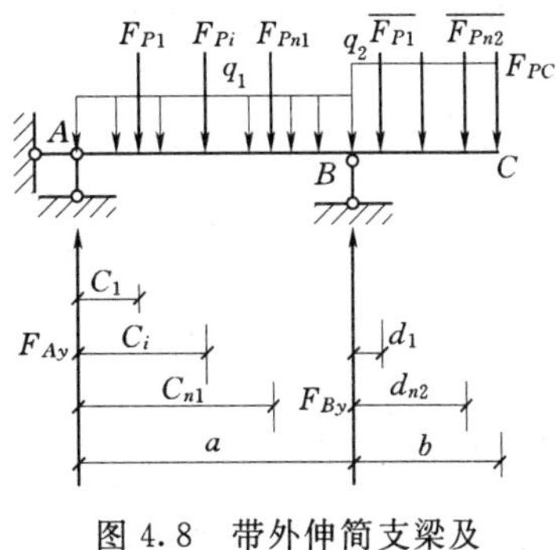

图4.8　带外伸简支梁及荷载情况示意图

4.2.2　力学分析

根据结构力学中多跨静定梁按先解附属部分后解基本部分（也称为“先附后基”）的原则，本问题可化为求解N个外伸梁问题（求解顺序与梁的组成顺序相反）。设铰上所作用的集中力归于“基本部分”，则图4.8所示每个外伸梁的反力（向上为正）可由整体平衡方程$\sum M_A=0$，$\sum Y=0$求得如下

$$\left.\begin{aligned}R_B &= \left[q_1a^2/2+q_2b\left(a+\frac{b}{2}\right)+\sum_{i=1}^{N_1}P_ic_i+\sum_{j=1}^{N_2}F_j(a+d_j)+P_c(a+b)\right]/a\\R_A &= q_1a+q_2b+\sum_{i=1}^{N_1}P_i+\sum_{j=1}^{N_2}F_j+P_c-R_B\end{aligned}\right\}\tag{4.1}$$

式（4.1）中的P_c为作用于铰C的集中外力与前一跨反力R_A之代数和。所有外荷载向下为正。求出反力后，计算控制截面内力（用截面法由平衡方程求得）可有以下两种方案：

方案1：如图4.9所示，内力计算公式为

$$\left.\begin{aligned}Q_{i,左} &= R_A-q_1c_i-\sum_{j=1}^{i-1}P_j\\Q_{i,右} &= Q_{i,左}-P_i\\M_i &= R_Ac_i-q_1c_i^2/2-\sum_{j=1}^{i-1}P_j(c_i-c_j)\end{aligned}\right\}\tag{4.2}$$

方案2：利用图4.10，自左向右建立递推公式为

$$\left.\begin{aligned}&Q_{i,左}=Q_{i-1,右}-q_1(c_i-c_{i-1})\\&Q_{i,右}=Q_{i,左}-P_i\\&M_i=M_{i-1}+Q_{i-1,右}(c_i-c_{i-1})-q_1(c_i-c_{i-1})^2/2\end{aligned}\right\}\tag{4.3}$$

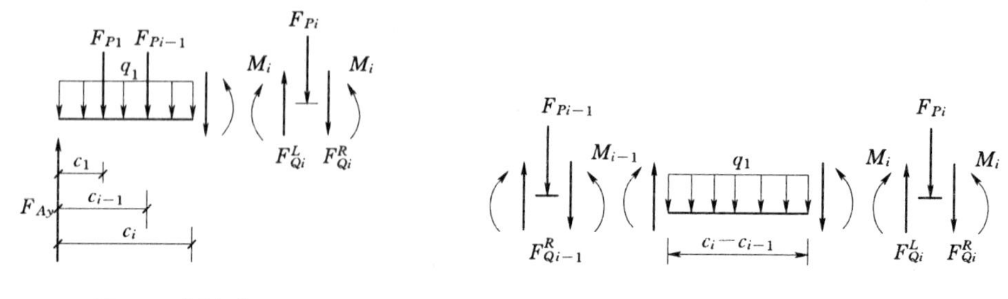

图 4.9　隔离体图 1　　　　图 4.10　隔离体图 2

由两种方案可知，要实现方案Ⅰ的计算，除对 i 循环以求各控制截面内力外，为求 $Q_{i,左}$ 和 M_i 还必须建立内层 j 循环。而实现方案Ⅱ的计算，只要建立一层 i 循环即可。从提高程序效率（节省运行时间）考虑，选择方案Ⅱ。为此建立全套递推公式如下

$$\left.\begin{aligned}&Q_{0,右}=R_A,c_0=0,M_0=0\\&Q_{i,左}=Q_{i-1,右}-q_1(c_i-c_{i-1})\\&Q_{i,右}=Q_{i,左}-p_i\\&M_i=M_{i-1}+Q_{i-1,右}(c_i-c_{i-1})-q_1(c_i-c_{i-1})^2/2\end{aligned}\right\}\quad(1\leqslant i\leqslant N_1)\tag{4.4}$$

$$\left.\begin{aligned}&Q_{N_1+1,左}=Q_{N_1,右}-q_1(a-c_{N_1})\\&Q_{N_1+1,右}=Q_{N_1+1,左}-R_B\\&M_{N_1+1}=M_{N_1}+Q_{N_1,右}(a-c_{N_1})-q_1(a-c_{N_1})^2/2\\&d_0=0\end{aligned}\right\}\tag{4.5}$$

$$\left.\begin{aligned}&Q_{N_1+1+k,左}=Q_{N_1+k,右}-q_2(d_k-d_{k-1})\\&Q_{N_1+1+k,右}=Q_{N_1+k,左}-F_k\\&M_{N_1+1+k}=M_{N_1+k}+Q_{N_1+k,右}(d_k-d_{k-1})-q_2(d_k-d_{k-1})^2/2\\&Q_{N_1+N_2+2,左}=P_c\end{aligned}\right\}\quad(1\leqslant k\leqslant N_2)\tag{4.6}$$

式中：Q_0、M_0 为计算跨 A 支座处剪力、弯矩；c_0 和 d_0 分别为 A、B 支座右截面与支座间的距离。$Q_{i,左}$、$Q_{i,右}$ 为计算跨第 i 个集中力左、右截面的剪力，$Q_{N_1+1,左}$、$Q_{N_1+1,右}$ 和 M_{N_1+1} 为计算跨 B 支座处左、右截面剪力和弯矩；$Q_{N_1+1+k,左}$、$Q_{N_1+1+k,右}$ 为计算跨外伸段上第 k 个集中力左、右截面的剪力。

综上分析，N 跨一基多附型多跨静定梁，可由调用 N 个带外伸简支梁的计算来解决，N 应该作为问题的控制数据。对每一外伸梁求反力和内力时，需输入：AB 和 BC 的长度 A、B；AB 和 BC 段上集中力个数 N_1 和 N_2，均布荷载集度 q_1 和 q_2；AB 段上集中力的大小和离 A 支座的距离；BC 段上集中力的大小和离 B 支座的距离；外伸段 C 处所受的

集中力值 p_c。利用这些初始数据，由反力计算公式和内力递推公式即可解决多跨静定梁的计算。

4.2.3 程序设计

基于 4.2.2 小节分析所确定的计算方法和归纳所得的数学模型（也即求内力公式），按 4.1 节所介绍的程序设计方法，可写出如下元语言表达的主程序：

```
C       ********************************************************
C                         多跨静定梁反力,内力计算程序
        ********************************************************
        PROGRAM MSDB
C       读入梁跨数
        READ(*,*)N
        WRITE(10,*)N
10      FORMAT(1X,'梁的跨数 N=',I2)
C       对跨循环
        DO 20 I=N,1,-1
          外伸梁计算并输出
20      CONTINUE
        STOP
        END
```

由此流程可见，从结构化和模块化出发，可将循环体内容编为一个子程序，此模块可命名为 BEAM（或汉语拼音 Liang 等）。

程序名、模块名及程序中的变量、常量名等，一般是以习惯用符号或自然语言（汉语拼音或英语）的单词或词首字母组合等命名的，这样可增强程序的可读性。例如，本程序名 MSDB 为 The Multispan Statically Determinate Beam 词首字母组合，简支外伸梁计算模块以英文单词 Beam 命名等。这一命名原则将贯穿全书，后面的介绍中不再一一赘述。

为表明当前计算跨号，此模块应以循环变量 I 作为入口参数，由此子程序段头语句应为：

```
SUBROUTINE BEAM(I,……)
```

其功能在主程序流程中已用汉语说明，在此子程序中应完成以下内容：

1）输入当前跨的控制量和有关信息。

2）求当前跨反力，若不是最基本的部分，则输出 R_B。否则，同时输出 R_A 和 R_B。

3）求外伸梁左段 AB 及右段 BC 各集中力作用点处的内力、支座 B 处和外伸端（C 铰）的控制截面内力并输出。

明确了模块 BEAM 应完成的上述功能，即可写出模块 BEAM 的元语言表示为：

```
        SUBROUTINE BEAM(…)
C         外伸梁计算并输出子程序
        输入初始信息
        求反力并输出
```

```
求内力并输出
END
```

(在 FORTRAN77 中,语句 RETURN 可省略)

由上述 BEAM 功能划分，不难想到这三个功能可分别设计成三个单功能模块，它们分别被命名为 INP (Input)、FRF (Find Restraint Force) 和 FIF (Find Internal Force)。在模块 FIF (…) 中，将按递推公式求内力并输出，由分析递推公式可见，实质上不管在何处，只要已知梁段左端的“初值”，均可用相同的公式求出右端的“终值”。因此，为实现结构化、模块化，可将按式 (4.2) 的计算划分为三级子模块 SQSM (Section Q and M)。

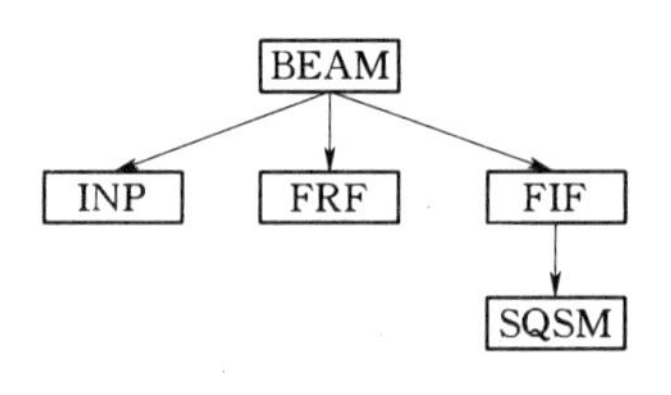

图 4.11　模块 BEAM 结构示意图

根据上述分析结果，自顶向下把求解过程划成图 4.11 所示的结构形式，这个过程即为 4.1 节中所说的“总体设计”。

上述分析是为了说明总体设计，因此并没有仔细研究主程序与一级模块，以及各级模块间的数据如何实现传递，哪些是模块的进入量（或称为入口量、入口参数）、哪些是模块的出口量等。在实际程序设计时，这些问题一般是结合模块划分同时解决的，而并非像现在这样先总体设计，后接口设计。这一点读者必须注意。

本例只有一个一级子模块，主程序在调用 BEAM 后程序即告结束，因此它不存在与其他模块间的数据交换。由于在模块 FRF 中要判断附属部分是否为最后搭上的一个附属部分，因此要用到跨数 N，BEAM 的进入量中需增加 N。由此可得模块段头语句为：

```
SUBROUTINE BEAM(I,N)
```

对于 INP 模块，为了返回输出是第几跨的信息，当前跨号 I 应作为入口参数。应该读入的信息为：

控制数据：AB，BC 段上集中力个数 N_1，N_2。

荷载数据：AB，BC 段上均布荷载集度 q_1，q_2。

AB 段上集中力的大小和离 A 端的距离可存在一个数组 $P(N_1, 2)$ 中。$P(I, 1)$ 和 $P(I, 2)$ 分别存放力值和距离。

BC 段上集中力的大小和离 B 端的距离存于 $Q(N_2, 2)$ 中，元素含义同数组 $P(N_1, 2)$。

外伸端 C 处所受集中力值 PC

几何尺寸：AB 段长度 A 和 BC 段长度 B。

这些信息在反力和内力的计算中都要用到，所以均应作为 INP 的出口参数。为简化哑元表和给读者今后接触大型程序打下基础，我们采用有名公共区来进行模块间的数据传递。具体设计如下：

```
/COM1/N1,N2,Q1,Q2,PC,A,B
/COM2/P(10,2),F(10,2)
```

这里限定外伸梁 *AB*、*BC* 段上集中外力个数不超过 10 个。此外，作为计算依据的信息 *PC*，除第 *N* 跨（最后搭上的附属跨）是作用于 *C* 处外力值外，其他跨均为 *C* 铰集中力和前一跨反力 RA 的代数和，因此 N 和 RA 均应作为模块 INP 的入口参数。为简化哑元表，可将 RA 及 FRF 与 FIF 间要传递的 RB 放入有名公共区 COM1 中。综上所述，模块 INP 的接口部分最终可设计为：

```
      SUBROUTINE INP(I,N)
C     输入/输出初始数据模块
         COMMON/COM1/N1,N2,Q1,Q2,PC,A,B,RA,RB
      COMMON/COM2/P(10,2),F(10,2)
```

模块 FRF、FIF 和 SQSM 都类似上述进行出入口联系设计，这个过程即为模块化程序设计的“接口设计”。经接口设计后这些模块接口情况如下：

```
SUBROUTINE FRF(I)
COMMON/COM1/……/COM2/……
SUBROUTINE FIF(I)
COMMON/COM1/……/COM2/……
```

FRF 的入口参数为：I 及有名公共区中除 RA、RB 外的全部元素。

FRF 的出口参数为：RA、RB。

FIF 的入口参数为：I，有名公共区全部元素。

FIF 无出口元素。

模块 SQSM 经接口设计后子程序段头语句为：

```
SUBROUTINE SQSM(SQ0,SM0,QQ,C0,C1,PP,SQ2,SQ1,SM1)
```

SQSM 的入口参数为：左端剪力 SQ0、弯矩 SM0；均布荷载集度 QQ、集中力值 PP；左、右端集中力位置尺寸 C0、C1。

SQSM 的出口参数为：右端集中力的左、右两侧剪力 SQ1、SQ2；右端弯矩 SM1。

完成了上述总体和接口设计后，进一步对单功能模块按力学分析结果进行逐步求精展开（为节省篇幅，这里因问题简单不再详述，只要将以下源程序中的功能注释行的 C 和完成此功能的语句序列去掉，即可获得各模块的元语言表示），可得如下源程序：

```
!****************************************************************
!                    多跨静定梁反力、内力计算程序
!****************************************************************
      program mssdb
!     读入梁跨数
      write(*,10)
10    format(1x,'梁的跨数 N=')
      read(*,*)N
      write(*,20)N
```

```
20      format(1x,'梁的跨数 N=',i2)
!       对跨循环
        do 30 i=n,1,-1
!       外伸梁计算并输出
        call beam(i,n)
30      continue
        stop
        end

!*****************************************************************
!                         外伸梁计算并输出程序
!*****************************************************************
        subroutine beam(i,n)
!       输入初始信息
        call inp(i,n)
!       求反力并输出
        call frf(i)
!       求内力并输出
        call fif(i)
        return
        end

!*****************************************************************
!                         输入子程序
!*****************************************************************
        subroutine inp(i,n)
!       公共区说明
        common/comm/ n1,n2,q1,q2,pc,a,b,ra,rb
        common/comn/ p(10,2),f(10,2)
!       输入该跨初始数据并输出
        write( * ,10)
10      format(//1x,'读入 n1,n2,q1,q2,pc,a,b,p(n1,2),f(n2,2)'/)
        read( * , * )n1,n2,q1,q2,pc,a,b,
        1((p(j,K),k=1,2),j=1,n1),((f(j,k),k=1,2),j=1,n2)
          write( * ,20)  i,n1,n2,q1,q2,pc,a,b
20        format(1x,i2,'跨初始信息:'/1x,'集中力数量:n1=',
        1 i2,2x,',n2=',i2/ 1x,'分布荷载集度:q1=',f8.3,2x,
        1 ',q2=',f8.3/ 1x,'铰处集中力值:pc=',f8.3/1x
        1 '简支及外伸段长度:a=',f8.3,2x,', b=',f8.3)
        write( * ,30)((p(j,k),k=1,2),j=1,n1),((f(j,k),k=1,2),j=1,n2)
30      format(/1x,'      集中力信息'/1x,'   力值      力位'
        1              /(1x,2f10.3))
        if(i. eq. n)ra=0.0
        pc=pc+ra
```

```
      return
      end

!*******************************************************************
!                    求反力并输出的子程序
!*******************************************************************
      subroutine frf(i)
!     公共区说明
      common/comm/ n1,n2,q1,q2,pc,a,b,ra,rb
      common/comn/ p(10,2),f(10,2)
!     按式(2.1)计算 i 跨的反力并输出
      r1=0.
      r2=0.
      r3=0.
      r4=0.
      do 10 ii=1,n1
      r1=r1+p(ii,1)*p(ii,2)
      r2=r2+p(ii,1)
10    continue
      do 20 ii=1,n2
      r3=r3+f(ii,1)*(a+f(ii,2))
      r4=r4+f(ii,1)
20    continue
      rb=(q1*a*a*0.5+q2*b*(a+0.5*b)+r1+r3+pc*(a+b))/a
      ra=q1*a+q2*b+r2+r4+pc-rb
      if(i.ne.1)then
      write(*,30)i,rb
      else
      write(*,40)i,rb,ra
      end if
30    format(1x,i2,'跨反力 rb=',f10.3)
40    format(1x,i2,'跨反力 rb=',f10.3,2x,'ra=',f10.3)
      return
      end

!*******************************************************************
!                         按式(4.2)计算
!*******************************************************************
      subroutine sqsm(sq0,sm0,qq,c0,c1,pp,sq1,sq2,sm1)
      x=c1-c0
      sq1=sq0-qq*x
      sq2=sq1-pp
      sm1=sm0+x*(sq0-qq*x*0.5)
      return
```

```
      end
!**************************************************
!                    求内力并输出的子程序
!**************************************************
      subroutine fif(i)
!     公共区说明
      common/comm/ n1,n2,q1,q2,pc,a,b,ra,rb
      common/comn/ p(10,2),f(10,2)
!     置初值
      sq0=ra
      sm0=0.0
      c0=0.0
      write(*,10)i
10    format(//11x,i2,'跨内力:'/)
      if(i.eq.1)then
      write(*,20)ra
      else
      write(*,30)ra
      end if
20    format(1x,'支座右截面毅力:',f10.3)
30    format(1x,'铰链右截面毅力:',f10.3)
      do 40 j=1,n1+n2+1
        if(j.le.n1)then
!           简支段计算并输出
          pp=p(j,1)
                qq=q1
          c1=p(j,2)
          call sqsm(sq0,sm0,qq,c0,c1,pp,sq1,sq2,sm1)
          write(*,50)j,sq1,sq2,sm1
        else if(j.eq.n1+1)then
!           支座处计算并输出
            pp=-rb
            c1=a
            call sqsm(sq0,sm0,qq,c0,c1,pp,sq1,sq2,sm1)
            write(*,60)sq1,sq2,sm1
        else
!           外伸段计算并输出
            qq=q2
            k=j-(n1+1)
            if(k.eq.1)c0=0.0
            pp=f(k,1)
            c1=f(k,2)
            call sqsm(sq0,sm0,qq,c0,c1,pp,sq1,sq2,sm1)
            write(*,70)k,sq1,sq2,sm1
```

```
      end if
!     改变初值
      sq0=sq2
      sm0=sm1
      c0=c1
40    continue
50    format(1x,'简支梁',i2,'处内力:',3(f10.3,2x))
60    format(1x,'支座处内力:',3(f10.3,2x))
70    format(1x,'外伸段',i2,'处内力:',3(f10.3,2x))
      write(*,80)pc
80    format(1x,'铰链左截面剪力',f10.3)
      return
      end
```

4.2.4 关于程序修改的一般性说明

1. 程序修改的必要性

在程序使用过程中可能发现存在如下问题：功能不够完善，使用不很方便，求解效率、精度不高、储存空间不够节省等。要解决这些问题必须设法对已有程序进行修改。

2. 程序修改的一般步骤

修改程序的前提是，必须对已有的程序各模块、各程序段（语句序列）的功能和要修改的部分很清楚。在此基础上按以下步骤进行修改：

1）明确目标，也就是确定修改后的程序功能。

2）分析为了达到修改后的程序功能，需要对程序哪些部分进行改动，包括要增、删什么内容。

3）对要增加的部分同程序设计一样，由逐步求精展开完成。

4）在计算机上实修改并进行编译、调试（见 4.3 节），考核修改的正确性。

这里必须强调一点，做程序修改时只要有较好的算法语言知识，一般很少出现语法错误（即使由于修改不当产生了语法错误，根据错误信息也是容易改正的），但若一些该修改的部分由于疏忽，没有修改，则会产生计算上的错误，这对较大型、复杂的程序来说，比语法错误会更麻烦，查错和改正也更为困难。因此，在做第 2）步时必须十分谨慎，做每一处修改必须在整个程序范围内反复查找是否其相关部分都已修改，以免产生上述情况。

4.3 程序调试概述

程序调试工作可分为两大任务：测试程序错误；调整测试中所发现的错误。本节仅就这一软件工程学的重要内容作一概要说明。读者想要进一步了解，尚需查阅有关的专门书籍和资料。

4.3.1　程序测试简介

程序测试工作的任务是尽可能多地发现错误，以便在下一步调整中来消除它们，提高程序的可靠性。正因如此，对于规模较大的程序，测试工作者应非程序编制者。当然像前几节那样的小程序，换人测试的必要性就不大了。

程序中的错误可分为语法错误和非语法的运行错误（又称为“逻辑”错误），在进行程序测试之前，必须首先消除由于各种原因（如拼错关键字、缺少说明、类型不符、未实现循环和条件的嵌套、非法转入等）引起的语法错误，这一任务由计算机系统软件中的编辑（如 PE2、CPEII、WS、WPS、ED 和 EDLIN 等软件）和编译软件来完成。

1. 程序编译简要说明

对于较大规模的程序，在按模块化和结构化程序设计方法完成模块的编码设计（也即写出源程序）后，应利用编辑软件建立模块的一个源程序文件。对于前几节那样的小程序，一般直接建立整个程序的源程序文件，然后调用编译软件对源程序文件进行编译。若模块（或程序）中存在语法错误，编译软件就会给出错误编号等出错信息（不懂英文提示）。根据此结合算法语言知识对所编译文件做出“诊断”，再调编辑软件对源程序文件做出“治疗”（修改产生错误的根源），待改完“全部”（一次往往难以做到）语法错误后，再次对“新版”源程序文件进行编译。重复上述过程，直到真正“治愈”语法错误为止。

源程序有些错误会导致编译软件在做语法检查时将此错误后面正确的语句也视为有错误，从而输出很多语法错误信息（常称为产生连锁反应）。出现这种情况时，仅需对这些错误的第一个出现信息做出“诊断”即可。诊治得当，重新编译时就不会再产生连锁反应。

有的编译系统将错误划分为若干等级，如严重错误、错误、警告和注意等，虽然一些较轻的错误不改也能运行，但必须从一开始就养成一丝不苟的作风，根据出错信息“治愈”一切隐患。

2. 有关测试的基本概念

（1）为何要进行测试。

编译软件也仅能检查出程序编写中的语法错误，更多情况的差错编译软件是无法查出的。比如，逻辑性差错、名字拼写错、不正确的初始化或未作初始化、数据格式或文件格式不正确、循环次数有错、调用了错误的模块等。一个正确的程序必须没有语法错误外，还必须做到：

1）程序运行中不发生明显的运行错误。也即不出现因产生过大或过小的数据导致溢出，也不出现循环不止（死循环）等情况。

2）程序中没有不适当的语句。比如，没有未说明的变量被引用，也没有已说明的未曾引用、没有变量未赋初值而引用等现象。

3）程序在接受异常条件下不合理数据时，能做出正确的处理，给出恰当的结果。

4）程序运行时，能接受任何可能的数据，并给出正确的结果。这是编写程序所希望达到的最高目标，它要求程序没有任何隐含的缺陷或差错。

尽管近年来作为计算机科学的一个新分支——程序正确性证明已取得了显著的发展。

然而，尚未达到实用化的阶段。要想提高程序的正确性，目前比较实际的办法只能依靠测试技术，以便尽可能多地发现隐藏在程序内部的各种错误。

（2）测试的基本原则。

1）切不可设想程序没有错误或测不出错误。

2）测试之前必须预知测试的正确结果。

3）尽可能避免测试自己编写的程序（小程序除外）。

4）测试用例（即为测试准备的例题及计算用数据）的设计必须兼顾有效（合法的）输入与无效（不合法的）输入。

5）应检查一个程序是否做出了其该做的事和是否做了不该由它做的事。

6）既不可检查了几个错误就中止测试，也不可不顾人力、物力条件过度测试。

7）保留已用过的测试用例，编写好测试结果报告。

3. 测试方法概述

程序的测试和任何产品的测试相似，测试方法可分为两大类：黑盒测试和白盒测试。

所谓程序的黑盒测试是，完全不考虑程序的内部结构和处理过程，仅根据程序的功能或外部特征来设计测试用例。也就是测试者只能依靠功能说明、可能的输入和输出条件来确定测试数据。因此，这种方法也称为功能测试或数据驱动测试。

所谓白盒测试与黑盒相反，它允许（甚至要求）测试者了解程序的结构和处理过程，并根据程序内部结构设计测试数据，检查程序中的每条通路是否能按预定的要求正确工作。这种方法又称为结构测试或逻辑驱动测试。

无论哪种测试方法包含所有可能情况的测试称为“穷尽测试”。粗看起来，只要对程序进行穷尽测试，就可以完全保证程序的正确性。遗憾的是，穷尽测试对实际程序是不可能做到的。现以两个典型的例子来说明。

【例 4.1】 某程序有输入量 A、B 和 C 及输出量 X（见图 4.12），设该程序在字长 16 位的微机上运行，且假定 A、B 和 C 均只取整数。

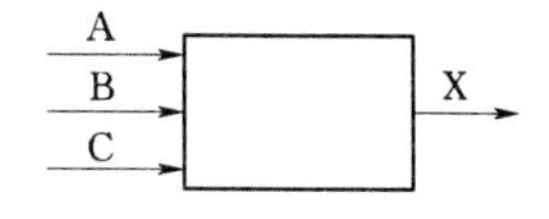

图 4.12 黑盒法示意

当试用黑盒穷尽测试以保证程序正确性时，可采用的测试数据（A_i，B_i，C_i）的组数为：

$$2^{16}\times2^{16}\times2^{16}=2^{48}\approx3\times10^{14}$$

也即要执行将近 3×10^4 次才能做到穷尽测试。假定每执行一次程序仅需 1/1000s，为实现穷尽测试将要运行近 10000 年！

【例 4.2】 设有如下元语言表示的一程序段

```
DO 10 I=1,10
   IF 条件 1 THEN
     完成功能 1
   ELSE IF 条件 2 THEN
          IF 条件 3 THEN
            完成功能 2
          ELSE
            完成功能 3
```

```
            END IF
          ELSE IF 条件 4 THEN
                完成功能 4
             ELSE
                完成功能 5
        END IF
       CONTINUE
            .
```

为对这一程序段进行白盒穷尽测试，从程序段入口到出口的总路径数为 50^{20}（约 10^{14}）。假定每条路径设计一组测试数据实施测试，每执行一条路径要 1s，则测完这近 10^{14} 条路径将花 302 多万年时间！

这两个典型例子说明，因为不可能进行穷尽测试，所以测试只能发现程序的某些错误，而不能证明不存在错误。为通过测试保证程序的可靠性，必须精心设计测试方案，力争用尽可能少的测试发现尽可能多的错误。

（1）测试步骤。

除测试像前几节那样的小程序外，一般都不把整个程序作为一个单独的实体来进行测试。按模块化程序设计方法编写的程序，通常的测试步骤是：

1）模块测试（也称单元测试）。采用白盒测试法，尽可能发现模块内部的差错。

2）组装测试（也称集成测试）。一般采用黑盒测试法检验与总体设计等相关的程序结构问题。

3）验收测试（也称确认测试）。一般采用黑盒测试法检查所设计的程序能否满足用户提出的功能和性能要求，通常主要用实际的有关数据进行测试。

（2）模块测试。

因为模块只是程序中具有一定功能、相对独立的程序单位，所以要进行测试还得付出一些代价。一般情况要建立两类辅助测试的模块：一类是驱动模块（driver），用以模拟被测模块的上级模块；另一类是桩模块（stub），用以模拟被测模块的下级模块。实际上，在测试时驱动模块就是主控模块（主程序），它接收测试数据，把这些数据传送给被测试的模块，并且输出有关的结果。在测试的桩模块中，使用被代替模块的接口，可能做最少量的数据操作，输出对入口的检验或操作的结果，并把控制归还给调用它的模块。有了驱动和相关的桩模块，调用系统的编译软件对这一“完整程序”进行编译、优化和链接，使形成一个可执行文件以便测试时运行。为减少设计辅助测试模块的开销，用采用本节后面组装测试中所讲的渐增式测试法。

常用的模块测试用例设计方法是实现逻辑覆盖，它是从程序内部的逻辑结构出发选取测试用例的方法。由于覆盖的目的不同，逻辑覆盖又可分为：

1）语句覆盖。其含义是，设计若干个测试用例，当运行被测程序时，使模块中的每一个可执行语句至少执行一次。它是逻辑覆盖中最弱的一种准则。

2）判定覆盖。其含义是，设计若干个测试用例，当运行被测程序时，使模块中的每一个判断的取真和取假分支至少经历一次，因此它也成为分支覆盖。只作到判定覆盖仍然无法判断内部是否存在条件错误。

3）条件覆盖。其含义是，设计若干个测试用例，当运行被测程序后，使每个判断中每个条件的可能取值至少满足一次。实践表明，满足条件覆盖的测试用例不一定能覆盖分支。

4）判定—条件覆盖。其含义是，要求设计足够的测试用例，使得判断中每个条件的所有可能至少出现一次，并且每个判断本身的判定结果也至少出现一次。但判定与条件覆盖都满足时，仍不一定能覆盖程序的每一条路径。

5）路径覆盖。其含义是，设计足够多的测试用例，要求覆盖程序中所有可能的路径。但是如例 4.2 所指出，这一准则太苛刻。因此，还必须结合属于黑盒法的等价类划分、边值分析和因—果图等测试用例设计思想，设法减少路径覆盖的工作量（有关黑盒法测试用例设计的方法，读者可查阅软件工程学有关书籍）。

在模块测试期间主要评价模块的以下 5 个方面：

①模块接口；②局部数据结构；③重要的执行通路；④出错处理通路；⑤影响以上各方面的边界条件。

在对模块接口进行测试时，主要检查以下几点：

①哑元和实元的数目是否相等；②哑元和实元的属性是否匹配；③哑元和实元的单位系统是否一致；④当存在桩模块时，传送给被调用模块的实元，是否与该模块的哑元在数量、属性和单位系统上一致；⑤是否修改了只做输入用的实元；⑥全程变量的定义在各个模块中是否一致；⑦调用内部函数时，实元的个数、属性和次序是否正确；⑧是否把常数当做变量来传送。

如果被测模块执行了外部的输入、输出时，还应再检查下述各点：

①文件属性是否正确；②OPEN 语句是否正确；③格式说明与输入、输出语句中给出的信息是否一致；④缓冲区大小是否与记录的大小匹配；⑤是否所有的文件在使用以前均已打开；⑥对文件结束条件的判断和处理是否正确；⑦对输入、输出的错误处理是否正确；⑧输出信息中的文字是否写错。

局部数据结构式模块常见的错误来源，应仔细设计测试方案，以便发现以下几类错误：

①错误或不相容的说明；②使用了尚未赋值或尚未初始化的变量；③错误的初始值或省缺值；④错误的变量名，如拼写、缩写错；⑤数据类型不相容；⑥上、下溢出或地址错。

除局部数据结构外，模块测试中还应注意公用区对模块的影响。

由于通常不可能进行穷尽测试，因此在模块测试期间选择最有代表性、最可能发现错误的执行路径进行测试是非常关键的。无论考虑何种逻辑覆盖，都应该注意发现以下一些典型的计算结果：

1）计算次序错误或误解了运算的优先级。

2）发生了混合运算情况。例如，实型量和复型量混淆。

3）变量初始值不正确。

4）计算精度不够。

5）表达式中符号表示错误。

比较和控制流程彼此是紧密结合的，比较的错误势必导致控制流程的错误。因此，测试用例应特别注意发现以下一些常见的错误：

1）不同数据类型的量进行了比较。

2）逻辑运算符或其优先级用错。

3）本应相等的数据，由于精度原因实际上不相等。

4）“差 1”错（也即多或少循环一次）。

5）循环终止条件错或出现死循环。

6）在遇到发散的循环时，不能摆脱出来。

7）循环控制变量修改有错。

一个大的程序在运行中出现了异常现象是不奇怪的，良好的设计应预先估计到，将来投入正式运行后可能发生什么样的出错情况，从而在相应处给出的恰当的处理措施，使得用户不至于发生了这些情况时束手无策。在测试时若模块中有这种处理措施，则应认真测试这些出错处理通路是否正确。

边界测试是模块测试的最后一步，也可能是最重要的任务。实践表明，程序常常在它的边界上失效。例如处理 n 元数组的第 n 个元素时，或做到 i 次循环中的第 i 次重复时，往往会发生错误。因此，使用刚好小于、等于和大于最大值或最小值的数据结构、控制量和数据值的测试方案，很可能发现程序中的错误（这就是黑盒法边值分析思想）。

（3）组装测试。

在完成模块测试后，按程序设计时的结构图（框图、元语言表示），把它们联结起来，进行子系统或整个程序的组装测试（integrated testing）。实践表明，一些模块能够单独正常工作，却并不能保证组装起来也能正常工作，程序在某些局部反映不出来的问题，在全局上很有可能反映出来，从而影响功能的发挥。

进行组装测试有两种不同的组装方法：非渐增式和渐增式。限于篇幅，这里仅介绍利大于弊的渐增式测试法。

所谓渐增式测试是指，把下一个要测试的模块与已测试好的模块结合起来进行测试，测试完后，再把下一应测模块结合进来进行测试。它是一种每次增加一个模块的测试方法。模块结合方式，又可分为自顶向下结合和自底向上结合两种。

自顶向下结合的步骤为：

1）对主控制模块（主程序）进行测试，此时用桩模块代替所有直接附属于主控模块的一级模块。

2）根据选定的结合原则（深度优先或宽度优先），每次用一实际模块来代替一个桩模块（新结合进来的模块又需建立对应于二级模块的桩模块），然后进行测试。

3）为了保证结合进来的模块没有引进新的错误，有时要全部或部分地重复以前做过的测试（也称进行回归测试）。

4）如果整个程序没有测试完，则转回步骤 2）继续执行。否则，组装测试工作完成。

自底向上结合时，因为被结合进来测试的模块所需下级模块已存在并经过测试，所以这个测试不需要桩模块的开销。下述步骤可以实现自底向上的结合方法：

1）把程序最底层的模块（也称“原子”模块）进行测试，测试时要为它们建立驱动模块（主程序）。测试完后，去掉驱动模块，按程序结构将其进行组装，形成具有特定功能的子功能族（“原子”模块是一级模块时，不需组装）。

2）为子功能族写驱动模块，协调测试数据的输入和输出。

3）对子功能族进行测试。

4）去掉驱动模块，对非一级模块，按程序结构自下向上移，把子功能族组合成更大的子功能族，然后返回步骤2）。当所有子功能族均为一级模块时，编写主程序并进行测试，至此组装测试完成。

上述两种方法各有优缺点，且一般来说一种方法的有点正好是另一方法的缺点。自顶向下的测试的优点是：不需要写测试驱动程序；能够在测试阶段的早期实现并验证系统的主要功能；能在早期发现接口的错误。自顶向下测试的缺点是：需要写桩模块；而当对较高层次模块作较充分测试要用到较低层次上的处理结果时，这时测试将遇到困难；发现低层次关键模块中的错误较晚；测试的早期不能充分展开人力，平行（同时）测试困难。因此，在实际应用中往往采用两种方法混合使用的一些方案。

4.3.2 程序调试简介

在成功地测试（尽可能多地暴露出程序中的错误）之后，还必须进一步诊断和改正程序中的错误（也称故障），这就是调试的任务。具体地说，调试过程由如下两步组成：首先从测试中得到的某些错误线索确定故障的准确位置；然后仔细地分析出错的原因，并设法改正。其中第一步（找出错位置）所需的工作量大约占调试总工作量的95%。因此，本小节着重讨论有错误迹象时如何定出错位置。

在测试暴露了一个错误之后，进行调试以确定与其相应的故障位置，这时可能需进行一些诊断性测试。一旦确定了故障位置，就可修改程序以排除这个故障，改完之后，需要重新进行暴露了这个错误的原始测试及某些回归测试（即重复某些以前做过的测试）。若改正无效，则重新做上述工作，直到解决为止。有时改正了这个故障，却又引入了新的故障，这些新故障在回归测试中可能被立即发现，也可能潜藏一段时间后，在继续的测试中被发现。由此可见，调试工作是程序设计中最艰巨的一项脑力劳动。

1. 调试技术

为了确定故障的位置有如下两种“技术”：

（1）安排输出语句。

在程序中的某些关键位置插入输出语句（输出特定符号、变量值等），以便分析程序的动态执行情况。

（2）利用调试工具。

有的编译系统（如MS-FORTRAN 4.0以上版本）、SIEMENS机的IDA（Interactive Debug Aid）功能等都具有动态追踪功能，利用他们可在不修改源程序的情况下进行诊断。这些工具的具体应用方法，读者可查阅有关的用户手册。

2. 调试方法简介

这是调试过程的关键。常用的调试方法为：

（1）试探法。

调试人员分析错误征兆，猜想故障的大致位置，然后用调试技术获取程序中被怀疑处附近的信息。这种方法通常是缓慢而低效的。

（2）回溯法。

调试人员检查错误征兆，确定最先发现“症状”处，然后人工沿程序的控制流往回追踪，直到找出源程序中的错误根源或确定出故障的范围。

回溯法的另一种形式是正向追踪，也就是用调试技术检查程序流程的一系列中间结果，以便确定最先出错处。

回溯法对于小程序而言是一种比较好的调试方法，它能把故障范围缩小到程序中的一小段语句序列，然后仔细分析这些语句序列，不难确定故障的准确位置。但程序愈大，用回溯法就愈困难。

（3）对分查找法。

若已知每个变量在程序内若干关键点的正确值，则可用赋值或输入语句在程序的“中点”附近“注入”这些变量的正确值，然后检查程序的输出。如果程序输出结果是正确的，表明故障在程序的前半部分；反之，故障在程序的后半部分。对程序中有故障的部分反复使用此法，直到把故障范围缩小到容易诊断的程度为止。

对于规模较大的程序来说，更普遍的调试方法是归纳法和演绎法。对它们有兴趣的读者，可查阅软件工程学书籍。

4.3.3　说明

本小节从软件工程学角度，对程序的测试和调试作了简单介绍。实践表明，对于具有一定规模的程序设计（指广义的程序设计）工作来说，程序测试和调试工作将占总工作量的 40%以上，在极端情况下（例如火箭发射、航天飞机所用软件）测试的成本，可能是软件工程其他步骤所化总成本的 3～5 倍。因此，无论怎样强调软件（程序）的测试和调试工作对软件可靠性的影响都不过分。

鉴于上述认识，虽因篇幅所限，对有关内容只作简要介绍，但还是尽可能把一些常用的、重要的概念、方法和原则等介绍一些。正因如此，本节内容显得多些，对于初学者可能更感困难。为了克服这一不足，建议初学者（或上机经验不多的读者）在粗读一遍的基础上，搞清模块测试时主要评价的那些方面内容，每方面又主要检查那些易产生的错误。然后把注意力放在模块化程序应如何逐步测试和灵活运用所介绍的方法（试探、回溯和对分查找法）来确定错误根源。在此基础上，再通过下节的学习和在今后软件开发工作中的实践，掌握程序调试技术并不是很困难的。

4.4　程序调试举例

为了更好地理解 4.3 节所述的有关内容，本节以一小型程序为例，说明如何进行模块测试（驱动、桩模块建立，测试用例的设计等），如何用混合方法组装测试，如何进行验收测试等问题。

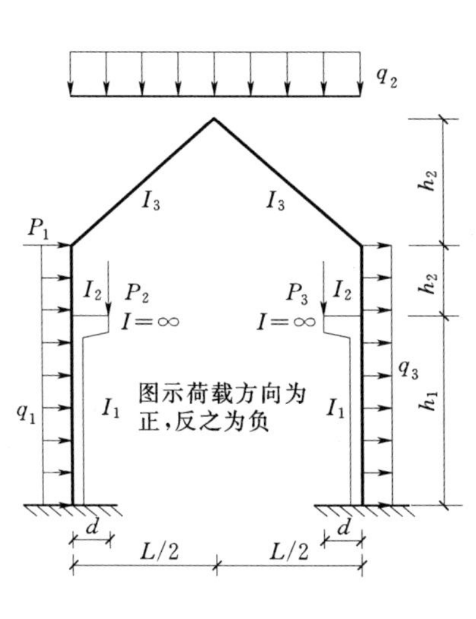

(a)刚架及其受荷示意

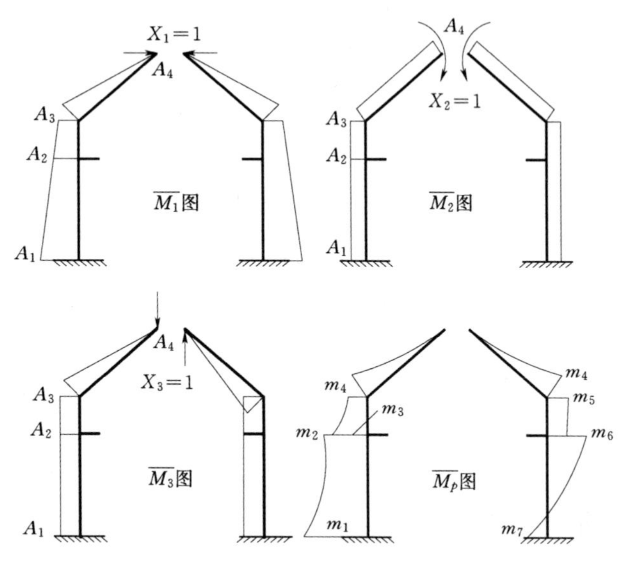

(b)单位弯矩图，荷载弯矩图示意

图 4.13 门式刚架

4.4.1 需测试（包括调试）的程序

为计算图 4.13（a）所示门式刚架在荷载作用下的控制截面弯矩，采用力法求解。因此，作出了图 4.13（b）所示的单位弯矩图和荷载弯矩图。在此基础上，按前几节介绍的程序设计方法，经过问题分析、抽象和流程分析等，可建立如图 4.14 所示的程序结构图（也即模块层次图），然后进一步求精展开可获得源程序。

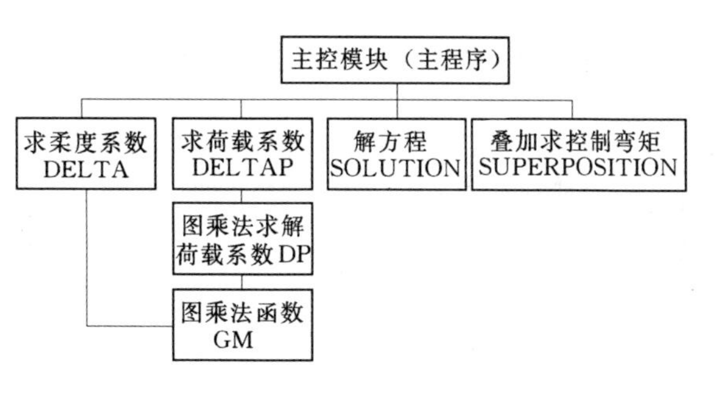

图 4.14 程序结构示意图

门式刚架控制截面弯矩计算程序如下：

```
C     ****************************************
C                     图乘法函数辅程序
C     ****************************************
      FUNCTION GM(U1,U2,V1,V2,A,Q,EI,I)
      IF(I)10,20,20
10       GM=-A*(U1*V1+0.5*(U1*V2+U2*V1)+U2*V2+0.125*Q*A*A*(V1+V2)
      *           )/(3.*EI)
      GOTO 30
20       GM=A*(U1+V1+0.5*(U1*V2+U2*V1)+0.125*Q*A*A*(V1+V2)+U2*V2)
      *              /(3.*EI)
30    RETURN
      END
```

```
C      ***********************************************
C                  图乘求力法方程荷载系数的函数辅程序
C      ***********************************************
       FUCTION DP(I)
       IMPLICIT REAL (L,M)
       COMMON/DATA1/EI1,EI2,EI3/DATA2/L,H1,H2,H3,D/DATA3/P1,P2,P3,
     *        Q1,Q2,Q3/DATA4/A,B,C/DATA5/M1,M2,M3,M4,M5,M6,M7
       IF  (I-2)10,20,30
C         确定单位弯矩图 M1 的控制弯矩
10        A1=B
          A2=A
          A3=H3
          A4=0
          J=1
       GOTO 40
C         确定单位弯矩图 M2 的控制弯矩
20        A1=1.
          A2=A1
          A3=A1
          A4=A1
          J=1
       GOTO 40
C         确定单位弯矩图 M3 的控制弯矩
30        A1=0.5*L
          A2=A1
          A3=A1
          A4=0
          J=-1
C      计算自由项
40     DP=-(GM(M1,M2,A1,A2,H1,-Q1,EI1,1)+GM(-M7,M6,A1,A2,H1,Q3,
     1    EI1,J)+GM(M3,M4,A2,A3,H2,-Q1,EI2,1)+GM(M5,M4,A2,A3,H2,
     2    Q3,EI2,J)+GM(M4,0.,A3,A4,C,-Q2,EI3,1)+GM(M4,0.,A3,A4,
     3    C,-Q2,EI3,J))
       RETURN
       END

C      ***********************************************
C                      求力法方程柔度系数的子程序
C      ***********************************************
       SUBROUTINE DELTA(D11,D12,D22,D33)
       REAL L
       COMMON/DATA1/EI1,EI2,EI3/DATA2/L,H1,H2,H3,D/DATA4/A,B,C

C      牛腿处控制弯矩
```

```
      A=H2+H3
C     基底处控制弯矩
      B=A+H1
C     斜杆长
      C=SQRT(0.25*L*L+H3*H3)
C     图乘求柔度系数
      D11=2*(C*H3*H3/(3*EI3)+GM(A,H3,A,H3,H2,0.,EI2,1)
     1           +GM(B,A,B,A,H1,0.,EI1,1))
      D12=C*H3/EI3+(A+H3)*H2/EI2+(A+B)*H1/EI1
      D22=(C/EI3+H2/EI2+H1/EI1)*2
      D33=L*L*(C/(6*EI3)+0.5*(H2/EI2+H1/EI1))
      RETURN
      END

C     **************************************************
C                        求力法方程荷载系数的子程序
C     **************************************************
      SUBROUTINE DELTAP(D1P,D2P,D3P)
      IMPLICIT REAL (L,M)
      COMMON/DATA1/EI1,EI2,EI3/DATA2/L,H1,H2,H3,D/DATA3/P1,
     1       P2,P3,Q1,Q2,Q3/DATA4/A,B,C/DATA5/M1,M2,M3,M4,M5,M6,M7
C     求图2.20b所示荷载弯矩控制值
      M4=0.125*Q2*L*L
      M3=M4+P1*H2+0.5*Q1*H2*H2
      M2=M3+P2*D
      M1=M4+P1*(H1+H2)+P2*D+0.5*Q1*(H1+H2)**2
      M5=M4+0.5*Q3*H2*H2
      M6=M5+P3*D
      M7=0.5*Q3*(H1+H2)**2-M4-P3*D
C     求荷载系数
      D1P=DP(1)
      D2P=DP(2)
      D3P=DP(3)
      RETURN
      END

C     *************************************
C                  解力法方程
C     *************************************
      SUBROUTINE SOLUTION(D11,D12,D22,D33,D1P,D2P,D3P)
      D3P=D3P/D33
      A=1/(D11*D22-D12*D12)
      B=A*(D22*D1P-D12*D2P)
      D2P=A*(D11*D2P-D12*D1P)
```

```
      D1P=B
      RETURN
      END

C     ****************************************************
C                 叠加求控制弯矩(规定外侧受拉为正)的子程序
C     ****************************************************
      SUBROUTINE SUPERPOSITION(D1P,D2P,D3P)
      IMPLICIT  REAL (L,M)
      COMMON/DATA2/L,H1,H2,H3,D/DATA4/A,B,C/DATA5/M1,M2
      1           ,M3,M4,M5,M6,M7

      DIMENSION MOMENT(9)
C     单位弯矩图 M3 * X3 中控制弯矩
      A1=0.5 * L * D3P
      A2=B * D1P
      A3=A * D1P
      A4=H3 * D1P
      MOMENT(1)=M1+A1+A2
      MOMENT(2)=M2+A1+A3
      MOMENT(3)=M3+A1+A3
      MOMENT(4)=M4+A1+A4
      MOMENT(5)=0,0
      MOMENT(6)=M4-A1+A4
      MOMENT(7)=M5-A1+A3
      MOMENT(8)=M6-A1+A3
      MOMENT(9)=-M7-A1+A2
      DO  10  I=1,9
10    MOMENT(I)=MOMENT(I)+D2P
      WRITE( * ,20)  (MOMENT(I),I=1,9)
20    FORMAT(//1X,'门式刚架控制截面弯矩;'/6X,'M1',11X,'M2',
      1           11X,'M3',11X,'M4',11X,'M5'/6X,'M6',11X,'M7',11X,'M8',
      1           11X,'M9,//5(2X,F12.4))
      RETURN
      END

C     ******************************************************
C                 求解门式刚架控制截面弯矩的程序(主程序)
C     ******************************************************
      REAL L
      COMMON/DATA1/EI1,EI2,EI3,/DATA2/L,H1,H2,H3,D/DATA3/
      1           P1,P2,P3,Q1,Q2,Q3
C     读入初始数据
      READ( * , * ) EI1,EI2,EI3,L,H1,H2,H3,D,P1,P2,P3,Q1,Q2,Q3
```

```
      WRITE(*,40) EI1,EI2,EI3,L,H1,H2,H3,D,P1,P2,P3,Q1,Q2,Q3
C     求柔度系数
      CALL DELTA(D11,D12,D22,D33)
      WRITE(*,10)D11,D12,D22,D33
C     求荷载系数
      CALL DELTAP(D1P,D2P,D3P)
      WRITE(*,20)D1P,D2P,D3P
C     解方程
      CALL SOLUTION(D11,D12,D22,D33,D1P,D2P,D3P)
      WRITE(*,30)D1P,D2P,D3P
C     叠加求控制弯矩
      CALL SUPERPOSITION(D1P,D2P,D3P)
10    FORMAT(1X,'柔度系数:',' D11=',F12.5,' D12=',F12.5/
      1          '                D22=',F12.5,' D33=',F12.5//)
20    FORMAT(1X,'荷载系数:',' D1P=',F12.5,' D2P=',F12.5,
      1          '                D3P=',F12.5//)
30    FORMAT(1X,'力法未知量:','X1=',F12.5,' X2=',F12.5,
      1          '                X3=',F12.5/)
40    FORMAT(1X,'抗弯刚度:','EI1=',F12.3,2X,'EI2=',F12.3,2X,
      1      'EI3=',F12.3/1X,'跨度:','L=',F12.3,2X/1X,'高度:','H1='
      2      F12.3,2X,'H2=',F12.3,2X,'H3=',F12.3/1X,'牛腿长度:','D='
      3      ',F12.3/1X,'集中力值:','P1=',F12.3,2X,'P2=',F12.3
      4      ,2X,'P3=',F12.3/1X,'均布荷载集度:','Q1=',F12.3,2X,'Q2='
      5      ,F12.3,2X,'Q3=',F12.3/)
      STOP
      END
```

4.4.2 程序的调试过程

一个大程序（也称软件）的开发，通常由一个开发小组来完成。在完成问题分析、总体和接口设计等工作后，模块的具体设计就由开发小组成员同时按工平行进行。这种情况下，为了保证软件的可靠性，必须按上节所述：先模块；后组装；最后进行验收的测试盒调试（以下称为“测调”）顺序来进行。为节省篇幅，且又使读者对上节所介绍的测调方法能有进一步的了解，这里将进一步介绍较小程序的实用测调方案。

1. 较小程序的实用测调方案

从图 4.14 所示程序的模块结构图可见，图乘法函数 GM 是一个公用性的模块，它既被求柔度系数 DELTA 模块调用，又被求荷载系数模块 DP 所调用。此外，力法求解超静定结构的关键之一是求系数，而求系数的关键又是正确的图乘。由此可见，GM 模块是本程序的关键性模块。

分析确定了程序的关键模块后，先对关键模块作模块测调，然后结合具体程序结构，采用渐增的自顶向下和自底向上相结合的组装测试方案进行测调。对于本程序来说，可采用以下测调顺序：

1）对 GM 模块进行测调。

2）自底向上渐增，对 DP 模块进行测调。

3）自顶向下测调主程序。

4）自顶向下渐增，对 DELTA、DELTAP 等模块进行测调。

5）进行验收测调。

上述这种方案（先对关键模块测调，再混合应用两种渐增结合方法作组装测调，最后进行验收测调），就是小程序测调的实用方案。

2. 具体测调举例

（1）模块 GM 的测调。

本模块总共只有两条路径，走哪条路径取决于哑元 I 取负（两图异侧）还是大于、等于零（两图同侧），因此测调用例应包含 I 取+1、−1。

模块中哑元 Q 为均布荷载季度，$Q=0$ 时模块应是两直线图形相乘，$Q\neq0$ 时为曲线和直线图形相乘。又由于规定产生凸弯矩图的 Q 为正，因此测调用例应包含 Q 为负、零和正值。

代表杆端弯矩的哑元 $U1$、$U2$、$V1$ 和 $V2$ 可取负、零和正值，因此测调时应考虑杆端弯矩同侧（同号）、异侧（异号）和其中之一为零的情况。

从图 4.13（a)，不仅对柱子（竖杆）要进行图乘，而且对斜杆也要进行图乘，因此测调时应包含斜杆受沿其水平长度均布荷载作用的情况。

综合上述几方面的考虑，可用于测试的有以下用例：

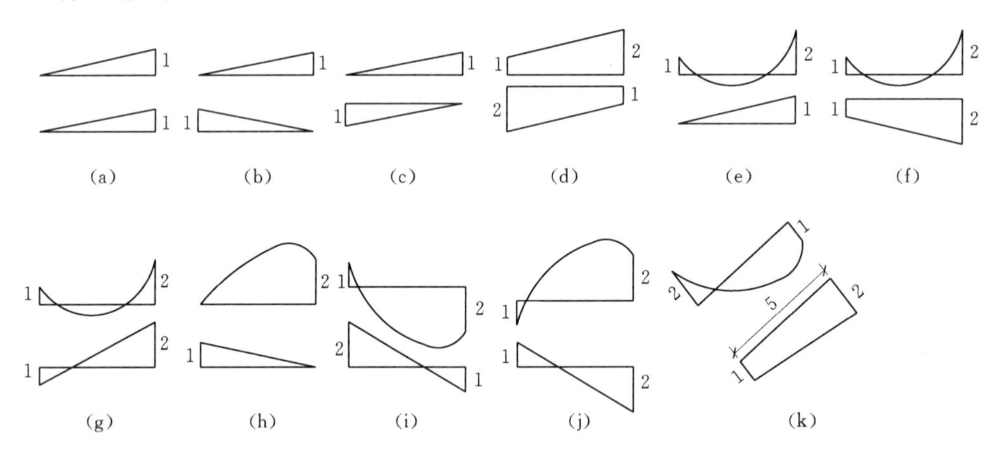

图 4.15　模块 GM 测试算例示意图

上述测试算例手算的结果是：(a) 4/3；(b) 2/3；(c) −2/3；(d) −26/3；(e) 2/3；(f) −4/3；(g) 4/3；(h) 4；(i) −2/3；(j) −20/3；(k) 7.5。

有了测试用例，进行测试时还必须为模块 GM 建立一个驱动模块（主程序），下面就是用于测试 GM 模块的驱动程序：

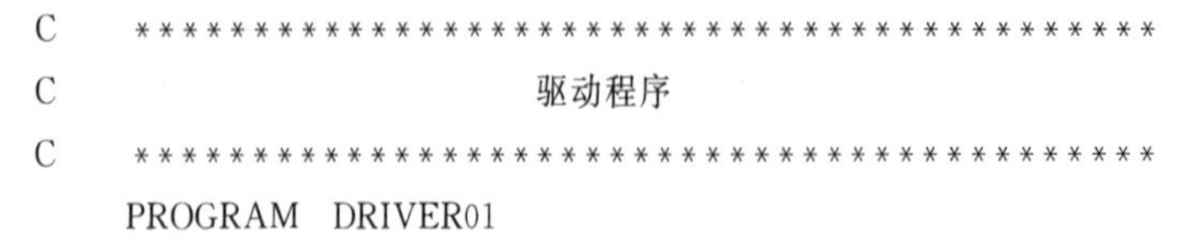

```
C       ******************************************
C                          驱动程序
C       ******************************************
        PROGRAM  DRIVER01
```

```
      OPEN  (11,FILE='INPUT',STATUS='OLD')
      OPEN  (12,FILE='OUTPUT',STATUS='NEW')
      READ  (11,*)NN
      DO  100  I=1,NN
         READ(11,*) U1,U2,V1,V2,A,Q,EI,II
         WRITE (12,10) U1,U2,V1,V2,A,Q,EI,II
10       FORMAT(//' INPUT DATA:'/
      1          ' U1=',F4.1,' U2=',F4.1,' V1=',F4.1,' V2=',F4.1,
      2          ' A=',F4.1,' Q=',F4.1,' EI=',F4.1,' I=',I2)
         R=GM(U1,U2,V1,V2,A,Q,EI,II)
         WRITE  (12,20)  R
20       FORMAT(//'    "GM" RESULT=',F10.5)
100   CONTINUE
      END

C     ************************************************
C                        图乘法函数辅程序
C     ************************************************
      FUNCTION GM(U1,U2,V1,V2,A,Q,EI,I)
      IF(I) 10,20,20
10       GM=-A*(U1*V1+0.5*(U1*V2+U2*V1)+U2*V2+0.125*Q*A*A*(V1+V2)
      *               )/(3.*EI)
      GOTO 30
20    GM=A*(U1*V1+0.5*(U1*V2+U2*V1)+0.125*Q*A*A*(V1+V2)+U2*V2)
      *                  /(3.*EI)
30    RETURN
      END
```

由于上述程序十分简单，因此不再说明为什么这样建立驱动模块。对此程序进行编译，形成可执行文件后，即可利用测试用例对模块进行实测，其测试结果从（a）到（k）顺序排列于下：

上图 左弯矩	上图右 弯矩	下图 左弯矩	下图 右弯矩	水平 长度	荷载 集度	弯矩 刚度	同侧 代码
INPUT DATA							
U1=.1	U2=1.0	V1=.0	V2=1.0	A=4.0	Q=.0	EI=1.0	I=1
"GM" RESULT=　1.33333							
INPUT DATA							
U1=.0	U2=1.0	V1=1.0	V2=.0	A=4.0	Q=.0	EI=1.0	I=1
"GM" RESULT=　.66667							
INPUT DATA							

续表

上图左弯矩	上图右弯矩	下图左弯矩	下图右弯矩	水平长度	荷载集度	弯矩刚度	同侧代码
U1=.0	U2=.0	V1=1.0	V2=.0	A=4.0	Q=.0	EI=1.0	I=1
"GM" RESULT= -.66667							
INPUT DATA							
U1=1.0	U2=2.0	V1=2.0	V2=1.0	A=4.0	Q=.0	EI=1.0	I=1
"GM" RESULT= -8.66667							
INPUT DATA							
U1=1.0	U2=2.0	V1=.0	V2=1.0	A=4.0	Q=-1.0	EI=1.0	I=1
"GM" RESULT= .66667							
INPUT DATA							
U1=1.0	U2=2.0	V1=1.0	V2=2.0	A=4.0	Q=-1.0	EI=1.0	I=-1
"GM" RESULT= -1.33333							
INPUT DATA							
U1=1.0	U2=2.0	V1=-1.0	V2=2.0	A=4.0	Q=-1.0	EI=1.0	I=1
"GM" RESULT= 1.33333							
INPUT DATA							
U1=.0	U2=2.0	V1=1.0	V2=.0	A=4.0	Q=1.0	EI=1.0	I=1
"GM" RESULT= 4.00000							
INPUT DATA							
U1=1.0	U2=-2.0	V1=-2.0	V2=-1.0	A=4.0	Q=-1.0	EI=1.0	I=1
"GM" RESULT= -.66667							
INPUT DATA							
U1=1.0	U2=2.0	V1=1.0	V2=-2.0	A=4.0	Q=1.0	EI=1.0	I=1
"GM" RESULT= -6.66667							
INPUT DATA							
U1=2.0	U2=-1.0	V1=1.0	V2=2.0	A=4.0	Q=-1.0	EI=1.0	I=-1
"GM" RESULT= 6.00000							

对比上述测试结果和正确结果可见，本模块在作珠子（或梁）的各种图乘情况时都是正确的，但在作受沿水平长均布荷载作用的斜杆图乘时，测试结果是错误的，这表明本模块存在故障。

因为 GM 模块只有两条路径、且语句 10、20 的计算仅差一个负号（取决于作同侧还是异侧图乘），所以其故障只能是语句 10、20 的算式不适用于斜杆。那么斜杆与竖杆（或水平杆）的区别何在呢？显然两者的区别在于荷载分布范围（长度）不同，斜杆时杆长和荷载分布长度是不同的，而 GM 的表达式却没有反应这一点，因此导致斜杆计算出错。为了消除这一故障，对程序中 GM 的算式进行分析可知，式中第一个变量 A 由结构力学可知为斜杆长度，式中另两个变量 A 为斜杆的水平长度，在梁与柱计算时上述两长度相等。基于此，为使 GM 具有通用性，修改方案之一是增加一个哑元 $A1$，改完后的 GM 模块的源程序如下：

```
C      ********************************
C                 图乘法函数辅程序
C      ********************************
       FUNCTION GM(U1,U2,V1,V2,A,A1,Q,EI,I)
       IF(I)10,20,20
10       GM=-A1*(U1*V1+0.5*(U1*V2+U2*V1)+U2*V2+0.125*Q*A*A*(V1+V2)
     *               )/(3.*EI)
       GOTO 30
20       GM=A1*(U1*V1+0.5*(U1*V2+U2*V1)+0.125*Q*A*A*(V1+V2)+U2*V2)
     *               /(3.*EI)
30     RETURN
       END
```

相应修改驱动程序且做回归测试，结果完全和正确解相同，这表明修改是有效的。至此，模块 GM 的可靠性得到了保证。

实际上，对于十分简单的 GM 模块，应把精力主要放在人工的静态检验上，即反复验证程序表达式所示的算式是否正确。在此基础上，对受均布荷载的水平和斜杆各做一次测试即可。介绍上述（动态）测调的目的是，使初学者能有一个按 4.3 节所述方法进行用例设计和测调分析的参考实例。

（2）模块 DP 的人工测试。

从模块的源程序可见，该模块由 I-2（I 为哑元）决定三条路径，最后所用路径都归到执行标号为 40 的语句（实际上，I 取给定值时只有一条路径）。在执行标号为 40 的语句时，因为要多次调用 GM 模块，所以必须先对这些 GM 的实元与哑元一一对应。

从程序注释可见，其每条路径是确定单位弯矩图中各控制截面弯矩值和同侧还是异侧图乘的代码。标号 40 的语句是单位弯矩图和荷载弯矩图的图乘。确定控制弯矩等都是一些机简单的赋值语句，而标号为 40 的语句，在 GM 正确性得到保证，且从公用区传入的荷载弯矩图各控制弯矩、几何尺寸、均布荷载集度和抗弯刚度均正确的前提下，可能出现的错误只能是未正确使用 GM 模块。如进行数值测定有错，要找出究竟是哪个 GM 调用错误（故障确切位置）很困难。因此，模块 DP 不采用"机测"，而改用人工静态仔细检查。在 GM 的调用语句中实元均正确修改后，经检查本模块是完全正确的（再次强调，必须保证通过公用区传入的数据是正确的）。

（3）主程序的测试。

从图 4.14 可见，主程序调用 4 个一级模块，因此，必须建立四个相应的桩模块。由于 SOLUTION 模块只是一些非常简单的语句，且人工检验表明方程求解过程是完全正确的，因此桩模块直接取作原模块。其他三个桩模块如下所示（因为主程序调用 DELTA 和 DELTAP 后均有输出语句，故在所示三个桩模块中未安排输出。一般情况下，桩模块中应适当设置输出）：

```
C     ******************************************
C                        求力法方程系数的桩模块
C     ******************************************
      SUBROUTINE DELTA(D11,D12,D22,D33)
      REAL L
      COMMON/DATA/EI1,EI2,EI3/DATA2/L,H1,H2,H3,D/DATA4/A,B,C
      D11=1.
      D12=2.
      D22=3.
      D33=4.
      RETURN
      END

C     *******************************************************
C                             求力法方程荷载系数的桩模块
C     *******************************************************
      SUBROUTINE DELTAP(D1P,D2P,D3P)
      IMPLICIT REAL(L,M)
      COMMON/DATA1/EI1,EI2,EI3/DATA2/L,H1,H2,H3,D/DATA3/P1,
     1    P2,P3,Q1,Q2,Q3/DATA4/A,B,C/DATA5/M1,M2,M3,M4,M5,M6,M7
      D1P=1
      D2P=2
      D3P=3
      RETURN
      END
C     ******************************
C                     解力法方程
C     ******************************
      SUBROUTINE SOLUTION(D11,D12,D22,D33,D1P,D2P,D3P)
      D3P=D3P/D33
      A=1/(D11*D22-D12*D12)
      B=A*(D22*D1P-D12*D2P)
      D2P=A*(D11*D2P-D12*D1P)
      D1P=B
      RETURN
      END

C     *****************************************************
C                      叠加求控制弯矩(规定外侧受拉为正)的桩模块
C     *****************************************************
      SUBROUTINE SUPEROSITION(D1P,D2P,D3P)
      IMPLICIT REAL(L,M)
      COMMON/DATA/L,H1,H2,H3,D/DATA4/A,B,C/DATA5/M1,M2.
     1                  ,M3,M4,M5,M6,M7
```

```
      DIMENSION MOMENT(9)
      D1P=1
      D2P=2
      D3P=3
      DO 10 I=1,9
      MOMENT(I)=FLOAT(I)
10    CONTINUE
      RETURN
      END
```

从这些桩模块程序可见，为了检测模块接口，各模块的段头语句原封不动地搬到桩模块中。此外，为了检查数据的公用结合传递，各模块的公用区也移到了桩模块中，而各模块的内部构造细节（除 SOLUTION 模块外）都去掉了，以一些非常简单的操作作为过程体。

由于所建立的桩模块中未用输入数据做实质性的操作，所以主程序测试用例中的输入数据可任意给出。经测试，主程序是正确的。

(4) 模块 DELTA 的测调。

以模块 DELTA 代替相应的桩模块，并附上已测试过的模块 GM。由于 GM 做了修改，所以 DELTA 中的调用语句也必须进行相应修改（否则编译就通不过）。在其他桩模块不变的情况下，经编译后即可进行组装测调。

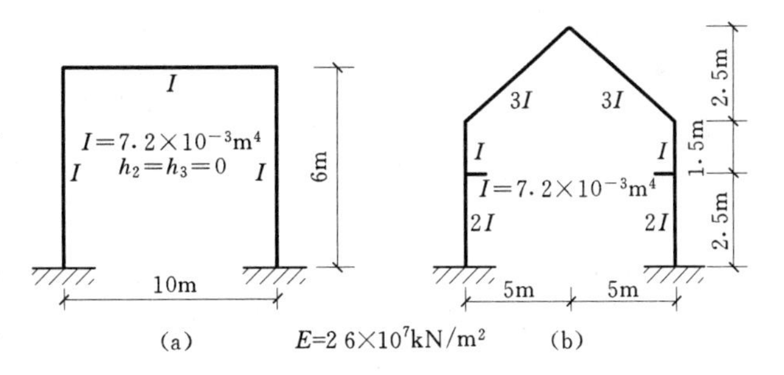

图 4.16 模块 DELTA 测试用例

为了测试柔度系数计算的可靠性，采用图 4.16 所示的两个测试用例，一个是一般情况，另一个是特例。经手算可得两用例的正确结果为：

(a) 图 δ_{11}0.00077，$\delta_{12}=0.00019$，$\delta_{22}=0.00012$，$\delta_{33}=0.00205$

(b) 图 $\delta_{11}=0.00059$，$\delta_{12}=0.00015$，$\delta_{22}=0.00005$，$\delta_{33}=0.00090$

用于两测试用例的输入数据为：

(a) 图 3 * 1.872e5， 10， 6， 9 * 0

(b) 图 3.744e5， 1.872e5， 5.616e5， 10， 2.5， 1.5， 2.5， 7 * 0

测试结果程序输出结果为：

柔度系数：D11= .000769231 D12= .000192308
D22= .000117521 D33= .002047721

柔度系数：D11= .000769231 D12= .000192308
D22= .000117521 D33= .002047721

由此可见，模块 DELTA 无论对于特例还是一般情况均是正确的，该模块的可靠性是能保证的。

(5) 模块 DELTAP 的测调。

在测调 DELTA 模块的程序基础上，以 DELTAP 模块代替相应的桩模块，且附加上已经测试（人工静态检查）验证的 DP 模块，保留最后一个（即 SUOERPOSITION）桩模块不变，经编译即可进行组装测调。

从 DELTAP 模块的源程序可见，在 DP 模块可靠性得到保证的情况下，测调主要是对一条路径的各赋值语句来进行（实际上本模块应采用人工测试方案，为介绍回溯调试法才采用机上测调），因此仍然采用图 4.16 结构作为测试用例是可行的，两用例的牛腿尺寸和荷载情况如下：

(a)图 $D=0$，$P3=P2=0$，$P1=10.0$kN，$Q1=0.4$kN/m，$Q2=0.6$kN/m，$Q3=0.2$kN/m；

(b)图 $D=0.5$m，$P1=P2=P3=10.0$kN，分布荷载集度同(a)图。

用手算求得两用例的荷载系数如下：

(a)图 $\Delta_{1P}=-0.00546$，$\Delta_{2P}=-0.00161$，$\Delta_{3P}=-0.00538$；

(b)图 $\Delta_{1P}=-0.00260$，$\Delta_{2P}=-0.00059$，$\Delta_{3P}=-0.00131$。

两测试用例的输入数据分别为：

(a)图 3 * 1.872e5,10,6,3 * 0,2 * 0,0.4,0.6,0.2；

(b)图 3.744e5,1.872e5,5.616e5,10,2.5,1.5,2.5,0.5,3 * 0,0.4,0.6,0.2。

测试结果程序输出为：

荷载系数：D1P=　-.00546　　D2P=　-.00161　　D3P=　-.00538；

荷载系数：D1P=　-.00262　　D2P=　-.00059　　D3P=　-.00129。

与手算结果对比可见，算例（a）结果正确，用例（b）结果错误。这说明模块 DELTAP 中存在故障。

为了确定故障的准确位置，考虑到两用例中均用到 M4（非零），因此它是正确的。从模块 DELTAP 源程序可见，M2 和 M6 分别是由 M3 和 M5 加一项而得，因此，如果它们结果正确，则其前的结果也必正确。基于此考虑，在 M2 和 M6 赋值语句之后安排输出 M2 和 M6 的语句（用测试工具时在这两处设置断点），重新编译之后，再计算用例（b）。计算结果 M2＝27.95，M6＝12.725。与正确结果分别为 27.95 和 12.275 相比，M2 正确，M6 错误，这就确定了故障区间在 M6 之前，接着检查 M2 之后，M6 之前的语句（与控制弯矩算式对照），可发现 M5 算式有问题，正确的应该是：

M5＝M4－0.5 * Q3 * H2 * H2

修改并重新编译、计算，结果完全正确，说明“诊治”正确。上述调试，即为回溯法调试的具体应用。再次强调，对本例来说，应该一开始就用人工检查，可不比回溯查找。

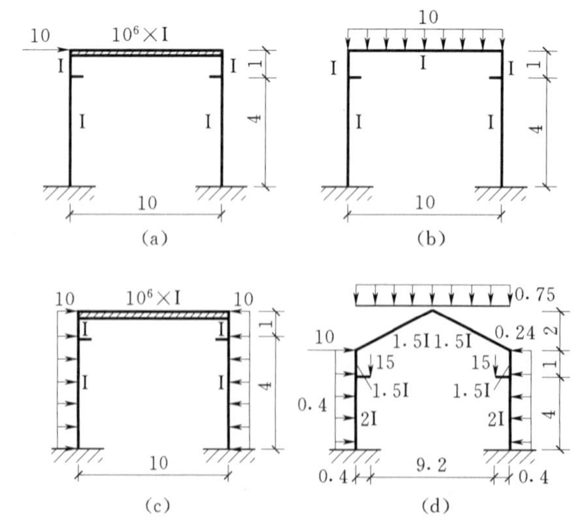

图 4.17　用于验收测试的算例示意图

SUPERPOSITION 模块的测调与上述

两模块相似，这里不再赘述。

（6）验收测试。

当进行完组装测试后，程序的可靠性得到保证，程序在提交正式使用前，还需请“用户”参加，对程序的功能、特性等进行验收测试。图 4.17 为读者提供了四个“测试用例”，读者如条件许可，建议自行进行“验收测试”。

3. 说明

对于像本节这样小且简单的程序，完全可以用人工检查加直接整个程序的试探调试或回溯调试来解决。这里按 4.3 节所述方法进行讲解，目的在于给初学者一个如何建立驱动、桩模块，如何设计测试用例，如何采用混合方案进行组装测试，发现错误后如何诊断故障位置等的参考实例。希望读者能通过本节学习进一步理解 4.3 节所述的内容，当今后在程序出错时，知道应如何正确调测，以较高的效率获取尽可能高的可靠性。为调试较大且复杂的程序打下基础。

4.5 程 序 质 量 评 价

本章前几节介绍了程序设计、程序阅读和程序修改的一些基本知识，并结合结构力学的具体内容作了说明。在这基础上读者应有能力自行设计一些简单结构计算的程序。为了使读者从开始就养成良好的程序设计习惯，下面说明一个良好的程序应具有的特性（也即程序质量评价的标准）。

（1）可读性。

程序应有适当的注释、输入信息的返回输出（用有格式输出注释输入信息的含义）和清晰的分层嵌套结构（用语句行第一个字母的左、右位置移动来说明层次关系）等，以便能容易地读懂它。

（2）可移植性。

有些计算机的 FORTRAN 语言中开发了一些便于用户使用的语法规定，而这些规定对别的机器（或标注 FORTRAN 语言）是不能用的。所谓可移植性是指，在设计一个程序时应尽可能只用标准的 FORTRAN 语句，若要用与机器有关的语法规定时，应使其局限于低级模块里，以便把程序移植到别的机器上运行时，仅需在保持这些低级模块功能、接口不变的条件下做小量修改即可。

（3）易检验性。

从 4.4 节调试举例看出即使几个用例计算全正确，程序也不一定就完全正确。尤其对大型程序要想设计用例使程序每一部分运行到是不可能的，因此程序正确性的证明是十分重要的。在目前尚无高效、完善的程序正确性证明方法及其软件的情况下，为保证程序的正确性，应使程序是结构化的。当采用模块化、结构化的程序设计方法时，由于整个程序都由“单入口，单出口”的基本结构组成，这就便于检验程序是否正确地实现了预期目的和算法，使程序正确性容易保证。

（4）友好性。

应尽可能便于用户使用，这包括两个方面：便于用户的输入信息准备和输入；便于用户进行计算结果整理和分析。

(5) 经济性。

经济性是指，在不影响可读性和易检验性的前提下，应尽可能提高程序的运行效率和节省存储空间。例如，四则运算所占运行时间是：“/”最多，“*”次之，“+”、“-”最少，此外取数比任何运算都省时间。因此，如下语句

```
M4=Q2*L*L/8.
M3=Q2*L*L/8.+P1*H2+Q1*H2*H2/2.
M2=Q2*L*L/8.+P1*H2+Q1*H2*H2/2.+P2*D
```

的经济性差，而若改为

```
M4=0.125*Q2*L*L
M3=M4+(P1+0.5*Q1*H2)*H2
M2=M3+P2*D
```

则经济性得到改善。又如，矩阵乘 $[A]^T[B][A]$ 可以用四重循环来实现，以 [A]、[B] 均是 6 阶方阵为例，四重循环要执行 1296 次运算。但若改为先计算 [C]=[B][A]，然后再计算 $[A]^T[C]$，则只要执行二个三重循环，总计只要 432 次运算，可见将节省不少运行时间。再如，解线性方程组 [A]{X}={B}，因在高斯消去法求解过程中 {B} 是要改变的，而且求出 {X} 后 {B} 不再有用处。因此，不管采用哪种计算方法解方程组，{B} 开始时是方程自由项，而解完后又被用来存放未知量 {X}，这就节省了存储空间。

但必须强调指出，当经济性与易检验性、可读性矛盾时，宁可放弃经济性，也要保证程序易读、易检查。

习　题

4.1　程序设计的步骤如何？每步应做些什么？

4.2　什么叫机构化程序？组成结构化程序的基本结构形式有哪几种？它们有何特点？

4.3　什么叫程序的元语言表示及逐步求精展开？程序元语言表示的求精展开到什么程度结束？如何把元语言表示的程序变成源程序？元语言表示相对框图有何优点、缺点？

4.4　什么叫模块？它具有何特性？

4.5　什么叫模块化程序？如何进行模块化程序设计？

4.6　试分析并写出基本部分和附属部分相间隔出现的多跨静定梁（荷载情况与图 4.7、图 4.8 相同）反力、内力计算的程序元语言表示（尽可能细致些）。

4.7　试分析并写出简支梁受任意荷载（分布荷载，集中力，集中力偶）作用的控制截面内力计算的元语言表示。

4.8　试用 4.2 节的程序计算并作习题 4.8 图所示结构的内力图。

4.9　如何在无使用说明情况下阅读本学科的具有良好可读性等的源程序？仅要求会使用程序时又该如何阅读？

4.10　试阅读 4.4 节中门式刚架计算程序。

4.11　试写出连续梁支座弯矩影响线纵标（即影响量的值）计算的源程序并进行调试。

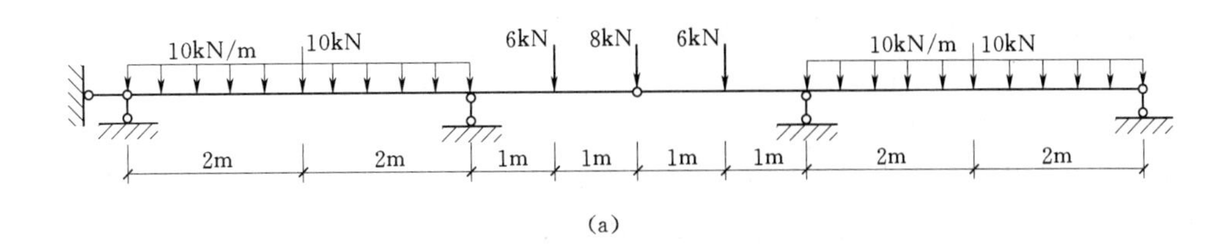

(a)

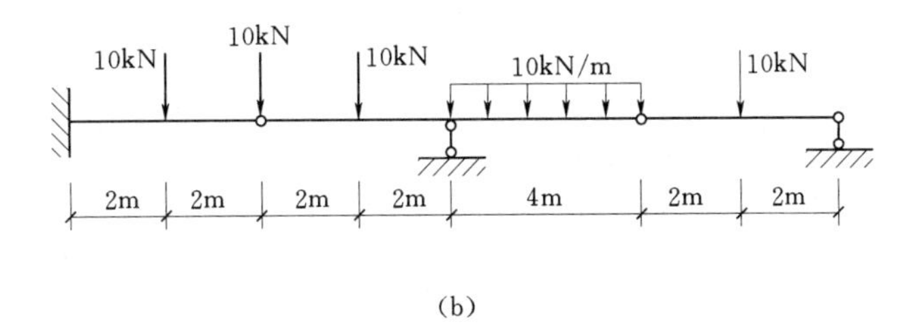

(b)

习题 4.8 图

4.12　用 4.11 题程序做习题 4.12 图所示等跨、等截面连续梁的第 2 支座的弯矩影响线（每跨 20 等分）。

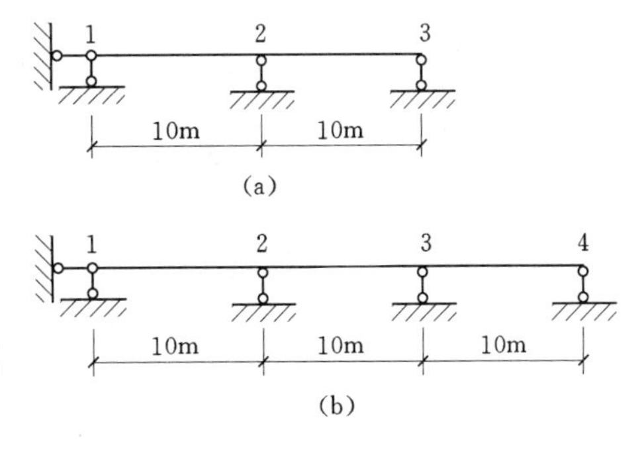

习题 4.12 图

4.13　应如何修改一个已有的程序？要注意些什么？

4.14　试将 4.2 节的程序修改成能计算任意形式、受任意类型（均布、力和力偶）荷载的多跨静定梁反力、内力计算程序。

4.15　新开发的程序可能存在什么样的错误？

4.16　对编译程序给出的相同行号的一批错误应如何处置？

4.17　一个正确的程序应满足哪些要求？

4.18　测试的基本原则是什么？

4.19　何谓黑盒测试和白盒测试？能否通过穷尽测试来保证程序的正确性？

4.20　试述程序测试的步骤。

4.21　如何设计模块测试用例？

4.22　模块测试主要检查和测试些什么？

4.23　组装测试一般如何进行？其优缺点是什么？

4.24　调试的任务是什么？一般如何进行调试？

4.25　试述常用调试技术和方法。

4.26　试总结你在编译、调试程序中的经验。

4.27　程序质量的评价标准是什么？

4.28　试从如下结构力学问题中选 1 个或 2 个（或自拟题目）进行程序设计（自分析直到调通并计算）：

（1）静定对称梯形桁架反力、内力计算。

（2）简支梁受任意放置的均布荷载作用的挠度、转角计算。

（3）简支梁弯矩包络图。

（4）用位移法求解连续梁。

（5）用力法计算单层厂房排架。

（6）任意两自由度体系的自振分析（求频率和振型）。

第5章　矩阵位移法

5.1　概　　述

矩阵位移法是以传统的结构力学作为理论基础、以矩阵作为数学表述形式，用计算机解决各种杆系结构受力、变形计算的统一方法。这样不仅可以使结构力学的原理和分析过程表达十分简洁，更为重要的是使结构的力学分析充分规格化，便于计算机程序的编制。

与传统的力法、位移法相对应，在结构矩阵分析中也有矩阵力法和矩阵位移法，或者柔度法与刚度法。当用力法分析超静定结构时，对于同一个结构可以采用不同形式的基本结构，这样就使分析过程因基本结构的不同而成为多样的、变化的。而用位移法分析时，对应一定的结构，基本结构的形式是唯一的、固定的。而且，力法不能运用于求解超静定结构，位移法既可以求解静定结构也可以求解超静定结构，求解过程也是完全一致的。因此，位移法的分析过程因比力法更容易规格化、程序化而广为流传。本章只对矩阵位移法进行讨论。

矩阵位移法的要点是：先把结构整体拆开，分解成若干个单元（在杆件结构中，一般一个杆件定义为一个单元），这个过程称为离散化。然后，再将这些单元按照原来的形状集合成整体。在一分一合，先拆后搭的过程中，把复杂的结构计算问题转化为简单单元的分析和集合问题。因此，矩阵位移法包含两个基本环节：一是单元分析，二是整体分析。

在矩阵位移法中，单元分析的任务是建立单元刚度方程，形成单元刚度矩阵；整体分析的任务是将单元集合成整体，由单元刚度矩阵按照原来的形状也就是刚度集成原则形成整体刚度矩阵，建立整体结构的位移法基本方程，整理成矩阵的形式，用FORTRAN90编写由计算机做出解答。

用矩阵位移法（后处理法）进行结构分析的大体步骤如下：

1）结构标识，其中包括结点、单元编号和坐标系的确定。

2）计算各单元刚度矩阵。

3）形成总刚度矩阵和总刚度方程。

4）引入位移边界条件，形成结构刚度矩阵和刚度方程。

5）求解结构刚度方程（位移法基本方程），得到未知的结点位移。

6）计算单元杆端力和支座反力。

5.1.1　结构的标识

杆件结构是由若干杆件组成的结构。在进行结构矩阵分析时，必须将结构离散化。结构离散化，首先要将结构划分单元，其次是要对结点、单元编码。

5.1.2　结点编码

对于杆系结构，一般取等截面直杆交汇点、截面变化点、支撑点作为结点，有时也可以取集中荷载作用点作为结点，从而把结构分解成等截面直杆（单元）的集合。对于图 5.1 所示的曲杆、连续变截面的结构，为了将其拆成等截面直杆，本着“以直代曲、以阶梯状变截面代替连续变截面”的原则，和处理一般结构一样，确定结点并将其拆成单元。当然，单元划分越多越细，计算结果精度越高。

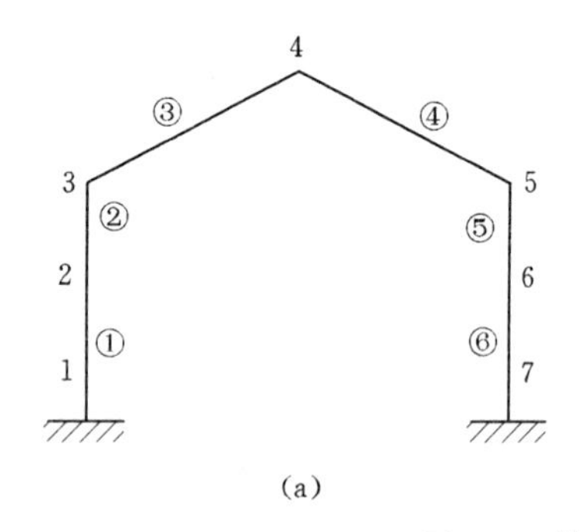

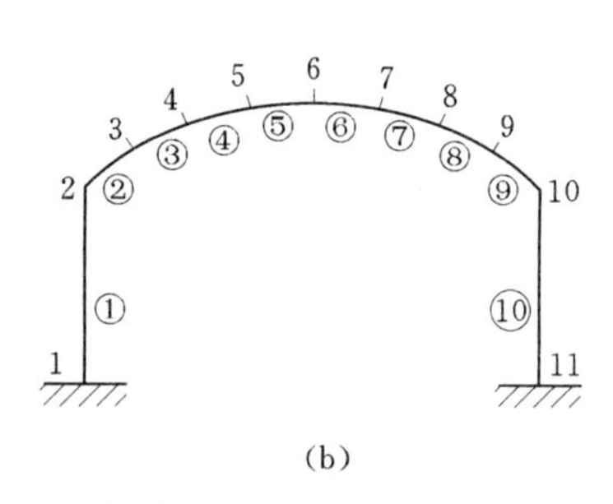

图 5.1　特殊结构单元的划分

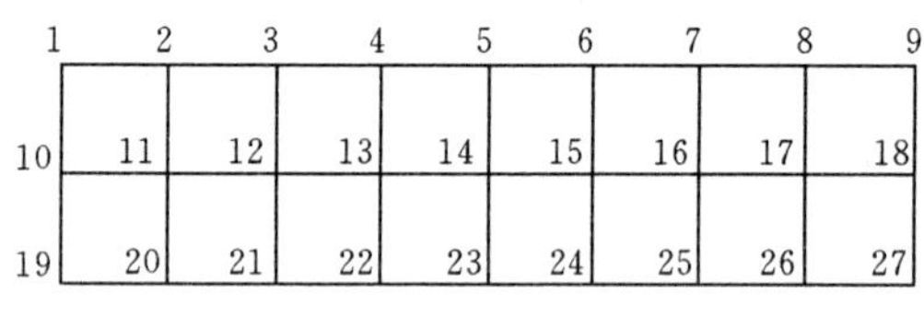

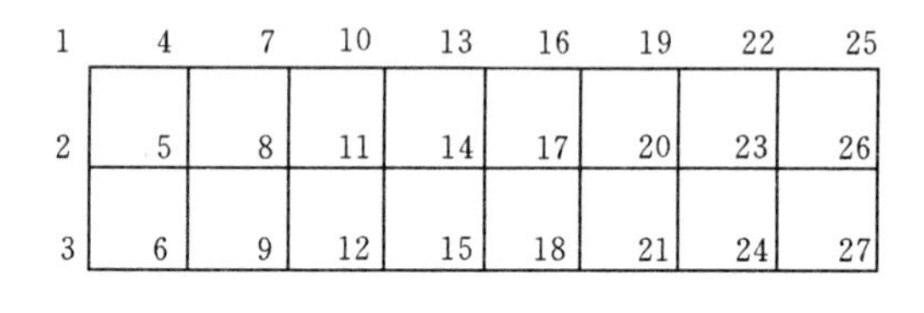

图 5.2　结构离散化编号顺序

在确定结点后，对结点以数字顺序编号，此号码称为结点整体编码。属于同一单元的结点，称为相关（相邻）结点。从编制程序方面考虑，相关结点编号的最大差值应该尽可能小。如图 5.2（b）中编码明显优于图 5.2（a）中编码。

5.1.3　单元编码

对单元也应该按一定顺序以数字编号，称为单元码，习惯上用①、②、③等来标记。为了方便分析，一般可以按照杆件类型依次编排。例如刚架可以先编梁后编柱，或者反之。习惯编码从下到上。

5.1.4　位移编码

矩阵位移法的基本未知量也是结点位移——独立的结点线位移和独立结点角位移。手算怕烦，一般不考虑杆件轴向变形；电算则不然，只要规格化，都可以处理。

梁、桁架、刚架属于不同类型的计算问题，相应求解的结点位移个数不同。例如连续梁每结点 1 个转角，平面桁架每个结点 2 个线位移，图 5.3 桁架未知量的总数＝2×结点数，边界位移约束有 3 个。

平面刚架（全部刚结）每个结点 3 个位移，即在考虑支座约束以前每个结点有三个独立的自由度，沿 x、y 方向的线位移和结点角位移。这样分析显然考虑了刚架杆件的轴向变形。图 5.4 刚架未知量的总数＝3×结点数，边界位移约束有 7 个。

根据具体问题，按照结点编码自小到大的顺序对每个结点的位移进行顺序编码，这一位移顺序号称为结点整体位移码。

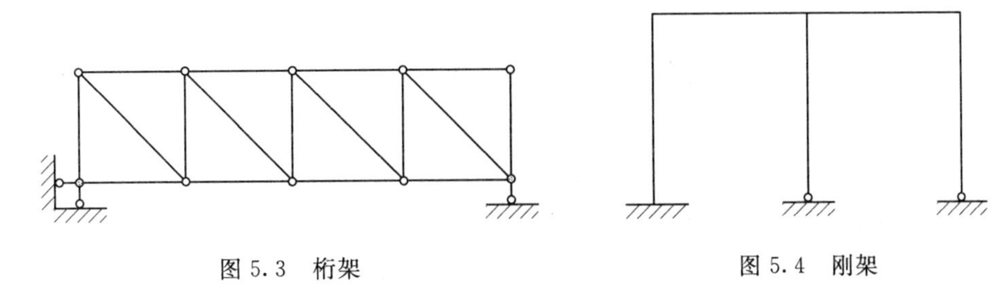

图 5.3　桁架　　　　图 5.4　刚架

根据编程者主观习惯不同，将已知位移为零的号码都编为零，其他位移再按照结点顺序编排，这种处理方法就是先处理法；后处理法是对所有单元先不做边界条件处理，即不论结点是否有位移，均取为未知量，这样每个结点都有三个未知量。先处理法节省计算机内存，编程稍费心思；后处理法虽占内存空间，编程者却可平铺直叙。

5.2　单元刚度矩阵（局部坐标系）

本节在结构力学位移法的基础上，用叠加原理来解决单元分析问题——建立单元杆端位移和杆端力之间的关系，为整体分析工作做准备。

5.2.1　平面桁架单元刚度方程

将每一根杆件看成一个单元，每一个单元都是矢量，即左结点编码为 1；右结点编码为 2，由端点 1（起点）到端点 2（终点）的方向规定为杆件的正方向，在图中用箭头标明，如图 5.5 所示。

对于桁架杆件单元，如图 5.6 所示，杆件只有拉伸、压缩形变，在局部坐标系下，由材料力学虎克定律可知

$$\left.\begin{aligned}\overline{F}_{x1}&=-\frac{EA}{l}(\overline{u}_2-\overline{u}_1)\\\overline{F}_{x2}&=\frac{EA}{l}(\overline{u}_2-\overline{u}_1)\end{aligned}\right\}\tag{5.1}$$

式中：E 为单元材料弹性模量；A 为单元截面面积；l 为杆长。需要注意的是，单元杆端位移$\overline{u}_1$、$\overline{u}_2$ 以及单元杆端力$\overline{F}_{x1}$、$\overline{F}_{x2}$ 都在字母上加一横，以表示在局部坐标系下进行的（上述说明适用以下全部单元，将不再一一赘述）。另外，为了方便编程，杆端位移及杆端力都是与 $\overline{x}$ 同向为正，这与材料力学中拉力为正，压力为负的规定有区别。

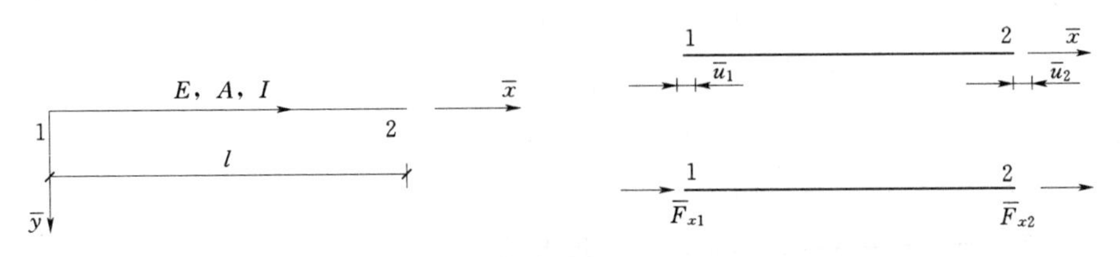

图 5.5　单元的局部坐标系　　　　图 5.6　杆端位移和杆端力

将式（5.1）写成矩阵形式

$$\begin{Bmatrix} \overline{F}_{x1} \\ \overline{F}_{x2} \end{Bmatrix}^e = \begin{bmatrix} \dfrac{EA}{l} & -\dfrac{EA}{l} \\ -\dfrac{EA}{l} & \dfrac{EA}{l} \end{bmatrix} \begin{Bmatrix} \overline{u}_1 \\ \overline{u}_2 \end{Bmatrix}^e \tag{5.2}$$

将联系杆端位移和杆端力的矩阵称为单元刚度矩阵，并记作 $[\overline{k}]^e$，即

$$[\overline{k}]^e = \frac{EA}{l}\begin{bmatrix} 1 & -1 \\ -1 & 1 \end{bmatrix} \tag{5.3}$$

5.2.2　连续梁单元刚度方程

对于梁单元，由于轴向刚度大于弯曲刚度，通常忽略轴向变形，所以连续梁单元杆件只计角位移，不计线位移。如图5.7所示，根据结构力学中转角位移方程可知

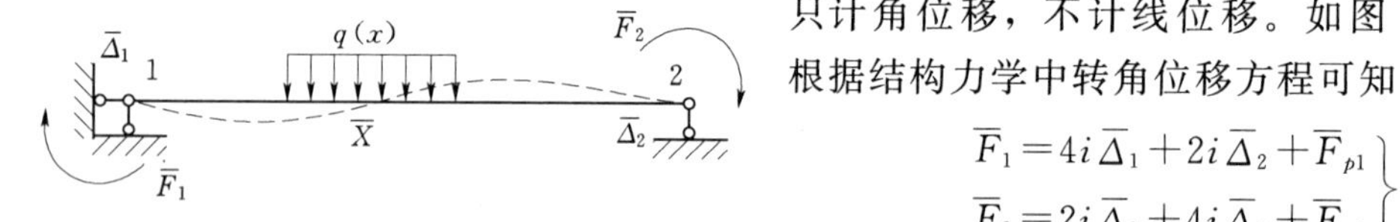

图5.7　连续梁单元杆端位移和杆端力

$$\left.\begin{aligned} \overline{F}_1 &= 4i\overline{\Delta}_1 + 2i\overline{\Delta}_2 + \overline{F}_{p1} \\ \overline{F}_2 &= 2i\overline{\Delta}_1 + 4i\overline{\Delta}_2 + \overline{F}_{p2} \end{aligned}\right\} \tag{5.4}$$

式中：i 为单元线刚度；$\overline{F}_{pi}$（$i=1$，2）为单元上荷载引起的固端弯矩（规定顺时针方向为正）。

$$\{\overline{F}\}^e = \begin{Bmatrix} \overline{M}_1 \\ \overline{M}_2 \end{Bmatrix} \text{——单元杆端力}$$

$$\{\overline{\Delta}\}^e = \begin{Bmatrix} \overline{\Delta}_1 \\ \overline{\Delta}_2 \end{Bmatrix} \text{——单元杆端位移}$$

$$\{\overline{F}_p\}^e = \begin{Bmatrix} \overline{F}_{p_1} \\ \overline{F}_{p_2} \end{Bmatrix} \text{——单元固端力矩}$$

将式(5.4)中 $\overline{F}_{p_1}$ 移项至等式左边得

$$\left.\begin{aligned} \overline{F}_1 - \overline{F}_{p1} &= 4i\overline{\Delta}_1 + 2i\overline{\Delta}_2 \\ \overline{F}_2 - \overline{F}_{p2} &= 2i\overline{\Delta}_1 + 4i\overline{\Delta}_2 \end{aligned}\right\} \tag{5.5}$$

则单元刚度方程为

$$\{\overline{F}\}^e - \{\overline{F}_p\}^e = [\overline{k}]^e\{\overline{\Delta}\}^e \tag{5.6}$$

令 $\{\overline{P}\}^e = -\{\overline{F}_p\}^e$，$\{\overline{P}\}^e$ 为单元等效结点荷载，上式可写成

$$\{\overline{F}\}^e + \{\overline{P}\}^e = [\overline{k}]^e\{\overline{\Delta}\}^e \tag{5.7}$$

需要注意的是，对于杆端力 $\{\overline{F}\}^e$ 直接计入等式左侧，对于固端力 $\{\overline{F}_p\}^e$ 要变号成 $\{\overline{P}\}^e$ 方可计入等式左侧，在［例5.2］中再举例说明。

5.2.3　不考虑轴向变形的平面刚架单元刚度方程

对于平面刚架单元，当不考虑轴向变形时，杆端只有竖直线位移 $\overline{v}_1$、$\overline{v}_2$，角位移 $\overline{\theta}_1$、$\overline{\theta}_2$。如图5.8所示，根据转角位移方程，并采用本章的符号和正负号规定即可。

$$\left.\begin{aligned}
\overline{M}_1&=\frac{4EI}{l}\overline{\theta}_1+\frac{2EI}{l}\overline{\theta}_2+\frac{6EI}{l^2}(\overline{v}_1-\overline{v}_2)\\
\overline{M}_2&=\frac{2EI}{l}\overline{\theta}_1+\frac{4EI}{l}\overline{\theta}_2+\frac{6EI}{l^2}(\overline{v}_1-\overline{v}_2)\\
\overline{F}_{y1}&=\frac{6EI}{l^2}(\overline{\theta}_1+\overline{\theta}_2)+\frac{12EI}{l^3}(\overline{v}_1-\overline{v}_2)\\
\overline{F}_{y2}&=-\frac{6EI}{l^2}(\overline{\theta}_1+\overline{\theta}_2)-\frac{12EI}{l^3}(\overline{v}_1-\overline{v}_2)
\end{aligned}\right\}\tag{5.8}$$

写成矩阵形式为

$$\begin{Bmatrix}\overline{F}_{y1}\\ \overline{M}_1\\ \overline{F}_{y2}\\ \overline{M}_2\end{Bmatrix}^e=\begin{bmatrix}\frac{12EI}{l^3} & \frac{6EI}{l} & -\frac{12EI}{l^3} & \frac{6EI}{l^2}\\ \frac{6EI}{l^2} & \frac{4EI}{l} & -\frac{6EI}{l^2} & \frac{2EI}{l}\\ -\frac{12EI}{l^3} & -\frac{6EI}{l^2} & \frac{12EI}{l^3} & \frac{6EI}{l^2}\\ \frac{6EI}{l^2} & \frac{2EI}{l} & -\frac{6EI}{l^2} & \frac{4EI}{l}\end{bmatrix}\begin{Bmatrix}\overline{v}_1\\ \overline{\theta}_1\\ \overline{v}_2\\ \overline{\theta}_2\end{Bmatrix}^e\tag{5.9}$$

其中局部坐标中的单元刚度矩阵为

$$[\overline{k}]^e=\begin{bmatrix}\frac{12EI}{l^3} & \frac{6EI}{l} & -\frac{12EI}{l^3} & \frac{6EI}{l^2}\\ \frac{6EI}{l^2} & \frac{4EI}{l} & -\frac{6EI}{l^2} & \frac{2EI}{l}\\ -\frac{12EI}{l^3} & -\frac{6EI}{l^2} & \frac{12EI}{l^3} & -\frac{6EI}{l^2}\\ \frac{6EI}{l^2} & \frac{2EI}{l} & -\frac{6EI}{l^2} & \frac{4EI}{l}\end{bmatrix}\tag{5.10}$$

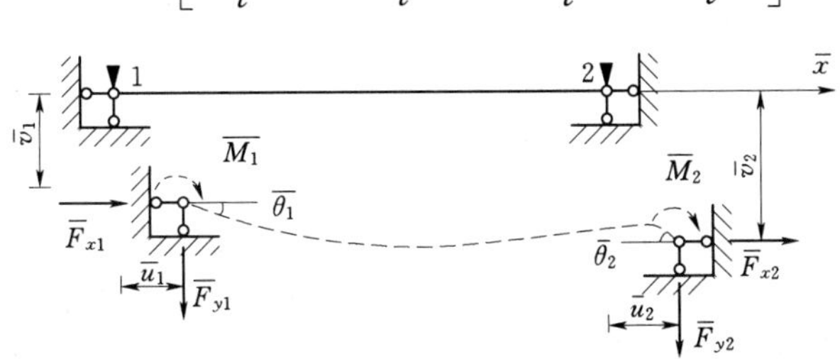

图 5.8　不考虑轴向变形的平面刚架单元杆端位移和杆端力

5.2.4　考虑轴向变形的一般杆件单元刚度矩阵

在局部坐标系中，一般单元的每端有三个位移分别是$\overline{u}$、$\overline{v}$、$\overline{\theta}$，对应三个力分量$\overline{F}_x$、$\overline{F}_y$、$\overline{M}$。图 5.9 所示为位移、力分量的正方向。

单元的六个杆端位移按顺序排列形成位移向量：

$$\{\overline{\Delta}\}^e=(\overline{\Delta}_{(1)}\quad\overline{\Delta}_{(2)}\quad\overline{\Delta}_{(3)}\quad\overline{\Delta}_{(4)}\quad\overline{\Delta}_{(5)}\quad\overline{\Delta}_{(6)})^{\mathrm{T}}=(\overline{u}_1\quad\overline{v}_1\quad\overline{\theta}_1\quad\overline{u}_2\quad\overline{v}_2\quad\overline{\theta}_2)^{\mathrm{T}}\tag{5.11}$$

单元的六个杆端位移按顺序排列形成位移向量：

$$\{\overline{F}\}^e=(\overline{F}_{(1)}\quad\overline{F}_{(2)}\quad\overline{F}_{(3)}\quad\overline{F}_{(4)}\quad\overline{F}_{(5)}\quad\overline{F}_{(6)})^{\mathrm{T}}=(\overline{F}_{x1}\quad\overline{F}_{y1}\quad\overline{M}_1\quad\overline{F}_{x2}\quad\overline{F}_{y2}\quad\overline{M}_2)^{\mathrm{T}}\tag{5.12}$$

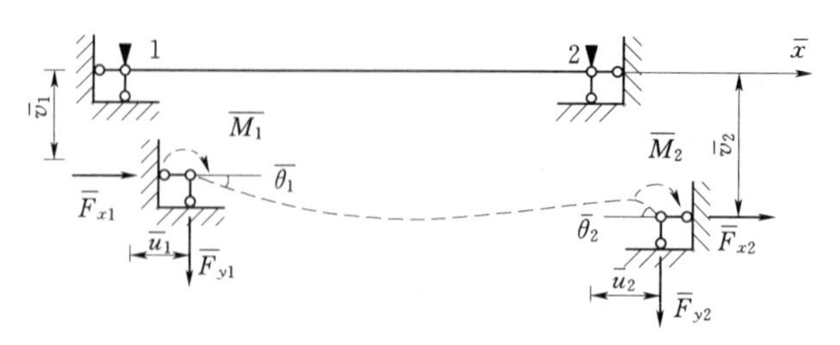

图 5.9　一般杆件单元杆端位移和杆端力

向量中六个元素编码为（1）、（2）、（3）、（4）、（5）、（6）。因为它们是在各自单元中独立编码的（不是在刚架结构中所有单元统一编码的），因此称为局部码，加小括号的数码（1）、（2）、（3）……作为局部码的标志。

杆端轴向位移$\bar{u}_1$、$\bar{u}_2$与相应杆端力$\bar{F}_{x1}$、$\bar{F}_{x2}$关系已在 5.1 式中推导过。

对等直杆单元，轴向变形不产生弯曲变形和剪切变形，同样弯曲和剪切变形也不产生轴向变形。因此，根据叠加原理，考虑轴向变形的局部坐标系下杆端力与杆端位移之间关系写成矩阵为

$$\begin{Bmatrix} \bar{F}_{x1} \\ \bar{F}_{y1} \\ \bar{M}_1 \\ \bar{F}_{x2} \\ \bar{F}_{y2} \\ \bar{M}_2 \end{Bmatrix}^e = \begin{bmatrix} \frac{EA}{l} & 0 & 0 & -\frac{EA}{l} & 0 & 0 \\ 0 & \frac{12EI}{l^3} & \frac{6EI}{l^2} & 0 & -\frac{12EI}{l^3} & \frac{6EI}{l^2} \\ 0 & \frac{6EI}{l^2} & \frac{4EI}{l} & 0 & -\frac{6EI}{l^2} & \frac{2EI}{l} \\ -\frac{EA}{l} & 0 & 0 & \frac{EA}{l} & 0 & 0 \\ 0 & -\frac{12EI}{l^3} & -\frac{6EI}{l^2} & 0 & \frac{12EI}{l^3} & -\frac{6EI}{l^2} \\ 0 & \frac{6EI}{l^2} & \frac{2EI}{l} & 0 & -\frac{6EI}{l^2} & \frac{4EI}{l} \end{bmatrix} \begin{Bmatrix} \bar{u}_1 \\ \bar{v}_1 \\ \bar{\theta}_1 \\ \bar{u}_2 \\ \bar{v}_2 \\ \bar{\theta}_2 \end{Bmatrix}^e \tag{5.13}$$

即

$$\{\bar{F}\}^e = [\bar{k}]^e \{\bar{\Delta}\}^e \tag{5.14}$$

其中单元刚度矩阵为

$$[\bar{k}]^e = \begin{bmatrix} \frac{EA}{l} & 0 & 0 & -\frac{EA}{l} & 0 & 0 \\ 0 & \frac{12EI}{l^3} & \frac{6EI}{l^2} & 0 & -\frac{12EI}{l^3} & \frac{6EI}{l^2} \\ 0 & \frac{6EI}{l^2} & \frac{4EI}{l} & 0 & -\frac{6EI}{l^2} & \frac{2EI}{l} \\ -\frac{EA}{l} & 0 & 0 & \frac{EA}{l} & 0 & 0 \\ 0 & -\frac{12EI}{l^3} & -\frac{6EI}{l^2} & 0 & \frac{12EI}{l^3} & -\frac{6EI}{l^2} \\ 0 & \frac{6EI}{l^2} & \frac{2EI}{l} & 0 & -\frac{6EI}{l^2} & \frac{4EI}{l} \end{bmatrix} \tag{5.15}$$

5.2.5 单元刚度矩阵的性质

1. 固有性

单元刚度矩阵是转角位移方程的另一种表达形式，而转角位移方程是由形常数叠加原理而得，所以 $[\overline{k}]^e$ 仅与单元刚度和长度有关，与外荷载无关。

值得注意的是，结构力学位移法和矩阵位移法皆以结构结点位移作为基本未知量，矩阵位移法通常考虑轴向变形的影响，因此未知量较手算多。与位移法不同之处在于全部杆件都归入同一类基本结构，即两端固定杆件，这样方便 $[\overline{k}]^e$ 的套用，使得编程进一步规格化。

2. 对称性

$[\overline{k}]^e$ 中的每个元素称为单元刚度系数，第 i 行第 j 列元素 $\overline{k}_{ij}^e$ 的物理意义是：单元仅发生第 j 个杆端单位位移时，在第 i 个杆端位移对应的约束上所需施加的杆端力。因此根据反力互等定理，$\overline{k}_{ij}^e=\overline{k}_{ji}^e$。

第 i 行元素的意义是当 6 个杆端位移分量分别等于 1 时，引起的第 i 个杆端力分量的值。

第 j 行元素的意义是当第 j 个杆端位移分量分别等于 1 时，引起的 6 个杆端力的值。

3. 奇异性

1）当矩阵行列式的值为 0 值，称其具有奇异性，它物理意义是已知杆端位移，可求杆端力，但若已知杆端力不可求杆端位移。

2）自由式单元刚度矩阵如图5.10(a)、图 5.10（b）、图 5.10（c）和某些有约束(但约束数不足以构成几何不变体系)，单元的特殊单元刚度矩阵［如图 5.10（d）、图 5.10（e）、图 5.10（f）］是奇异矩阵(4)，不能由杆端力求杆端位移。

3）图 5.10（a）、图 5.10（b）、图 5.10（c）受力状态相同，因支撑条件不确定，则杆端位移不定。

4）若有约束单元的约束数足够多，可以构成几何不变体系，则相应的特殊单元刚度矩阵不是奇异矩阵。

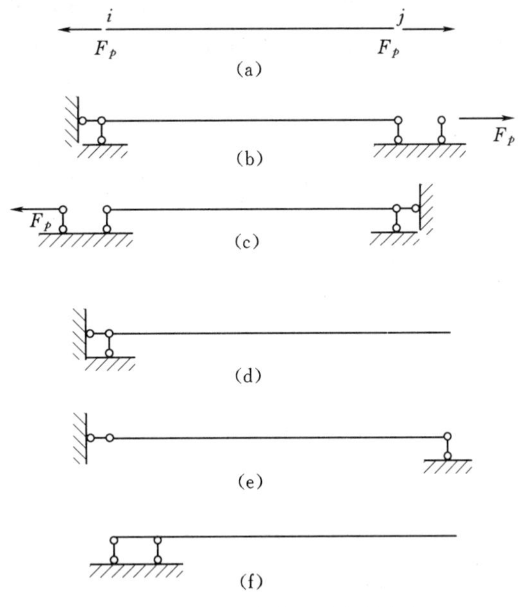

图 5.10　自由式单元及特殊单元

5.2.6 不同坐标系对矩阵位移法计算的影响

常用的坐标系有两种情况，如图 5.11 所示。

图中顺时针坐标系是指从 x 轴至 y 轴为顺时针旋转。逆时针坐标系是指从 x 轴至 y 轴为逆时针旋转而不是指 M、θ 的顺时针和逆时针。

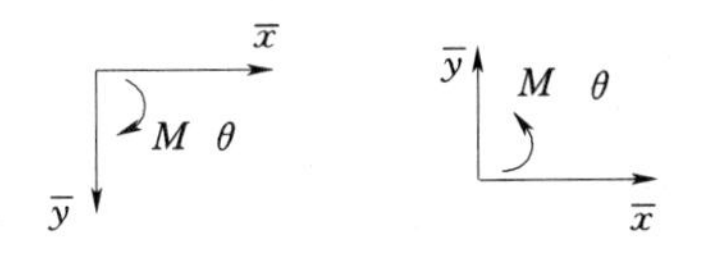

(a)顺时针坐标系　(b)逆时针坐标系

图 5.11　坐标系

坐标系不同，对计算的影响体现在以下几个方面：

1）杆端力和杆端位移正方向。无论何种坐标系，力和位移正方向都以与坐标系方向一致为正。

2）局部坐标系下单元刚度矩阵。图5.11的两种情况单元刚度矩阵相同。

3）需要注意的是坐标变换矩阵α的正方向规定不同。在顺时针坐标系中，α以顺时针旋转为正，而在逆时针坐标系中，α以逆时针旋转为正。

5.2.7 特殊单元

式（5.14）是一般单元刚度方程，式（5.9）、式（5.6）、式（5.2）分别是忽略轴向变形的刚架刚度方程、连续梁刚度方程和桁架（局部坐标系）刚度方程，相互对比不难发现式（5.9）、式（5.6）、式（5.2）无需另行推导，只需对式（5.14）一般单元刚度方程作特殊问题特殊处理即可得到。因此也称式（5.9）、式（5.6）、式（5.2）对应的单元为特殊单元。

对于忽略轴向变形刚架单元有$\overline{u}_1=\overline{u}_2=0$，将此式代入式（5.14），即可得到式（5.9）。实际上这个特殊单元刚度矩阵相当于一般单元刚度矩阵除去第1、4行和列后自动得到。

对于连续梁单元，由于梁支承在刚性支座上，同时又不考虑轴向变形，无横向位移$\overline{u}_1=\overline{v}_1=\overline{u}_2=\overline{v}_2=0$，将此式代入式（5.14）即可得到连续梁特殊单元刚度矩阵式（5.6），相当于一般单元刚度矩阵除去第1、2行，1、2列；4、5行，4、5列后自动得到。

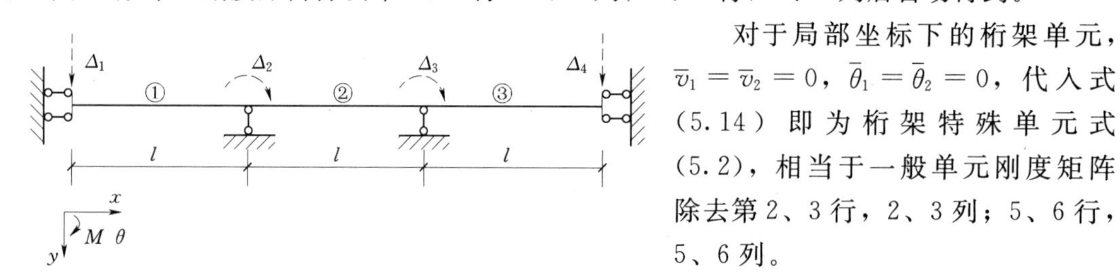

图5.12 梁的特殊单元

对于局部坐标下的桁架单元，$\overline{v}_1=\overline{v}_2=0$，$\overline{\theta}_1=\overline{\theta}_2=0$，代入式（5.14）即为桁架特殊单元式（5.2），相当于一般单元刚度矩阵除去第2、3行，2、3列；5、6行，5、6列。

由此不难看出特殊单元刚度矩阵就是将6×6单元刚度矩阵中位移为0的行和0划掉即可得到。

以下例题请读者思考图5.12中①、②、③单元的刚度矩阵（局部坐标系下）。

答案：$[\overline{k}]^{(1)}=\begin{bmatrix}\frac{12EI}{l^3} & \frac{6EI}{l^2}\\ \frac{6EI}{l^2} & \frac{2EI}{l}\end{bmatrix}$，$[\overline{k}]^{(2)}=\begin{bmatrix}\frac{4EI}{l} & \frac{2EI}{l}\\ \frac{2EI}{l} & \frac{4EI}{l}\end{bmatrix}$，$[\overline{k}]^{(3)}=\begin{bmatrix}\frac{4EI}{l} & -\frac{6EI}{l^2}\\ -\frac{6EI}{l^2} & \frac{12EI}{l^3}\end{bmatrix}$。

在结构矩阵分析中，有的读者着眼于计算的程序化，标准化和自动化。皆采用标准化形式的一般单元刚度矩阵，特殊单元都通过编程由计算机生成即可。当然也有读者针对特殊问题喜欢采用特殊单元刚度矩阵，更加节省内存，计算速度快。

5.3 坐标转换的问题

结构离散过程中，要建立两种坐标系：结构整体坐标系和单元局部坐标系。上一节中我们一直选用局部坐标系是为了导出单元刚度矩阵的最简形式。

在连续梁结构中，由于杆件都是水平方向，整体坐标系和局部坐标系完全一致，如图 5.13（a）。

在复杂刚架结构中，由于各个杆件方向不同，局部坐标系方向各不相同。为了便于整体分析计算，必须选用一个统一的坐标系，称为整体坐标系。为了区别，用 $\bar{x}$，$\bar{y}$表示局部坐标系，x，y 表示整体坐标系，如图 5.13（b）所示。

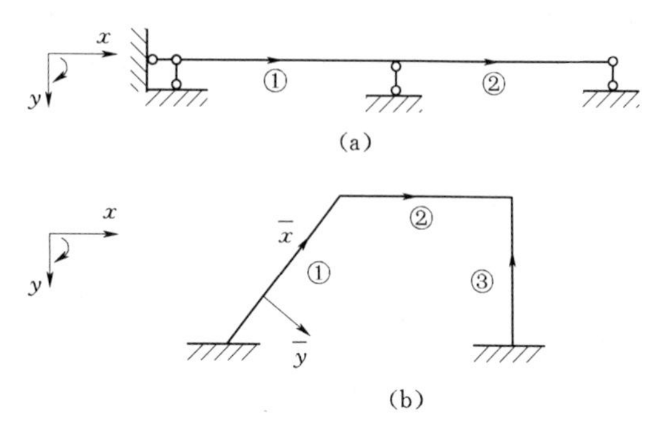

图 5.13　连续梁和刚架坐标系

显然，两种坐标系下的量存在相互转换的关系，这种关系称为坐标转换。

5.3.1　单元坐标转换矩阵

局部坐标系中杆端力分量为$\overline{F}_x$、$\overline{F}_y$、$\overline{M}$，整体坐标系中的杆端力分量为 F_x、F_y、M，由图 5.14，两者关系如下

$$\left.\begin{aligned}
\overline{F}_{x1} &= F_{x1}\cos\alpha + F_{y1}\sin\alpha \\
\overline{F}_{y1} &= -F_{x1}\cos\alpha + F_{y1}\sin\alpha \\
\overline{M_1} &= M_1 \\
\overline{F}_{x2} &= F_{x2}\cos\alpha + F_{y2}\sin\alpha \\
\overline{F}_{y2} &= -F_{x2}\cos\alpha + F_{y2}\sin\alpha \\
\overline{M}_2 &= M_2
\end{aligned}\right\} \tag{5.16}$$

将其写成矩阵形式

$$\begin{Bmatrix} \overline{F}_{x1} \\ \overline{F}_{y1} \\ \overline{M}_1 \\ \overline{F}_{x2} \\ \overline{F}_{y2} \\ \overline{M}_2 \end{Bmatrix} = \begin{bmatrix} \cos\alpha & \sin\alpha & 0 & 0 & 0 & 0 \\ -\sin\alpha & \cos\alpha & 0 & 0 & 0 & 0 \\ 0 & 0 & 1 & 0 & 0 & 0 \\ 0 & 0 & 0 & \cos\alpha & \sin\alpha & 0 \\ 0 & 0 & 0 & -\sin\alpha & \cos\alpha & 0 \\ 0 & 0 & 0 & 0 & 0 & 1 \end{bmatrix} \begin{Bmatrix} F_{x1} \\ F_{y1} \\ M_1 \\ F_{x2} \\ F_{y2} \\ M_2 \end{Bmatrix} \tag{5.17}$$

或简记为

$$\{\overline{F}\}^e = [T]\{F\}^e \tag{5.18}$$

式中：$[T]$ 为单元坐标转换矩阵。

$$[T] = \begin{bmatrix} \cos\alpha & \sin\alpha & 0 & 0 & 0 & 0 \\ -\sin\alpha & \cos\alpha & 0 & 0 & 0 & 0 \\ 0 & 0 & 1 & 0 & 0 & 0 \\ 0 & 0 & 0 & \cos\alpha & \sin\alpha & 0 \\ 0 & 0 & 0 & -\sin\alpha & \cos\alpha & 0 \\ 0 & 0 & 0 & 0 & 0 & 1 \end{bmatrix} \tag{5.19}$$

从以上推导中，我们得到两点启发：弯矩在两种坐标系下完全一致，不需要转化；整

体坐标系下的量左乘转换矩阵 $[T]$ 可以转化到局部坐标下。在文中尚未解释之前请读者思考：①在什么情况下，单元杆端力和杆端位移不需坐标转换可直接计算；②从局部坐标系下是如何转化到整体坐标系下。

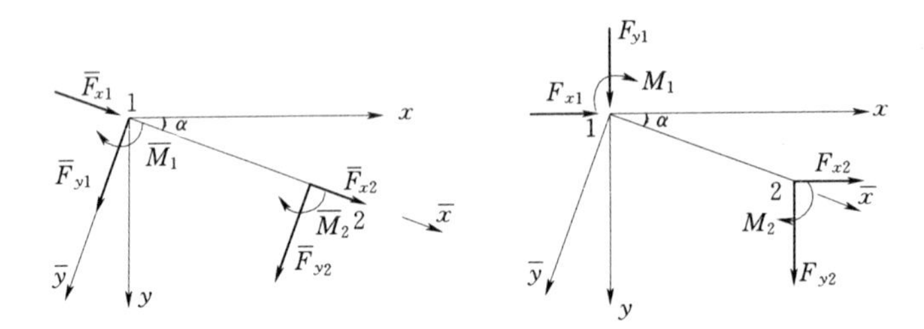

图 5.14 单元杆端力的转换关系

由于 $[T]$ 是正交矩阵，即

$$\left.\begin{array}{l}[T][T]^{-1}=E\\ [T]^{-1}=[T]^{\mathrm{T}}\end{array}\right\} \tag{5.20}$$

将式（5.18）两端同时左乘 $[T]^{-1}$

$$\left.\begin{array}{l}[T]^{-1}\{\overline{F}\}^e=[T][T]^{-1}\{F\}^e\\ [T]^{\mathrm{T}}\{\overline{F}\}^e=\{F\}^e\end{array}\right\} \tag{5.21}$$

同理可以求出单元杆端位移在两种坐标系中的转换关系

$$\left.\begin{array}{l}\{\overline{\Delta}\}^e=[T]\{\Delta\}^e\\ \{\Delta\}^e=[T]^{\mathrm{T}}\{\overline{\Delta}\}^e\end{array}\right\} \tag{5.22}$$

5.3.2 单元刚度矩阵的坐标转换

局部坐标系下的单元刚度方程为

$$\{\overline{F}\}^e=[\overline{k}]^e\{\overline{\Delta}\}^e \tag{5.23}$$

整体坐标系下单元刚度方程可写为

$$\{F\}^e=[k]^e\{\Delta\}^e \tag{5.24}$$

式（5.24）是联系整体坐标下单元杆端位移和单元杆端力的方程，称为整体坐标下的单元刚度方程，简称为单元刚度方程。

现在来推导 $[k]^e$ 与局部坐标系下单元刚度矩阵 $[\overline{k}]^e$ 的转换关系：

将式（5.18）、式（5.22）代入式（5.23）

$$[T]\{F\}^e=[\overline{k}]^e[T]\{\Delta\}^e \tag{5.25}$$

等式两边同时左乘 $[T]^{\mathrm{T}}$

$$\{F\}^e=[T]^{\mathrm{T}}[\overline{k}]^e[T]\{\Delta\}^e \tag{5.26}$$

比较式（5.26）与式（5.24）推出

$$[k]^e=[T]^{\mathrm{T}}[\overline{k}]^e[T] \tag{5.27}$$

为方便利用坐标转换关系，列表 5.1。

表 5.1　　整体坐标系和局部坐标系转换关系表

坐标转换关系	整体→局部	局部→整体
单元杆端力	$\{\overline{F}\}^e=[T]\{F\}^e$	$\{F\}^e=[T]^{\mathrm{T}}\{\overline{F}\}^e$
单元结点位移	$\{\overline{\Delta}\}^e=[T]\{\Delta\}^e$	$\{\Delta\}^e=[T]^{\mathrm{T}}\{\overline{\Delta}\}^e$
单元刚度矩阵	$[\overline{k}]^e=[T][k]^e[T]^{\mathrm{T}}$	$[k]^e=[T]^{\mathrm{T}}[\overline{k}]^e[T]$

5.3.3　桁架单元的坐标转换

平面桁架单元中，杆端力无弯矩，杆端位移无转角，相当于将单元坐标转换矩阵 $[T]$ 中去除 3、6 行和 3、6 列得到。

相应的单元坐标转换矩阵为

$$[T]=\begin{bmatrix} \cos\alpha & \sin\alpha & 0 & 0 \\ -\sin\alpha & \cos\alpha & 0 & 0 \\ 0 & 0 & \cos\alpha & \sin\alpha \\ 0 & 0 & -\sin\alpha & \cos\alpha \end{bmatrix} \tag{5.28}$$

5.3.4　不需要坐标变换时形成整体刚度矩阵的简便方法

对于特殊问题采用独特思路，只要概念清晰，无需坐标变换，易于编程和整理。同时也渗透着先处理法的解题思路。

编程是强调通用性还是注重技巧性，这本来就是后处理法和先处理法各有的鲜明特点之处。

1）如图 5.15 所示刚架，在忽略轴向变形的情况下，根据先处理法的思想，待求结点位移编码如图所示。

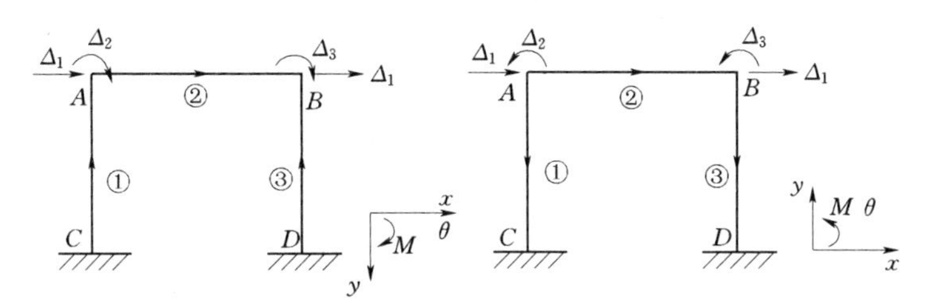

图 5.15　无需坐标变换时刚架坐标系的建立

a. 采用顺时针坐标系。当采用顺时针坐标系时，可将竖柱的局部坐标 x 轴取为向上，读者可自行通过坐标转换求解刚度矩阵 $[k]^{①}$、$[k]^{③}$，即将 $\alpha=-90°$代入 $[T]$，$[k]^{①}=[T]^{\mathrm{T}}[\overline{k}]^{①}[T]$ 三项相乘进行矩阵运算，当忽略轴向变形时，可将 $[k]$ 中的与轴向变形的行与列划掉，即去除 1、4 行；1、4 列推导的得到的整体坐标系下的单刚 $[k]^e$ 与不考虑轴向变形的局部坐标系下的单刚 $[\overline{k}]^e$ 式（5.10）完全相同。

当然也可以另辟思路轻松解释，当采用顺时针坐标系时，将竖柱的局部坐标 x 轴取向上，此时，局部坐标系的杆端位移与整体坐标系的杆端位移一致。可以忽略轴向变形的单元刚度矩阵无需坐标变换得到整体坐标系的单刚：

$$[\bar{k}]^{①}=[\bar{k}]^{②}=[\bar{k}]^{③}=\begin{bmatrix}\frac{12EI}{l^3} & \frac{6EI}{l^2} & -\frac{12EI}{l^3} & \frac{6EI}{l^2}\\ \frac{6EI}{l^2} & \frac{4EI}{l} & -\frac{6EI}{l^2} & \frac{2EI}{l}\\ -\frac{12EI}{l^3} & -\frac{6EI}{l^2} & \frac{12EI}{l^3} & -\frac{6EI}{l^2}\\ \frac{6EI}{l^2} & \frac{2EI}{l} & -\frac{6EI}{l^2} & \frac{4EI}{l}\end{bmatrix} \tag{5.29}$$

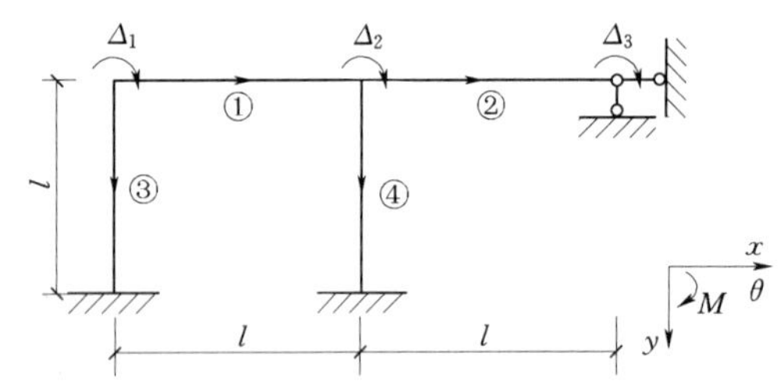

图 5.16　只有转角未知量的刚架坐标系的建立

b. 采用逆时针坐标系。当采用逆时针坐标系此时可将竖柱的局部坐标 x 轴取为沿杆轴向下，如图 5.15 所示。这样局部坐标系的杆端位移与整体坐标系的杆端位移一致。

2）只有转角未知量的杆件，无论局部坐标是否与整体坐标相一致，都可取 2×2 的特殊单元，如图 5.16，单元刚度矩阵为

$$[k]^{①}=[k]^{②}=[k]^{③}=[k]^{④}=\begin{bmatrix}\frac{4EI}{l} & \frac{2EI}{l}\\ \frac{2EI}{l} & \frac{4EI}{l}\end{bmatrix} \tag{5.30}$$

又如图 5.17，单元②两端只有转角未知量，可取特殊单元刚度矩阵

$$[k]^{②}=\begin{bmatrix}4i & 2i\\ 2i & 4i\end{bmatrix}=[k]^{①} \tag{5.31}$$

单元①无需坐标变换，又可取特殊单元同单元②。

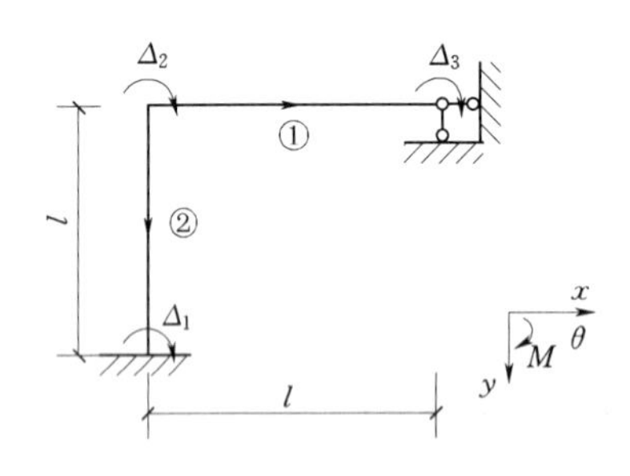

图 5.17　无需坐标变换的刚架坐标系的建立

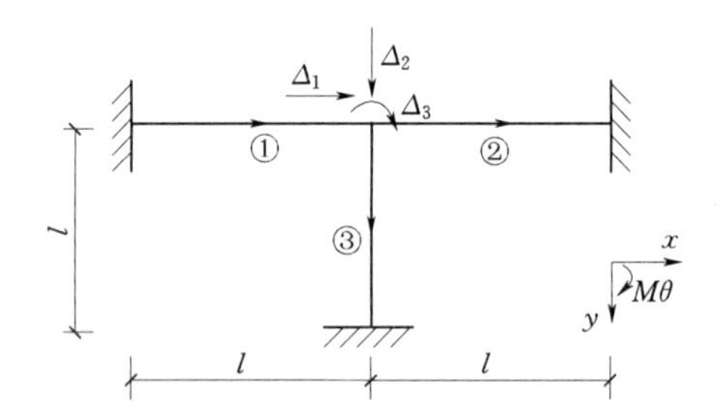

图 5.18　需坐标变换时刚架坐标系的建立

3）如图 5.18 所示，当确定需要坐标变换时，一般情况下 $[k]^e=[T]^{\mathrm{T}}[\bar{k}]^e[T]$ 为三个 6×6 矩阵相乘，计算工作量大。但若某单元的一端为固定端，无结点位移未知量，则可将该单元的 $[\bar{k}]^e$ 取为 3×3 的特殊单元刚度矩阵（即划掉位移为 0 的一端对应的行和列），$[T]$ 也相应取为 3×3 的转换矩阵。图 5.18 中单元③下端固定，仅上端有未知量，则形成整体坐标系的单元刚度矩阵时，仅取局部坐标系的单元刚度矩阵前三行前三列元素进行计算，即

$$[k]^{③}=[T]^{\mathrm{T}}[\bar{k}]^{③}[T]=\begin{bmatrix}0&1&0\\-1&0&0\\0&0&1\end{bmatrix}^{\mathrm{T}}\begin{bmatrix}\frac{EA}{l}&0&0\\0&\frac{12EI}{l^3}&\frac{6EI}{l^2}\\0&\frac{6EI}{l^2}&\frac{4EI}{l}\end{bmatrix}\begin{bmatrix}0&1&0\\-1&0&0\\0&0&1\end{bmatrix}$$

$$=\begin{bmatrix}\frac{12EI}{l^3}&0&-\frac{6EI}{l^2}\\0&\frac{EA}{l}&\frac{6EI}{l^2}\\-\frac{6EI}{l^2}&0&\frac{4EI}{l}\end{bmatrix} \tag{5.32}$$

而单元①、②不需坐标变换，不多述。

5.4 整 体 分 析

结构矩阵分析实现分三步，如表5.2。

表5.2　结构矩阵分析步骤

1	离散	将结构离散为组成单元，进行各单元性态分析，得到各单元控制方程
2	组装	将单元按实际情况组装成结构，进行结构性态分析，得到结构控制方程
3	完成分析	求解结构控制方程，得到基本未知量

从本节起，我们开始第二步，如何将单元组装成结构，建立整体刚度矩阵。先以连续梁为例，连续梁整体刚度方程的建立起源于传统位移法，位移法基本体系如图5.19（b），位移基本未知量为结点转角位移 Δ_1、Δ_2、Δ_3，它们组成整体结构的结点位移向量 $\{\Delta\}$；$\{\Delta\}=[\Delta_1\quad \Delta_2\quad \Delta_3]^{\mathrm{T}}$。与 Δ_1、Δ_2、Δ_3 对应的力是附加约束力矩 F_1、F_2、F_3，它们组成整体结构的结点力向量 $\{F\}$，$\{F\}=[F_1\quad F_2\quad F_3]^{\mathrm{T}}$。在传统位移法中，我们分别考虑每个结点转角 Δ_1、Δ_2 和 Δ_3 独自引起的结点力矩，如图5.19（a）、图5.19（b）、图5.19（c）所示。

叠加上述三种情况，得到结构整体刚度方程，并整理成矩阵形式

$$\left.\begin{aligned}F_1&=4i_1\Delta_1+2i_1\Delta_2\\F_2&=2i_1\Delta_1+(4i_1+4i_2)\Delta_2+2i_2\Delta_3\\F_3&=0+2i_2\Delta_2+4i_2\Delta_3\end{aligned}\right\} \tag{5.33}$$

$$\begin{Bmatrix}F_1\\F_2\\F_3\end{Bmatrix}=\begin{bmatrix}4i_1&2i_1&0\\2i_1&4i_1+4i_2&2i_2\\0&2i_2&2i_2\end{bmatrix}\begin{Bmatrix}\Delta_1\\\Delta_2\\\Delta_3\end{Bmatrix} \tag{5.34}$$

记为

$$\{F\}=[K]\{\Delta\} \tag{5.35}$$

其中

(a) 原结构

(b) 位移法的基本体系

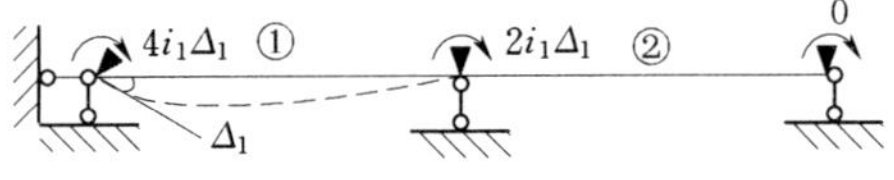

(c) Δ_1 引起结点力矩

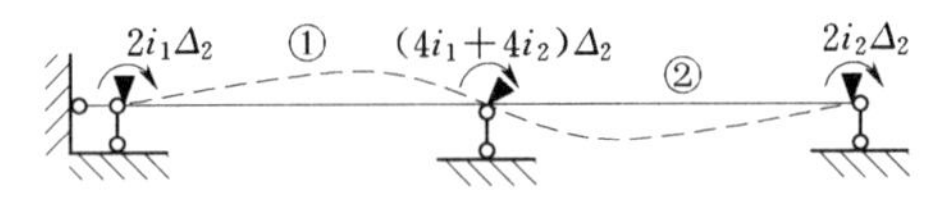

(d) Δ_2 引起结点力矩

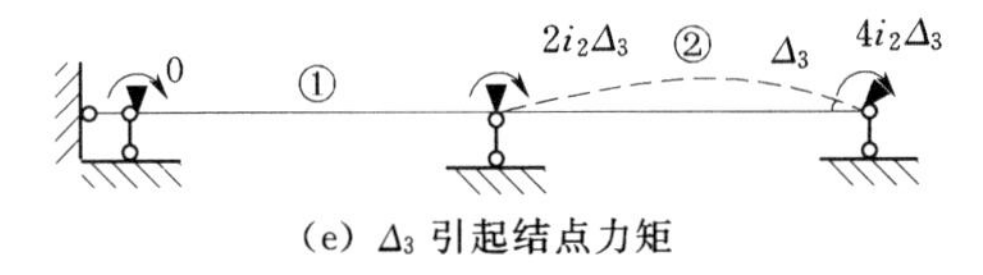

(e) Δ_3 引起结点力矩

图 5.19 连续梁的整体分析

$$[K]=\begin{bmatrix}K_{11} & K_{12} & K_{13}\\ K_{21} & K_{22} & K_{23}\\ K_{31} & K_{32} & K_{33}\end{bmatrix}=\begin{bmatrix}4i_1 & 2i_1 & 0\\ 2i_1 & 4i_1+4i_2 & 2i_2\\ 0 & 2i_2 & 2i_2\end{bmatrix} \tag{5.36}$$

式(5.35)称为整体刚度方程。

前面几节介绍过程连续梁特殊单元，其中①、②单元单刚如下

$$[k]^{①}=\begin{bmatrix}4i_1 & 2i_1\\ 2i_1 & 4i_1\end{bmatrix} \tag{5.37}$$

$$[k]^{②}=\begin{bmatrix}4i_2 & 2i_2\\ 2i_2 & 4i_2\end{bmatrix} \tag{5.38}$$

不难发现①单元单刚对整体刚度矩阵的贡献矩阵为

$$[K]^{①}=\begin{bmatrix}4i_1 & 2i_1 & 0\\ 2i_1 & 4i_1 & 0\\ 0 & 0 & 0\end{bmatrix} \tag{5.39}$$

其次②单元单刚对整体刚度矩阵的贡献矩阵为

$$[K]^{②}=\begin{bmatrix}0 & 0 & 0\\ 0 & 4i_2 & 2i_2\\ 0 & 2i_2 & 4i_2\end{bmatrix} \tag{5.40}$$

$[K]^{①}$ 称为单元①贡献矩阵，$[K]^{②}$ 称为单元②的贡献矩阵，$[K]^e$ 与 $[K]$ 同阶，$[K]^e$ 是由单刚 $[k]^e$ 的元素及0元素组成的矩阵。可见 $[K]^{①}$ 与 $[K]^{②}$ 累加得到 $[K]$。将此求整体刚度矩阵的方法称为单元集成法。以下进一步将推导单元拼装成整体集成规则，对比单元①、②单刚元素和总刚中元素不难发现单刚形成总刚对号入座的原则。

$$K_{11}=K_{11}^{①}\quad K_{21}=K_{21}^{①}\quad K_{31}=0$$
$$K_{12}=K_{12}^{①}\quad K_{22}=K_{11}^{①}+K_{11}^{②}\quad K_{32}=K_{21}^{②}$$
$$K_{13}=0\quad K_{23}=K_{12}^{②}\quad K_{33}=K_{22}^{②}$$

单元刚度矩阵　　单元贡献矩阵　　局部码　总码　定位向量

$$[k]^{①}=\begin{bmatrix}(1) & (2)\\ K_{11}^{①} & K_{12}^{①}\\ K_{21}^{①} & K_{22}^{①}\end{bmatrix}\begin{matrix}\\(1)\\(2)\end{matrix}\qquad [K]^{①}=\begin{bmatrix}1 & 2 & 3\\ K_{11}^{①} & K_{12}^{①} & 0\\ K_{21}^{①} & K_{22}^{①} & 0\\ 0 & 0 & 0\end{bmatrix}\begin{matrix}\\1\\2\\3\end{matrix}\qquad \begin{cases}(1) & 1 & 1\\ (2) & 2 & 2\end{cases}$$

单元刚度矩阵　　单元贡献矩阵　　局部码　总码　定位向量

$$[k]^{②}=\begin{bmatrix}(1) & (2)\\ K_{11}^{②} & K_{12}^{②}\\ K_{21}^{②} & K_{22}^{②}\end{bmatrix}\begin{matrix}\\(1)\\(2)\end{matrix}\qquad [K]^{②}=\begin{bmatrix}1 & 2 & 3\\ 0 & 0 & 0\\ 0 & K_{11}^{②} & K_{12}^{②}\\ 0 & K_{21}^{②} & K_{22}^{②}\end{bmatrix}\begin{matrix}\\1\\2\\3\end{matrix}\qquad \begin{cases}(1) & 2 & 2\\ (2) & 3 & 3\end{cases}$$

如图 5.20 所示，需要注意的是局部码和总码之间的对应关系，见表 5.3：

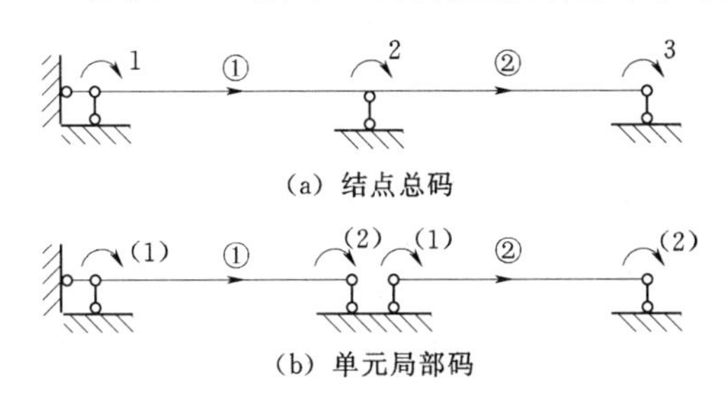

图 5.20 编码对应关系

表 5.3 局部码和总码对应关系

单 元	对应关系 局部码→总码	单元定位向量
①	(1)→1 (2)→2	$\{\lambda\}^{①}=\begin{Bmatrix}1\\2\end{Bmatrix}$
②	(1)→2 (2)→3	$\{\lambda\}^{②}=\begin{Bmatrix}2\\3\end{Bmatrix}$

局部码（1）对应每个单元始点，（2）对应每个单元终点。单元定位向量 $\{\lambda\}^e$ 是按单元结点编号顺序，由未知位移编号组成的向量。寻找到对号入座的关系后，总结单元集成法实施步骤：

1）将 $[K]$ 置 0，即 $[K]=[0]$。

2）将 $[k]^{①}$ 的元素在 $[K]$ 中按入 $\{\lambda\}^{①}$ 定位，进行累加，此时 $[K]=[K]^{①}$。

3）将 $[k]^{②}$ 的元素在 $[K]$ 中按入 $\{\lambda\}^{②}$ 定位，进行累加，此时 $[K]=[K]^{①}+[K]^{②}$。

按此做法对结构中所有单元循环一遍，最后 $[K]=\sum\limits_{e}[K]^e$。

现以图 5.20 连续梁为例，说明上述过程。

将 $[k]^{①}$ 集成后得到阶段结果如下

$$\begin{bmatrix}4i_1 & 2i_1 & 0\\2i_1 & 4i_1 & 0\\0 & 0 & 0\end{bmatrix} \tag{5.41}$$

在此基础上再将 $[k]^{②}$ 集成，即得到最终结果如下

$$\begin{bmatrix}4i_1 & 2i_1 & 0\\2i_1 & 4i_1+4i_2 & 2i_2\\0 & 2i_2 & 4i_2\end{bmatrix}=[K] \tag{5.42}$$

【例 5.1】 试求图 5.21 连续梁内力图。

解： 采用后处理法：

1）结构位移分量总码。

此结构有四个结点位移分量，即转角 Δ_1、Δ_2、Δ_3、Δ_4，图 5.21（b）其总编码分别编为 1、2、3、4。

2）各单元定位向量 $\{\lambda\}^e$。

各单元定位向量可由图 5.21（b）结点编码得到

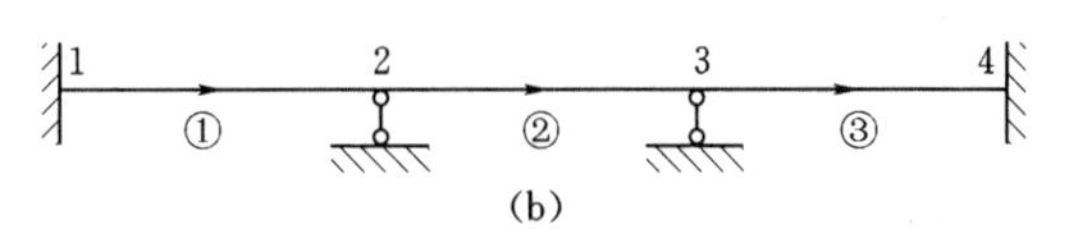

图 5.21 连续梁单元及结点位移编码（后处理法）

$$\{\lambda\}^{①}=\begin{Bmatrix}1\\2\end{Bmatrix}\quad\{\lambda\}^{②}=\begin{Bmatrix}2\\3\end{Bmatrix}\quad\{\lambda\}^{③}=\begin{Bmatrix}3\\4\end{Bmatrix}$$

3）形成整体刚度矩阵 $[K]$。

单元①刚度矩阵 $\xrightarrow{按\{\lambda\}^{②}}$ 换码 $\xrightarrow{集成并累加}$ 进入 $[K]$

$$[k]^{①}=\begin{bmatrix} (1) & (2) \\ \frac{4\times 6}{8} & 1.5 \\ 1.5 & 3 \end{bmatrix}\begin{matrix} \\ (1) \\ (2)\end{matrix} \quad [k]^{①}=\begin{bmatrix} (1) & (2) \\ \frac{4\times 6}{8} & 1.5 \\ 1.5 & 3 \end{bmatrix}\begin{matrix} \\ 1 \\ 2\end{matrix} \quad [K]=\begin{bmatrix} 3 & 1.5 & 0 & 0 \\ 1.5 & 3 & 0 & 0 \\ 0 & 0 & 0 & 0 \\ 0 & 0 & 0 & 0 \end{bmatrix}$$

单元②刚度矩阵 $\xrightarrow{按\{\lambda\}^{②}}$ 换码 $\xrightarrow{集成并累加}$ 进入 $[K]$

$$[k]^{②}=\begin{bmatrix} (1) & (2) \\ \frac{4\times 24}{8} & 4 \\ 4 & 8 \end{bmatrix}\begin{matrix} \\ (1) \\ (2)\end{matrix} \quad [k]^{②}=\begin{bmatrix} (2) & (3) \\ 8 & 4 \\ 4 & 8 \end{bmatrix}\begin{matrix} \\ 2 \\ 3\end{matrix} \quad [K]=\begin{bmatrix} 3 & 1.5 & 0 & 0 \\ 1.5 & 3+8 & 4 & 0 \\ 0 & 4 & 8 & 0 \\ 0 & 0 & 0 & 0 \end{bmatrix}$$

单元③刚度矩阵 $\xrightarrow{按\{\lambda\}^{③}}$ 换码 $\xrightarrow{集成并累加}$ 进入 $[K]$

$$[k]^{③}=\begin{bmatrix} (1) & (2) \\ 3 & 1.5 \\ 1.5 & 3 \end{bmatrix}\begin{matrix} \\ (1) \\ (2)\end{matrix} \quad [k]^{③}=\begin{bmatrix} (3) & (4) \\ 3 & 1.5 \\ 1.5 & 3 \end{bmatrix}\begin{matrix} \\ 3 \\ 4\end{matrix} \quad [K]=\begin{bmatrix} 3 & 1.5 & 0 & 0 \\ 1.5 & 11 & 4 & 0 \\ 0 & 4 & 11 & 1.5 \\ 0 & 0 & 1.5 & 3 \end{bmatrix}$$

$[K]$ 也就是连续梁整体刚度矩阵。

4）求单元等效结点荷载 $\{P\}^e$。

由结构力学载常数可得固端力向量 $\{\overline{F}_P\}^e$

$$\{\overline{F}_P\}^{①}=\begin{Bmatrix} -\frac{pl}{8} \\ +\frac{pl}{8} \end{Bmatrix}=\begin{Bmatrix} -10 \\ 10 \end{Bmatrix} \quad \{\overline{F}_P\}^{②}=\begin{Bmatrix} -48 \\ 48 \end{Bmatrix}$$

$\{P\}^e=-\{\overline{F}_P\}^e$，得各单元等效结点荷载 $\{P\}^e$

$$\{P\}^{①}=\begin{Bmatrix} 10 \\ -10 \end{Bmatrix}\begin{matrix} (1) \\ (2)\end{matrix} \quad \{P\}^{②}=\begin{Bmatrix} +48 \\ -48 \end{Bmatrix}\begin{matrix} (1) \\ (2)\end{matrix}$$

5）集成规则也按 $\{\lambda\}^e$ 定位向量按码并集成，累加得结构等效结点荷载向量 $\{P\}$。

$$换码\{P\}^{①}=\begin{Bmatrix} 10 \\ -10 \end{Bmatrix}\begin{matrix} 1 \\ 2\end{matrix} \xrightarrow{集成} \{P\}=\begin{Bmatrix} 10 \\ -10 \\ 0 \\ 0 \end{Bmatrix}\begin{matrix} 1 \\ 2 \\ 3 \\ 4\end{matrix}$$

$$换码\{P\}^{②}=\begin{Bmatrix} 48 \\ -48 \end{Bmatrix}\begin{matrix} 2 \\ 3\end{matrix} \xrightarrow{集成累加} \{P\}=\begin{Bmatrix} 10 \\ -10+48 \\ -48 \\ 0 \end{Bmatrix}\begin{matrix} 1 \\ 2 \\ 3 \\ 4\end{matrix}=\begin{bmatrix} 10 \\ 38 \\ -48 \\ 0 \end{bmatrix}$$

6）解位移法基本方程 $[K]\{\Delta\}=\{P\}$。边界条件处理，将结点位移为0的行和列都划掉，因1、4结点处为固定端，结点角位移为0，即 $\Delta_1=\Delta_4=0$。第一行、第四行、第一

列、第四列主对角线元素为1，其余为0，则

$$\begin{bmatrix} 3 & 1.5 & 0 & 0 \\ 1.5 & 11 & 4 & 0 \\ 0 & 4 & 11 & 1.5 \\ 0 & 0 & 1.5 & 3 \end{bmatrix} \begin{Bmatrix} \Delta_1 \\ \Delta_2 \\ \Delta_3 \\ \Delta_4 \end{Bmatrix} = \begin{Bmatrix} 10 \\ 38 \\ -48 \\ 0 \end{Bmatrix}$$

$$\begin{bmatrix} 1 & 0 & 0 & 0 \\ 0 & 11 & 4 & 0 \\ 0 & 4 & 11 & 0 \\ 0 & 0 & 0 & 0 \end{bmatrix} \begin{Bmatrix} \Delta_1 \\ \Delta_2 \\ \Delta_3 \\ \Delta_4 \end{Bmatrix} = \begin{Bmatrix} 0 \\ 38 \\ -48 \\ 0 \end{Bmatrix}$$

解方程得

$$\{\Delta\} = \begin{Bmatrix} \Delta_1 \\ \Delta_2 \\ \Delta_3 \\ \Delta_4 \end{Bmatrix} = \begin{Bmatrix} 0 \\ 5.81 \\ -6.476 \\ 0 \end{Bmatrix}$$

7）求各杆端内力 $\{F\}^e$。

根据各单元定位向量 $\{\lambda\}^e$，可从结构结点位移向量 $\{\Delta\}$ 中取出相应位移得到各单元的杆端位移向量 $\{\Delta\}^e$

$$\{\Delta\}^{①} = \begin{Bmatrix} 0 \\ 5.81 \end{Bmatrix} \quad \{\Delta\}^{②} = \begin{Bmatrix} 5.81 \\ -6.476 \end{Bmatrix} \quad \{\Delta\}^{③} = \begin{Bmatrix} -6.476 \\ 0 \end{Bmatrix}$$

根据连续梁杆端内力表达式为 $\{F\}^e = [k]^e\{\Delta\}^e + \{F_p\}^e$，求各杆端力如下

$$\{F\}^{①} = \begin{bmatrix} 3 & 1.5 \\ 1.5 & 3 \end{bmatrix} \begin{Bmatrix} 0 \\ 5.81 \end{Bmatrix} + \begin{Bmatrix} -10 \\ 10 \end{Bmatrix} = \begin{Bmatrix} -1.29 \\ 27.43 \end{Bmatrix}$$

$$\{F\}^{②} = \begin{bmatrix} 8 & 4 \\ 4 & 8 \end{bmatrix} \begin{Bmatrix} 5.81 \\ -6.476 \end{Bmatrix} + \begin{Bmatrix} -48 \\ 48 \end{Bmatrix} = \begin{Bmatrix} -27.43 \\ 19.43 \end{Bmatrix}$$

$$\{F\}^{③} = \begin{bmatrix} 3 & 1.5 \\ 1.5 & 3 \end{bmatrix} \begin{Bmatrix} -6.476 \\ 0 \end{Bmatrix} + \begin{Bmatrix} 0 \\ 0 \end{Bmatrix} = \begin{Bmatrix} -19.43 \\ -9.71 \end{Bmatrix}$$

弯矩图如图5.22所示。

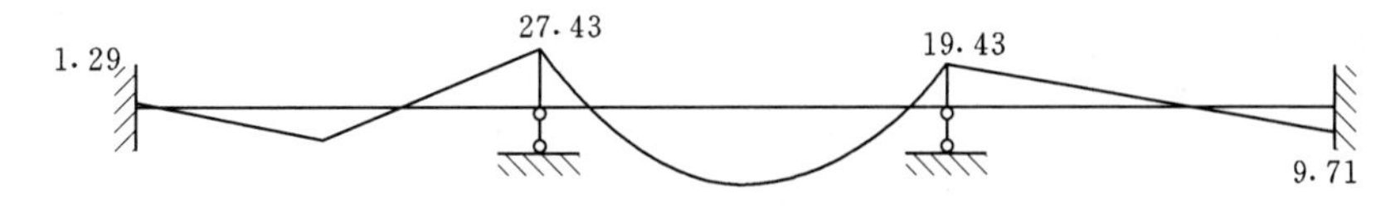

图5.22 连续梁弯矩图

【例5.2】 试求图5.23连续梁内力图。

解： 采用先处理法

1）结点位移分量总码。

此结构有两个结点结点位移分量即转角 Δ_1、Δ_2，其总码分别编为1，2。在固定端处的结点位移分量为0。先处理法规定，凡是给定为0值的结点位移分量，其总码均编为0。

2）各单元定位向量。

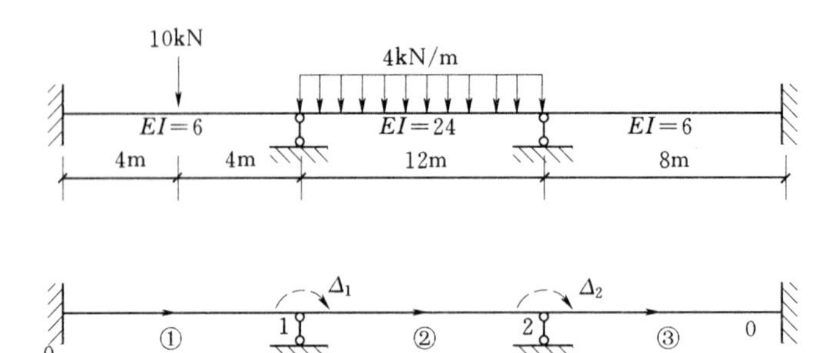

图5.23　连续梁单元及结点位移编码（先处理法）

$$\{\lambda\}^{①}=\begin{Bmatrix}0\\1\end{Bmatrix}\quad\{\lambda\}^{②}=\begin{Bmatrix}1\\2\end{Bmatrix}\quad\{\lambda\}^{③}=\begin{Bmatrix}2\\0\end{Bmatrix}$$

3）形成整体刚度矩阵 $[K]$。

单元①刚度矩阵 $\xrightarrow{\text{按}\lambda^{①}}$ 换码 $\xrightarrow{\text{集成,累加}}$ $[K]$

$$[k]^{①}=\begin{bmatrix}(1)&(2)\\\frac{4\times6}{8}&1.5\\1.5&3\end{bmatrix}\begin{matrix}\\(1)\\(2)\end{matrix}\qquad[k]^{①}=\begin{bmatrix}(0)&(1)\\3&1.5\\1.5&3\end{bmatrix}\begin{matrix}\\0\\1\end{matrix}\qquad[K]=\begin{bmatrix}(1)&(2)\\3&0\\0&0\end{bmatrix}\begin{matrix}\\1\\2\end{matrix}$$

单元②刚度矩阵 $\xrightarrow{\text{按}\lambda^{②}}$ 换码 $\xrightarrow{\text{集成,累加}}$ $[K]$

$$[k]^{②}=\begin{bmatrix}(1)&(2)\\\frac{4\times24}{12}&4\\4&8\end{bmatrix}\begin{matrix}\\(1)\\(2)\end{matrix}\qquad[k]^{②}=\begin{bmatrix}(1)&(2)\\8&4\\4&8\end{bmatrix}\begin{matrix}\\1\\2\end{matrix}\qquad[K]=\begin{bmatrix}(1)&(2)\\3+8&4\\4&8\end{bmatrix}\begin{matrix}\\1\\2\end{matrix}$$

单元③刚度矩阵 $\xrightarrow{\text{按}\lambda^{③}}$ 换码 $\xrightarrow{\text{集成,累加}}$ $[K]$

$$[k]^{③}=\begin{bmatrix}(1)&(2)\\\frac{4\times6}{8}&1.5\\1.5&3\end{bmatrix}\begin{matrix}\\(1)\\(2)\end{matrix}\qquad[k]^{③}=\begin{bmatrix}(2)&(0)\\3&1.5\\1.5&3\end{bmatrix}\begin{matrix}\\2\\0\end{matrix}\qquad[K]=\begin{bmatrix}(1)&(2)\\3+8&4\\4&8\end{bmatrix}\begin{matrix}\\1\\2\end{matrix}=\begin{bmatrix}11&4\\4&11\end{bmatrix}$$

4）求单元等效结点荷载 $\{p\}^e$。

$$\{\overline{F}_P\}^{①}=\begin{Bmatrix}-\frac{pl}{8}\\+\frac{pl}{8}\end{Bmatrix}=\begin{Bmatrix}-10\\10\end{Bmatrix}\quad\{\overline{F}_P\}^{②}=\begin{Bmatrix}-\frac{ql^2}{12}\\\frac{ql^2}{12}\end{Bmatrix}=\begin{Bmatrix}-48\\48\end{Bmatrix}\quad\{\overline{F}_P\}^{③}=0$$

变号形成等效结点荷载 $\{P\}^e$

$$\{\overline{P}\}^{①}=\begin{Bmatrix}10\\-10\end{Bmatrix}\quad\{\overline{P}\}^{②}=\begin{Bmatrix}48\\-48\end{Bmatrix}\quad\{\overline{P}\}^{③}=0$$

5）集成规则也按 $\{\lambda\}^e$ 定位向量换码并集成，累加得结构等效结点荷载向量 $\{P\}$。

$$\text{换码}\xrightarrow{\text{集成,累加}}\{P\}$$

$$\{\overline{P}\}^{①}=\begin{Bmatrix}10\\-10\end{Bmatrix}\begin{matrix}0\\1\end{matrix}\qquad \{P\}=\begin{Bmatrix}-10\\0\end{Bmatrix}\begin{matrix}1\\2\end{matrix}$$

$$\text{换码}\xrightarrow{\text{集成，累加}}\{P\}$$

$$\{\overline{P}\}^{②}=\begin{Bmatrix}48\\-48\end{Bmatrix}\begin{matrix}1\\2\end{matrix}\qquad \{P\}=\begin{Bmatrix}-10+48\\0-48\end{Bmatrix}=\begin{Bmatrix}38\\-48\end{Bmatrix}$$

6）解位移法基本方程 $[K]\{\Delta\}=\{P\}$。

$$\begin{bmatrix}11&4\\4&11\end{bmatrix}\begin{Bmatrix}\Delta_1\\\Delta_2\end{Bmatrix}=\begin{Bmatrix}38\\-48\end{Bmatrix}\qquad \text{求得}\begin{Bmatrix}\Delta_1\\\Delta_2\end{Bmatrix}=\begin{Bmatrix}5.81\\-6.476\end{Bmatrix}$$

其他过程同后处理法。对于连续梁结构可看成平面刚架的特殊情况，不同之处在于连续梁单元，局部坐标与整体坐标系一致，没有坐标转换的问题。

单元等效结点荷载向量 P 的形成分三步：①反号；②坐标转换；③对号入座。也是由于局部坐标与整体坐标系一致省第②步，具体在第 5.5 节中详细叙述。

【例 5.3】 如图 5.24 所示连续梁，计算杆端弯矩（先处理法）。

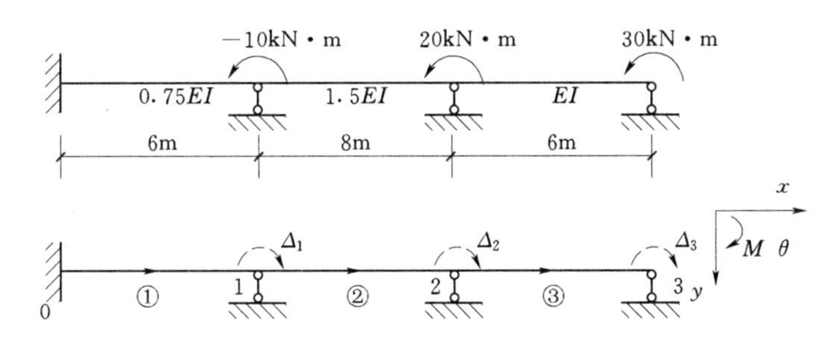

图 5.24 连续梁单元及结点位移编码

解： 1）结点位移分量总码。

此结构有三个结点位移分量，即转角 Δ_1、Δ_2、Δ_3，其总码分别为 1、2、3。

2）各单元定位向量 $\{\lambda\}^e$。

$$\{\lambda\}^{①}=\begin{Bmatrix}0\\1\end{Bmatrix}\quad \{\lambda\}^{②}=\begin{Bmatrix}1\\2\end{Bmatrix}\quad \{\lambda\}^{③}=\begin{Bmatrix}2\\3\end{Bmatrix}$$

3）先求各单元单刚，再形成整体刚度矩阵 $[K]$。

$$[k]^{①}=\begin{bmatrix}\frac{1}{2}&\frac{1}{4}\\\frac{1}{4}&\frac{1}{2}\end{bmatrix}EI\quad [k]^{②}=\begin{bmatrix}\frac{3}{4}&\frac{3}{8}\\\frac{3}{8}&\frac{3}{4}\end{bmatrix}EI\quad [k]^{③}=\begin{bmatrix}\frac{2}{3}&\frac{1}{3}\\\frac{1}{3}&\frac{2}{3}\end{bmatrix}EI$$

$$\text{单元①刚度矩阵}\xrightarrow{\text{按}\{\lambda\}^{①}}\text{换码}\xrightarrow{\text{集成，累加}}[K]$$

$$[k]^{①}=\begin{bmatrix}(1)&(2)\\\frac{1}{2}&\frac{1}{4}\\\frac{3}{8}&\frac{1}{2}\end{bmatrix}EI\begin{matrix}(1)\\(2)\end{matrix}\quad [k]^{①}=\begin{bmatrix}0&1\\\frac{1}{2}&\frac{1}{4}\\\frac{1}{4}&\frac{1}{2}\end{bmatrix}\begin{matrix}0\\1\end{matrix}\quad [K]=\begin{bmatrix}1&2&3\\\frac{1}{2}&0&0\\0&0&0\\0&0&0\end{bmatrix}\begin{matrix}1\\2\\3\end{matrix}$$

单元②刚度矩阵 $\xrightarrow{\text{按}\{\lambda\}^{②}}$ 换码 $\xrightarrow{\text{集成，累加}}$ $[K]$

$$[k]^{②}=EI\begin{bmatrix} (1) & (2) \\ \frac{3}{4} & \frac{3}{8} \\ \frac{3}{8} & \frac{3}{4} \end{bmatrix}\begin{matrix}(1)\\(2)\end{matrix} \quad [k]^{②}=EI\begin{bmatrix} 1 & 2 \\ \frac{3}{4} & \frac{3}{8} \\ \frac{3}{8} & \frac{3}{4} \end{bmatrix}\begin{matrix}1\\2\end{matrix} \quad [K]=EI\begin{bmatrix} 1 & 2 & 3 \\ \frac{1}{2}+\frac{3}{4} & \frac{3}{8} & 0 \\ \frac{3}{8} & \frac{3}{4} & 0 \\ 0 & 0 & 0 \end{bmatrix}\begin{matrix}1\\2\\3\end{matrix}$$

单元③刚度矩阵 $\xrightarrow{\text{按}\{\lambda\}^{③}}$ 换码 $\xrightarrow{\text{集成，累加}}$ $[K]$

$$[k]^{③}=EI\begin{bmatrix} (1) & (2) \\ \frac{2}{3} & \frac{1}{3} \\ \frac{1}{3} & \frac{2}{3} \end{bmatrix}\begin{matrix}(1)\\(2)\end{matrix} \quad [k]^{③}=EI\begin{bmatrix} 2 & 3 \\ \frac{2}{3} & \frac{1}{3} \\ \frac{1}{3} & \frac{2}{3} \end{bmatrix}\begin{matrix}2\\3\end{matrix} \quad [K]=EI\begin{bmatrix} 1 & 2 & 3 \\ \frac{1}{2}+\frac{3}{4} & \frac{3}{8} & 0 \\ \frac{3}{8} & \frac{3}{4}+\frac{2}{3} & \frac{1}{3} \\ 0 & \frac{1}{3} & \frac{2}{3} \end{bmatrix}\begin{matrix}1\\2\\3\end{matrix}$$

$$[K]=EI\begin{bmatrix} \frac{5}{4} & \frac{3}{8} & 0 \\ \frac{3}{8} & \frac{17}{12} & \frac{1}{3} \\ 0 & \frac{1}{3} & \frac{2}{3} \end{bmatrix}$$

4）解位移法基本方程。

$$EI\begin{bmatrix} \frac{5}{4} & \frac{3}{8} & 0 \\ \frac{3}{8} & \frac{17}{12} & \frac{1}{3} \\ 0 & \frac{1}{3} & \frac{2}{3} \end{bmatrix}\begin{Bmatrix} \Delta_1 \\ \Delta_2 \\ \Delta_3 \end{Bmatrix}=\begin{Bmatrix} 10 \\ -20 \\ 30 \end{Bmatrix} \quad \text{求得}\begin{Bmatrix} \Delta_1 \\ \Delta_2 \\ \Delta_3 \end{Bmatrix}=\begin{Bmatrix} 18.02 \\ -33.41 \\ 61.70 \end{Bmatrix}/EI$$

需要注意的是这里将结点力按顺时针坐标系直接代入等式右侧，不同于固端力矩需先变号再代入。

5）计算杆端力。

$$\{F\}^{e}=[K]^{e}\{\Delta\}^{e}+\{F_p\}^{e}$$

$$\{F\}^{①}=\begin{bmatrix} \frac{1}{2} & \frac{1}{4} \\ \frac{1}{4} & \frac{1}{2} \end{bmatrix}\begin{Bmatrix} 0 \\ \Delta_1 \end{Bmatrix}+0=\begin{Bmatrix} 4.5 \\ 9.0 \end{Bmatrix}$$

$$\{F\}^{②}=\begin{bmatrix} \frac{3}{4} & \frac{3}{8} \\ \frac{3}{8} & \frac{3}{4} \end{bmatrix}\begin{Bmatrix} \Delta_1 \\ \Delta_2 \end{Bmatrix}+0=\begin{Bmatrix} 1.0 \\ -18.3 \end{Bmatrix}$$

$$\{F\}^{③}=\begin{bmatrix}\frac{2}{3} & \frac{1}{3}\\ \frac{1}{3} & \frac{2}{3}\end{bmatrix}\begin{Bmatrix}\Delta_2\\ \Delta_3\end{Bmatrix}+0=\begin{Bmatrix}-1.7\\ -30\end{Bmatrix}$$

弯矩图如图 5.25 所示：

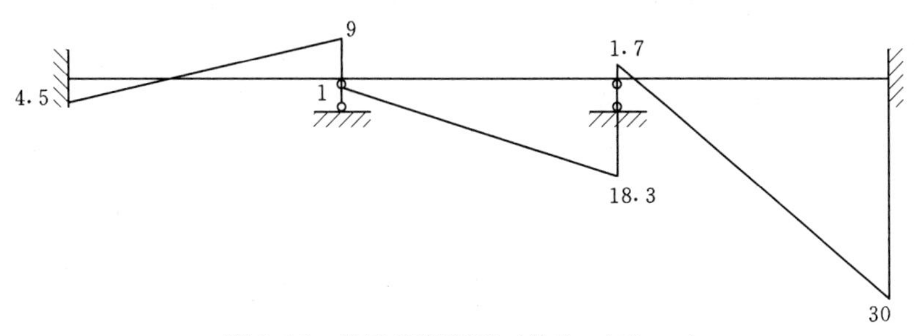

图 5.25 连续梁弯矩图（单位：kN·m）

这里需要指出的是：

(1) 对于如图 5.26 的连续梁，结构整体刚度矩阵推导如下：

$$\begin{Bmatrix}F_1\\ F_2\\ F_3\\ \vdots\\ F_n\\ F_{n+1}\end{Bmatrix}=\begin{bmatrix}4i_1 & 2i_1 & 0 & 0 & & \\ 2i_1 & 4(i_1+i_2) & 2i_2 & & 0 & \\ \vdots & 2i_2 & 4(i_2+i_3) & 2i_3 & & \\ \vdots & & \ddots & \ddots & \ddots & \\ & 0 & & 2i_{n-1} & 4(i_{n-1}+i_n) & 2i_n\\ & & & 0 & 2i_n & 4i_n\end{bmatrix}\begin{Bmatrix}\Delta_1\\ \Delta_2\\ \Delta_3\\ \vdots\\ \Delta_n\\ \Delta_{n+1}\end{Bmatrix} \tag{5.43}$$

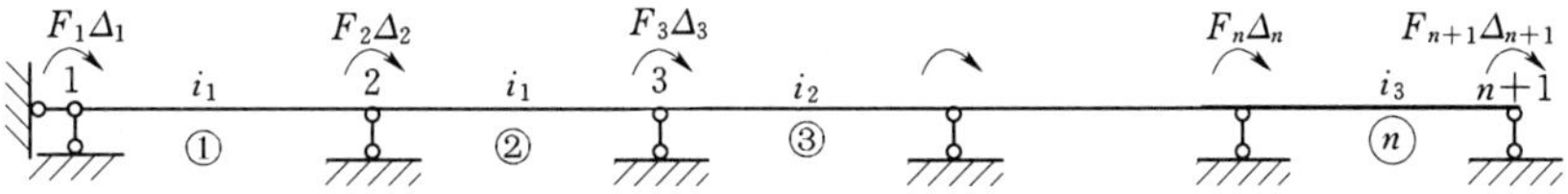

图 5.26 n 跨连续梁结构

可以看出连续梁整体刚度矩阵［K］是一个对称的三角的带状的稀疏矩阵。

1）元素中 K_{ij} 的物理意义是：当 $\Delta_j=1$ 而其他位移分量是为 0 时产生在 Δ_i 方向的杆端力。

2）元素 $K_{22}=4(i_1+i_2)$，$K_{33}=4(i_2+i_3)$，……

说明主子块 K_{ij} 是由结点 i 的相关单元（即同交于一结点的各杆件）中与结点 i 对应的主子块叠加而成。

3）元素 $K_{12}=2i_1$，$K_{23}=2i_2$，……

当 i，j 为相关结点时（两个节点之间有杆件直接相连），副子块 K_{ij} 等于连接 ij 杆单元中相应的子块；若 i，j 不相关，则 K_{ij} 为 0 子块。

(2) 非结点荷载处理。

对于作用在单元上的荷载，首先求得单元固端力 $\{\overline{F}_p\}^e$，由于连续梁中局部坐标与整体坐标一致，无需坐标转换，将 $\{\overline{F}_p\}^e$ 改变符号就得到单元等效结点荷载，等效原则：两种荷载在基本结构中产生相同的结点约束力。

(3) 先处理法与后处理法。

单元刚度矩阵直接集成结构刚度矩阵分两种方法：

1）后处理法。不论结点是否有位移，均取为未知量，对所有单元都不做边界条件处理，均采用自由式的单元刚度矩阵，按单元定位向量（单元结点编号）在总刚中对号入座，形成原始刚度矩阵。由于结点位移分量中包括了非自由结点的已知位移，原始刚度矩阵是奇异的，需要进行边界条件处理，即划去原始刚度矩阵中与零位移对应的行和列才能求解自由结点位移。此方法为编程考虑，具体做法有两种：乘大数法和化 0 置 1 法。

▲ 乘大数法。当有结点位移为给定值 $a_j=\overline{a}_j$ 时，第 j 个方程作如下修改：对角元素 K_{jj} 乘以大数 N（N 可取 10^{10} 左右量级），并将 p_j 用 $NK_{jj}\overline{a}_j$ 取代，即

$$\begin{bmatrix} K_{11} & K_{12} & \cdots & & & K_{1n} \\ K_{21} & K_{22} & \cdots & & & K_{2n} \\ \vdots & \vdots & & & & \\ K_{j1} & K_{j2} & \cdots & NK_{jj} & \cdots & K_{jn} \\ \vdots & \vdots & & & & \\ K_{n1} & K_{n2} & \cdots & & & K_{nn} \end{bmatrix} \begin{Bmatrix} a_1 \\ a_2 \\ \vdots \\ a_j \\ \vdots \\ a_n \end{Bmatrix} = \begin{Bmatrix} p_1 \\ p_2 \\ \vdots \\ NK_{jj}\overline{a}_j \\ \vdots \\ p_n \end{Bmatrix} \tag{5.44}$$

经过修改后的第 j 个方程为

$$K_{j1}a_1+K_{j2}a_2+\cdots+NK_{jj}a_j+\cdots K_{jn}a_n=NK_{jj}\overline{a}_j \tag{5.45}$$

由于 $NK_{jj}\gg K_{ij}(i\neq j)$，方程左端的 $NK_{jj}a_j$ 项较其他项要大得多，因此近似得到

$$NK_{jj}a_j\approx NK_{jj}\overline{a}_j \tag{5.46}$$

则有

$$a_j=\overline{a}_j \tag{5.47}$$

对于多个给定位移（$j=c_1$，$c_{2,}\cdots$，c_i）时，则按序将每个给定的位移都作上述修正，得到全部进行修正后的 $[K]$ 和 $\{P\}$，然后解方程则可得到包括给定位移在内的全部结点位移值。

这个方法使用简单，对任何给定位移（零值或非零值）都适用。采用这种方法引入强制边界条件时方程阶数不变，结点位移顺序不变，编程程序十分方便，因此在有线单元法中经常采用。

▲ 化 0 置 1 法。当给定位移值是零位移时，例如无移动的铰支座、链杆支座等。可以在系数矩阵 $[K]$ 中将与零结点位移相对应的行列中，将主对角元素改为 1，其他元素改为 0；在载荷列阵中将与零结点位移相对应的元素改为 0 即可。例如有 $a_j=0$，则对方程系数矩阵 $[K]$ 的第 j 行，j 列及载荷列阵第 j 个元素做如下修改。

$$\begin{matrix} & 1 & 2 & & j & & n \\ 1 \\ 2 \\ \vdots \\ \\ j \\ \\ \vdots \\ \\ n \end{matrix}\begin{bmatrix} K_{11} & K_{11} & \cdots & 0 & \cdots & K_{1n} \\ K_{21} & K_{22} & \cdots & 0 & \cdots & K_{2n} \\ & & & \vdots & & \\ & & & 0 & & \\ 0 & \cdots & 0 & 1 & 0 & 0 \\ & & & 0 & & \\ & & & \vdots & & \\ K_{n1} & K_{n2} & \cdots & 0 & \cdots & K_{nn} \end{bmatrix} \begin{Bmatrix} a_1 \\ a_2 \\ \vdots \\ a_j \\ \vdots \\ a_n \end{Bmatrix} = \begin{Bmatrix} p_1 \\ p_2 \\ \vdots \\ 0 \\ \vdots \\ p_n \end{Bmatrix} \tag{5.48}$$

这样修正后，解方程则可得 $a_j=0$。对多个给定零位移则依次修正，全都修正完毕后再求解，用这种方法引入强制边界条件比较简单，不改变原来方程的阶数和结点未知量的顺序编号，但是这种方法只能用于给定零位移。

2）先处理法。只取实际发生的结点位移为未知量，若某点某方向存在支座，不发生位移，则该方向就不取为未知量，按单元定位向量将单刚对号入座形成总刚，在单元定位向量中也考虑边界条件，凡给定的结点位移，其位移总码编为 0，与其对应的行、列元素在集成总刚时被划掉。

5.5 等效结点荷载

荷载可以是非结点荷载或是结点荷载或是二者的组合。设 $\{P\}$ 为结构的等效结点总荷载，等效的原则是要求这两种荷载在基本体系中产生相同的结点约束力。则有

$$\{P\}=\{P_D\}+\{P_E\} \tag{5.49}$$

$\{P_D\}$ 为直接作用于结点的荷载，$\{P_E\}$ 为结构等效结点荷载（即非结点荷载产生的）。以结构各结点为研究对象，得到位移法基本方程

$$[K]\{\Delta\}=\{P\} \tag{5.50}$$

对于如图 5.27 所示结构，$\{P_D\}=(F_{R1},0,0,12)^{\mathrm{T}}$，$F_{R1}$ 为结点 1 支座处力矩，是未知的。取 4 个结点如图 5.27，作用在结点上的杆端力矩列平衡方程，整理成矩阵形式。

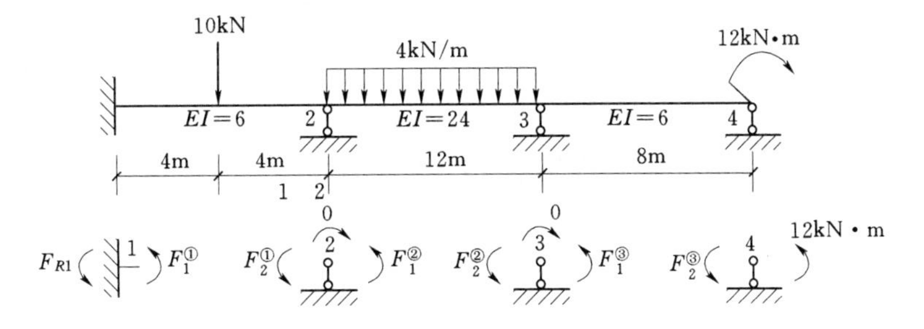

图 5.27 结点上的杆端力矩分析

$$\left.\begin{aligned}F_{R1}&=F_1^{①}\\0&=F_2^{①}+F_1^{②}\\0&=F_2^{②}+F_1^{③}\\12&=F_2^{③}\end{aligned}\right\} \tag{5.51}$$

$$\{P_D\}=\begin{Bmatrix}F_{R1}\\0\\0\\12\end{Bmatrix}=\begin{Bmatrix}F_1^{①}\\F_2^{①}\\0\\0\end{Bmatrix}+\begin{Bmatrix}0\\F_1^{②}\\F_2^{②}\\0\end{Bmatrix}+\begin{Bmatrix}0\\0\\F_1^{③}\\F_2^{③}\end{Bmatrix} \tag{5.52}$$

单元杆端力（整体坐标系下）为

$$\{F\}^e=[K]^e\{\Delta\}^e+\{F_P\}^e \tag{5.53}$$

$$\begin{Bmatrix} F_1^{①} \\ F_2^{①} \\ 0 \\ 0 \end{Bmatrix} = \begin{bmatrix} K_{11}^{①} & K_{12}^{①} & 0 & 0 \\ K_{21}^{①} & K_{22}^{①} & 0 & 0 \\ 0 & 0 & 0 & 0 \\ 0 & 0 & 0 & 0 \end{bmatrix} \begin{Bmatrix} \Delta_1 \\ \Delta_2 \\ \Delta_3 \\ \Delta_4 \end{Bmatrix} + \begin{Bmatrix} -10 \\ 10 \\ 0 \\ 0 \end{Bmatrix} \tag{5.54}$$

$$\begin{Bmatrix} 0 \\ F_1^{②} \\ F_2^{②} \\ 0 \end{Bmatrix} = \begin{bmatrix} 0 & 0 & 0 & 0 \\ 0 & K_{11}^{②} & K_{12}^{②} & 0 \\ 0 & K_{21}^{②} & K_{22}^{②} & 0 \\ 0 & 0 & 0 & 0 \end{bmatrix} \begin{Bmatrix} \Delta_1 \\ \Delta_2 \\ \Delta_3 \\ \Delta_4 \end{Bmatrix} + \begin{Bmatrix} 0 \\ -48 \\ 48 \\ 0 \end{Bmatrix} \tag{5.55}$$

$$\begin{Bmatrix} 0 \\ 0 \\ F_1^{③} \\ F_2^{③} \end{Bmatrix} = \begin{bmatrix} 0 & 0 & 0 & 0 \\ 0 & 0 & 0 & 0 \\ 0 & 0 & K_{11}^{③} & K_{12}^{③} \\ 0 & 0 & K_{21}^{③} & K_{22}^{③} \end{bmatrix} \begin{Bmatrix} \Delta_1 \\ \Delta_2 \\ \Delta_3 \\ \Delta_4 \end{Bmatrix} \tag{5.56}$$

$$\{P_D\} = \begin{Bmatrix} F_{R1} \\ 0 \\ 0 \\ 12 \end{Bmatrix} = \begin{bmatrix} K_{11}^{①} & K_{12}^{①} & 0 & 0 \\ K_{21}^{①} & K_{22}^{①}+K_{11}^{②} & K_{12}^{②} & 0 \\ 0 & K_{21}^{②} & K_{22}^{②}+K_{11}^{③} & K_{12}^{③} \\ 0 & 0 & K_{21}^{③} & K_{22}^{③} \end{bmatrix} \begin{Bmatrix} \Delta_1 \\ \Delta_2 \\ \Delta_3 \\ \Delta_4 \end{Bmatrix} + \begin{Bmatrix} -10 \\ -38 \\ 48 \\ 0 \end{Bmatrix} \tag{5.57}$$

$$\underbrace{\begin{Bmatrix} F_{R1} \\ 0 \\ 0 \\ 12 \end{Bmatrix}}_{P_D} - \underbrace{\begin{Bmatrix} -10 \\ -38 \\ 48 \\ 0 \end{Bmatrix}}_{F_P} = [K]\{\Delta\} \tag{5.58}$$

令 $\{P_E\}=-\{F_P\}$，$\{P_E\}$——结构等效结点荷载，则 $\{P\}=\{P_D\}+\{P_E\}=[K]\{\Delta\}$。需要指出的是：$\{P_D\}$ 直接录入即可；$\{P_E\}$ 录入需要分三步：

1）单元等效结点荷载向量 $\{\overline{P_E}\}^e$（局部坐标系下）：将固定约束力向量 $\{\overline{F}_P\}^e$ 反号，即 $\{\overline{P}_E\}^e=-\{\overline{F}_P\}^e$。

2）坐标系转化：将局部坐标系下的 $\{\overline{P}_E\}^e$ 转化到整体坐标系下得到单元等效结点荷载向量 $\{P_E\}^e$（整体坐标系），$\{P_E\}=[T]^{\mathrm{T}}\{\overline{P_E}\}^e$。

3）按定位向量 $\{\lambda\}^e$，将 $\{P_E\}^e$ 对号入座并累加形成结构等效结点荷载向量 $\{P_E\}$。

5.6　平面刚架结构刚度矩阵的集成

5.6.1　引言

本节介绍用单元集成法求平面刚架的整体刚度矩阵 $[K]$，与连续梁相比，基本思路仍然相同，但细节处理更加复杂，具体见表 5.4。

表 5.4　　　单元集成法求平面刚架的整体刚度矩阵步骤

(1)	(结构标识)	连续梁中局部整体坐标系一致，无需转化，每个结点未知量 1 个	刚架针对各杆方向分别设不同的局部坐标系 刚架每个结点未知量 3 个

续表

(2)	计算各单元刚度矩阵	套用连续梁单刚 2×2 矩阵 坐标系无需转换 $[k]^e=[\bar{k}]^e$	套用刚架单刚 6×6 矩阵 坐标系需转换
(3)	形成整体刚度矩阵	根据定位向量 $\{\lambda\}^e$ 对号入座	根据 $\{\lambda\}^e$ 定位向量对号入座
(4)	引入位移边界条件	对于后处理法，去掉位移为 0 的行和列	对于后处理法，去掉位移为 0 的行和列
(5)	求解结构刚度方程得未知结点位移	无需坐标转换 求单元等效结点荷载 $\{\overline{P}\}^e$，用单元集成法形成结构等效结点荷载 $\{P\}$，解方程 $[K]\{\Delta\}=\{P\}$，求 $\{\Delta\}$	局部坐标系单元等效结点荷 $\{\overline{P}\}^e$ 整体坐标系单元等效结点荷 $\{P\}^e$ 单元集成法形成结构等效结点荷载 $\{P\}$
(6)	计算杆端力支座反力	无需坐标转换 $\{F\}^e=[k]^e\{\Delta\}^e+\{F_P\}^e$，$\{\overline{F}\}^e=\{F\}^e$	回到局部坐标下分别求杆端力 $\{\overline{F}\}^e=[\overline{K}]^e\{\overline{\Delta}\}^e+\{F_P\}^e$

简而言之，未知量增多，单刚矩阵增大；杆件方向不同，坐标系需要转换，先换到整体坐标系下去计算，再回到局部坐标系下求相应杆端力。结构复杂化 $[K]$ 和 $\{P\}$ 都需要在整体坐标系下去对号入座，累加合成。

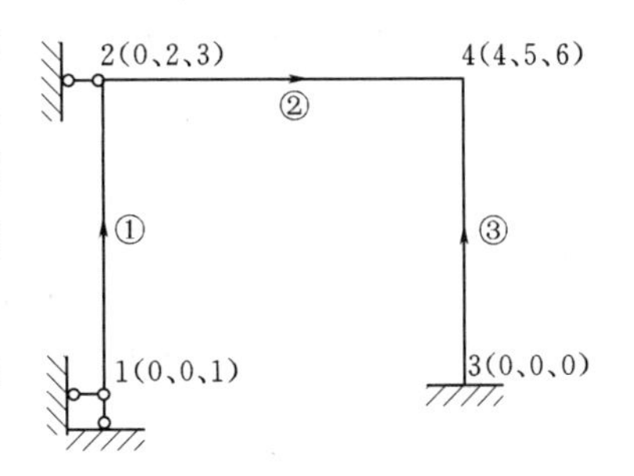

图 5.28　刚架单元及结点编码（先处理法）

5.6.2　结构刚度矩阵的集成方法：先处理法与后处理法

本节举例只说明（3）（4）步的形成。如图 5.28 所示，位移编码不同。

1）先处理法，［例 5.4］所示结构单元刚度矩阵为

$$
\begin{array}{c} \quad\quad\quad\; 0 \quad\;\; 0 \quad\;\; 1 \quad\;\; 0 \quad\;\; 2 \quad\;\; 3 \\
[k]^{①}=\begin{bmatrix} K_{11} & K_{12} & K_{13} & K_{14} & K_{15} & K_{16} \\ K_{21} & K_{22} & K_{23} & K_{24} & K_{25} & K_{26} \\ K_{31} & K_{32} & K_{33} & K_{34} & K_{35} & K_{36} \\ K_{41} & K_{42} & K_{43} & K_{44} & K_{45} & K_{46} \\ K_{51} & K_{52} & K_{53} & K_{54} & K_{55} & K_{56} \\ K_{61} & K_{62} & K_{63} & K_{64} & K_{65} & K_{66} \end{bmatrix} \begin{array}{c} 0 \\ 0 \\ 1 \\ 0 \\ 2 \\ 3 \end{array} \end{array}
$$

$$
\begin{array}{c} \quad\quad\quad\; 0 \quad\;\; 2 \quad\;\; 3 \quad\;\; 4 \quad\;\; 5 \quad\;\; 6 \\
[k]^{②}=\begin{bmatrix} K_{11} & K_{12} & K_{13} & K_{14} & K_{15} & K_{16} \\ K_{21} & K_{22} & K_{23} & K_{24} & K_{25} & K_{26} \\ K_{31} & K_{32} & K_{33} & K_{34} & K_{35} & K_{36} \\ K_{41} & K_{42} & K_{43} & K_{44} & K_{45} & K_{46} \\ K_{51} & K_{52} & K_{53} & K_{54} & K_{55} & K_{56} \\ K_{61} & K_{62} & K_{63} & K_{64} & K_{65} & K_{66} \end{bmatrix} \begin{array}{c} 0 \\ 2 \\ 3 \\ 4 \\ 5 \\ 6 \end{array} \end{array}
$$

$$
\begin{array}{c}
\begin{matrix} \quad 0 & \quad 0 & \quad 0 & \quad 4 & \quad 5 & \quad 6 \end{matrix} \\
[k]^{③}=\begin{bmatrix}
K_{11} & K_{12} & K_{13} & K_{14} & K_{15} & K_{16} \\
K_{21} & K_{22} & K_{23} & K_{24} & K_{25} & K_{26} \\
K_{31} & K_{32} & K_{33} & K_{34} & K_{35} & K_{36} \\
K_{41} & K_{42} & K_{43} & K_{44} & K_{45} & K_{46} \\
K_{51} & K_{52} & K_{53} & K_{54} & K_{55} & K_{56} \\
K_{61} & K_{62} & K_{63} & K_{64} & K_{65} & K_{66}
\end{bmatrix}\begin{matrix} 0 \\ 0 \\ 0 \\ 4 \\ 5 \\ 6 \end{matrix}
\end{array}
$$

$$
\begin{array}{c}
\begin{matrix} \quad 1 & \qquad 2 & \qquad 3 & \qquad 4 & \qquad 5 & \qquad 6 \end{matrix} \\
[K]=\begin{bmatrix}
K_{33}^{①} & K_{35}^{①} & K_{36}^{①} & 0 & 0 & 0 \\
K_{53}^{①} & K_{55}^{①}+K_{22}^{②} & K_{56}^{①}+K_{23}^{②} & K_{24}^{②} & K_{25}^{②} & K_{26}^{②} \\
K_{63}^{①} & K_{65}^{①}+K_{32}^{②} & K_{66}^{①}+K_{33}^{②} & K_{34}^{②} & K_{35}^{②} & K_{36}^{②} \\
0 & K_{42}^{②} & K_{43}^{②} & K_{44}^{②}+K_{44}^{③} & K_{45}^{②}+K_{45}^{③} & K_{46}^{②}+K_{46}^{③} \\
0 & K_{52}^{②} & K_{53}^{②} & K_{54}^{②}+K_{54}^{③} & K_{55}^{②}+K_{55}^{③} & K_{56}^{②}+K_{56}^{③} \\
0 & K_{62}^{②} & K_{63}^{②} & K_{64}^{②}+K_{64}^{③} & K_{65}^{②}+K_{65}^{③} & K_{66}^{②}+K_{66}^{③}
\end{bmatrix}\begin{matrix} 1 \\ 2 \\ 3 \\ 4 \\ 5 \\ 6 \end{matrix}
\end{array}
$$

2）后处理法，位移编码见图 5.29。

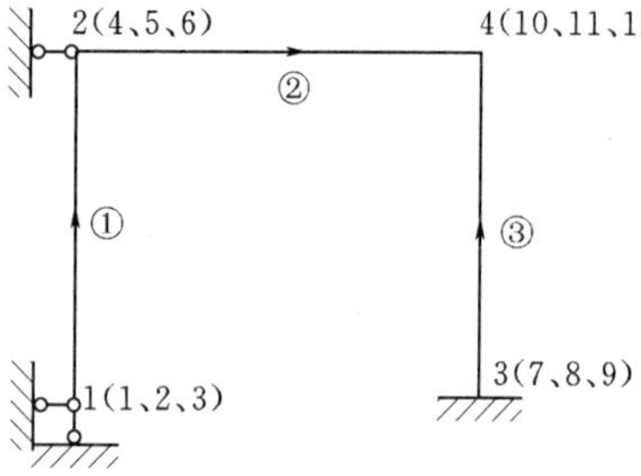

2(4、5、6)
4(10、11、12)
②
①
③
1(1、2、3)
3(7、8、9)

图 5.29　刚架单元及结点编码（后处理法）

$$
\begin{array}{c}
\begin{matrix} \quad 1 & \quad 2 & \quad 3 & \quad 4 & \quad 5 & \quad 6 \end{matrix} \\
[k]^{①}=\begin{bmatrix}
K_{11} & K_{12} & K_{13} & K_{14} & K_{15} & K_{16} \\
K_{21} & K_{22} & K_{23} & K_{24} & K_{25} & K_{26} \\
K_{31} & K_{32} & K_{33} & K_{34} & K_{35} & K_{36} \\
K_{41} & K_{42} & K_{43} & K_{44} & K_{45} & K_{46} \\
K_{51} & K_{52} & K_{53} & K_{54} & K_{55} & K_{56} \\
K_{61} & K_{62} & K_{63} & K_{64} & K_{65} & K_{66}
\end{bmatrix}\begin{matrix} 1 \\ 2 \\ 3 \\ 4 \\ 5 \\ 6 \end{matrix}
\end{array}
$$

$$
\begin{array}{c}
\begin{matrix} \quad 4 & \quad 5 & \quad 6 & \quad 10 & \quad 11 & \quad 12 \end{matrix} \\
[k]^{②}=\begin{bmatrix}
K_{11} & K_{12} & K_{13} & K_{14} & K_{15} & K_{16} \\
K_{21} & K_{22} & K_{23} & K_{24} & K_{25} & K_{26} \\
K_{31} & K_{32} & K_{33} & K_{34} & K_{35} & K_{36} \\
K_{41} & K_{42} & K_{43} & K_{44} & K_{45} & K_{46} \\
K_{51} & K_{52} & K_{53} & K_{54} & K_{55} & K_{56} \\
K_{61} & K_{62} & K_{63} & K_{64} & K_{65} & K_{66}
\end{bmatrix}\begin{matrix} 4 \\ 5 \\ 6 \\ 10 \\ 11 \\ 12 \end{matrix}
\end{array}
$$

$$
\begin{array}{c}
\begin{matrix} \quad 7 & \quad 8 & \quad 9 & \quad 10 & \quad 11 & \quad 12 \end{matrix} \\
[k]^{③}=\begin{bmatrix}
K_{11} & K_{12} & K_{13} & K_{14} & K_{15} & K_{16} \\
K_{21} & K_{22} & K_{23} & K_{24} & K_{25} & K_{26} \\
K_{31} & K_{32} & K_{33} & K_{34} & K_{35} & K_{36} \\
K_{41} & K_{42} & K_{43} & K_{44} & K_{45} & K_{46} \\
K_{51} & K_{52} & K_{53} & K_{54} & K_{55} & K_{56} \\
K_{61} & K_{62} & K_{63} & K_{64} & K_{65} & K_{66}
\end{bmatrix}\begin{matrix} 7 \\ 8 \\ 9 \\ 10 \\ 11 \\ 12 \end{matrix}
\end{array}
$$

$$
\begin{array}{c} \\ \\ \\ \\ \\ \\ [K]= \\ \\ \\ \\ \\ \\ \end{array}
\begin{array}{cccccccccccc}
1 & 2 & 3 & 4 & 5 & 6 & 7 & 8 & 9 & 10 & 11 & 12 \\
K_{11} & K_{12} & K_{13} & K_{14} & K_{15} & K_{16} & & & & & & \\
K_{21} & K_{22} & K_{23} & K_{24} & K_{25} & K_{26} & & & & & & \\
K_{31} & K_{32} & K_{33} & K_{34} & K_{35} & K_{36} & & & & & & \\
K_{41} & K_{42} & K_{43} & K_{44}+K_{11} & K_{45}+K_{12} & K_{46}+K_{13} & & & & K_{14} & K_{15} & K_{16} \\
K_{51} & K_{52} & K_{53} & K_{54}+K_{21} & K_{55}+K_{22} & K_{56}+K_{23} & & & & K_{24} & K_{25} & K_{26} \\
K_{61} & K_{62} & K_{63} & K_{64}+K_{31} & K_{65}+K_{32} & K_{66}+K_{33} & & & & K_{34} & K_{35} & K_{36} \\
 & & & & & & K_{11} & K_{12} & K_{13} & K_{14} & K_{15} & K_{16} \\
 & & & & & & K_{21} & K_{22} & K_{23} & K_{24} & K_{25} & K_{26} \\
 & & & & & & K_{31} & K_{32} & K_{33} & K_{34} & K_{35} & K_{36} \\
 & & & K_{41} & K_{42} & K_{43} & K_{41} & K_{42} & K_{43} & K_{44}+K_{44} & K_{45}+K_{45} & K_{46}+K_{46} \\
 & & & K_{51} & K_{52} & K_{53} & K_{51} & K_{52} & K_{53} & K_{54}+K_{54} & K_{55}+K_{55} & K_{56}+K_{56} \\
 & & & K_{61} & K_{62} & K_{63} & K_{61} & K_{62} & K_{63} & K_{64}+K_{64} & K_{65}+K_{65} & K_{66}+K_{66}
\end{array}
\begin{array}{c} \\ 1 \\ 2 \\ 3 \\ 4 \\ 5 \\ 6 \\ 7 \\ 8 \\ 9 \\ 10 \\ 11 \\ 12 \end{array}
$$

后考虑边界条件，去掉 1 行、2 行，去掉 1 列、2 列；去掉 4 行、4 列；去掉 7 行、8 行、9 行和 7 列、8 列、9 列。K 中所剩元素同先处理法。

5.6.3 矩形刚架忽略轴向变形时的整体刚度矩阵

如图 5.30 所示，刚架在忽略轴向变形情况下，采用顺时针坐标系。将竖柱的局部坐标 x 轴取为向上，此时局部坐标系杆端位移与整体坐标系一致。可直接从忽略轴向变形的单刚中由定位向量直接集成，无需进行坐标变换，具体做法如下。

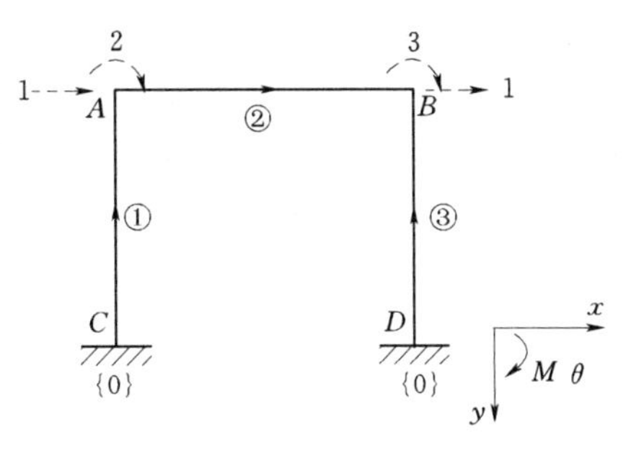

图 5.30 无需进行坐标变换的顺时针坐标系

1）将局部坐标系的单元刚度矩阵划去与轴向变形相应行与列，即可形成忽略轴向变形时杆件的单元刚度矩阵如下

$$
[\bar{k}]^{①}=[\bar{k}]^{②}=[\bar{k}]^{③}=\begin{bmatrix}
\frac{12EI}{l^3} & \frac{6EI}{l^2} & -\frac{12EI}{l^3} & \frac{6EI}{l^2} \\
-\frac{6EI}{l^2} & \frac{4EI}{l} & -\frac{6EI}{l^2} & \frac{2EI}{l} \\
-\frac{12EI}{l^3} & -\frac{6EI}{l^2} & \frac{12EI}{l^3} & -\frac{6EI}{l^2} \\
\frac{6EI}{l^2} & \frac{2EI}{l} & -\frac{6EI}{l^2} & \frac{4EI}{l}
\end{bmatrix}
$$

此时局部坐标系的杆端位移与整体坐标系的杆端位移一致。可直接由单元刚度矩阵进行定位与集成。

各单元的定位向量为

$$\{\lambda\}^{(1)}=(0\quad 0\quad 1\quad 2)^{\mathrm{T}}\quad \{\lambda\}^{(2)}=(0\quad 2\quad 0\quad 3)^{\mathrm{T}}\quad \{\lambda\}^{(3)}=(0\quad 0\quad 1\quad 3)^{\mathrm{T}}$$

2）定位，累加

$$
[K]^{①}=[\bar{k}]^{①}=\begin{array}{c} \begin{matrix} 0 & \quad 0 & \quad 1 & \quad 2 \end{matrix} \\ \begin{bmatrix} \frac{12EI}{l^3} & \frac{6EI}{l^2} & -\frac{12EI}{l^3} & \frac{6EI}{l^2} \\ \frac{6EI}{l^2} & \frac{4EI}{l} & -\frac{6EI}{l^2} & \frac{2EI}{l} \\ -\frac{12EI}{l^3} & -\frac{6EI}{l^2} & \frac{12EI}{l^3} & -\frac{6EI}{l^2} \\ \frac{6EI}{l^2} & \frac{2EI}{l} & -\frac{6EI}{l^2} & \frac{4EI}{l} \end{bmatrix} \begin{matrix} 0 \\ 0 \\ 1 \\ 2 \end{matrix} \end{array}
$$

$$
[K]^{②}=[\bar{k}]^{②}=\begin{array}{c} \begin{matrix} 0 & \quad 2 & \quad 0 & \quad 3 \end{matrix} \\ \begin{bmatrix} \frac{12EI}{l^3} & \frac{6EI}{l^2} & -\frac{12EI}{l^3} & \frac{6EI}{l^2} \\ \frac{6EI}{l^2} & \frac{4EI}{l} & -\frac{6EI}{l^2} & \frac{2EI}{l} \\ -\frac{12EI}{l^3} & -\frac{6EI}{l^2} & \frac{12EI}{l^3} & -\frac{6EI}{l^2} \\ \frac{6EI}{l^2} & \frac{2EI}{l} & -\frac{6EI}{l^2} & \frac{4EI}{l} \end{bmatrix} \begin{matrix} 0 \\ 2 \\ 0 \\ 3 \end{matrix} \end{array}
$$

$$
[K]^{③}=[\bar{k}]^{③}=\begin{array}{c} \begin{matrix} 0 & \quad 0 & \quad 1 & \quad 3 \end{matrix} \\ \begin{bmatrix} \frac{12EI}{l^3} & \frac{6EI}{l^2} & -\frac{12EI}{l^3} & \frac{6EI}{l^2} \\ \frac{6EI}{l^2} & \frac{4EI}{l} & -\frac{6EI}{l^2} & \frac{2EI}{l} \\ -\frac{12EI}{l^3} & -\frac{6EI}{l^2} & \frac{12EI}{l^3} & -\frac{6EI}{l^2} \\ \frac{6EI}{l^2} & \frac{2EI}{l} & -\frac{6EI}{l^2} & \frac{4EI}{l} \end{bmatrix} \begin{matrix} 0 \\ 0 \\ 1 \\ 3 \end{matrix} \end{array}
$$

$$
[K]=\begin{array}{c} \begin{matrix} 1 & \qquad\qquad 2 & \qquad\qquad 3 \end{matrix} \\ \begin{bmatrix} \frac{12EI^{①}}{l^3}+\frac{12EI^{③}}{l^3} & -\frac{6EI^{①}}{l^2} & -\frac{6EI^{①}}{l^2} \\ -\frac{6EI^{①}}{l^2} & \frac{4EI^{①}}{l}+\frac{4EI^{②}}{l} & \frac{2EI^{②}}{l} \\ -\frac{6EI^{③}}{l^2} & \frac{2EI^{②}}{l} & \frac{4EI^{③}}{l}+\frac{4EI^{②}}{l} \end{bmatrix} \begin{matrix} 1 \\ 2 \\ 3 \end{matrix} \end{array} = \begin{bmatrix} \frac{24EI}{l^3} & -\frac{6EI}{l^2} & -\frac{6EI}{l^2} \\ -\frac{6EI}{l^2} & \frac{8EI}{l} & \frac{2EI}{l} \\ -\frac{6EI}{l^2} & \frac{2EI}{l} & \frac{8EI}{l} \end{bmatrix}
$$

如果此题采用后处理法结点如何编码？总刚如何形成？边界条件如何处理？请读者自己思考。另外此题亦可采用逆时针坐标系，杆件方向该如何取？可以自己尝试完成。

5.6.4　铰接点处理

如图 5.31 所示，B、D 点套用先处理法，位移为 0，A 点编码（1、2、3），C 点处在单元①、③交汇处，有共同的线位移，水平方向编码相同 4，竖直方向编码相同为 5，CA、CD 有不同的结点角位移，分别编码 6、7。

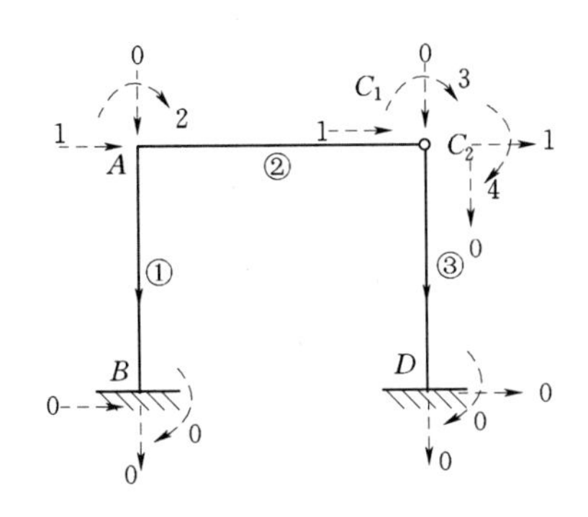

图 5.31 具有铰接点的刚架的位移编码

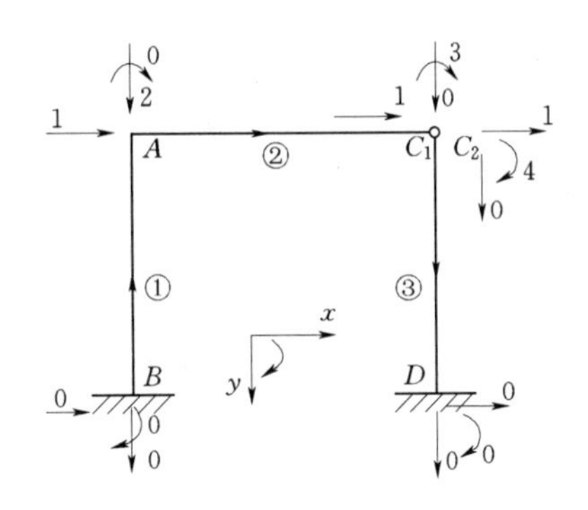

图 5.32 具有铰接点的刚架的位移编码（忽略轴向变形）

单元定位向量如下

$$\left.\begin{aligned}\{\lambda\}^{①}&=(1\quad 2\quad 3\quad 4\quad 5\quad 6)^{\mathrm{T}}\\\{\lambda\}^{②}&=(1\quad 2\quad 3\quad 0\quad 0\quad 0)^{\mathrm{T}}\\\{\lambda\}^{③}&=(4\quad 5\quad 7\quad 0\quad 0\quad 0)^{\mathrm{T}}\end{aligned}\right\}$$

如果在以上的基础上再忽略轴向变形，编码如图 5.32。

固定端 B、D 两个结点处，三个位移分量都为 0，总码编号（0 0 0），因为忽略轴向变形的影响，在 A 点、C_1 点、C_2 点竖向位移分量都为 0。此外，因为忽略轴向变形的影响，在 A 点、C_1 点、C_2 点处水平位移分量都相等。因此它们的线位移分量应编成相同的码。所以 A 点总编码为（1 0 2），C_1 点总编码为（1 0 3），C_2 点总编码为（1 0 4）。

【例 5.4】 求图 5.33 所示桁架内力。各杆 EA 相同。$E=2.5\times10^7\text{kN/m}$，$A=0.24\text{m}^2$，各杆长度如图，单位为 m。

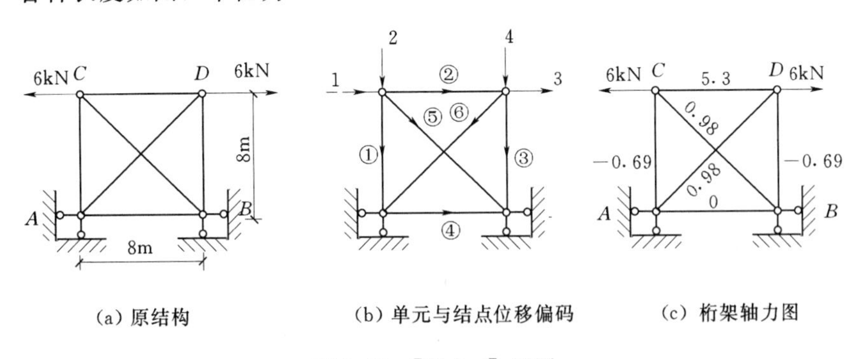

(a) 原结构　(b) 单元与结点位移偏码　(c) 桁架轴力图

图 5.33 ［例 5.4］用图

1）单元结点位移分量的统一编码如图 5.33（b），结点 C 的编码为［1、2］，结点 D 的编码为［3、4］。

单元的局部坐标用箭头方向表示，示于图结点 C 的编码为图 5.33（b）中，整体坐标示于图 5.33（a）中。

2）形成局部坐标系中的单元刚度矩阵 $[\overline{k}]^e$。

$$[\bar{k}]^{①}=[\bar{k}]^{②}=[\bar{k}]^{③}=[\bar{k}]^{④}=10^3\times\begin{bmatrix}750&0&-750&0\\0&0&0&0\\-750&0&750&0\\0&0&0&0\end{bmatrix}$$

$$[\bar{k}]^{⑤}=[\bar{k}]^{⑥}=10^3\times\begin{bmatrix}530&0&-530&0\\0&0&0&0\\-530&0&530&0\\0&0&0&0\end{bmatrix}$$

3）形成整体坐标系中的单元刚度矩阵 $[k]$ 单元①和单元③：$\alpha=\frac{\pi}{2}$

$$[T]=\begin{bmatrix}0&1&0&0\\-1&0&0&0\\0&0&0&1\\0&0&-1&0\end{bmatrix}$$

$$[k]^{②}=[k]^{③}=[T]^{\mathrm{T}}[k]^{①}[T]=10^3\times\begin{bmatrix}0&0&0&0\\0&750&0&-750\\0&0&0&0\\0&-750&0&750\end{bmatrix}$$

单元②和单元④：$\alpha=0$

$$[k]^{①}=[k]^{④}=[\bar{k}]^{②}=10^3\times\begin{bmatrix}750&0&-750&0\\0&0&0&0\\-750&0&750&0\\0&0&0&0\end{bmatrix}$$

单元⑤：$\alpha=\frac{\pi}{4}$

$$[T]=\frac{1}{\sqrt{2}}\times\begin{bmatrix}1&1&0&0\\-1&1&0&0\\0&0&1&1\\0&0&-1&1\end{bmatrix}$$

$$[k]^{⑤}=[T]^{\mathrm{T}}[\bar{k}]^{⑤}[T]=10^3\times\begin{bmatrix}265&265&-265&-265\\265&265&-265&-265\\-265&-265&265&265\\-265&-265&265&265\end{bmatrix}$$

单元⑥：$\alpha=\frac{3\pi}{4}$

$$[T]=\frac{1}{\sqrt{2}}\times\begin{bmatrix}-1&1&0&0\\-1&-1&0&0\\0&0&-1&1\\0&0&-1&-1\end{bmatrix}$$

$$[k]^{⑥}=[T]^{T}[\bar{k}]^{⑥}[T]=10^{3}\times\begin{bmatrix}265 & -265 & -265 & 265\\ -265 & 265 & 265 & -265\\ -265 & 265 & 265 & -265\\ 265 & -265 & -265 & 265\end{bmatrix}$$

4）用单元集成法形成整体刚度矩阵 $[K]$。

由图 5.33（b）可得各杆的单元定位向量如下

$$\{\lambda\}^{①}=[1\quad 2\quad 0\quad 0]^{T}\qquad \{\lambda\}^{②}=[1\quad 2\quad 3\quad 4]^{T}$$

$$\{\lambda\}^{③}=[3\quad 4\quad 0\quad 0]^{T}\qquad \{\lambda\}^{④}=[0\quad 0\quad 0\quad 0]^{T}$$

$$\{\lambda\}^{⑤}=[1\quad 2\quad 0\quad 0]^{T}\qquad \{\lambda\}^{⑥}=[3\quad 4\quad 0\quad 0]^{T}$$

按照单元定位向量 $\{\lambda\}^{e}$，将各单元 $[k]^{e}$ 中的元素在 $[K]$ 中定位，累加得 $[K]$ 如下

初始 $[K]$ $\xrightarrow{\text{累加}[K]^{①}}\Rightarrow[K]$

$$[K]=\begin{bmatrix}0 & 0 & 0 & 0\\ 0 & 0 & 0 & 0\\ 0 & 0 & 0 & 0\\ 0 & 0 & 0 & 0\end{bmatrix}\qquad [K]=10^{3}\times\begin{bmatrix}0 & 0 & 0 & 0\\ 0 & 750 & 0 & 0\\ 0 & 0 & 0 & 0\\ 0 & 0 & 0 & 0\end{bmatrix}$$

$\xrightarrow{\text{累加}[K]^{②}}\Rightarrow[K]$ $\qquad$ $\xrightarrow{\text{累加}[K]^{③}}\Rightarrow[K]$

$$[K]=10^{3}\times\begin{bmatrix}750 & 0 & -750 & 0\\ 0 & 750 & 0 & 0\\ -750 & 0 & 750 & 0\\ 0 & 0 & 0 & 0\end{bmatrix}\qquad [K]=10^{3}\times\begin{bmatrix}750 & 0 & -750 & 0\\ 0 & 750 & 0 & 0\\ -750 & 0 & 750 & 0\\ 0 & 0 & 0 & 750\end{bmatrix}$$

$\xrightarrow{\text{累加}[K]^{④}}\Rightarrow[K]$ $\qquad$ $\xrightarrow{\text{累加}[K]^{⑤}}\Rightarrow[K]$

$$[K]=10^{3}\times\begin{bmatrix}750 & 0 & -750 & 0\\ 0 & 750 & 0 & 0\\ -750 & 0 & 750 & 0\\ 0 & 0 & 0 & 750\end{bmatrix}\qquad [K]=10^{3}\times\begin{bmatrix}1015 & 265 & -750 & 0\\ 265 & 1015 & 0 & 0\\ -750 & 0 & 750 & 0\\ 0 & 0 & 0 & 750\end{bmatrix}$$

$\xrightarrow{\text{累加}[K]^{⑥}}\Rightarrow[K]$

$$[K]=10^{3}\times\begin{bmatrix}1015 & 265 & -750 & 0\\ 265 & 1015 & 0 & 0\\ -750 & 0 & 1015 & -265\\ 0 & 0 & -265 & 1015\end{bmatrix}$$

5）结点荷载向量 $\{P\}=[-6\quad 0\quad 6\quad 0]^{T}$。

6）解位移法基本方程：

$$10^{3}\times\begin{bmatrix}1015 & 265 & -750 & 0\\ 265 & 1015 & 0 & 0\\ -750 & 0 & 1015 & -265\\ 0 & 0 & -265 & 1015\end{bmatrix}\begin{Bmatrix}u_{c}\\ v_{c}\\ u_{D}\\ v_{D}\end{Bmatrix}=\begin{Bmatrix}-6\\ 0\\ 6\\ 0\end{Bmatrix}$$

求得 $\begin{Bmatrix} u_c \\ v_c \\ u_D \\ v_D \end{Bmatrix} = 10^{-5} \times \begin{Bmatrix} -0.3538 \\ 0.0924 \\ 0.3538 \\ 0.0924 \end{Bmatrix}$

7）求各杆杆端力 $\{\overline{F}\}^e$。

单元①：

$$\{\overline{F}\}^{①} = [T]\{F\}^{①} = [T][k]^{①}\{\Delta\}^{①} = \begin{bmatrix} 0 & 1 & 0 & 0 \\ -1 & 0 & 0 & 0 \\ 0 & 0 & 0 & 1 \\ 0 & 0 & -1 & 0 \end{bmatrix} \times 10^3 \times \begin{bmatrix} 0 & 0 & 0 & 0 \\ 0 & 750 & 0 & -750 \\ 0 & 0 & 0 & 0 \\ 0 & -750 & 0 & 750 \end{bmatrix}$$

$$\times 10^{-5} \times \begin{Bmatrix} -0.3538 \\ 0.0924 \\ 0 \\ 0 \end{Bmatrix} = \begin{Bmatrix} 0.6930 \\ 0 \\ -0.6930 \\ 0 \end{Bmatrix}$$

单元②：

$$\{\overline{F}\}^{②} = \{F\}^{②} = [k]^{②}\{\Delta\}^{②} = 10^3 \times \begin{bmatrix} 750 & 0 & -750 & 0 \\ 0 & 0 & 0 & 0 \\ -750 & 0 & 750 & 0 \\ 0 & 0 & 0 & 0 \end{bmatrix} \times 10^{-5}$$

$$\times \begin{Bmatrix} -0.3538 \\ 0.0924 \\ 0.3538 \\ 0.0924 \end{Bmatrix} = \begin{Bmatrix} -5.3072 \\ 0 \\ 5.3072 \\ 0 \end{Bmatrix}$$

单元③：

$$\{\overline{F}\}^{③} = [T]\{F\}^{③} = [T][k]^{③}\{\Delta\}^{③} = \begin{bmatrix} 0 & 1 & 0 & 0 \\ -1 & 0 & 0 & 0 \\ 0 & 0 & 0 & 1 \\ 0 & 0 & -1 & 0 \end{bmatrix} \times 10^3 \times \begin{bmatrix} 0 & 0 & 0 & 0 \\ 0 & 750 & 0 & -750 \\ 0 & 0 & 0 & 0 \\ 0 & -750 & 0 & 750 \end{bmatrix}$$

$$\times 10^{-5} \times \begin{Bmatrix} 0.3538 \\ 0.0924 \\ 0 \\ 0 \end{Bmatrix} = \begin{Bmatrix} 0.6930 \\ 0 \\ -0.6930 \\ 0 \end{Bmatrix}$$

单元④：$\{\overline{F}\}^{④} = \{F\}^{④} = [k]^{④}\{\Delta\}^{④} = 0$

单元⑤：

$$\{\overline{F}\}^{⑤} = [T]\{F\}^{⑤} = [T][k]^{⑤}\{\Delta\}^{⑤} = \frac{1}{\sqrt{2}} \begin{bmatrix} 1 & 1 & 0 & 0 \\ -1 & 1 & 0 & 0 \\ 0 & 0 & 1 & 1 \\ 0 & 0 & -1 & 1 \end{bmatrix} \times 10^3$$

$$\times\begin{bmatrix}265 & 265 & -265 & -265\\265 & 265 & -265 & -265\\-265 & -265 & 265 & 265\\-265 & -265 & 265 & 265\end{bmatrix}$$

$$\times 10^{-5}\times\begin{Bmatrix}-0.3538\\0.0924\\0\\0\end{Bmatrix}=\begin{Bmatrix}-0.9802\\0\\0.9802\\0\end{Bmatrix}$$

各杆内力值标图 5.33（c）中。

【例 5.5】 桁架如上题。试用后处理法求解。

1）单元与结点位移统一编码如图 5.34，结点 C 编码为［1、2］，结点 D 编码为［3、4］；结点 A 编码为［5、6］，结点 B 编码为［7、8］，单元的局部坐标用箭头方向表示。

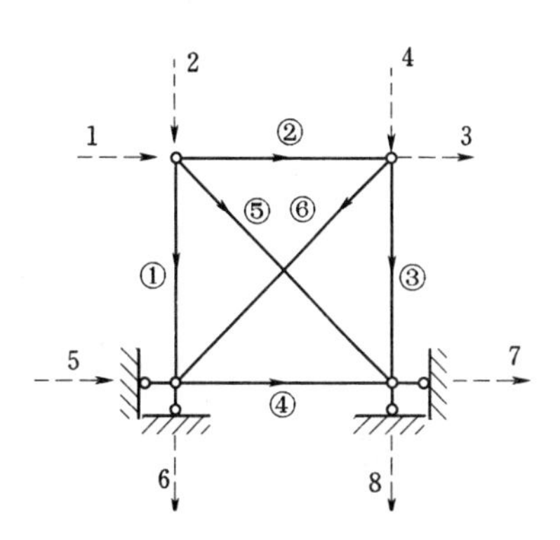

图 5.34 ［例 5.5］用图

2）、3）步同上例。

4）用的单元集成法形成整体刚度矩阵［K］，由图 5.34 可得各杆的单元定位向量如下：

$$\{\lambda\}^{①}=\begin{Bmatrix}1\\2\\5\\6\end{Bmatrix}\quad\{\lambda\}^{②}=\begin{Bmatrix}1\\2\\3\\4\end{Bmatrix}\quad\{\lambda\}^{③}=\begin{Bmatrix}3\\4\\7\\8\end{Bmatrix}$$

$$\{\lambda\}^{④}=\begin{Bmatrix}5\\6\\7\\8\end{Bmatrix}\quad\{\lambda\}^{⑤}=\begin{Bmatrix}1\\2\\7\\8\end{Bmatrix}\quad\{\lambda\}^{⑥}=\begin{Bmatrix}3\\4\\5\\6\end{Bmatrix}$$

按定位向量 $\{\lambda\}^e$，将 $[k]^e$ 中个元素在［K］中定位、累加，过程如下：

初始［K］（8×8） ⇒ 累加［K］^{①}⇒［K］

$$[K]=\begin{bmatrix}0&0&0&0&0&0&0&0\\0&0&0&0&0&0&0&0\\0&0&0&0&0&0&0&0\\0&0&0&0&0&0&0&0\\0&0&0&0&0&0&0&0\\0&0&0&0&0&0&0&0\\0&0&0&0&0&0&0&0\\0&0&0&0&0&0&0&0\end{bmatrix}\qquad [K]=10^3\times\begin{bmatrix}0&0&0&0&0&0&0&0\\0&750&0&0&0&-750&0&0\\0&0&0&0&0&0&0&0\\0&0&0&0&0&0&0&0\\0&0&0&0&0&0&0&0\\0&-750&0&0&0&750&0&0\\0&0&0&0&0&0&0&0\\0&0&0&0&0&0&0&0\end{bmatrix}\begin{matrix}1\\2\\3\\4\\5\\6\\7\\8\end{matrix}$$

（右侧矩阵列号：1 2 3 4 5 6 7 8）

累加$[K]^{②}$ ⇒ $[K]$

$$[K]=10^3\times\begin{array}{c}\begin{matrix}1&2&3&4&5&6&7&8\end{matrix}\\ \begin{bmatrix}750&0&-750&0&0&0&0&0\\0&750&0&0&0&-750&0&0\\-750&0&750&0&0&0&0&0\\0&0&0&0&0&0&0&0\\0&0&0&0&0&0&0&0\\0&-750&0&0&0&750&0&0\\0&0&0&0&0&0&0&0\\0&0&0&0&0&0&0&0\end{bmatrix}\end{array}\begin{matrix}1\\2\\3\\4\\5\\6\\7\\8\end{matrix}$$

累加$[K]^{③}$ ⇒ $[K]$

$$[K]=10^3\times\begin{array}{c}\begin{matrix}1&2&3&4&5&6&7&8\end{matrix}\\ \begin{bmatrix}750&0&-750&0&0&0&0&0\\0&750&0&0&0&-750&0&0\\-750&0&750&0&0&0&0&0\\0&0&0&750&0&0&0&-750\\0&0&0&0&0&0&0&0\\0&-750&0&0&0&750&0&0\\0&0&0&0&0&0&0&0\\0&0&0&-750&0&0&0&750\end{bmatrix}\end{array}\begin{matrix}1\\2\\3\\4\\5\\6\\7\\8\end{matrix}$$

累加$[K]^{④}$ ⇒$[K]$

$$[K]=10^3\times\begin{array}{c}\begin{matrix}1&2&3&4&5&6&7&8\end{matrix}\\ \begin{bmatrix}750&0&-750&0&0&0&0&0\\0&750&0&0&0&-750&0&0\\-750&0&750&0&0&0&0&0\\0&0&0&750&0&0&0&-750\\0&0&0&0&750&0&-750&0\\0&-750&0&0&0&750&0&0\\0&0&0&0&-750&0&750&0\\0&0&0&-750&0&0&0&750\end{bmatrix}\end{array}\begin{matrix}1\\2\\3\\4\\5\\6\\7\\8\end{matrix}$$

累加$[K]^{⑤}$ ⇒$[K]$

$$[K]=10^3\times\begin{array}{c}\begin{matrix}1&2&3&4&5&6&7&8\end{matrix}\\ \begin{bmatrix}1015&265&-750&0&0&0&-265&-265\\265&1015&0&0&0&-750&-265&-265\\-750&0&750&0&0&0&0&0\\0&0&0&750&0&0&0&-750\\0&0&0&0&750&0&-750&0\\0&-750&0&0&0&750&0&0\\-265&-265&0&0&-750&0&1015&265\\-265&-265&0&-750&0&0&265&1015\end{bmatrix}\end{array}\begin{matrix}1\\2\\3\\4\\5\\6\\7\\8\end{matrix}$$

累加$[K]^{⑥}$ $\Rightarrow [K]$

$$[K]=10^3\times\begin{bmatrix} 1015 & 265 & -750 & 0 & 0 & 0 & -265 & -265 \\ 265 & 1015 & 0 & 0 & 0 & -750 & -265 & -265 \\ -750 & 0 & 1015 & -265 & -265 & 265 & 0 & 0 \\ 0 & 0 & -265 & 1015 & 265 & -265 & 0 & -750 \\ 0 & 0 & -265 & 265 & 1015 & -265 & -750 & 0 \\ 0 & -750 & 265 & -265 & -265 & 1015 & 0 & 0 \\ -265 & -265 & 0 & 0 & -750 & 0 & 1015 & 265 \\ -265 & -265 & 0 & -750 & 0 & 0 & 265 & 1015 \end{bmatrix}$$

（行、列编号均为 1~8）

5）结点荷载向量 $\{P\}=[-6\quad 0\quad 6\quad 0\quad F_5\quad F_6\quad F_7\quad F_8]^{\mathrm{T}}$。

6）解位移法基本方程 $[K]\{\Delta\}=\{P\}$。

$$\begin{bmatrix} 1015 & 265 & -750 & 0 & 0 & 0 & -265 & -265 \\ 265 & 1015 & 0 & 0 & 0 & -750 & -265 & -265 \\ -750 & 0 & 1015 & -265 & -265 & 265 & 0 & 0 \\ 0 & 0 & -265 & 1015 & 265 & -265 & 0 & -750 \\ 0 & 0 & -265 & 265 & 1015 & -265 & -750 & 0 \\ 0 & -750 & 265 & -265 & -265 & 1015 & 0 & 0 \\ -265 & -265 & 0 & 0 & -750 & 0 & 1015 & 265 \\ -265 & -265 & 0 & -750 & 0 & 0 & 265 & 1015 \end{bmatrix}\begin{Bmatrix} u_C \\ v_C \\ u_D \\ v_D \\ u_A=0 \\ v_A=0 \\ u_B=0 \\ v_B=0 \end{Bmatrix}=\begin{Bmatrix} -6 \\ 0 \\ 6 \\ 0 \\ F_5 \\ F_6 \\ F_7 \\ F_8 \end{Bmatrix}$$

因 AB 支座位移为 0，代入方程中 $u_A=u_A=0$；$u_B=u_B=0$ 相当于矩阵去掉 5、6、7、8 行与 5、6、7、8 列，化简为

$$10^3\times\begin{bmatrix} 1015 & 265 & -750 & 0 \\ 265 & 1015 & 0 & 0 \\ -750 & 0 & 1015 & -265 \\ 0 & 0 & -265 & 1015 \end{bmatrix}\begin{Bmatrix} u_C \\ v_C \\ u_D \\ v_D \end{Bmatrix}=\begin{Bmatrix} -6 \\ 0 \\ 6 \\ 0 \end{Bmatrix}$$

【例 5.6】 求图 5.35（a）刚架的内力，设各杆为矩阵截面，立柱 $b_1\times h_1=0.4\times 0.8\text{m}$。横梁 $b_2\times h_2=0.4\times 1.2\text{m}$。

解：1）原始数据及编码。

为计算方便，设 $E=1$，原始数据如下：

柱：$A_1=0.32\text{m}^2$ $I_1=0.0171\text{m}^4$ $l_1=6\text{m}$

梁：$A_2=0.48\text{m}^2$ $I_2=0.576\text{m}^4$ $l_2=8\text{m}$

单元编码如图 5.35（b）所示，局部坐标用箭头的方向表示。整体坐标和结点位移分量的统一编码也示于图 5.35（b）。

结点 C 和 D 为固定端，无结点线位移，角位移，用 {0} 编码，结点 A 的编码为 [1、2、3]，结点 B 的编码为 [4、5、6]。

2）形成局部坐标系中的单元刚度矩阵 $[\bar{k}]^e$。

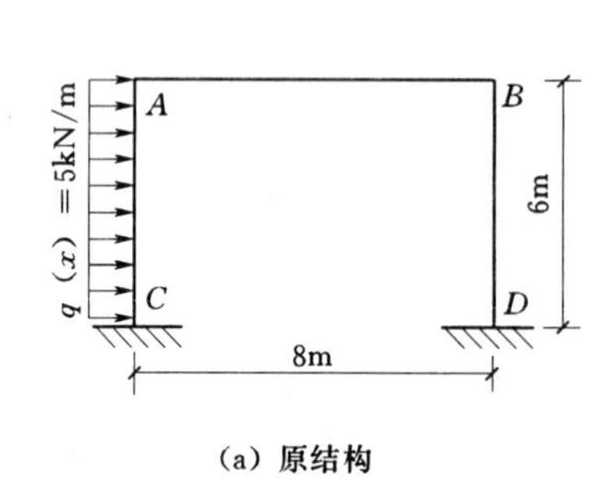

(a) 原结构

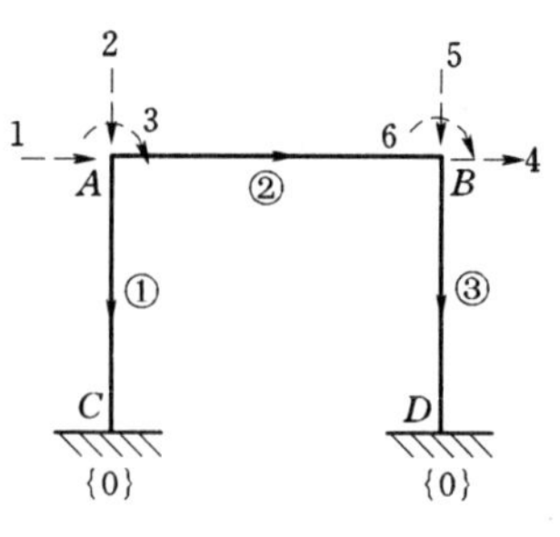

(b) 结点位移编码

图 5.35　刚架

单元①和单元③

$$[\bar{k}]^{①}=[\bar{k}]^{③}=10^{-3}\times\begin{bmatrix}53.3 & 0 & 0 & -53.3 & 0 & 0\\ 0 & 0.95 & 2.84 & 0 & -0.95 & 2.84\\ 0 & 2.84 & 11.38 & 0 & -2.84 & 5.69\\ -53.3 & 0 & 0 & 53.3 & 0 & 0\\ 0 & -0.95 & -2.84 & 0 & 0.95 & -2.84\\ 0 & 2.84 & 5.69 & 0 & -2.84 & 11.38\end{bmatrix}$$

单元②

$$[\bar{k}]^{②}=10^{-3}\times\begin{bmatrix}60 & 0 & 0 & -60 & 0 & 0\\ 0 & 1.35 & 5.4 & 0 & -1.35 & 5.4\\ 0 & 5.4 & 28.8 & 0 & -5.4 & 14.4\\ -60 & 0 & 0 & 60 & 0 & 0\\ 0 & -1.35 & -5.4 & 0 & 1.35 & -5.4\\ 0 & 5.4 & 14.4 & 0 & -5.4 & 28.8\end{bmatrix}$$

3）计算整体坐标系中的单元刚度矩阵 $[k]^e$。

单元①和单元③的倾角 $\alpha=90°$，其坐标转换矩阵 $[T]$

$$[T]=\begin{bmatrix}0 & 1 & 0 & 0 & 0 & 0\\ -1 & 0 & 0 & 0 & 0 & 0\\ 0 & 0 & 1 & 0 & 0 & 0\\ 0 & 0 & 0 & 0 & 1 & 0\\ 0 & 0 & 0 & -1 & 0 & 0\\ 0 & 0 & 0 & 0 & 0 & 1\end{bmatrix}$$

整体坐标系下单元刚度矩阵 $[k]^{①}$、$[k]^{③}$

$$[k]^{①}=[k]^{③}=[T]^{T}[\bar{k}]^{①}[T]=10^{-3}\times\begin{bmatrix}0.95 & 0 & -2.84 & -0.95 & 0 & -2.84\\ 0 & 53.3 & 0 & 0 & -53.3 & 0\\ -2.84 & 0 & 11.38 & 2.84 & 0 & 5.69\\ -0.95 & 0 & 2.84 & 0.95 & 0 & 2.84\\ 0 & -53.3 & 0 & 0 & 53.3 & 0\\ -2.84 & 0 & 5.69 & 2.84 & 0 & 11.38\end{bmatrix}$$

单元②倾角 $\alpha=0$，$[T]=I$，所以 $[k]^{②}=[\bar{k}]^{②}$。

4）用单元集成法形成整体刚度矩阵 $[K]$，单元定位向量如下

$$\{\lambda\}^{①}=\begin{Bmatrix}1\\2\\3\\0\\0\\0\end{Bmatrix}\quad\{\lambda\}^{②}=\begin{Bmatrix}1\\2\\3\\4\\5\\6\end{Bmatrix}\quad\{\lambda\}^{③}=\begin{Bmatrix}4\\5\\6\\0\\0\\0\end{Bmatrix}$$

按照单元定位向量 $\{\lambda\}^e$，形成整体刚度矩阵。

原始状态 ⇒ 单元①累加⇒

$$[K]=\begin{bmatrix}0&0&0&0&0&0\\0&0&0&0&0&0\\0&0&0&0&0&0\\0&0&0&0&0&0\\0&0&0&0&0&0\\0&0&0&0&0&0\end{bmatrix}\quad[K]=\begin{bmatrix}0.95&0&-2.84&0&0&0\\0&53.3&0&0&0&0\\-2.84&0&11.38&0&0&0\\0&0&0&0&0&0\\0&0&0&0&0&0\\0&0&0&0&0&0\end{bmatrix}\times10^{-3}$$

单元②累加⇒

$$[K]=\begin{bmatrix}0.95+60&0&-2.84&0-60&0&0\\0&53.3+1.35&0+5.4&0&0-1.35&0+5.4\\-2.84&0+5.4&11.38+28.8&0&0-5.4&0+14.4\\-60&0&0&60&0&0\\0&-1.35&-5.4&0&1.35&-5.4\\0&5.4&14.4&0&-5.4&28.8\end{bmatrix}\times10^{-3}$$

单元③累加⇒

$$[K]=\begin{bmatrix}60.95&0&-2.84&0-60&0&0\\0&54.65&5.4&0&-1.35&5.4\\-2.84&5.4&40.18&0&-5.4&14.4\\-60&0&0&60+0.95&0&0-2.84\\0&-1.35&-5.4&0&1.35+53.3&-5.4\\0&5.4&14.4&-2.84&-5.4&28.8+11.38\end{bmatrix}\times10^{-3}$$

最后结果⇒

$$[K]=\begin{bmatrix}60.95&0&-2.84&0-60&0&0\\0&54.65&5.4&0&-1.35&5.4\\-2.84&5.4&40.18&0&-5.4&14.4\\-60&0&0&60.95&0&-2.84\\0&-1.35&-5.4&0&54.65&-5.4\\0&5.4&14.4&-2.84&-5.4&40.18\end{bmatrix}\times10^{-3}$$

5）求单元等效结点荷载向量 $\{P\}^e$。

只有单元①有荷载作用，$\{\overline{P}\}^{①}=-\{\overline{F_{P1}}\}=[0\quad -15\quad -15\quad 0\quad -15\quad 15]^{T}$，求单元①在整体坐标系中的等效结点荷载 $\{P\}^{①}$，单元①的倾角 $\alpha=90°$。

$$\{P\}^{①}=[T]^{T}\{\overline{P}\}^{①}=\begin{bmatrix}0&-1&0&0&0&0\\1&0&0&0&0&0\\0&0&1&0&0&0\\0&0&0&0&-1&0\\0&0&0&1&0&0\\0&0&0&0&0&1\end{bmatrix}\begin{Bmatrix}0\\-15\\-15\\0\\-15\\15\end{Bmatrix}=\begin{Bmatrix}15\\0\\-15\\15\\0\\15\end{Bmatrix}$$

6）用单元集成法形成结构的等效结点荷载向量 $\{P\}$。

按单元定位向量 $\lambda^{①}=[1\quad 2\quad 3\quad 0\quad 0\quad 0]^{T}$，将 $\{P\}^{①}$ 中的元素在 $\{P\}$ 中定位 $\{P\}=[15\quad 0\quad -15\quad 0\quad 0\quad 0]^{T}$。

7）解位移法基本方程。

$$10^{3}\times\begin{bmatrix}60.95&0&-2.84&0-60&0&0\\0&54.65&5.4&0&-1.35&5.4\\-2.84&5.4&40.18&0&-5.4&14.4\\-60&0&0&60.95&0&-2.84\\0&-1.35&-5.4&0&54.65&-5.4\\0&5.4&14.4&-2.84&-5.4&40.18\end{bmatrix}\begin{Bmatrix}u_A\\v_A\\\theta_A\\u_B\\v_B\\\theta_B\end{Bmatrix}=\begin{Bmatrix}15\\0\\-15\\0\\0\\0\end{Bmatrix}$$

求得

$$\begin{Bmatrix}u_A\\v_A\\\theta_A\\u_B\\v_B\\\theta_B\end{Bmatrix}=10^{3}\times\begin{Bmatrix}8.96\\-0.06\\0.05\\8.85\\0.06\\0.62\end{Bmatrix}$$

8）求各杆杆端力 $\{\overline{F}\}^{e}$。

单元①整体坐标系中的单元杆端力 $\{F\}^{①}=[k]^{①}\{\Delta\}^{①}+\{F_P\}^{①}$

$$=10^{-3}\times\begin{bmatrix}0.95&0&-2.84&-0.95&0&-2.84\\0&53.3&0&0&53.3&0\\-2.84&0&11.38&2.84&0&5.69\\-0.95&0&2.84&0.95&0&2.84\\0&-53.3&0&0&53.3&0\\-2.84&0&5.69&2.84&0&11.38\end{bmatrix}\begin{Bmatrix}8.96\\-0.06\\0.05\\0\\0\\0\end{Bmatrix}$$

$$\times10^{3}+\begin{Bmatrix}-15\\0\\15\\-15\\0\\15\end{Bmatrix}=\begin{Bmatrix}-6.66\\-3.49\\-9.88\\-23.34\\3.49\\-10.19\end{Bmatrix}$$

局部坐标系中的单元杆端力

$$\{\overline{F}\}^{①}=[T]\{F\}^{①}=\{-3.49\quad 6.65\quad -9.88\quad 3.49\quad 23.35\quad -10.19\}^{T}$$

单元②

因单元②倾角 $\alpha=0$，故 $\{\overline{F}\}^{②}=\{F\}^{②}=[k]^{②}\{\Delta\}^{②}$

$$=10^{-3}\times\begin{bmatrix}60 & 0 & 0 & -60 & 0 & 0\\ 0 & 1.35 & 5.4 & 0 & -1.35 & 5.4\\ 0 & 5.4 & 28.8 & 0 & -5.4 & 14.4\\ -60 & 0 & 0 & 60 & 0 & 0\\ 0 & -1.35 & -5.4 & 0 & 1.35 & -5.4\\ 0 & 5.4 & 14.4 & 0 & -5.4 & 28.8\end{bmatrix}\times10^{3}\times\begin{Bmatrix}8.96\\ -0.06\\ 0.05\\ 8.85\\ 0.06\\ 0.62\end{Bmatrix}=\begin{Bmatrix}6.6385\\ 3.4853\\ 9.8397\\ -6.6385\\ -3.4853\\ 18.0427\end{Bmatrix}$$

单元③整体坐标系中的单元杆端力 $\{F\}^{③}=[k]^{③}\{\Delta\}^{③}$

$$=10^{-3}\times\begin{bmatrix}0.95 & 0 & -2.84 & -0.95 & 0 & -2.84\\ 0 & 53.3 & 0 & 0 & -53.3 & 0\\ -2.84 & 0 & 11.38 & 2.84 & 0 & 5.69\\ -0.95 & 0 & 2.84 & 0.95 & 0 & 2.84\\ 0 & -53.3 & 0 & 0 & 53.3 & 0\\ -2.84 & 0 & 5.69 & 2.84 & 0 & 11.38\end{bmatrix}\times10^{3}\times\begin{Bmatrix}8.85\\ 0.06\\ 0.62\\ 0\\ 0\\ 0\end{Bmatrix}=\begin{Bmatrix}6.6193\\ 3.4880\\ -18.08\\ -6.6193\\ -3.4880\\ -21.6326\end{Bmatrix}$$

局部坐标系中的杆端力

$$\{\overline{F}\}^{③}=[T]\{F\}^{③}=\{3.488\quad -6.6193\quad -18.08\quad -3.4880\quad 6.6193\quad -21.6326\}^{T}$$

(9) 根据杆端力绘制内力图，如图 5.36 所示。

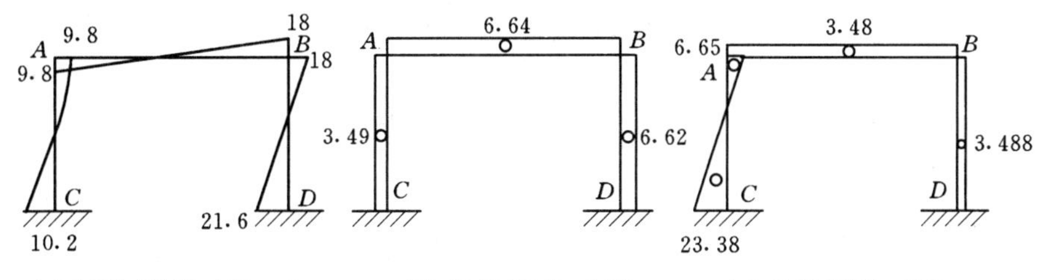

(a) M 图（单位：kN·m）　(b) N 图（单位：kN）　(c) Q 图（单位：kN）

图 5.36 刚架内力图

【例 5.7】 采用后处理法求解上例图 5.35 所示刚架，过程如下：

1) 单元编码如图 5.37 所示，局部坐标用箭头方向表示。整体坐标和结点位移分量的统一编码示于图 5.35 (b)，2)、3) 步同上例。

4) 用单元集成法形成整体刚度矩阵 $[K]$，单元定位向量如下

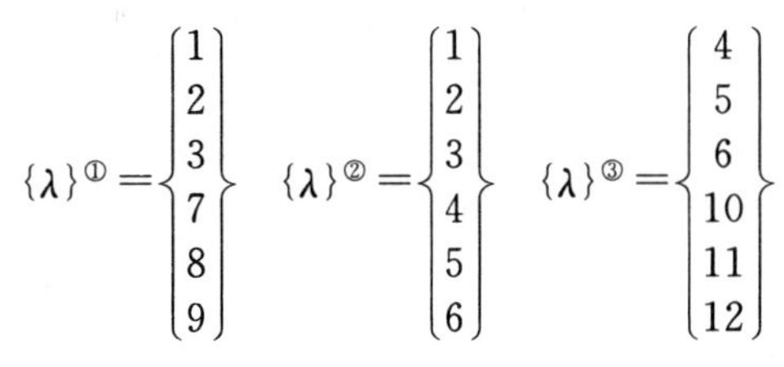

$$\{\lambda\}^{①}=\begin{Bmatrix}1\\2\\3\\7\\8\\9\end{Bmatrix}\quad\{\lambda\}^{②}=\begin{Bmatrix}1\\2\\3\\4\\5\\6\end{Bmatrix}\quad\{\lambda\}^{③}=\begin{Bmatrix}4\\5\\6\\10\\11\\12\end{Bmatrix}$$

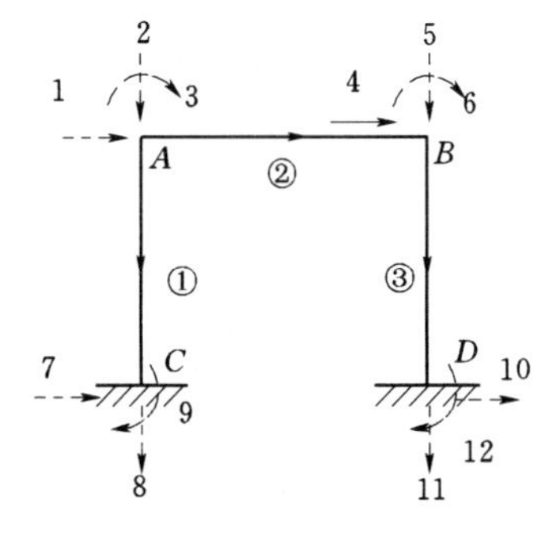

图 5.37 刚架结点位移编码（后处理法）

按照单元定位向量 $\{\lambda\}^e$，形成整体刚度矩阵。

原始状态　　　　$\Rightarrow$

$$
[K]=\begin{bmatrix}
0 & 0 & 0 & 0 & 0 & 0 & 0 & 0 & 0 & 0 & 0 & 0\\
0 & 0 & 0 & 0 & 0 & 0 & 0 & 0 & 0 & 0 & 0 & 0\\
0 & 0 & 0 & 0 & 0 & 0 & 0 & 0 & 0 & 0 & 0 & 0\\
0 & 0 & 0 & 0 & 0 & 0 & 0 & 0 & 0 & 0 & 0 & 0\\
0 & 0 & 0 & 0 & 0 & 0 & 0 & 0 & 0 & 0 & 0 & 0\\
0 & 0 & 0 & 0 & 0 & 0 & 0 & 0 & 0 & 0 & 0 & 0\\
0 & 0 & 0 & 0 & 0 & 0 & 0 & 0 & 0 & 0 & 0 & 0\\
0 & 0 & 0 & 0 & 0 & 0 & 0 & 0 & 0 & 0 & 0 & 0\\
0 & 0 & 0 & 0 & 0 & 0 & 0 & 0 & 0 & 0 & 0 & 0\\
0 & 0 & 0 & 0 & 0 & 0 & 0 & 0 & 0 & 0 & 0 & 0\\
0 & 0 & 0 & 0 & 0 & 0 & 0 & 0 & 0 & 0 & 0 & 0\\
0 & 0 & 0 & 0 & 0 & 0 & 0 & 0 & 0 & 0 & 0 & 0
\end{bmatrix}
$$

单元①累加　　　　$\Rightarrow$

$$
[K]=10^{-3}\times
\begin{array}{c}
\begin{matrix} 1 & 2 & 3 & 4 & 5 & 6 & 7 & 8 & 9 & 10 & 11 & 12 \end{matrix}\\
\begin{bmatrix}
0.95 & 0 & -2.84 & 0 & 0 & 0 & 0.95 & 0 & -2.84 & 0 & 0 & 0\\
0 & 53.3 & 0 & 0 & 0 & 0 & 0 & 53.3 & 0 & 0 & 0 & 0\\
-2.84 & 0 & 11.38 & 0 & 0 & 0 & 2.84 & 0 & 5.69 & 0 & 0 & 0\\
0 & 0 & 0 & 0 & 0 & 0 & 0 & 0 & 0 & 0 & 0 & 0\\
0 & 0 & 0 & 0 & 0 & 0 & 0 & 0 & 0 & 0 & 0 & 0\\
0 & 0 & 0 & 0 & 0 & 0 & 0 & 0 & 0 & 0 & 0 & 0\\
-0.95 & 0 & 2.84 & 0 & 0 & 0 & 0.95 & 0 & 2.84 & 0 & 0 & 0\\
0 & -53.3 & 0 & 0 & 0 & 0 & 0 & 53.3 & 0 & 0 & 0 & 0\\
-2.84 & 0 & 5.69 & 0 & 0 & 0 & 2.84 & 0 & 11.38 & 0 & 0 & 0\\
0 & 0 & 0 & 0 & 0 & 0 & 0 & 0 & 0 & 0 & 0 & 0\\
0 & 0 & 0 & 0 & 0 & 0 & 0 & 0 & 0 & 0 & 0 & 0\\
0 & 0 & 0 & 0 & 0 & 0 & 0 & 0 & 0 & 0 & 0 & 0
\end{bmatrix}
\end{array}
\begin{matrix} 1\\2\\3\\4\\5\\6\\7\\8\\9\\10\\11\\12 \end{matrix}
$$

单元②累加　　　　$\Rightarrow$

$$
[K]=10^{-3}\times
\begin{array}{c}
\begin{matrix} 1 & 2 & 3 & 4 & 5 & 6 & 7 & 8 & 9 & 10 & 11 & 12 \end{matrix}\\
\begin{bmatrix}
60.95 & 0 & -2.84 & -60 & 0 & 0 & 0.95 & 0 & -2.84 & 0 & 0 & 0\\
0 & 54.65 & 5.4 & 0 & -1.35 & 5.4 & 0 & 53.3 & 0 & 0 & 0 & 0\\
-2.84 & 5.4 & 40.18 & 0 & -5.4 & 14.4 & 2.84 & 0 & 5.69 & 0 & 0 & 0\\
-60 & 0 & 0 & 60 & 0 & 0 & 0 & 0 & 0 & 0 & 0 & 0\\
0 & -1.35 & -5.4 & 0 & 1.35 & -5.4 & 0 & 0 & 0 & 0 & 0 & 0\\
0 & 5.4 & 14.4 & 0 & -5.4 & 28.8 & 0 & 0 & 0 & 0 & 0 & 0\\
-0.95 & 0 & 2.84 & 0 & 0 & 0 & 0.95 & 0 & 2.84 & 0 & 0 & 0\\
0 & -53.3 & 0 & 0 & 0 & 0 & 0 & 53.3 & 0 & 0 & 0 & 0\\
-2.84 & 0 & 5.69 & 0 & 0 & 0 & 2.84 & 0 & 11.38 & 0 & 0 & 0\\
0 & 0 & 0 & 0 & 0 & 0 & 0 & 0 & 0 & 0 & 0 & 0\\
0 & 0 & 0 & 0 & 0 & 0 & 0 & 0 & 0 & 0 & 0 & 0\\
0 & 0 & 0 & 0 & 0 & 0 & 0 & 0 & 0 & 0 & 0 & 0
\end{bmatrix}
\end{array}
\begin{matrix} 1\\2\\3\\4\\5\\6\\7\\8\\9\\10\\11\\12 \end{matrix}
$$

单元③累加 $\Rightarrow$

$$
\begin{array}{cccccccccccc}
1 & 2 & 3 & 4 & 5 & 6 & 7 & 8 & 9 & 10 & 11 & 12
\end{array}
$$

$$
[K]=\begin{bmatrix}
60.95 & 0 & -2.84 & -60 & 0 & 0 & 0.95 & 0 & -2.84 & 0 & 0 & 0 \\
0 & 54.65 & 5.4 & 0 & -1.35 & 5.4 & 0 & 53.3 & 0 & 0 & 0 & 0 \\
-2.84 & 5.4 & 40.18 & 0 & -5.4 & 14.4 & 2.84 & 0 & 5.69 & 0 & 0 & 0 \\
-60 & 0 & 0 & 60.95 & 0 & -2.84 & 0 & 0 & 0 & -0.95 & 0 & -2.84 \\
0 & -1.35 & -5.4 & 0 & 54.65 & -5.4 & 0 & 0 & 0 & 0 & -53.3 & 0 \\
0 & 5.4 & 14.4 & -2.84 & -5.4 & 40.18 & 0 & 0 & 0 & 2.84 & 0 & 5.69 \\
-0.95 & 0 & 2.84 & 0 & 0 & 0 & 0.95 & 0 & 2.84 & 0 & 0 & 0 \\
0 & -53.3 & 0 & 0 & 0 & 0 & 0 & 53.3 & 0 & 0 & 0 & 0 \\
-2.84 & 0 & 5.69 & 0 & 0 & 0 & 2.84 & 0 & 11.38 & 0 & 0 & 0 \\
0 & 0 & 0 & -0.95 & 0 & 2.84 & 0 & 0 & 0 & 0.95 & 0 & 2.84 \\
0 & 0 & 0 & 0 & -53.3 & 0 & 0 & 0 & 0 & 0 & 53.3 & 0 \\
0 & 0 & 0 & -2.84 & 0 & 5.69 & 0 & 0 & 0 & 2.84 & 0 & 11.38
\end{bmatrix}\times 10^{-3}
\quad
\begin{array}{c}
1\\2\\3\\4\\5\\6\\7\\8\\9\\10\\11\\12
\end{array}
$$

5）求单元等效结点荷载向量 $\{P\}^e$。

只有单元①有荷载作用

$$\{\overline{P}\}^{①}=-\{\overline{F}_P\}^{①}=\{0 \quad -15 \quad -15 \quad 0 \quad -15 \quad 15\}^{\mathrm{T}}$$

单元①在整体坐标系中的等效结点荷载 $\{P\}^{①}$ 单元①的倾角 $\alpha=90°$

$$
\{P\}^{①}=[T]^{\mathrm{T}}\{\overline{P}\}^{①}
\begin{bmatrix}
0 & 1 & 0 & 0 & 0 & 0 \\
-1 & 0 & 0 & 0 & 0 & 0 \\
0 & 0 & 1 & 0 & 0 & 0 \\
0 & 0 & 0 & 0 & 1 & 0 \\
0 & 0 & 0 & -1 & 0 & 0 \\
0 & 0 & 0 & 0 & 0 & 1
\end{bmatrix}
\begin{Bmatrix} 0 \\ -15 \\ -15 \\ 0 \\ -15 \\ 15 \end{Bmatrix}
=
\begin{Bmatrix} 15 \\ 0 \\ -15 \\ 15 \\ 0 \\ 15 \end{Bmatrix}
$$

6）用单位定位向量 $\{\lambda\}^{①}=[1 \quad 2 \quad 3 \quad 7 \quad 8 \quad 9]^{\mathrm{T}}$，将 $\{P\}^{①}$ 中的元素在 $\{P\}$ 中定位

$$\{P\}=\{15 \quad 0 \quad -15 \quad 0 \quad 0 \quad 0 \quad 15 \quad 0 \quad 15 \quad 0 \quad 0 \quad 0\}^{\mathrm{T}}$$

7）解位移法基本方程。

$$
10^{-3}\times
\begin{bmatrix}
60.95 & 0 & -2.84 & -60 & 0 & 0 & 0.95 & 0 & -2.84 & 0 & 0 & 0 \\
0 & 54.65 & 5.4 & 0 & -1.35 & 5.4 & 0 & 53.3 & 0 & 0 & 0 & 0 \\
-2.84 & 5.4 & 40.18 & 0 & -5.4 & 14.4 & 2.84 & 0 & 5.69 & 0 & 0 & 0 \\
-60 & 0 & 0 & 60.95 & 0 & -2.84 & 0 & 0 & 0 & -0.95 & 0 & -2.84 \\
0 & -1.35 & -5.4 & 0 & 54.65 & -5.4 & 0 & 0 & 0 & 0 & -53.3 & 0 \\
0 & 5.4 & 14.4 & -2.84 & -5.4 & 40.18 & 0 & 0 & 0 & 2.84 & 0 & 5.69 \\
-0.95 & 0 & 2.84 & 0 & 0 & 0 & 0.95 & 0 & 2.84 & 0 & 0 & 0 \\
0 & -53.3 & 0 & 0 & 0 & 0 & 0 & 53.3 & 0 & 0 & 0 & 0 \\
-2.84 & 0 & 5.69 & 0 & 0 & 0 & 2.84 & 0 & 11.38 & 0 & 0 & 0 \\
0 & 0 & 0 & -0.95 & 0 & 2.84 & 0 & 0 & 0 & 0.95 & 0 & 2.84 \\
0 & 0 & 0 & 0 & -53.3 & 0 & 0 & 0 & 0 & 0 & 53.3 & 0 \\
0 & 0 & 0 & -2.84 & 0 & 5.69 & 0 & 0 & 0 & 2.84 & 0 & 11.38
\end{bmatrix}
\begin{Bmatrix} u_A \\ v_A \\ \theta_A \\ u_B \\ v_B \\ \theta_B \\ 0 \\ 0 \\ 0 \\ 0 \\ 0 \\ 0 \end{Bmatrix}
=
\begin{Bmatrix} 15 \\ 0 \\ -15 \\ 0 \\ 0 \\ 0 \\ 15 \\ 0 \\ 15 \\ 0 \\ 0 \\ 0 \end{Bmatrix}
$$

8）边界条件处理：由于 C 和 D 点，位移为0。

$u_C=v_C=\theta_C=0$，$u_D=v_D=\theta_D=0$，去掉7、8、9、10、11、12行，去掉7、8、9、10、11、12列得到

$$10^{-3}\times\begin{bmatrix}60.95 & 0 & -2.84 & -60 & 0 & 0\\ 0 & 54.65 & 5.4 & 0 & -1.35 & 5.4\\ -2.84 & 5.4 & 40.18 & 0 & -5.4 & 14.4\\ -60 & 0 & 0 & 60.95 & 0 & -2.84\\ 0 & 1.35 & -5.4 & 0 & 54.64 & -5.4\\ 0 & 5.4 & 14.4 & -2.84 & -5.4 & 40.18\end{bmatrix}\begin{Bmatrix}u_A\\ v_A\\ \theta_A\\ u_B\\ v_B\\ \theta_B\end{Bmatrix}=\begin{Bmatrix}15\\ 0\\ -15\\ 0\\ 0\\ 0\end{Bmatrix}$$

其他步骤同上例。

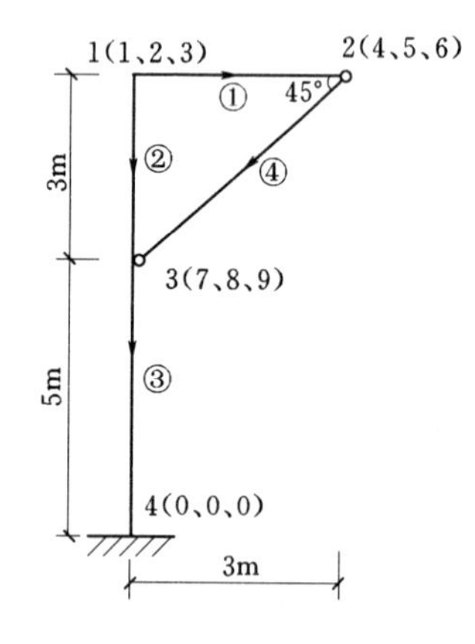

图5.38 组合结构结点位移编码

【例5.8】 试求图5.38所示组合结构的整体刚度矩阵 $[K]$，各杆的弹性常数如下，单元①、②、③：$EA=2.4\times10^6\text{kN}$，$EI=1.8\times10^5\text{kN}\cdot\text{m}^2$，单元④：$EA=2\times10^5\text{kN}$，$EI=0$。

1）组合结构由刚架单元和桁架单元组合而成。梁式杆采用刚架单元的单元刚度方程及相应的计算公式。桁架杆采用桁架单元的单元刚度方程及相应的计算公式。

单元及结点编码如图5.38所示采用顺时针坐标系杆中箭头指向为 $\overline{x}$ 轴的正方向结点1是刚结点，编码（1、2、3）；结点2是组合结点，编码（4、5、6）；结点3是组合结点，编码（7、8、9）；结点4是固定端，无位移，采用先处理法，编码（0、0、0）。

需要指出的是，组合结点处只采用同一结点号，例①单元结点②，对于梁式杆1、2，单元定位向量应为 $[1\quad 2\quad 3\quad 4\quad 5\quad 6]^T$，对于桁架杆2、4，由于桁架单元的抗弯刚度等于0，在确定单元定位向量时，只需考虑④单元两端两个线位移可，故单元定位向量为 $[4\quad 5\quad 7\quad 8]^T$。

2）各单元定位向量为：

$$\{\lambda\}^{①}=\begin{Bmatrix}1\\2\\3\\4\\5\\6\end{Bmatrix}\quad\{\lambda\}^{②}=\begin{Bmatrix}1\\2\\3\\7\\8\\9\end{Bmatrix}\quad\{\lambda\}^{③}=\begin{Bmatrix}7\\8\\9\\0\\0\\0\end{Bmatrix}\quad\{\lambda\}^{④}=\begin{Bmatrix}4\\5\\7\\8\end{Bmatrix}$$

3）计算各单元在局部坐标系下和整体坐标系下的单刚。

单元① $\alpha=0$

$$[k]^{①}=[\overline{k}]^{①}=10^3\times\begin{bmatrix}800 & 0 & 0 & -800 & 0 & 0\\0 & 80 & 120 & 0 & -80 & 120\\0 & 120 & 240 & 0 & -120 & 120\\-800 & 0 & 0 & 800 & 0 & 0\\0 & -80 & -120 & 0 & 80 & -120\\0 & 120 & 120 & 0 & -120 & 240\end{bmatrix}$$

单元② $\alpha=\frac{\pi}{2}$

$$[T]=\begin{bmatrix}0 & 1 & 0 & 0 & 0 & 0\\-1 & 0 & 0 & 0 & 0 & 0\\0 & 0 & 1 & 0 & 0 & 0\\0 & 0 & 0 & 0 & 1 & 0\\0 & 0 & 0 & -1 & 0 & 0\\0 & 0 & 0 & 0 & 0 & 1\end{bmatrix}$$

$$[k]^{②}=[T]^{\mathrm{T}}[\overline{k}]^{②}[T]^{②}=10^3\times\begin{array}{c}\begin{matrix}1 & \quad 2 & \quad 3 & \quad 7 & \quad 8 & \quad 9\end{matrix}\\\left[\begin{matrix}80 & 0 & -120 & -80 & 0 & -120\\0 & 800 & 0 & 0 & -800 & 0\\-120 & 0 & 240 & 120 & 0 & 120\\80 & 0 & 120 & 80 & 0 & 120\\0 & 800 & 0 & 0 & 800 & 0\\-120 & 0 & 120 & 120 & 0 & 240\end{matrix}\right]\begin{matrix}1\\2\\3\\7\\8\\9\end{matrix}\end{array}$$

单元③ $\alpha=\frac{\pi}{2}$

$$[\overline{k}]^{③}=10^3\times\begin{bmatrix}480 & 0 & 0 & -480 & 0 & 0\\0 & 17.28 & 43.2 & 0 & -17.28 & 43.2\\0 & 43.2 & 144 & 0 & -43.2 & 72\\-480 & 0 & 0 & 480 & 0 & 0\\0 & -17.28 & -43.2 & 0 & 17.28 & -43.2\\0 & 43.2 & 72 & 0 & -43.2 & 144\end{bmatrix}$$

$$[T]=\begin{bmatrix}0 & 1 & 0 & 0 & 0 & 0\\-1 & 0 & 0 & 0 & 0 & 0\\0 & 0 & 1 & 0 & 0 & 0\\0 & 0 & 0 & 0 & 1 & 0\\0 & 0 & 0 & -1 & 0 & 0\\0 & 0 & 0 & 0 & 0 & 1\end{bmatrix}$$

$$[k]^{③}=[T]^{T}[\bar{k}]^{③}[T]^{③}=10^{3}\times\begin{bmatrix}17.28 & 0 & -43.2 & -17.28 & 0 & -43.2\\ 0 & 480 & 0 & 0 & -480 & 0\\ -43.2 & 0 & 144 & 43.2 & 0 & 72\\ -17.28 & 0 & 43.2 & 17.28 & 0 & 43.2\\ 0 & -480 & 0 & 0 & 480 & 0\\ -43.2 & 0 & 72 & 43.2 & 0 & 144\end{bmatrix}$$

单元④

$$[\bar{k}]^{④}=\begin{bmatrix}47.14 & 0 & -47.14 & 0\\ 0 & 0 & 0 & 0\\ -47.14 & 0 & 47.14 & 0\\ 0 & 0 & 0 & 0\end{bmatrix}$$

$\alpha=135°$

$$[T]=\begin{bmatrix}-0.7071 & 0.7071 & 0 & 0\\ -0.7071 & -0.7071 & 0 & 0\\ 0 & 0 & -0.7071 & 0.7071\\ 0 & 0 & -0.7071 & -0.7071\end{bmatrix}$$

$$[k]^{④}=[T]^{T}[\bar{k}]^{④}[T]=10^{3}\times\begin{array}{c}\begin{array}{cccc}4 & 5 & 7 & 8\end{array}\\ \begin{bmatrix}23.57 & -23.57 & -23.57 & 23.57\\ -23.57 & 23.57 & 23.57 & -23.57\\ -23.57 & 23.57 & 23.57 & -23.57\\ 23.57 & -23.57 & -23.57 & 23.57\end{bmatrix}\begin{array}{c}4\\5\\7\\8\end{array}\end{array}$$

4）集成结构刚度矩阵 $[K]$。

初始 $[K]$ ⇒

$$[K]=\begin{array}{c}\begin{array}{ccccccccc}1 & 2 & 3 & 4 & 5 & 6 & 7 & 8 & 9\end{array}\\ \begin{bmatrix}0 & 0 & 0 & 0 & 0 & 0 & 0 & 0 & 0\\ 0 & 0 & 0 & 0 & 0 & 0 & 0 & 0 & 0\\ 0 & 0 & 0 & 0 & 0 & 0 & 0 & 0 & 0\\ 0 & 0 & 0 & 0 & 0 & 0 & 0 & 0 & 0\\ 0 & 0 & 0 & 0 & 0 & 0 & 0 & 0 & 0\\ 0 & 0 & 0 & 0 & 0 & 0 & 0 & 0 & 0\\ 0 & 0 & 0 & 0 & 0 & 0 & 0 & 0 & 0\\ 0 & 0 & 0 & 0 & 0 & 0 & 0 & 0 & 0\\ 0 & 0 & 0 & 0 & 0 & 0 & 0 & 0 & 0\end{bmatrix}\begin{array}{c}1\\2\\3\\4\\5\\6\\7\\8\\9\end{array}\end{array}$$

单元①累加 ⇒

$$[K]=10^3\times\begin{bmatrix} 800 & 0 & 0 & -800 & 0 & 0 & 0 & 0 & 0 \\ 0 & 80 & 120 & 0 & -80 & 120 & 0 & 0 & 0 \\ 0 & 120 & 240 & 0 & -120 & 120 & 0 & 0 & 0 \\ -800 & 0 & 0 & 800 & 0 & 0 & 0 & 0 & 0 \\ 0 & -80 & -120 & 0 & 80 & -120 & 0 & 0 & 0 \\ 0 & 120 & 120 & 0 & -120 & 240 & 0 & 0 & 0 \\ 0 & 0 & 0 & 0 & 0 & 0 & 0 & 0 & 0 \\ 0 & 0 & 0 & 0 & 0 & 0 & 0 & 0 & 0 \\ 0 & 0 & 0 & 0 & 0 & 0 & 0 & 0 & 0 \end{bmatrix}$$

(行、列编号均为 1～9)

单元②累加 $\Rightarrow$

$$[K]=10^3\times\begin{bmatrix} 880 & 0 & -120 & -800 & 0 & 0 & -80 & 0 & -120 \\ 0 & 880 & 120 & 0 & -80 & 120 & 0 & -800 & 0 \\ -120 & 120 & 480 & 0 & -120 & 120 & 120 & 0 & 120 \\ -800 & 0 & 0 & 800 & 0 & 0 & 0 & 0 & 0 \\ 0 & -80 & -120 & 0 & 80 & -120 & 0 & 0 & 0 \\ 0 & 120 & 120 & 0 & -120 & 240 & 0 & 0 & 0 \\ 80 & 0 & 120 & 0 & 0 & 0 & 80 & 0 & 120 \\ 0 & 800 & 0 & 0 & 0 & 0 & 0 & 800 & 0 \\ -120 & 0 & 120 & 0 & 0 & 0 & 120 & 0 & 240 \end{bmatrix}$$

单元③累加 $\Rightarrow$

$$[K]=10^3\times\begin{bmatrix} 880 & 0 & -120 & -800 & 0 & 0 & -80 & 0 & -120 \\ 0 & 880 & 120 & 0 & -80 & 120 & 0 & -800 & 0 \\ -120 & 120 & 480 & 0 & -120 & 120 & 120 & 0 & 120 \\ -800 & 0 & 0 & 800 & 0 & 0 & 0 & 0 & 0 \\ 0 & -80 & -120 & 0 & 80 & -120 & 0 & 0 & 0 \\ 0 & 120 & 120 & 0 & -120 & 240 & 0 & 0 & 0 \\ 80 & 0 & 120 & 0 & 0 & 0 & 97.28 & 0 & 76.8 \\ 0 & 800 & 0 & 0 & 0 & 0 & 0 & 1280 & 0 \\ -120 & 0 & 120 & 0 & 0 & 0 & 76.8 & 0 & 384 \end{bmatrix}$$

单元④累加 $\Rightarrow$

$$
[K]=10^3\times\begin{array}{c}
\begin{matrix}1 & 2 & 3 & 4 & 5 & 6 & 7 & 8 & 9\end{matrix}\\
\left[\begin{matrix}
880 & 0 & -120 & -800 & 0 & 0 & -80 & 0 & -120\\
0 & 880 & 120 & 0 & -80 & 120 & 0 & -800 & 0\\
-120 & 120 & 480 & 0 & -120 & 120 & 120 & 0 & 120\\
-800 & 0 & 0 & 823.57 & -23.57 & 0 & -23.57 & 23.57 & 0\\
0 & -80 & -120 & -23.57 & 103.57 & -120 & 23.57 & -23.57 & 0\\
0 & 120 & 120 & 0 & -120 & 240 & 0 & 0 & 0\\
80 & 0 & 120 & -23.57 & 23.57 & 0 & 120.82 & 23.57 & 76.8\\
0 & 800 & 0 & 23.57 & -23.57 & 0 & -23.57 & 1303.57 & 0\\
-120 & 0 & 120 & 0 & 0 & 0 & 76.8 & 0 & 384
\end{matrix}\right]
\end{array}
\begin{matrix}1\\2\\3\\4\\5\\6\\7\\8\\9\end{matrix}
$$

习　题

5.1　如图所示桁架，各杆 $E=21000\text{kN/m}^2$，局部坐标系如图所示，试求图示①、②、③单元的局部坐标刚度矩阵。

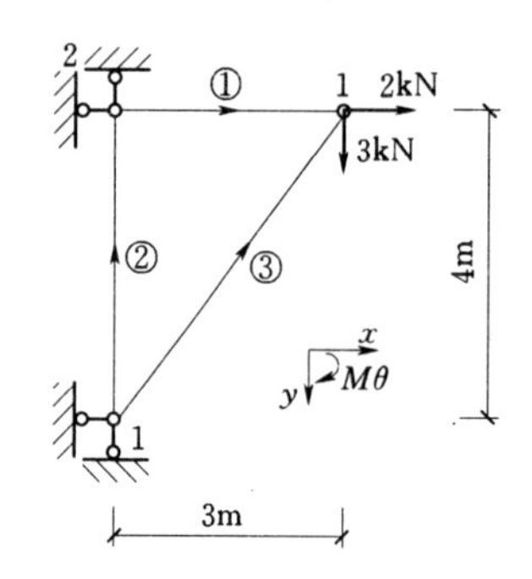

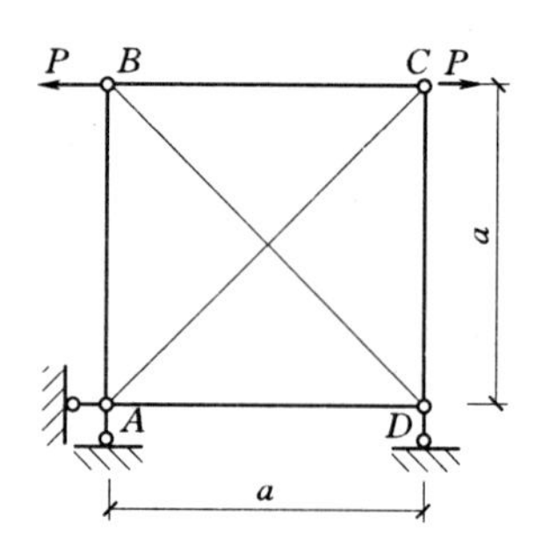

习题 5.1 图

5.2　如图所示刚架，试绘制弯矩图。

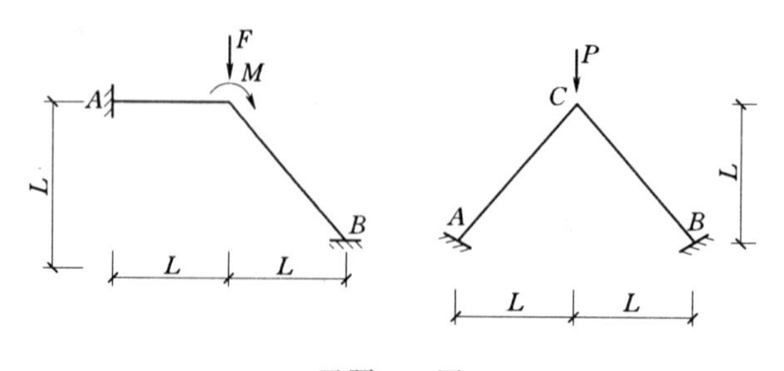

习题 5.2 图

第6章　平面超静定结构分析

6.1　单　元　分　析

结构力学的研究对象是实际工程结构。进行结构分析的首要任务是结构体系的确定，换句话说应确定结构的具体形式。严格地讲，实际工程结构均为三维空间结构，但是为了便于分析或使分析成为可能，在许多情况下三维空间结构常被简化为平面结构形式。结构工程师在设计结构时，也往往将实际结构按平面结构进行分析或从实际结构中取出某一平面结构单元进行设计。

平面结构中有很大一部分为超静定结构，例如超静定刚架、超静定排架、组合结构等。这类结构共有的特点是，内力是超静定的，约束有多余的。

平面超静定结构按矩阵位移法分析时，仍遵循如下要点：先把整体拆开，分解成若干个单元（在杆系结构中，一般把每个杆件取作一个单元），这个过程称作离散化。然后再将这些单元按一定的条件集合成整体。在一分一合，先拆后搭的过程中，把复杂的计算问题转化为简单单元的分析和集合问题。

上述过程即为矩阵位移法的两个基本环节：一是单元分析；二是整体分析。

单元分析的过程是建立单元刚度方程，形成单元刚度矩阵；整体分析的主要任务是将单元集合成整体，由单元刚度矩阵按照集成规则形成整体刚度矩阵，建立整体结构的位移法基本方程，从而进行解答。

整体分析时，其基本原理对于静定或超静定结构并无区别。而在单元分析时，显然超静定结构中的杆件有与之相对应的单元刚度矩阵 $[\bar{k}]$。

图 6.1 所示为平面超静定结构中的一个等截面直杆单元。设杆件除弯曲变形外，还有轴向变形。左右两端各有三个位移分量（两个移动、一个转动），杆件共有六个杆端位移分量，这是平面结构杆件单元的一般情况。设杆长为 l，截面面积为 A，截面惯性矩为 I，弹性模量为 E，单元的两个端点采用局部编码 1 和 2。由端点 1 到端点 2 的方向规定为杆轴的正方向。

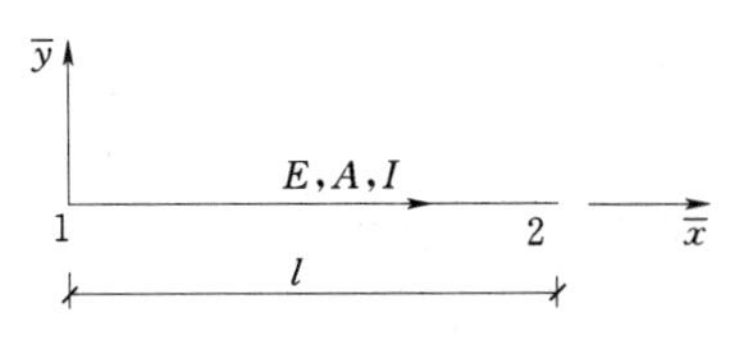

图 6.1　等截面杆件单元

图 6.1 中采用坐标系 $\bar{x}o\bar{y}$，其中 $\bar{x}$ 轴与杆轴重合，$\bar{x}$ 轴、$\bar{y}$ 轴正方向如图所示。这个坐标系称为单元的局部坐标系。

在局部坐标系中，一般单元的每端各有三个位移分量和对应的三个力分量，如图 6.2 所示。图 6.2 中所示的位移、力分量方向为正方向。

单元的六个杆端位移分量和六个杆端力分量按一定顺序排列，形成单元杆端位移向量

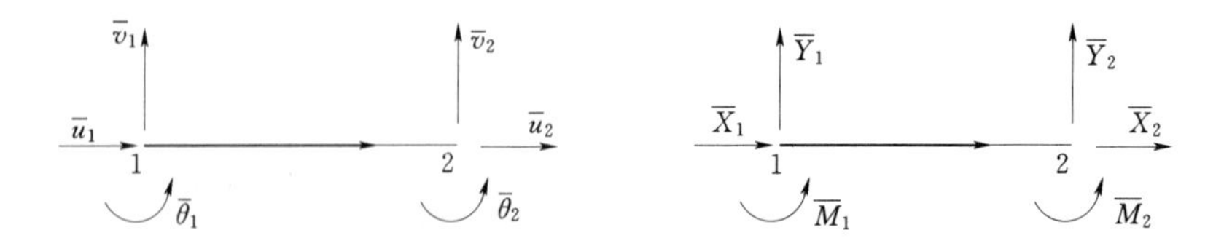

图 6.2　杆端位移与杆端力

和单元杆端力向量如下

$$\left.\begin{aligned}\{\bar{\Delta}\}^e&=[\bar{\mu}_1 \quad \bar{\nu}_1 \quad \bar{\theta}_1 \quad \bar{\mu}_2 \quad \bar{\nu}_2 \quad \bar{\theta}_2]^{\mathrm{T}}\\ \{\bar{F}\}^e&=[\bar{F}_{x1} \quad \bar{F}_{y1} \quad \bar{M}_1 \quad \bar{F}_{x2} \quad \bar{F}_{y2} \quad \bar{M}_2]^{\mathrm{T}}\end{aligned}\right\} \tag{6.1}$$

按矩阵位移法，单元刚度方程为

$$\{\bar{F}\}^e=[\bar{k}]^e\{\bar{\Delta}\}^e \tag{6.2}$$

其中 $[\bar{k}]^e$ 为局部坐标系中的单元刚度矩阵，即

$$[\bar{k}]^e=\begin{bmatrix}\frac{EA}{l} & 0 & 0 & -\frac{EA}{l} & 0 & 0\\ 0 & \frac{12EI}{l^3} & \frac{6EI}{l^2} & 0 & -\frac{12EI}{l^3} & \frac{6EI}{l^2}\\ 0 & \frac{6EI}{l^2} & \frac{4EI}{l} & 0 & -\frac{6EI}{l^2} & \frac{2EI}{l}\\ -\frac{EA}{l} & 0 & 0 & \frac{EA}{l} & 0 & 0\\ 0 & -\frac{12EI}{l^3} & -\frac{6EI}{l^2} & 0 & \frac{12EI}{l^3} & -\frac{6EI}{l^2}\\ 0 & \frac{6EI}{l^2} & \frac{2EI}{l} & 0 & -\frac{6EI}{l^2} & \frac{4EI}{l}\end{bmatrix} \tag{6.3}$$

为了便于整体分析，引入整体坐标系，如图 6.3 所示。需要说明的是，坐标系是一个数学工具，不论局部坐标系还是整体坐标系，都可根据需要灵活选用。为了应用方便，本章中的局部坐标系和整体坐标系均采用右手系。根据两种坐标系中单元杆端力的转换式，推导单元坐标转换矩阵 $[T]$。

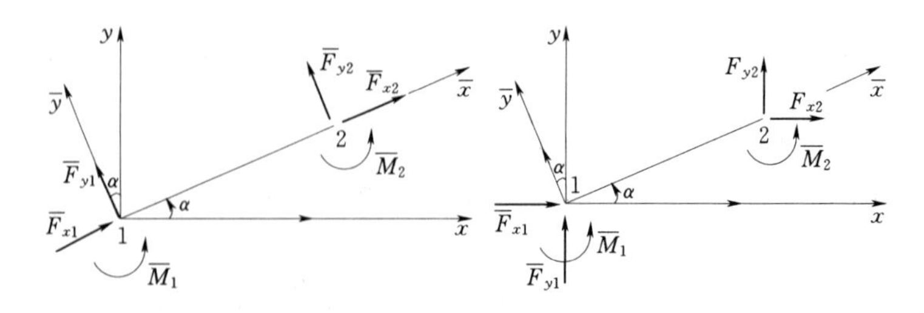

图 6.3　两种坐标系下的单元杆端力

$$\left.\begin{aligned}\overline{F}_{x1}&=F_{x1}\cos\alpha+F_{y1}\sin\alpha\\ \overline{F}_{y1}&=-F_{x1}\cos\alpha+F_{y1}\sin\alpha\\ \overline{M_1}&=M_1\\ \overline{F}_{x2}&=F_{x2}\cos\alpha+F_{y2}\sin\alpha\\ \overline{F}_{y2}&=-F_{x2}\cos\alpha+F_{y2}\sin\alpha\\ \overline{M}_2&=M_2\end{aligned}\right\}\tag{6.4}$$

将上式写成矩阵形式

$$\begin{Bmatrix}\overline{F}_{x1}\\ \overline{F}_{y1}\\ \overline{M}_1\\ \overline{F}_{x2}\\ \overline{F}_{y2}\\ \overline{M}_2\end{Bmatrix}=\begin{bmatrix}\cos\alpha & \sin\alpha & 0 & 0 & 0 & 0\\ -\sin\alpha & \cos\alpha & 0 & 0 & 0 & 0\\ 0 & 0 & 1 & 0 & 0 & 0\\ 0 & 0 & 0 & \cos\alpha & \sin\alpha & 0\\ 0 & 0 & 0 & -\sin\alpha & \cos\alpha & 0\\ 0 & 0 & 0 & 0 & 0 & 1\end{bmatrix}\begin{Bmatrix}F_{x1}\\ F_{y1}\\ M_1\\ F_{x2}\\ F_{y2}\\ M_2\end{Bmatrix}\tag{6.5}$$

或简写成

$$\{\overline{F}\}^e=[T]\{F\}^e\tag{6.6}$$

式中 $[T]$ 称为单元坐标转换矩阵，即

$$[T]=\begin{bmatrix}\cos\alpha & \sin\alpha & 0 & 0 & 0 & 0\\ -\sin\alpha & \cos\alpha & 0 & 0 & 0 & 0\\ 0 & 0 & 1 & 0 & 0 & 0\\ 0 & 0 & 0 & \cos\alpha & \sin\alpha & 0\\ 0 & 0 & 0 & -\sin\alpha & \cos\alpha & 0\\ 0 & 0 & 0 & 0 & 0 & 1\end{bmatrix}\tag{6.7}$$

6.2 程 序 设 计

本章程序按矩阵位移法的基本原理进行编制，支承条件处理分别采用后处理法和先处理法。程序适用于平面超静定结构的线性分析。本章采用 FORTRAN90 和 BASIC 两种计算机语言。

6.2.1 主程序

首先介绍平面超静定静力分析程序的数据结构。以下按整型变量、实型变量、整型数组和实型数组四个部分分别加以说明。

(1) 整型变量。

NE——单元数；

NJ——结点数；

N——结点位移未知量总数；

NPJ——结点荷载数；

NPF——非结点荷载数；

IND——非结点荷载类型码；

NW——最大半带宽；

NZ——支座数。

(2) 实型变量。

BL——单元长度；

SI——单元的 $\sin\alpha$ 值；

CO——单元的 $\cos\alpha$ 值。

(3) 整型数组。

JE(2，NE)——单元杆端结点编号数组；

JN(3，NJ)——结点位移分量编号数组；

JC(6)——单元定位向量数组。

(4) 实型数组。

EA(NE)、EI(NE)——单元的 EA、EI 数值；

X(NJ)、Y(NJ)——结点坐标数组；

PJ(2，NPJ)——结点荷载数组；

PF(4，NPF)——非结点荷载数组；

KD(6，6)——存放局部坐标系中的单刚数组；

KE(6，6)——存放整体坐标系中的单刚数组；

T(6，6)——存放单元坐标转换矩阵的数组；

KB(N，NW)——存放整体刚度矩阵的数组；

P(N)——结点总荷载数组，后存结点位移；

Fo(6)——局部坐标系中的单元固端力数组；

F(6)——先存放整体坐标系中的单元等效结点荷载，后存局部坐标系中的单元杆端力；

D(6)——整体坐标系中的单元杆端位移数组；

ZHI(4，NZ)——支座信息数组。

除了上述变量和数组以外，在程序中还用到一些工作变量和数组，它们的含义在程序阅读中较容易理解，这里不再赘述。主程序流程图如图 6.4 所示。

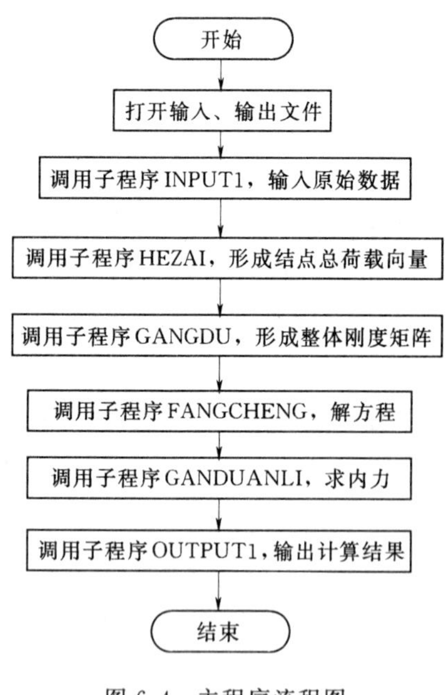

图 6.4　主程序流程图

在程序设计中，几乎每一个问题都可以设计成一个主程序和多个子程序的程序结构，使得一个复杂问题的处理化为一系列独立的简单的问题来处理。对于相对独立的问题，可编写成子程序，由一个主程序将它们直接或间接地连接在一起，逻辑地看成一个整体。

本章在程序设计时按照矩阵位移法的基本原

理，将计算内容分解成若干个子程序，而主程序的工作主要是调用相关子程序。对于后处理法按顺序调用相应子程序 INTPUT1、JNN、BANDAI、HEZAI、GANGDU、HOUCHULI、FANGCHENG、GANDUANLI、OUTPUT1。对于先处理法，按顺序调用相应子程序 INTPUT1、BANDAI、HEZAI、GANGDU、FANGCHENG、GANDUANLI、OUTPUT1。

后处理法同先处理法相比增加了两个子程序 JNN 和 HOUCHULI。另外，后处理法和先处理法对应的输入数据子程序 INPUT1 和输出结果子程序 OUTPUT1 也略有不同。而其他子程序内容则完全一致。

主程序还要声明程序中所需要的变量和数组。对于先处理法和后处理法，程序所需变量和数组略有不同，阅读程序时应注意。例如，先处理法的控制参数为：单元数 NE、结点数 NJ、结点位移未知量总数 N、结点荷载数 NPJ、非结点荷载数 NPF；而后处理法的控制参数为：单元数 NE、结点数 NJ、支座数 NZ、结点荷载数 NPJ、非结点荷载数 NPF。

```
平面超静定结构静力分析主程序(FORTRAN90、后处理法)
common ne,nj,npj,npf,nz,nw,n,si,co,bl,m,i
DIMENSION je(2,100),jn(3,100),ea(100),ei(100), x(100), y(100)
DIMENSION pjj(3,50),pj(2,50), pf(4,100),zhi(4,50), c(6),jc(6),de(100)
real*8  kd(6, 6),ke(6, 6),kb(300,100),T(6, 6),ff(6,100), f(6), fo(6),d(6)
real*8  p(200),dd(3,100)
open(1,file='e:\data\fra1.dat')
open(2,file='e:\data\fra1.res',status='UNKNOWN')
read(1,*), ne, nj, nz, npj, npf
CALL input1(x,y,je,zhi,pjj,pf,ea,ei)
call jnn(jn,pj,pjj,X,Y)
call bandai(je,jc,jn,x,y,t)
CALL hezai(p,pj,pf,t,fo,je,jc,f,jn,x,y)
CALL gangdu(jn,jc,je,kd,kb,ke,t,ea,ei,x,y)
call houchuli(zhi,kb,p,jn)
CALL fangcheng(kb,p,dd,d,jn)
CALL ganduanli(je,jc,jn,pf,kd,t,f,fo,ff,p,x,y,ea,ei)
call output1(je,jn,ea,ei,zhi,pjj,pf,x,y,dd,ff)
STOP
END
```

```
平面超静定结构静力分析主程序(FORTRAN90、先处理法)
common ne,nj,npj,npf,nw,n,si,co,bl,m,i
DIMENSION je(2,100),jn(3,100),ea(100),ei(100), x(100), y(100)
DIMENSION pj(2,50), pf(4,100), c(6),jc(6),de(100)
real*8  kd(6, 6),ke(6, 6),kb(300,100),T(6, 6),ff(6,100), f(6), fo(6),d(6)
real*8  p(200),dd(3,100)
open(1,file='e:\data\file1.dat')
open(2,file='e:\data\file1.res',status='UNKNOWN')
```

```
read(1, * ), ne, nj, n, npj, npf
CALL input1(x,y,je,jn,pj,pf,ea,ei)
call bandai(je,jc,jn,x,y,t)
CALL hezai(p,pj,pf,t,fo,je,jc,f,jn,x,y)
CALL gangdu(jn,jc,je,kd,kb,ke,t,ea,ei,x,y)
CALL fangcheng(kb,p,dd,d,jn)
CALL ganduanli(je,jc,jn,pf,kd,t,f,fo,ff,p,x,y,ea,ei)
call output1(je,jn,ea,ei,pj,pf,x,y,dd,ff)
STOP
END
```

平面超静定结构静力分析主程序(BASIC、后处理法)

```
DIM shared ne,nj,n,npj,npf,nw,j1,j2,bl,m,i
DIM shared nz
OPEN "e:\data\dt2. bas" FOR INPUT AS #1
OPEN "e:\data\d2t. bas" FOR outPUT AS #2
INPUT #1, ne, nj, nz, npj, npf
DIM shared je(2, ne), jn(3, nj), ea(ne), ei(ne), x(nj), y(nj)
DIM shared pj(2, npj), pf(4, npf), p(3 * nj),zhi(4,nz)
DIM shared jc(6), kd(6, 6), ke(6, 6), T(6, 6), f(6), fo(6), d(6)
DIM shared de(ne), c(6)
DIM shared dd(3,nj),ff(6,ne)
CALL input1
CALL jnn
CALLbandai:DIM shared kb(3 * nj, nw)
CALL hezai
CALL gangdu
CALL houchuli
CALL fangcheng
CALL ganduanli
CALL output1
END
```

平面超静定结构静力分析主程序(BASIC、先处理法)

```
DIM shared ne,nj,n,npj,npf,nw,j1,j2,bl,m,i
OPEN "e:\data\dt3p. bas" FOR INPUT AS #1
OPEN "e:\data\dt3. bas" FOR outPUT AS #2
INPUT #1, ne, nj, n, npj, npf
DIM shared je(2, ne), jn(3, nj), ea(ne), ei(ne), x(nj), y(nj)
DIM shared pj(2, npj), pf(4, npf), p(n)
DIM shared jc(6), kd(6, 6), ke(6, 6), T(6, 6), f(6), fo(6), d(6)
DIM shared de(ne), c(6)
DIM shared dd(3,nj),ff(6,ne)
CALL input1
```

```
call bandai:DIM shared kb(n, nw)
CALL hezai
CALL gangdu
CALL fangcheng
CALL ganduanli
call output1
END
```

6.2.2 子程序及其功能

子程序可以根据需要写出若干个，但是按照矩阵位移法原理，最基本的子程序分别为：形成结点荷载向量的子程序 HEZAI，形成整体刚度矩阵的子程序 GANGDU，求解方程的子程序 FANGCHENG，利用位移计算结果计算单元杆端力的子程序 GANDUANLI。计算过程中当然还涉及其他子程序。对于先处理法和后处理法，某些子程序略有不同。另外，后处理法中增加了两个子程序 JNN 和 HOUCHULI，下面将一一介绍。

1. 子程序 INPUT1

平面超静定静力分析程序所需要的原始数据通过调用子程序 INPUT1 输入计算机。原始数据主要包括：与结点有关的数据（结点坐标、结点位移分量编号）、与单元有关的数据（单元两端编号、单元刚度）、与荷载有关的数据以及支座信息（后处理法）等。原始数据的填写将在下节介绍。采用后处理法时子程序 INPUT1 的流程图如图 6.5 所示。

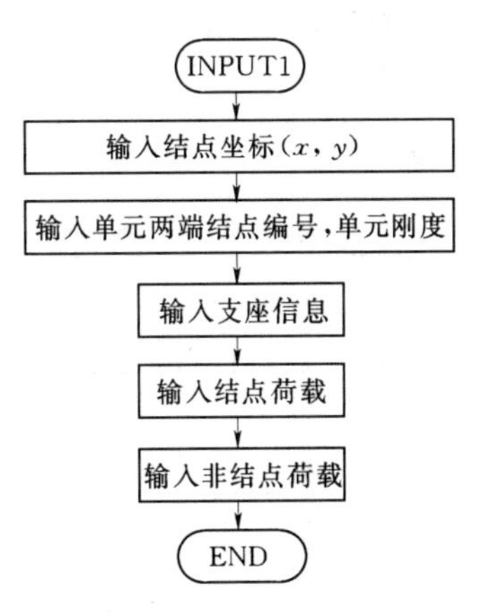

图 6.5 子程序 INPUT1 流程图

下面对该程序中出现的数组加以说明。需要强调的是采用后处理法时，只输入结点坐标，结点位移分量标号由子程序 JNN 完成，并且需要输入与支座有关的信息。

X(i)、Y(i)——分别为第 i 号结点的 x 坐标和 y 坐标；

JN(1, i), JN(2, i), JN(3, i)——分别为第 i 号结点位移分量 u、v、θ 的编号；

JE(1, i)、JE(2, i)——分别为第 i 单元的始端和末端的结点编号；

EA(i)、EI(i)——分别为第 i 单元的抗拉（压）刚度和抗弯刚度；

PJ(1、i)——第 i 号结点荷载的方位信息，即对应位移分量的编号；

PJ(2、i)——第 i 号结点荷载的数值。当结点荷载为集中力时，若其方向与整体坐标系的坐标轴方向一致，输入正值，否则为负；当为力偶时，以逆时针方向为正，反之为负；

PJJ(1、i)——第 i 号结点荷载所在结点编号（注：数组 PJJ 仅在后处理法中使用）；

PJJ(2、i)——第 i 号结点荷载的数值。当结点荷载为集中力时，若其方向与整体坐标系的坐标轴方向一致，输入正值，否则为负；当为力偶时，以逆时针方向为正，反之为负；

PJJ(3、i)——第 i 号结点的方向信息。当结点荷载为集中力，作用方向沿整体坐标系的 x 轴时，方向信息用 1 表示，沿 y 轴用 2 表示，力偶用 3 表示；

PF(1、i)——第 i 号非结点荷载所在的单元编号；

PF(2、i)——第 i 号非结点荷载的类型码，见表 6.1；

PF(3、i)——第 i 号非结点荷载的位置参数。对于集中力或力偶，为荷载作用点与单元始端的距离 a。对于分布荷载，则为荷载的分布长度 a，分布荷载的起点均设在单元的始端；

PF(4、i)——第 i 号非结点荷载的数值。当非结点荷载与表 6.1 中的作用方向一致时，以正值输入，反之为负；

ZHI(1，i)——第 i 个支座沿 x 轴方向的位移信息。当位移为 0 时此值输入 0，当位移未知时输入 1，当位移为已知时输入实际数值；

ZHI(2，i)——第 i 个支座沿 y 轴方向的位移信息。当位移为 0 时此值输入 0，当位移未知时输入 1，当位移为已知时输入实际数值；

ZHI(3，i)——第 i 个支座沿转角方向的位移信息。当位移为 0 时此值输入 0，当位移未知时输入 1，当位移为已知时输入实际数值；

ZHI(4，i)——第 i 个支座的结点编号。

表 6.1　　单元固端约束力（局部坐标系）

	荷 载 简 图		始端 1	末端 2
1	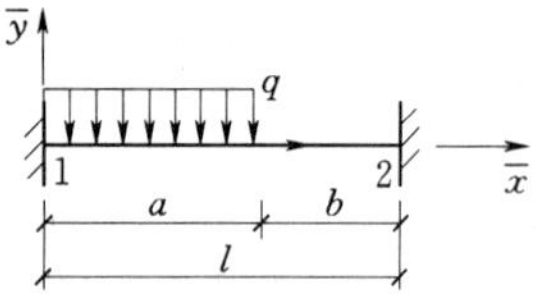	$\overline{X}_P$	0	0
		$\overline{Y}_P$	$qa(1-a^2/l^2+a^3/2l^3)$	$qa^3(1-a/2l)/l^2$
		$\overline{M}_P$	$qa^2(6-8a/l+3a^2/l^2)/12$	$-qa^3(4-3a/l)/12l$
2	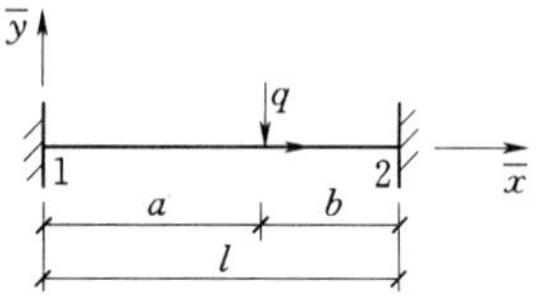	$\overline{X}_P$	0	0
		$\overline{Y}_P$	$qb^2(1+2a/l)/l^2$	$qa^2(1+2b/l)/l^2$
		$\overline{M}_P$	qab^2/l	$-qa^2b/l^2$
3	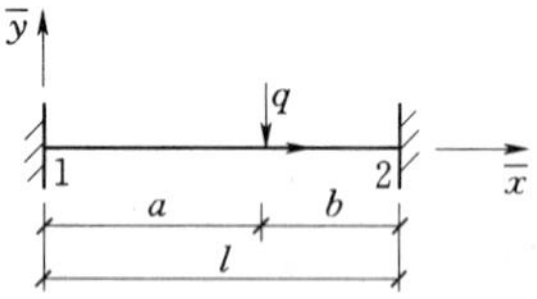	$\overline{X}_P$	0	0
		$\overline{Y}_P$	$-qab/l^2$	$6qab/l^3$
		$\overline{M}_P$	$-qb(2-3b/l)/l$	$-qa(2-3a/l)/l$
4	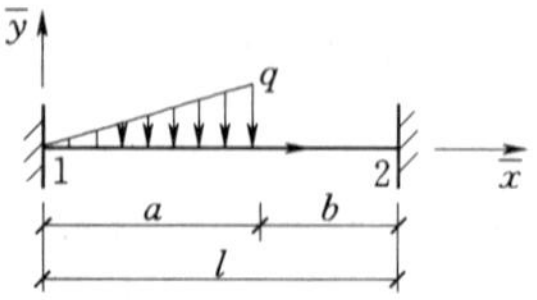	$\overline{X}_P$	0	0
		$\overline{Y}_P$	$qa(2-3a^2/l^2+1.6a^3/l^3)/4$	$qa^3(3-1.6a/l)/4l^2$
		$\overline{M}_P$	$qa^2(2-3a/l+1.2a^2/l^2)/6$	$-qa^3(1-0.8a/l)/4l$
5	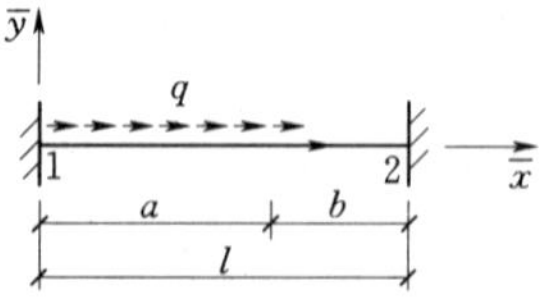	$\overline{X}_P$	$-qa(1-0.5a/l)$	$-0.5qa^2/l$
		$\overline{Y}_P$	0	0
		$\overline{M}_P$	0	0

续表

	荷载简图		始端1	末端2
6		$\overline{X}_P$	$-qb/l$	$-qa/l$
		$\overline{Y}_P$	0	0
		$\overline{M}_P$	0	0
7		$\overline{X}_P$	0	0
		$\overline{Y}_P$	$-qa^2(a/l+3b/l)/l^2$	$qa^2(a/l+3b/l)/l^2$
		$\overline{M}_P$	qab^2/l^2	$-qa^2b/l^2$

平面超静定结构静力分析子程序 INPUT1(FORTRAN90、后处理法)

```
SUBROUTINE input1(x,y,je,zhi,pjj,pf,ea,ei)
common ne,nj,npj,npf,nz,nw,n,si,co,bl,m,i
DIMENSION  je(2,ne), ea(ne), ei(ne), x(nj), y(nj)
DIMENSION  pjj(3,npj), pf(4,npf),zhi(4,nz)
do i=1,nj
read(1,*)x(i), y(i)
end do
do i=1,ne
read(1,*)je(1, i), je(2, i), ea(i), ei(i)
end do
do i=1,nz
read(1,*)zhi(1, i), zhi(2, i), zhi(3,i), zhi(4,i)
end do
IF(npj. ne. 0)read(1,*)((pjj(i, j), i=1,3),j=1,npj)
IF(npf. ne. 0)read(1,*)((pf(i, j), i=1,4),j=1,npf)
RETURN
End
```

平面超静定结构静力分析子程序 INPUT1(FORTRAN90、先处理法)

```
SUBROUTINE input1(x,y,je,jn,pj,pf,ea,ei)
common ne,nj,npj,npf,nw,n,si,co,bl,m,i
DIMENSION  je(2,ne), jn(3,nj),ea(ne), ei(ne), x(nj), y(nj)
DIMENSION  pj(2,npj), pf(4,npf)
do i=1,nj
read(1,*)x(i), y(i),jn(1,i),jn(2,i),jn(3,i)
end do
do i=1,ne
read(1,*)je(1, i), je(2, i), ea(i), ei(i)
end do
IF(npj. ne. 0)read(1,*)((pj(i, j), i=1,2),j=1,npj)
IF(npf. ne. 0)read(1,*)((pf(i, j), i=1,4),j=1,npf)
```

```
RETURN
End
```

平面超静定结构静力分析子程序 INPUT1(BASIC、后处理法)

```
SUB input1'后处理法
FOR i=1 TO nj
INPUT #1,x(i),y(i)
NEXT i
FOR i=1 TO ne
INPUT #1, je(1, i), je(2, i), ea(i), ei(i)
NEXT i
for i=1 to nz
INPUT #1, zhi(1, i), zhi(2, i), zhi(3,i), zhi(4,i)
next i
IF npj <> 0 THEN
FOR i=1 TO npj
INPUT #1, pj(1, i), pj(2, i)
NEXT i
end if
IF npf<>0 THEN
FOR i=1 TO npf
INPUT #1, pf(1, i), pf(2, i), pf(3, i), pf(4, i)
NEXT i
end if
CLOSE #1
end sub
```

平面超静定结构静力分析子程序 INPUT1(BASIC、先处理法)

```
SUB input1'先处理法
FOR i=1 TO nj
INPUT #1, x(i), y(i), jn(1, i), jn(2, i), jn(3, i)
NEXT i
FOR i=1 TO ne
INPUT #1, je(1, i), je(2, i), ea(i), ei(i)
NEXT i
IF npj <> 0 THEN
FOR i=1 TO npj
INPUT #1, pj(1, i), pj(2, i)
NEXT i
end if
IF npf<>0 THEN
FOR i=1 TO npf
INPUT #1, pf(1, i), pf(2, i), pf(3, i), pf(4, i)
NEXT i
```

```
end if
CLOSE #1
end sub
```

2. 子程序 BANDAI

为了节省存储空间，结构的整体刚度矩阵［$\boldsymbol{K}$］采用等带宽存储，亦称半带存储。此时需要计算出整体刚度矩阵［$\boldsymbol{K}$］的半带宽 NW。NW 可按照单元编号从小到大的顺序，利用单元定位向量求出。

设用 MAX 表示单元定位向量中的最大分量，用 MIN 表示其中的最小非零分量，则当向整体刚度矩阵中累加单刚的元素时所产生的半带宽为

$$d=\mathrm{MAX}-\mathrm{MIN}+1$$

每一个单元均可按上式求出一个 d 值，其中最大的 d 值即为整体刚度矩阵的最大半带宽 NW。子程序 BANDAI 的流程图如图 6.6 所示。

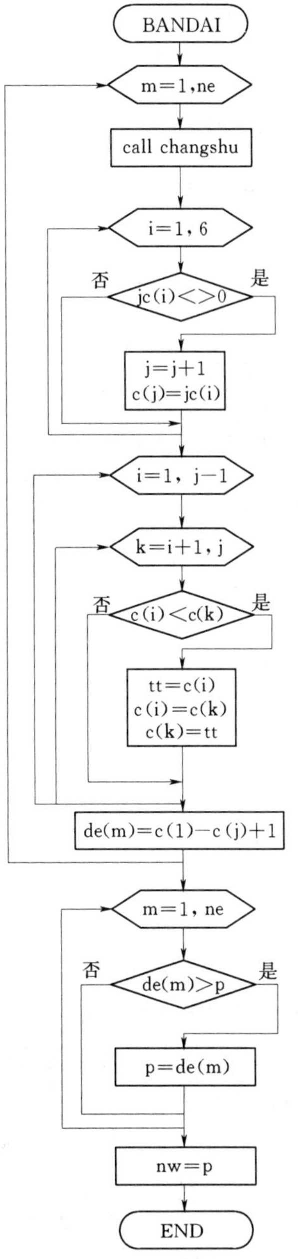

图 6.6 子程序 BANDAI 流程图

```
平面超静定结构静力分析子程序 BANDAI(FORTRAN90)
SUBROUTINE bandai(je,jc,jn,x,y,t)
common ne,nj,npj,npf,nz,nw,n,si,co,bl,m,i
DIMENSION je(2,ne),jc(6),c(6),de(ne),jn(3,nj),t(6,6)
do m=1,ne
call changshu(je,jn,x,y,jc,t)
j=0
do i=1,6
IF(jc(i).NE.0)THEN
j=j+1
c(j)=jc(i)
end if
end do
do i=1,j-1
do k=i+1, j
IF(c(i).LT.c(k))THEN
tt=c(i)
c(i)=c(k)
c(k)=tt
end if
end do
end do
de(m)=c(1)-c(j)+1
end do
p=0
do m=1,ne
IF(de(m).GT.p) p=de(m)
```

```
end do
nw=p
return
END
```

平面超静定结构静力分析子程序 BANDAI(BASIC)

```
SUB bandai
FOR m=1 TO ne
j1=je(1, m): j2=je(2, m)
call changshu
j=0
FOR i=1 TO 6
IF jc(i) <>0 THEN
j=j+1
c(j)=jc(i)
end if
NEXT i
FOR i=1 TO j-1
FOR k=i+1 TO j
IF c(i)<c(k) THEN SWAP c(i), c(k)
NEXT k
NEXT i
de(m)=c(1)-c(j)+1
NEXT m
p=0
FOR m=1 TO ne
IF de(m) > p THEN p=de(m)
NEXT m
nw=p
END SUB
```

3. 子程序 HEZAI

作用在结构上的荷载包括结点荷载和非结点荷载，非结点荷载类型见表 6.1。结点荷载按其对应的作用位置直接集成到荷载向量中。单元上的非结点荷载引起的单元固端力要先转换成整体坐标系的单元等效结点荷载，然后再根据单元定位向量集成到荷载向量中。

当结构上有结点荷载作用时，对于第 i 个结点荷载，先取得其方位信息，即对应的位移分量编号 pj(1, i)，然后将荷载值 pj(2, i) 累加到数组 p(l) 中，其中，l=pj(1, i)。

当结构上有非结点荷载作用时，对于第 i 个非结点荷载，首先调用子程序 BOUND，求得局部坐标系中的单元固端约束力 fo(6)，将单元固端约束力反号，即得到局部坐标系中的单元等效结点荷载－fo(6)。考虑整体坐标系，由坐标转换关系，将－fo(6) 前乘单元坐标转换矩阵的逆矩阵得到整体坐标系中的单元等效结点荷载 f(6)。再依次将 f(6) 中的每个元素按照单元定位向量在结点荷载向量 p(n) 中进行定位并累加，最终得到结点荷载向量 p(n)。子程序 HEZAI 的流程图如图 6.7 所示。

平面超静定结构静力分析子程序 HEZAI(FORTRAN90)

```
SUBROUTINE hezai(p,pj,pf,t,fo,je,jc,f,jn,x,y)
common ne,nj,npj,npf,nz,nw,n,si,co,bl,m,i
DIMENSION  jn(3,nj),je(2,ne),pj(2,npj), pf(4,npf),jc(6)
real * 8  T(6,6),f(6),fo(6),p(n)
do i=1, n
p(i)=0
end do
IF(npj. NE. 0) THEN
do i=1,npj
l=pj(1, i)
p(l)=pj(2, i)
end do
end if
IF(npf. NE. 0) THEN
do i=1,npf
m=pf(1, i)
call changshu(je,jn,x,y,jc,t)
CALL bound(pf,fo)
do l=1, 6
S=0
do k=1, 6
S=S-T(k, l) * fo(k)
end do
f(l)=S
end do
do j=1, 6
l=jc(j)
IF(l. NE. 0) p(l)=p(l)+f(j)
END DO
END DO
end if
return
END
```

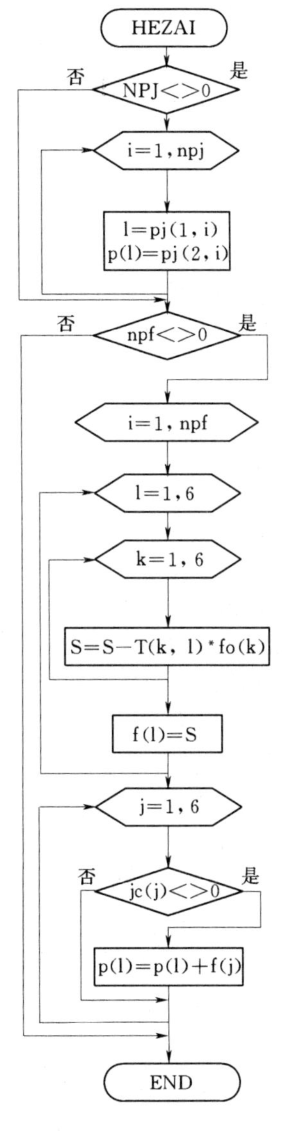

图 6.7 子程序 HEZAI 流程图

平面超静定结构静力分析子程 HEZAII(BASIC)

```
SUB hezai
FOR i=1 TO n
p(i)=0
NEXT i
IF npj <> 0 THEN
FOR i=1 TO npj
l=pj(1, i)
p(l)=pj(2, i)
```

```
NEXT i
end if
IF npf <>0 THEN
FOR i=1 TO npf
m=pf(1, i)
j1=je(1, m)
j2=je(2, m)
call changshu
CALL bound
FOR l=1 TO 6
S=0
FOR k=1 TO 6
S=S-T(k, l) * fo(k)
NEXT k
f(l)=S
NEXT l
FOR j=1 TO 6
l=jc(j)
IF l <> 0 THEN p(l)=p(l)+f(j)
NEXT j
NEXT i
end if
END SUB
```

4. 子程序 GANGDU

平面超静定结构的整体刚度矩阵不仅是对称矩阵，而且还是带状矩阵。矩阵中有许多零元素，非零元素集中发布在主对角线两次的斜带状区域内，愈是大型结构，整体刚度矩阵的带状分布规律就愈明显。

对于对称带状系数矩阵的线性方程组，在消元过程中，由消元各行的系数组成的子方阵仍是对称矩阵，并且带状区域以外的零元素仍然等于零。所以，系数矩阵带状区域以外的零元素不需要存储，而只需要存储系数矩阵上三角（或下三角）部分半带宽范围内的元素。即等带宽存储，亦称半带存储。

设平面超静定结构的整体刚度矩阵为 $N\times N$ 阶矩阵，最大半带宽为 NW（此值可由子程序 BANDAI 求出）。当采用等带宽存储时，可将矩阵上半带范围内的元素，存储在 $N\times NW$ 阶矩阵 $[K]_{n\times nw}$ 中。

由子程序 DANGANG 求得局部坐标系中的单元刚度矩阵 $[\overline{k}]^e$ 后，按 $[k]^e=[T]^{\mathrm{T}}[\overline{k}]^e[T]$ 就可以求得整体坐标系中的单元刚度矩阵 $[k]^e$。为使 $[k]^e$ 的元素能正确的叠加到等带宽存储的整体刚度矩阵 $[K]_{n\times nw}$ 中去，首先利用单元定位向量找出 $[k]^e$ 的元素在整体刚度矩阵 $[K]_{n\times n}$ 中的行码 I 和列码 J。若单元定位向量的某分量等于零，则 $[k]^e$ 中相应的某行和某列的元素就不需要叠加到 $[K]_{n\times nw}$ 中去。此处，应保证列码 J 大于或等于行码 I，然后由对应关系，将 $[k]^e$ 中的元素叠加到 $[K]_{n\times nw}$ 的第 I 行、第 J－I＋1 列中去。子程序 GANGDU 的流程图如图 6.8 所示。

平面超静定结构静力分析子程序 GANGDU(FORTRAN90)

```
SUBROUTINE gangdu(jn,jc,je,kd,kb,ke,t,ea,ei,x,y)
common ne,nj,npj,npf,nz,nw,n,si,co,bl,m,i
DIMENSION  jn(3,nj),jc(6),je(2,ne)
real*8  kd(6, 6),ke(6, 6),kb(n, nw),T(6, 6)
do i=1, n
do j=1, nw
kb(i, j)=0
end do
end do
do m=1,ne
call changshu(je,jn,x,y,jc,t)
CALL dangang(kd,ea,ei,je,jn,x,y,jc,t)
do i=1, 6
do j=1, 6
S=0
do l=1, 6
do k=1, 6
S=S+T(l, i) * kd(l, k) * T(k, j)
end do
end do
ke(i, j)=S
end do
end do
do l=1, 6
i=jc(l)
IF(i. NE. 0) THEN
do k=1, 6
j=jc(k)
IF(j. GE. i) THEN
jj=j-i+1
kb(i, jj)=kb(i, jj)+ke(l, k)
end if
end do
end if
end do
end do
return
END
```

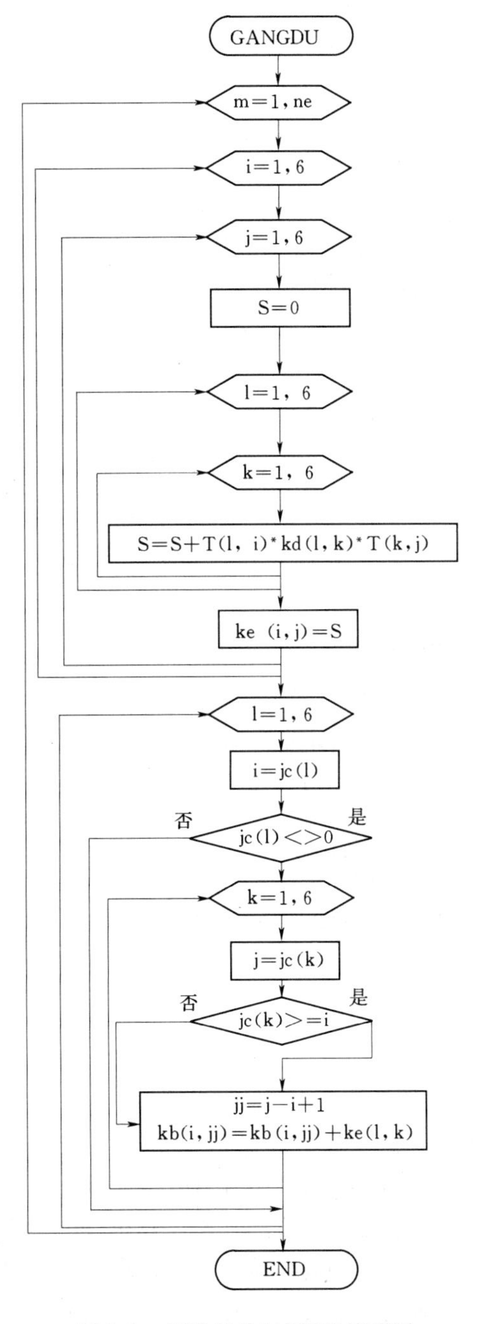

图 6.8 子程序 GANGDU 流程图

平面超静定结构静力分析子程序 GANGDU(BASIC)

```
SUB gangdu
FOR i=1 TO n
FOR j=1 TO nw
```

```
kb(i, j)=0
NEXT j
NEXT i
FOR m=1 TO ne
j1=je(1, m)
j2=je(2, m)
call changshu
CALL dangang
FOR i=1 TO 6
FOR j=1 TO 6
S=0
FOR l=1 TO 6
FOR k=1 TO 6
S=S+T(l, i) * kd(l, k) * T(k, j)
NEXT k
NEXT l
ke(i, j)=S
NEXT j
NEXT i
FOR l=1 TO 6
i=jc(l)
IF i <> 0 THEN
FOR k=1 TO 6
j=jc(k)
IF j >=i THEN
jj=j-i+1
kb(i, jj)=kb(i, jj)+ke(l, k)
end if
NEXT k
end if
NEXT l
NEXT m
END SUB
```

5. 子程序 FANGCHENG

位移法基本方程 $[K]\{\Delta\}=\{P\}$ 为 n 元一次线性方程组，若刚度矩阵 $[K]$ 全存，则该方程可采用高斯消去法进行求解；若刚度矩阵 $[K]$ 采取半带存储，则该方程可采用半带存储高斯消去法进行求解，下面分别介绍。

(1) 高斯消去法。

高斯消去法是求解线性方程组最常用的方法之一。我们首先用一个例题来说明高斯消去法的计算原理。设要求解下列线性方程组

$$\left.\begin{array}{l}2x_1+x_2+x_3=4\\x_1+2x_2+x_3=4\\x_1+x_2+2x_3=4\end{array}\right\}\tag{6.8}$$

用高斯消去法时，首先对方程组第一列主元以下的系数进行消元计算。所谓主元是指行、列相等的未知数的系数，本方程组中即指第一行 x_1 的系数 2，第二行 x_2 的系数 2，第三行 x_3 的系数 2。为消除第一列中的非主元系数，可按下列步骤计算：

首先用 $-\frac{1}{2}$ 乘第一个方程后与第二个方程相加得

$$0+1.5x_2+0.5x_3=2 \tag{6.9}$$

用 $-\frac{1}{2}$ 乘第一个方程后与第三个方程相加得

$$0+0.5x_2+1.5x_3=2 \tag{6.10}$$

至此，第一列主元以下系数均化为 0。第一轮消元结束，得到如下的等价方程组

$$\left.\begin{aligned}2x_1+x_2+x_3=4\\0+1.5x_2+0.5x_3=2\\0+0.5x_2+1.5x_3=2\end{aligned}\right\} \tag{6.11}$$

同理，进行第二轮消元，把第二列主元以下的系数化为 0。第二轮消元结束后得到下列等价方程组

$$\left.\begin{aligned}2x_1+x_2+x_3=4\\0+1.5x_2+0.5x_3=2\\0+0+\frac{4}{3}x_3=\frac{4}{3}\end{aligned}\right\} \tag{6.12}$$

至此消元过程结束。由式（6.12）可得

$$\left.\begin{aligned}x_3&=\frac{4}{3}/\frac{4}{3}=1\\x_2&=(2-0.5\times1)/1.5=1\\x_1&=(4-1-1)/2=1\end{aligned}\right\} \tag{6.13}$$

以上求解过程，先求出最后一个未知数 x_3，然后逐步回代依次求得 x_2，x_1，这一过程称为回代过程。

对于 n 元一次线性方程组 $[K]\{\Delta\}=\{P\}$，按高斯消去法求解时，主要计算过程可归纳为如下公式。

消元

$$\left.\begin{aligned}K_{ij}^{(k)}&=K_{ij}-\frac{K_{ki}}{K_{kk}}K_{kj}\\P_i^{(k)}&=P_i-\frac{K_{ki}}{K_{kk}}P_k\end{aligned}\right\} \tag{6.14}$$

消元轮码 $k=1，2，\cdots，n-1$

消元行码 $i=k+1，k+2，\cdots，n$

消元列码 $j=i，i+1，\cdots，n$

回代

$$\left.\begin{aligned}\Delta_n&=P_n/K_{nn}\\\Delta_i&=\Big(P_i-\sum_{j=i+1}^{n}K_{ij}\Delta_j\Big)/K_{ii}\end{aligned}\right\} \tag{6.15}$$

回代行码 $i=n-1$，$n-2$，…，1

(2) 半带存储高斯消去法。

当系数矩阵 $[K]$ 采用半带存储时，仍可按高斯消去法求解，但是在求解过程中要注意元素的对应关系。元素 K_{ij} 在 $[K]_{n\times n}$ 中的行码为 i，列码为 j；而半带存储时，设 K_{ij} 在新矩阵 $[K]'_{n\times NW}$ 中的行码为 I，列码为 J，显然：

$$\left.\begin{aligned}I&=i\\J&=j-i+1\end{aligned}\right\}\tag{6.16}$$

由于元素的位置发生了变化，因此需要对式 (6.14)、式 (6.15) 进行修正。下面先讨论高斯消去法的消元公式。

在第 k 轮消元时，式 (6.14) 中右边的四个元素在矩阵 $[K]_{n\times n}$ 中的位置见图 6.9 (a)，它们在矩阵 $[K]'_{n\times NW}$ 中的对应位置见图 6.9 (b)。

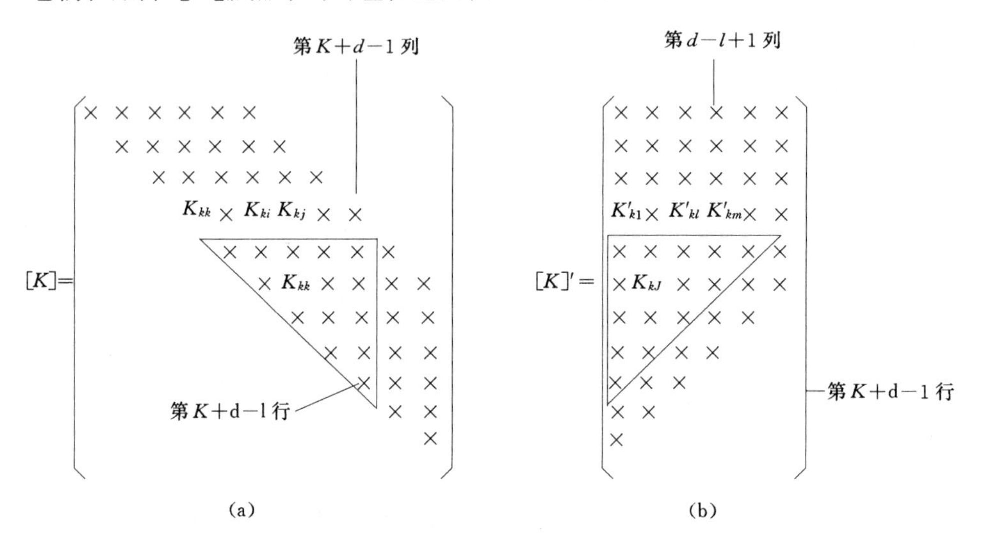

图 6.9　全存与半带存储

可见元素在矩阵 $[K]_{n\times n}$ 和 $[K]'_{n\times NW}$ 中有以下的对应关系

$$\left.\begin{aligned}&K_{ij}\rightarrow K'_{iJ}\qquad J=j-i+1\\&K_{kk}\rightarrow K'_{k1}\\&K_{ki}\rightarrow K'_{kl}\qquad l=i-k+1\\&K_{kj}\rightarrow K'_{km}\qquad m=j-k+1=J+i-k\end{aligned}\right\}\tag{6.17}$$

在式 (6.14) 中，用矩阵 $[K]'_{n\times NW}$ 的元素替换 $[K]_{n\times n}$ 的元素，则式 (6.14) 可改写为

$$\left.\begin{aligned}K'^{(k)}_{iJ}&=K'_{iJ}-\frac{K'_{kl}}{K'_{k1}}K'_{km}\\P^{(k)}_{i}&=P_{i}-\frac{K'_{kl}}{K'_{k1}}P_{k}\end{aligned}\right\}\tag{6.18}$$

消元轮码 $k=1$，2，…，$n-1$

消元行码 $i=k+1$，$k+2$，…，i_{m}

消元列码 $J=1, 2, \cdots, J_m$

现在说明式（6.18）中消元行码 i 和列码 J 的变动范围。

当 k 较小时，第 k 行元素的个数等于半带宽 NW，则该行最末一个元素在 $[K]_{n\times n}$ 中的列码为 NW$+k-1$。因此。在第 k 轮消元时，只需修改第 $k+1$ 至第 NW$+k-1$ 行的元素（如图 6.9 中三角形范围的元素），即修改行的最大行码为 $i_m=\text{NW}+k-1<n$。当 k 较大时，也就是在最后几轮消元时，第 k 行最末一个元素在矩阵 $[K]_{n\times n}$ 中的列码为 n。因此修改行的最大行码为 $i_m=n<\text{NW}+k-1$。综合上述两种情况，修改行的最大行码 $i_{取}$ 取 NW$+k-1$ 与 n 两者中的较小值。

另外，在需要修改的第 i 行各元素中，元素在 $[K]'_{n\times NW}$ 中的列码的变动范围是从 1 到 NW$-(i-k)=$NW$-(l-1)$，最大列码为 $J_m=\text{NW}-l+1$。

现在讨论高斯消去法的回代公式。在式（6.15）中，用 $[K]'_{n\times NW}$ 的元素替换 $[K]_{n\times n}$ 的元素，并注意到新旧列码的对应关系就得到

$$\left.\begin{aligned}\Delta_n &= P_n/K'_{n1}\\ \Delta_i &= \left(P_i-\sum_J K'_{iJ}\Delta_{J+i-1}\right)/K'_{i1}\end{aligned}\right\}\qquad(6.19)$$

回代行码 $i=n-1, n-2, \cdots, 1$

回代列码 $J=2, 3, \cdots, J_m$

下面说明列码 J 在矩阵 $[K]'_{n\times NW}$ 中的变动范围。有图 6.9 可以看出，当回代行码 i 较小时，该行元素的最大列码为 $J_m=\text{NW}<n-i+1$。当回代行码较大时，该行最末一个元素在 $[K]_{n\times n}$ 中的列码为 n，因此该元素在 $[K]'_{n\times NW}$ 中的列码为 $J_m=n-i+1<\text{NW}$。根据以上分析，回代行的最大列码 J_m 为 NW 和 $n-i+1$ 两者中较小值。

求解方程后，位移存放在数组 p(n) 中。每个结点的三个位移分量（整体坐标系中）根据相应的位移分量编号存放在数组 d() 中。子程序 FANGCHENG 的流程图如图 6.10 所示。

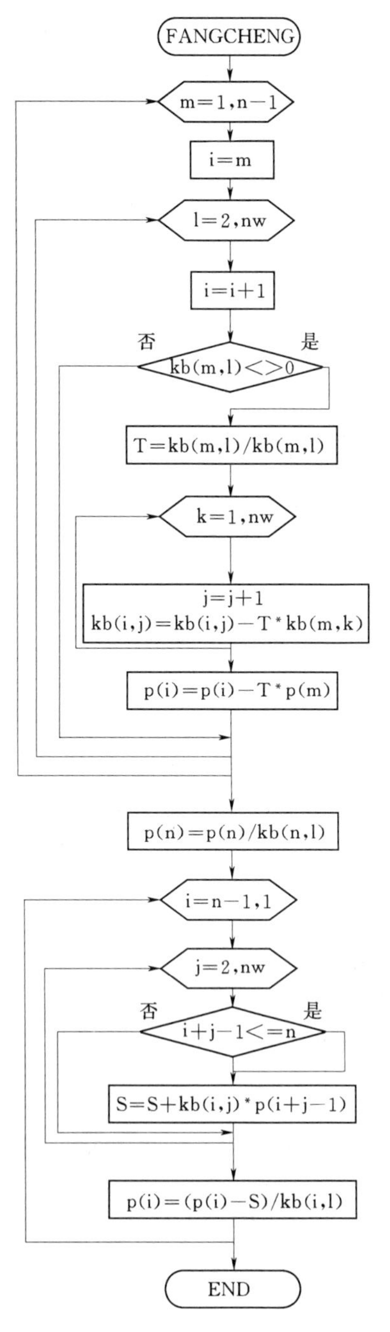

图 6.10 子程序 FANGCHENG 流程图

```
平面超静定结构静力分析子程序 FANGCHENG(FORTRAN90)
SUBROUTINE fangcheng(kb,p,dd,d,jn)
common ne,nj,npj,npf,nz,nw,n,si,co,bl,m,i
DIMENSION jn(3,nj)
real*8   kb(n, nw),d(6),p(n),dd(3,nj)
do k=1,n-1
im=k+nw-1
IF(im.GT.n) im=n
```

```
i1=k+1
do i=i1, im
l=i-k+1
c=kb(k, l)/kb(k, 1)
IF((n-k+1).LT.nw) THEN
jm=n-k+1-(i-k)
ELSE
jm=nw-(i-k)
END IF
Do j=1,jm
jj=i-k+j
kb(i, j)=kb(i, j)-c*kb(k, jj)
end do
p(i)=p(i)-c*p(k)
end do
end do
p(n)=p(n)/kb(n, 1)
do i=n-1, 1,-1
S=0
do j=2, nw
IF((i+j-1).LE.n) S=S+kb(i, j)*p(i+j-1)
end do
p(i) =(p(i)-S)/kb(i, 1)
end do
do i=1, nj
do j=1, 3
d(j)=0
l=jn(j, i)
IF(l.NE.0) d(j)=p(l)
end do
dd(1,i)=d(1)
dd(2,i)=d(2)
dd(3,i)=d(3)
end do
return
END
```

平面超静定结构静力分析子程序 FANGCHENG(BASIC)

```
SUB fangcheng
FOR k=1 TO n-1
im=k+nw-1
IF im > n THEN im=n
i1=k+1
FOR i=i1 TO im
```

```
l=i-k+1
c=kb(k, l)/kb(k, 1)
IF(n-k+1) < nw THEN
jm=n-k+1-(i-k)
ELSE
jm=nw-(i-k)
END IF
FOR j=1 TO jm
jj=i-k+j
kb(i, j)=kb(i, j)-c*kb(k, jj)
NEXT j
p(i)=p(i)-c*p(k)
NEXT i
NEXT k
p(n)=p(n)/kb(n, 1)
FOR i=n-1 TO 1 STEP-1
S=0
FOR j=2 TO nw
IF i+j-1 <=n THEN S=S+kb(i, j)*p(i+j-1)
NEXT j
p(i) =(p(i)-S)/kb(i, 1)
NEXT i
FOR i=1 TO nj
FOR j=1 TO 3
d(j)=0
l=jn(j, i)
IF l <> 0 THEN d(j)=p(l)
NEXT j
dd(1,i)=d(1)
dd(2,i)=d(2)
dd(3,i)=d(3)
NEXT i
END SUB
```

6. 子程序 GANDUANLI

当子程序 FANGCHENG 求出位移后，即可由位移计算杆件单元在局部坐标系中的杆端内力 $\{\overline{F}\}^e$

$$\{\overline{F}\}^e=[\overline{k}]^e\{\overline{\Delta}\}^e+\{\overline{F}_p\}^e \tag{6.20}$$

由式（6.20），单元杆端内力 $\{\overline{F}\}^e$ 的计算分为两步，先求出单元局部坐标系中的杆端位移 $\{\overline{\Delta}\}^e$ 产生的杆端力，再叠加非结点荷载产生的单元杆端力 $\{\overline{F}_p\}^e$。

程序设计时，先由结点位移取得单元在整体坐标系中的杆端位移 d(6)，前乘坐标转换矩阵 T(6，6)，得到局部坐标系中的杆端位移，再次前乘局部坐标系中的单元刚度矩阵 KD(6，6)，就得到单元局部坐标系中的杆端位移 $\{\overline{\Delta}\}^e$ 产生的杆端力 f(6)。

当有非结点荷载时，调用子程序 BOUND，得到由非结点荷载引起的局部坐标系中的单元杆端力 fo(6)，然后再累加到数组 f(6) 中。最终得到局部坐标系中的单元杆端内力 f(6)。

杆端轴力和剪力为正值时表示其方向与局部坐标系坐标轴的正方向一致，反之相反。杆端弯矩为正值时表示其方向为逆时针方向，反之相反。子程序 GANDUANLI 的流程图如图 6.11 所示。

平面超静定结构静力分析子程序 GANDUANLI(FORTRAN90)

```
SUBROUTINE ganduanli(je,jc,jn,pf,kd,t,f,fo,ff,p,x,y,ea,
ei)
common ne,nj,npj,npf,nz,nw,n,si,co,bl,m,i
DIMENSION jn(3,nj),je(2,ne), pf(4,npf),jc(6)
real * 8  kd(6, 6), ke(6, 6),T(6, 6), f(6), fo(6),ff(6,ne),d
(6),p(n)
do m=1,ne
call changshu(je,jn,x,y,jc,t)
CALL dangang(kd,ea,ei,je,jn,x,y,jc,t)
do i=1, 6
l=jc(i)
d(i)=0
IF(l. NE. 0) d(i)=p(l)
end do
do i=1,6
f(i)=0
do j=1, 6
do k=1, 6
f(i)=f(i)+kd(i, j) * T(j, k) * d(k)
end do
end do
end do
IF(npf. NE. 0) THEN
do i=1, npf
l=pf(1, i)
IF(m. EQ. l) THEN
call bound(pf,fo)
do j=1,6
f(j)=f(j)+fo(j)
end do
end if
end do
end if
```

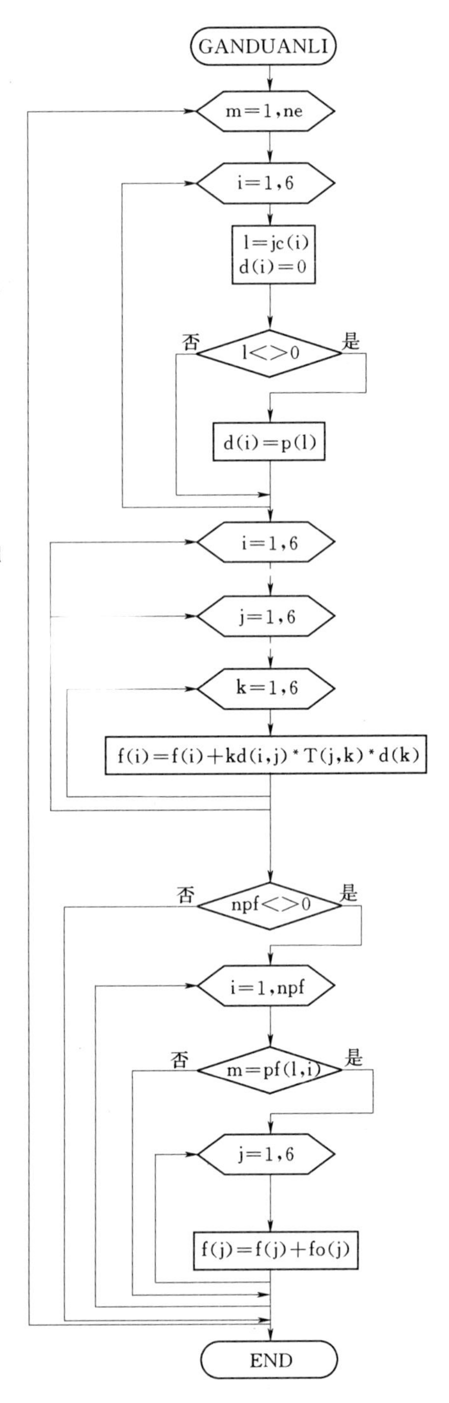

图 6.11　子程序 GANDUANLI 流程图

```
ff(1,m)=f(1)
ff(2,m)=f(2)
ff(3,m)=f(3)
ff(4,m)=f(4)
ff(5,m)=f(5)
ff(6,m)=f(6)
end do
return
END
```

平面超静定结构静力分析子程序 GANDUANLI(BASIC)

```
sub ganduanli
FOR m=1 TO ne
j1=je(1, m)
j2=je(2, m)
call changshu
CALL dangang
FOR i=1 TO 6
l=jc(i)
d(i)=0
IF l <> 0 THEN d(i)=p(l)
NEXT i
FOR i=1 TO 6
f(i)=0
FOR j=1 TO 6
FOR k=1 TO 6
f(i)=f(i)+kd(i, j) * T(j, k) * d(k)
NEXT k
NEXT j
NEXT i
IF npf <> 0 THEN
FOR i=1 TO npf
l=pf(1, i)
IF m=l THEN
call bound
FOR j=1 TO 6
f(j)=f(j)+fo(j)
NEXT j
end if
NEXT i
end if
ff(1,m)=f(1)
ff(2,m)=f(2)
ff(3,m)=f(3)
```

```
ff(4,m)=f(4)
ff(5,m)=f(5)
ff(6,m)=f(6)
NEXT m
END SUB
```

7. 子程序 CHANGSHU

该程序主要用来计算单元常数，包括单元长度 BL、单元杆轴与整体坐标系的夹角的正弦值 SI 和余弦值 CO，同时形成单元坐标转换矩阵［T］。

```
平面超静定结构静力分析子程序 CHANGSHU(FORTRAN90)
SUBROUTINE changshu(je,jn,x,y,jc,t)
common ne,nj,npj,npf,nz,nw,n,si,co,bl,m,i
DIMENSION jn(3,nj), x(nj), y(nj),jc(6),je(2,ne)
real*8  T(6, 6)
j1=je(1, m)
j2=je(2, m)
do l=1,3
jc(l)=jn(l, j1)
jc(l+3)=jn(l, j2)
end do
dx=x(j2)-x(j1)
dy=y(j2)-y(j1)
bl=SQRT(dx*dx+dy*dy)
si=dy/bl
co=dx/bl
do l=1, 6
do k=1, 6
T(l, k)=0
end do
end do
T(1, 1)=co
T(1, 2)=si
T(2, 1)=-si
T(2, 2)=co
T(3, 3)=1
do l=1,3
do k=1,3
T(l+3, k+3)=T(l, k)
end do
end do
return
END
```

平面超静定结构静力分析子程序 CHANGSHU(BASIC)

```
sub changshu
FOR l=1 TO 3
jc(l)=jn(l, j1)
jc(l+3)=jn(l, j2)
NEXT l
dx=x(j2)-x(j1)
dy=y(j2)-y(j1)
bl=SQR(dx * dx+dy * dy)
si=dy/bl
co=dx/bl
FOR l=1 TO 6
FOR k=1 TO 6
T(l, k)=0
NEXT k
NEXT l
T(1, 1)=co
T(1, 2)=si
T(2, 1)=-si
T(2, 2)=co
T(3, 3)=1
FOR l=1 TO 3
FOR k=1 TO 3
T(l+3, k+3)=T(l, k)
NEXT k
NEXT l
END SUB
```

8. 子程序 DANGANG

该程序形成局部坐标系中的单元刚度矩阵 $[\bar{k}]^e$。显然，对于平面超静定结构中的一般杆件单元，其单元刚度矩阵为 6×6 阶对称方阵，该方阵表达式参见式（6.3)。

平面超静定结构静力分析子程序 DANGANG(FORTRAN90)

```
SUBROUTINE dangang(kd,ea,ei,je,jn,x,y,jc,t)
common ne,nj,npj,npf,nz,nw,n,si,co,bl,m,i
DIMENSION jn(3,nj),ea(ne), ei(ne)
real * 8   kd(6, 6)
call changshu(je,jn,x,y,jc,t)
g=ea(m)/bl
g1=2 * ei(m)/bl
g2=3 * g1/bl
g3=2 * g2/bl
do l=1, 6
do k=1, 6
kd(l, k)=0
```

```
end do
end do
kd(1, 1)=g
kd(1, 4)=-g
kd(4, 4)=g
kd(2, 2)=g3
kd(5, 5)=g3
kd(2, 5)=-g3
kd(2, 3)=g2
kd(2, 6)=g2
kd(3, 5)=-g2
kd(5, 6)=-g2
kd(3, 3)=2 * g1
kd(6, 6)=2 * g1
kd(3, 6)=g1
do l=1,5
do k=l+1, 6
kd(k, l)=kd(l, k)
end do
end do
return
END
```

平面超静定结构静力分析子程序 DANGANG(BASIC)

```
SUB dangang
g=ea(m)/bl
g1=2 * ei(m)/bl
g2=3 * g1/bl
g3=2 * g2/bl
FOR l=1 TO 6
FOR k=1 TO 6
kd(l, k)=0
NEXT k
NEXT l
kd(1, 1)=g
kd(1, 4)=-g
kd(4, 4)=g
kd(2, 2)=g3
kd(5, 5)=g3
kd(2, 5)=-g3
kd(2, 3)=g2
kd(2, 6)=g2
kd(3, 5)=-g2
kd(5, 6)=-g2
```

```
kd(3, 3)=2*g1
kd(6, 6)=2*g1
kd(3, 6)=g1
FOR l=1 TO 5
FOR k=l+1 TO 6
kd(k, l)=kd(l, k)
NEXT k
NEXT l
END SUB
```

9. 子程序 BOUND

该子程序用于求出非结点荷载引起的局部坐标系中的单元固端约束力，并存放在数组 fo(6) 中。非结点荷载类型见表 6.1。

单元固端轴力和剪力为正值时表示其方向与局部坐标系坐标轴的正方向一致，反之相反。单元固端弯矩为正值时表示其方向为逆时针方向，反之相反。

```
平面超静定结构静力分析子程序 BOUND(FORTRAN90)
SUBROUTINE bound(pf,fo)
common ne,nj,npj,npf,nz,nw,n,si,co,bl,m,i
DIMENSION pf(4,npf)
real*8  fo(6)
ind=pf(2, i)
a=pf(3, i)
q=pf(4, i)
c=a/bl
g=c*c
b=bl-a
do l=1, 6
fo(l)=0
end do
IF(ind. EQ. 1) THEN
S=q*a*.5
fo(2)=S*(2-2*g+c*g)
fo(5)=S*g*(2-c)
S=S*a/6
fo(3)=S*(6-8*c+3*g)
fo(6)=-S*c*(4-3*c)
end if
IF(ind. EQ. 2) THEN
S=b/bl
fo(2)=q*S*S*(1+2*c)
fo(5)=q*g*(1+2*S)
fo(3)=q*S*S*a
fo(6)=-q*b*g
```

```
end if
IF(ind. EQ. 3) THEN
s=b/bl
fo(2)=-6 * q * c * s/bl
fo(5)=-fo(2)
fo(3)=q * s * (2-3 * s)
fo(6)=q * c * (2-3 * c)
END IF
IF(ind. EQ. 4) THEN
s=q * a * . 25
fo(2)=-s * (2-3 * g+1. 6 * g * c)
fo(5)=-s * g * (3-1. 6 * c)
s=s * a
fo(3)=s * (2-3 * c+1. 2 * g)/1. 5
fo(6)=-s * c * (1-. 8 * c)
END IF
IF(ind. EQ. 5) THEN
fo(1)=-q * a * (1-. 5 * c)
fo(4)=-. 5 * q * c * a
END IF
IF(ind. EQ. 6) THEN
fo(1)=-q * b/bl
fo(4)=-q * c
END IF
IF(ind. EQ. 7) THEN
s=b/bl
fo(2)=-q * g * (3 * s+c)
fo(5)=-fo(2)
s=s * b/bl
fo(3)=-q * s * a
fo(6)=q * g * b
END IF
return
END
```

平面超静定结构静力分析子程序 BOUND(BASIC)

```
SUB bound
ind=pf(2, i)
a=pf(3, i)
q=pf(4, i)
c=a/bl
g=c * c
b=bl-a
FOR l=1 TO 6
```

```
fo(l)=0
NEXT l
IF ind=1 THEN
S=q*a*.5
fo(2)=S*(2-2*g+c*g)
fo(5)=S*g*(2-c)
S=S*a/6
fo(3)=S*(6-8*c+3*g)
fo(6)=-S*c*(4-3*c)
end if
IF ind=2 THEN
S=b/bl
fo(2)=q*S*S*(1+2*c)
fo(5)=q*g*(1+2*S)
fo(3)=q*S*S*a
fo(6)=-q*b*g
end if
IF ind=3 THEN
s=b/bl
fo(2)=-6*q*c*s/bl
fo(5)=-fo(2)
fo(3)=q*s*(2-3*s)
fo(6)=q*c*(2-3*c)
END IF
IF ind=4 THEN
s=q*a*.25
fo(2)=-s*(2-3*g+1.6*g*c)
fo(5)=-s*g*(3-1.6*c)
s=s*a
fo(3)=s*(2-3*c+1.2*g)/1.5
fo(6)=-s*c*(1-.8*c)
END IF
IF ind=5 THEN
fo(1)=-q*a*(1-.5*c)
fo(4)=-.5*q*c*a
END IF
IF ind=6 THEN
fo(1)=-q*b/bl
fo(4)=-q*c
END IF
IF ind=7 THEN
s=b/bl
fo(2)=-q*g*(3*s+c)
fo(5)=-fo(2)
```

```
s=s*b/bl
fo(3)=-q*s*a
fo(6)=q*g*b
END IF
END SUB
```

10. 子程序 OUTPUT1

所有原始数据以及计算结果在调用子程序 OUTPUT1 时输出。输出原始数据是为了校核用。平面超静定静力分析程序的计算结果包括位移和杆端力两部分。位移又分为结点位移、整体坐标系中的杆端位移、局部坐标系中的杆端位移；杆端力又可分为整体坐标系中的杆端力、局部坐标系中的杆端力。因此，可根据需要调整子程序 OUTPUT1，输出相应的计算结果。子程序 OUTPUT1 的流程图如图 6.12 所示。

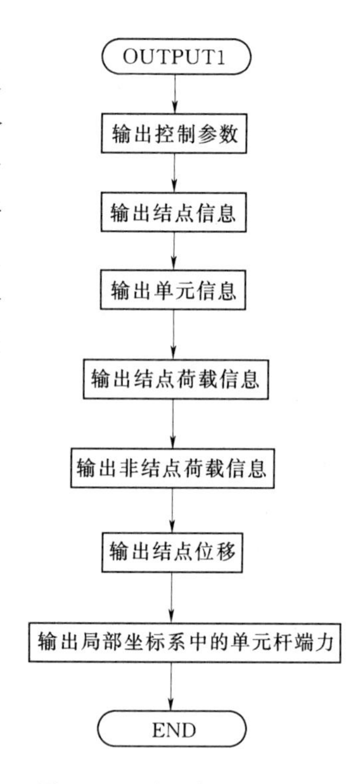

图 6.12　子程序 OUTPUT1 流程图

下面的子程序输出内容包括所有原始数据，结点位移以及局部坐标系中的单元杆端力。

```
平面超静定结构静力分析子程序 OUTPUT1(FORTRAN90、后处理法)
SUBROUTINE output1(je,jn,ea,ei,zhi,pjj,pf,x,y,dd,ff)
common ne,nj,npj,npf,nz,nw,n,si,co,bl,m,i
DIMENSION  je(2,ne), jn(3,nj), ea(ne), ei(ne), x(nj), y(nj)
DIMENSION  pjj(3,npj), pf(4,npf),zhi(4,nz)
real*8 ff(6,ne),dd(3,NJ)
WRITE(2,10) NE,NJ,NZ,NPJ,NPF
WRITE(2,20)(J,X(J),Y(J),(JN(I,J),I=1,3),J=1,NJ)
WRITE(2,30)(J,(JE(I,J),I=1,2),EA(J),EI(J),J=1,NE)
WRITE(2,40)(J,(zhi(I,J),I=1,4),J=1,NZ)
IF(NPJ. NE. 0) WRITE(2,50)((PJJ(I,J),I=1,3),J=1,NPJ)
IF(NPF. NE. 0) WRITE(2,60)((PF(I,J),I=1,4),J=1,NPF)
10 FORMAT(/6X,'NE=',I5,2X,'NJ=',I5,2X,'NZ=',I5,2X,'NPF=',I5,2X,'NPF=',I5,2X)
20 FORMAT(/7X,'NODE',7X,'X',11X,'Y',12X,'XX',8X,'YY',8X,'ZZ'/(1X,I10,2F12.4,3I10))
30 FORMAT(/4X,'ELEMENT',4X,'NODE-I',4X,'NODE-J',11X,'EA',13X,'EI'/(1X,3I10,2E15.6))
40 FORMAT(/4x,'NODE',7X,'XX',7X,'YY',11X,'ZZ',12X,'CODE'/(1X,I10,3F10.4,F10.0))
50 FORMAT(/7X,'CODE',7X,'PX-PY-PM',7X,'DIRECTION'/(1X,F10.0,F15.4,f10.0))
60 FORMAT(/4X,'ELEMENT',7X,'IND',10X,'A',14X,'Q'/(1X,2F10.0,2F15.4))
WRITE(2,70)(J,(DD(I,J),I=1,3),J=1,NJ)
write(2,81)
81 FORMAT(/7X,'ELEMENT',7X,'N',20X,'Q',20X,'M')
do j=1,ne
WRITE(2,80) J,(FF(I,J),i=1,6)
end do
70 FORMAT(/7X,'NODE',7X,'U',14X,'V',14X,'CETA'/(1X,I10,3F15.6))
```

```
80 FORMAT(/1X,I10,7X,'N1=',F12.4,7X,'Q1=',F12.4,7X,'M1=',F12.4,&
& /18X,'N2=',F12.4,7X,'Q2=',F12.4,7X,'M2=',F12.4)
CLOSE(1)
CLOSE(2)
return
end
```

平面超静定结构静力分析子程序 OUTPUT1(FORTRAN90、先处理法)

```
SUBROUTINE output1(je,jn,ea,ei,pj,pf,x,y,dd,ff)
common ne,nj,npj,npf,nw,n,si,co,bl,m,i
DIMENSION  je(2,ne), jn(3,nj), ea(ne), ei(ne), x(nj), y(nj)
DIMENSION  pj(2,npj), pf(4,npf)
real*8 ff(6,ne),dd(3,NJ)
WRITE(2,10) NE,NJ,N,NPJ,NPF
WRITE(2,20)(J,X(J),Y(J),(JN(I,J),I=1,3),J=1,NJ)
WRITE(2,30)(J,(JE(I,J),I=1,2),EA(J),EI(J),J=1,NE)
IF(NPJ.NE.0) WRITE(2,50)((PJ(I,J),I=1,2),J=1,NPJ)
IF(NPF.NE.0) WRITE(2,60)((PF(I,J),I=1,4),J=1,NPF)
10 FORMAT(/6X,'NE=',I5,2X,'NJ=',I5,2X,'N=',I5,2X,'NPF=',I5,2X,'NPF=',I5,2X)
20 FORMAT(/7X,'NODE',7X,'X',11X,'Y',12X,'XX',8X,'YY',8X,'ZZ'/(1X,I10,2F12.4,3I10))
30 FORMAT(/4X,'ELEMENT',4X,'NODE-1',4X,'NODE-J',11X,'EA',13X,'EI'/(1X,3I10,2E15.6))
50 FORMAT(/7X,'CODE',7X,'PX-PY-PM'/(1X,F10.0,F15.4))
60 FORMAT(/4X,'ELEMENT',7X,'IND',10X,'A',14X,'Q'/(1X,2F10.0,2F15.4))
WRITE(2,70)(J,(DD(I,J),I=1,3),J=1,NJ)
write(2,81)
81 FORMAT(/7X,'ELEMENT',7X,'N',20X,'Q',20X,'M')
do j=1,ne
WRITE(2,80) J,(FF(I,J),i=1,6)
end do
70 FORMAT(/7X,'NODE',7X,'U',14X,'V',14X,'CETA'/(1X,I10,3F15.6))
80 FORMAT(/1X,I10,7X,'N1=',F12.4,7X,'Q1=',F12.4,7X,'M1=',F12.4,&
& /18X,'N2=',F12.4,7X,'Q2=',F12.4,7X,'M2=',F12.4)
CLOSE(1)
CLOSE(2)
return
end
```

平面超静定结构静力分析子程序 OUTPUT1(BASIC,后处理法)

```
sub output1'后处理法
PRINT #2,TAB(6); "ne="; ne; "nj="; nj; "nz="; nz;
PRINT #2,"npj="; npj; "npf="; npf
PRINT #2,TAB(6); "node"; TAB(15); "x"; TAB(25); "y";
PRINT #2,TAB(35); "xx"; TAB(46); "yy"; TAB(56); "zz"
FOR i=1 TO nj
```

```
PRINT #2,TAB(6); i; TAB(14); x(i); TAB(24); y(i); TAB(34);
PRINT #2,jn(1, i); TAB(45); jn(2, i); TAB(55); jn(3, i)
NEXT i
PRINT #2,TAB(3); "element "; TAB(13); "node-i"; TAB(22);
PRINT #2,"node-j"; TAB(33); "ea"; TAB(51); "ei"
FOR i=1 TO ne
PRINT #2,TAB(3); i; TAB(12); je(1, i); TAB(22); je(2, i); TAB(33); ea(i); TAB(50); ei(i)
NEXT i
PRINT #2,
for i=1 to nz
print #2, zhi(1, i), zhi(2, i), zhi(3,i), zhi(4,i)
next i
PRINT #2,
IF npj <> 0 THEN
PRINT #2,TAB(6); "code"; TAB(15); "px-py-pm"
FOR i=1 TO npj
PRINT #2,TAB(6); pj(1, i); TAB(15); pj(2, i)
NEXT i
end if
if npf <>0 THEN
PRINT #2,TAB(3); "element "; TAB(15); "ind"; TAB(25); "a"; TAB(33); "q"
FOR i=1 TO npf
PRINT #2,TAB(3); pf(1, i); TAB(15); pf(2, i); TAB(25); pf(3, i); TAB(33); pf(4, i)
NEXT i
end if
PRINT #2,TAB(6); "node"; TAB(15); "u"; TAB(32); "v"; TAB(49); "ceta"
for i=1 to nj
PRINT #2,TAB(6); i; TAB(14); dd(1,i); TAB(31); dd(2,i); TAB(48); dd(3,i)
next i
PRINT #2,TAB(3); "Element "; TAB(18); "N"; TAB(34); "Q"; TAB(50); "M"
for m=1 to ne
PRINT #2,TAB(6); m; TAB(12); "N1="; ff(1,m); TAB(28);
PRINT #2,"Q1="; ff(2,m); TAB(44); "M1="; ff(3,m)
PRINT #2,TAB(12); "N2="; ff(4,m); TAB(28);
PRINT #2,"Q2="; ff(5,m); TAB(44); "M2="; ff(6,m)
next m
CLOSE #2
end sub
```

平面超静定结构静力分析子程序 OUTPUT1(BASIC,先处理法)

```
sub output1 output1'先处理法
PRINT #2,TAB(6); "ne="; ne; "nj="; nj; "n="; n;
PRINT #2,"npj="; npj; "npf="; npf
PRINT #2,TAB(6); "node"; TAB(15); "x"; TAB(25); "y";
```

```
PRINT #2,TAB(35); "xx"; TAB(46); "yy"; TAB(56); "zz"
FOR i=1 TO nj
PRINT #2,TAB(6); i; TAB(14); x(i); TAB(24); y(i); TAB(34);
PRINT #2,jn(1, i); TAB(45); jn(2, i); TAB(55); jn(3, i)
NEXT i
PRINT #2,TAB(3); "element "; TAB(13); "node-i"; TAB(22);
PRINT #2,"node-j"; TAB(33); "ea"; TAB(51); "ei"
FOR i=1 TO ne
PRINT #2,TAB(3); i; TAB(12); je(1, i); TAB(22); je(2, i); TAB(33); ea(i); TAB(50); ei(i)
NEXT i
IF npj <> 0 THEN
PRINT #2,TAB(6); "code"; TAB(15); "px-py-pm"
FOR i=1 TO npj
PRINT #2,TAB(6); pj(1, i); TAB(15); pj(2, i)
NEXT i
end if
if npf <>0 THEN
PRINT #2,TAB(3); "element "; TAB(15); "ind"; TAB(25); "a"; TAB(33); "q"
FOR i=1 TO npf
PRINT #2,TAB(3); pf(1, i); TAB(15); pf(2, i); TAB(25); pf(3, i); TAB(33); pf(4, i)
NEXT i
end if
PRINT #2,TAB(6); "node"; TAB(15); "u"; TAB(32); "v"; TAB(49); "ceta"
for i=1 to nj
PRINT #2,TAB(6); i; TAB(14); dd(1,i); TAB(31); dd(2,i); TAB(48); dd(3,i)
next i
PRINT #2,TAB(3); "Element "; TAB(18); "N"; TAB(34); "Q"; TAB(50); "M"
for m=1 to ne
PRINT #2,TAB(6); m; TAB(12); "N1="; ff(1,m); TAB(28);
PRINT #2,"Q1="; ff(2,m); TAB(44); "M1="; ff(3,m)
PRINT #2,TAB(12); "N2="; ff(4,m); TAB(28);
PRINT #2,"Q2="; ff(5,m); TAB(44); "M2="; ff(6,m)
next m
CLOSE #2
end sub
```

11. 子程序 JNN（仅用于后处理法）

支承条件采用后处理法时，结点位移分量编号由子程序 JNN 按照结点编号的顺序进行编写。每个结点有三个位移分量，故每个结点位移分量编号有三个。

需要注意的是，当杆件单元之间的连接为铰结点或刚铰混合结点时，该位置处结点位移分量个数将大于等于 4 个。其中，沿 x 轴 y 轴方向的位移分量编号相同，而转角位移分量编号不同。具体情况可参考［例 6.1］。同时，在为结点位移分量编码时，我们可以发现对于存在铰结点或刚铰混合结点的结构，整个结构的结点位移分量个数应为 jn（3，nj）

个，该值小于或等于 3 * nj，nj 为结点总数。子程序 JNN 的流程图如图 6.13 所示。

另外，下面的子程序仅适用于刚架结构，即要求所有单元均为刚架单元，杆端有转角。如果结构中存在桁架单元，其转角位移分量为 0，则要么采用先处理法，要么修改子程序 JNN。修改子程序 JNN 的同时，还需要为结点增加控制参数，来提示是否为桁架单元的结点。

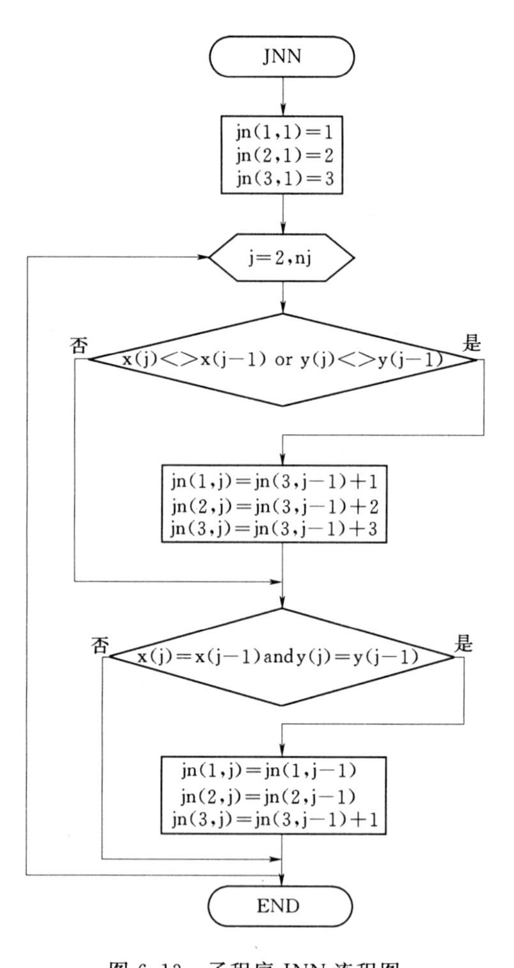

图 6.13　子程序 JNN 流程图

平面超静定结构静力分析子程序 JNN(FORTRAN90、后处理法)

```
SUBROUTINE jnn(jn,pj,pjj,X,Y)
common ne,nj,npj,npf,nz,nw,n,si,co,bl,m,i
DIMENSION jn(3,nj),pjj(3,npj),pj(2,npj), x(nj),
y(nj)
real * 8   p(3 * nj)
jn(1,1)=1
jn(2,1)=2
jn(3,1)=3
DO j=2,nj
if((x(j).NE.x(j-1)).OR.(y(j).NE.y(j-1))) then
jn(1,j)=jn(3,j-1)+1
jn(2,j)=jn(3,j-1)+2
jn(3,j)=jn(3,j-1)+3
end if
if((x(j).EQ.x(j-1)).and.(y(j).EQ.y(j-1))) then
jn(1,j)=jn(1,j-1)
jn(2,j)=jn(2,j-1)
jn(3,j)=jn(3,j-1)+1
end if
END DO
n=jn(3,nj)
DO k=1,npj
pj(1,k)=jn(pjj(3,k),pjj(1,k))
pj(2,k)=pjj(2,k)
END DO
return
end
```

平面超静定结构静力分析子程序 JNN(BASIC,后处理法)

```
sub jnn
jn(1,1)=1
```

```
jn(2,1)=2
jn(3,1)=3
for j=2 to nj
if x(j)<>x(j-1) or y(j)<>y(j-1) then
jn(1,j)=jn(3,j-1)+1
jn(2,j)=jn(3,j-1)+2
jn(3,j)=jn(3,j-1)+3
end if
if x(j)=x(j-1) and y(j)=y(j-1) then
jn(1,j)=jn(1,j-1)
jn(2,j)=jn(2,j-1)
jn(3,j)=jn(3,j-1)+1
end if
next j
n=jn(3,nj)
end sub
```

12. 子程序 HOUCHULI（仅用于后处理法）

整个结构如果没有足够的支承，可以产生刚体位移，这在位移法基本方程中表现为整体刚度矩阵是奇异的，方程无解。为此要根据支承条件对刚度矩阵进行修正。支承处位移为零或为已知位移时，修改刚度矩阵有两种方法，化零置 1 法和乘大数法，本处采用前者。

在支承条件处理过程中，要调整整体刚度矩阵和荷载向量。为了保持程序上下文内容的连续性和方便程序的编制和阅读，我们希望支承条件处理时，不要改变整体刚度矩阵的阶数，也不要把整体刚度矩阵换行换列重新排列，以保持整体刚度矩阵中各元素的地址始终保持不变。下面通过一个例子来说明符合上述要求的支承条件处理方法。

设有一线性方程组

$$\begin{bmatrix} a_{11} & a_{12} & a_{13} \\ a_{21} & a_{21} & a_{31} \\ a_{31} & a_{32} & a_{33} \end{bmatrix} \begin{Bmatrix} x \\ x_2 \\ x_3 \end{Bmatrix} = \begin{Bmatrix} b_1 \\ b_2 \\ b_3 \end{Bmatrix} \tag{6.21}$$

其中 x_1、x_2、x_3 为未知量。若 x_2 取已知值 $x_2=\overline{x}_2$，则可将上述方程改写为

$$\begin{bmatrix} a_{11} & 0 & a_{13} \\ 0 & a_{21} & 0 \\ a_{31} & 0 & a_{33} \end{bmatrix} \begin{Bmatrix} x \\ x_2 \\ x_3 \end{Bmatrix} = \begin{Bmatrix} b_1 - a_{12}\overline{x}_2 \\ \overline{x}_2 \\ b_3 - a_{32}\overline{x}_2 \end{Bmatrix} \tag{6.22}$$

该方程组与原方程组等价并且同解，据此可以求解 x_1、x_3，而 x_2 则保持原已知值 $x_2=\overline{x}_2$。

上述方法适用于任意阶的线性方程组，且其中已知值个数不限。若某支座的某位移分量为已知值（含已知值为 0 的情况），且其对应的位移分量编号为 k，则可以按照以下步骤对位移法基本方程进行处理：

1）将结点荷载向量 $\{P\}$ 中的第 k 项 P_k 改为已知值 $\overline{\Delta}_k$，即 $P_k=\overline{\Delta}_k$；将其余分量 P_i

($i=1$ to n，且 $i<>k$) 减去整体刚度矩阵 $[K]_{n\times n}$ 第 k 列元素 K_{ik} 与该已知值 $\overline{\Delta}_k$ 的乘积，即 $P_i=P_i-K_{ik}\overline{\Delta}_k$ ($i=1\sim n$，且 $i<>k$)。

2）将整体刚度矩阵 $[K]_{n\times n}$ 的第 k 行和第 k 列所有元素化为 0，主对角线元素化为 1。

注意上述步骤不能调换，特别是当已知值不为 0 时（即有支座位移），若先操作第二步将第 k 列主对角线以为的元素化为 0，然后再按第一步对荷载向量中的元素进行处理，此时第 k 行以外的荷载分量将保持不变。此时表示位移已知值为 0，显然这与事实不符。另外，由于本程序采用半带存储，在化零置 1 时要注意元素的对应关系。子程序 HOUCHULI 的流程图如图 6.14 所示。

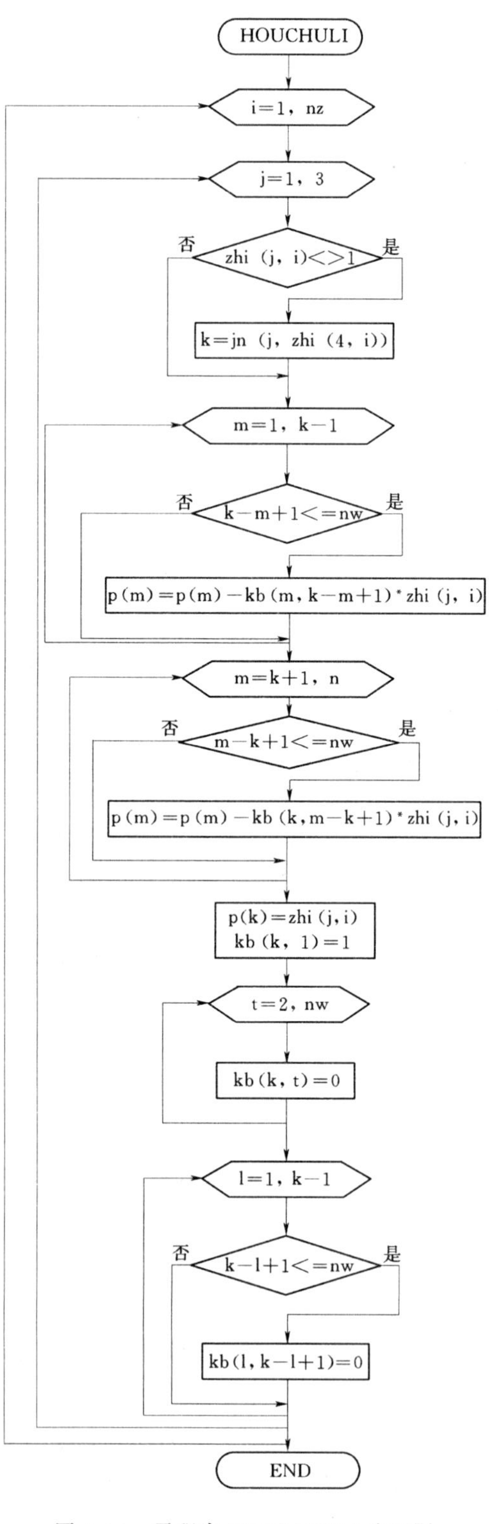

图 6.14　子程序 HOUCHULI 流程图

平面超静定结构静力分析子程序 HOUCHULI(FORTRAN90、后处理法)

```
SUBROUTINE houchuli(zhi,kb,p,jn)
common ne,nj,npj,npf,nz,nw,n,bl,m,i
DIMENSION jn(3,nj),zhi(4,nz)
real*8   kb(n, nw),p(n)
DO i=1,nz
DO j=1,3
if(zhi(j,i).NE.1) then
k=jn(j,zhi(4,i))
do m=1, k-1
if((k-m+1).LE.nw) p(m)=p(m)-kb(m,k-m+
1)*zhi(j,i)
end do
do m=k+1, n
if((m-k+1).LE.nw) p(m)=p(m)-kb(k,m-k+
1)*zhi(j,i)
end do
p(k)=zhi(j,i)
kb(k,1)=1
DO t=2,nw
kb(k,t)=0
END DO
DO l=1,k-1
if((k-l+1).LE.nw) kb(l,k-l+1)=0
```

```
END DO
end if
END DO
END DO
return
end
```

平面超静定结构静力分析子程序 HOUCHULI(BASIC,后处理法)

```
sub houchuli
for i=1 to nz
for j=1 to 3
if zhi(j,i)<>1 then
k=jn(j,zhi(4,i))
for m=1 to k-1
if k-m+1<=nw then p(m)=p(m)-kb(m,k-m+1) * zhi(j,i)
next m
for m=k+1 to n
if m-k+1<=nw then p(m)=p(m)-kb(k,m-k+1) * zhi(j,i)
next m
p(k)=zhi(j,i)
kb(k,1)=1
for t=2 to nw
kb(k,t)=0
next t
for l=1 to k-1
if k-l+1<=nw then kb(l,k-l+1)=0
next l
end if
next j
next i
end sub
```

6.3 平面超静定结构静力分析程序的应用

上节重点介绍了平面超静定结构静力分析程序的编写。为了更好地应用，现将该程序的适用范围总结如下。另外，需要注意的是，该程序在分析计算过程中，考虑了杆件的弯曲变形和轴向变形，而忽略了剪切变形的影响。

6.3.1 程序适用范围

（1）结构形式。由等截面直杆组成的具有任意几何形状的平面杆系结构：刚架、组合结构、桁架、排架和连续梁等。

（2）支座形式。结构的支座可以是固定支座、铰支座、滚轴支座和滑动支座。

（3）荷载形式。作用在结构上的荷载包括结点荷载和非结点荷载，各种非结点荷载类型见表 6.1。

（4）材料性质。结构的各个杆件可以用不同的弹性材料组成。

6.3.2　数据整理

应用该程序时，首先应画出结构的计算简图，将结点和单元编号，规定单元的杆轴正方向，确定整体坐标系的原点位置，整理好相关的原始数据。采用后处理法和先处理法时，原始数据略有不同，下面进行具体介绍。

（1）控制参数。后处理法的控制参数依次为：结点数 NJ、单元数 NE、支座数 NJ、结点荷载数 NPJ 和非结点荷载数 NPF。先处理法的控制参数依次为：结点数 NJ、单元数 NE、结点位移未知量总数 N、结点荷载数 NPJ 和非结点荷载数 NPF。

（2）结点信息。后处理法按结点编号整理好结点的 x 坐标和 y 坐标。先处理法则要按照结点序号输入结点的 x 坐标、y 坐标、结点沿 x 轴方向的位移分量编号、结点沿 y 轴方向的位移分量编号和结点沿转角方向的位移分量编号。

（3）单元参数。按单元编号整理单元的始端结点编号、末端结点编号、单元的抗拉（压）刚度、单元的抗弯刚度。

（4）支座信息（仅限于后处理法）。按支座序号依次输入支座沿 x 轴、y 轴、转角位移信息，以及支座结点编号。

（5）结点荷载。后处理法，按结点荷载序号依次输入结点荷载所在结点编号、结点荷载数值和结点荷载方向信息。当结点荷载为集中力，作用方向沿整体坐标系的 x 轴时，方向信息用 1 表示，沿 y 轴用 2 表示，力偶用 3 表示。当结点荷载为集中力时，若其方向与坐标轴方向一致，输入正值，否则为负；当为力偶时，以逆时针为正。

先处理法，按结点荷载序号依次输入对应的位移分量编号、结点荷载数值。荷载数值正负规定同上。

（6）非结点荷载。按非结点荷载序号依次输入荷载所在单元编号、荷载类型码、位置参数和荷载数值。当荷载数值非结点荷载与表 6.1 中的作用方向一致时，以正值输入，反之为负。

本程序中原始数据仍采用文件输入和输出。使用程序时要按照上述要求填写原始数据并建立数据文件，可取扩展名为 *.dat。存放输出结果的文件扩展名可取为 *.res。

【例 6.1】 试利用本章程序计算图 6.15 所示刚架的内力。各杆 EA、EI 相同。已知 $EA=4\times10^6\text{kN}$，$EI=1.6\times10^4\text{kN}\cdot\text{m}^2$。$P=18\text{kN}$，$q=25\text{kN/m}$，$T=14\text{kN}\cdot\text{m}$。

解： 按图 6.15 进行结点编号和单元编号。原始数据填写如下：

```
(后处理法)
控制参数:3,5,2,1,2
结点信息:0,0
        0,4
        0,4
        4,4
        4,0
单元参数:1,2,4e6,1.6e4
        3,4,4e6,1.6e4
```

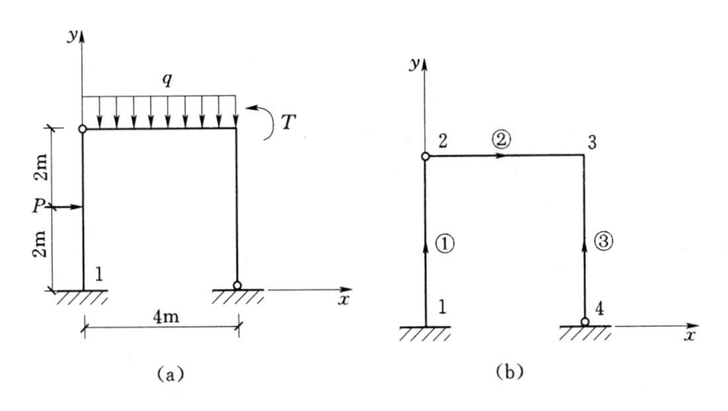

图 6.15　刚架结构

　　　　5,4,4e6,1.6e4

支座信息:1,1,1,1

　　　　1,1,0,5

结点荷载:4,15,3

非结点荷载:1,2,2,18

　　　　　2,1,4,25

(先处理法)

控制参数:3,5,8,1,2

结点信息:0,0,0,0,0

　　　　0,4,1,2,3

　　　　0,4,1,2,4

　　　　4,4,5,6,7

　　　　4,0,0,0,8

单元参数:1,2,4e6,1.6e4

　　　　3,4,4e6,1.6e4

　　　　5,4,4e6,1.6e4

结点荷载:7,15

非结点荷载:1,2,2,18

　　　　　2,1,4,25

由以上原始数据建立数据文件 fra1.dat，运行程序并将结果文件取名为 fra1.res。程序运行完毕后，得到结果文件（后处理法）内容如下所示。结果文件中包含原始数据和计算结果，显示原始数据这是为了校核用；计算结果包含结点位移、局部坐标系中单元杆端力。

ne=3　nj=5　nz=2　npj=1　npf=2

node	x	y	xx	yy	zz
1	0	0	1	2	3
2	0	4	4	5	6
3	0	4	4	5	7
4	4	4	8	9	10
5	4	0	11	12	13

element	node - i	node - j	ea	ei
1	1	2	4000000	16000
2	3	4	4000000	16000
3	5	4	4000000	16000

xx	yy	zz	node
1	1	1	1
1	1	0	5

code	px - py - pm	direction	
4	15	3	
element	ind	a	q
1	2	2	18
2	1	4	25

****

node	u	v	ceta
1	0	0	0
2	−2.217447E−03	−4.646193E−05	1.394043E−03
3	−2.217447E−03	−4.646193E−05	−3.578757E−03
4	−2.224735E−03	−5.353807E−05	2.985541E−03
5	0	0	−6.584948E−04
Element	N	Q	M
1	N1=46.46193	Q1=10.71192	M1=6.84766
	N2=−46.46193	Q2=7.288085	M2=0
2	N1=7.287974	Q1=46.46193	M1=−3.814697E−06
	N2=−7.287974	Q2=53.53807	M2=−14.15228
3	N1=53.53807	Q1=7.288072	M1=1.192093E−06
	N2=−53.53807	Q2=−7.288072	M2=29.15228

按照上述计算结果可画出刚架的弯矩图、剪力图和轴力图，如图 6.16 所示。

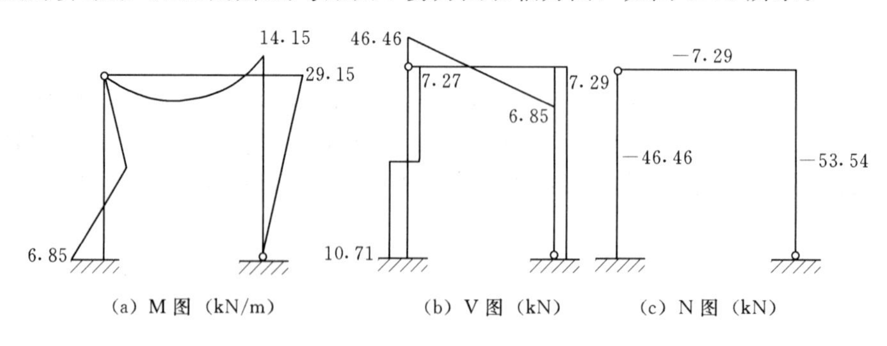

图 6.16　刚架内力图

【例 6.2】 试利用本章程序计算图 6.17 所示组合结构的内力。已知桁架单元的抗拉刚度为 $EA=2\times10^6$kN，刚架单元的抗拉刚度为 $EA=6\times10^6$kN，抗弯刚度为 $EI=1.84\times10^5$kN·m^2。

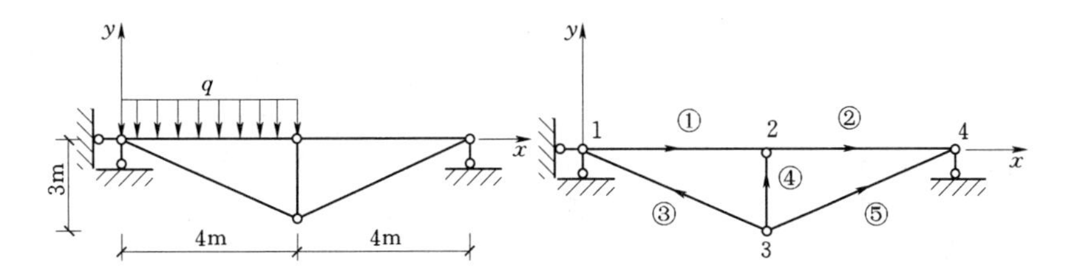

图 6.17　结合结构

解： 按图 6.17 进行结点编号和单元编号。由上节子程序 JNN 可知，该子程序适用于刚架结构，即所有单元均为刚架单元。对于本例题由于结构中既有刚架单元，又有桁架单元，因此要么修改子程序 JNN，要么采用先处理法。此处采用先处理法，原始数据填写如下：

```
(先处理法)
控制参数:5,4,8,0,1
结点信息:0,0,0,0,1
         4,0,2,3,4
         4,-3,5,6,0
         8,0,7,0,8
单元参数:1,2,6e6,1.84e5
         2,4,6e6,1.84e5
         3,1,2e6,0
         3,2,2e6,0
         3,4,2e6,0
非结点荷载:1,1,4,20
```

由以上原始数据建立数据文件 fra2.dat，运行程序并将结果文件取名为 fra2.res。程序运行完毕后，得到结果文件内容如下所示。结果文件中包含原始数据和计算结果，显示原始数据这是为了校核用；计算结果包含结点位移、局部坐标系中单元杆端力。

```
ne=5    nj=4    n=8    npj=0    npf=1
node        x          y          xx         yy         zz
 1          0          0          0          0          1
 2          4          0          2          3          4
 3          4         -3          5          6          0
 4          8          0          7          0          8
element   node-i     node-j       ea               ei
 1          1          2        6000000          184000
 2          2          4        6000000          184000
 3          3          1        2000000            0
 4          3          2        2000000            0
 5          3          4        2000000            0
element    ind         a          q
 1          1          4          20
```

```
*****************************************************************
node        u                v                ceta
1           0                0                -3.125929E-04
2           -2.027588E-05    -2.538709E-04    1.449275E-04
3           -2.027588E-05    -1.854398E-04    0
4           -4.055176E-05    0                2.273782E-05
Element     N                Q                M
1           N1=30.41382      Q1=37.18964      M1=-3.814697E-06
            N2=-30.41382     Q2=42.81036      M2=-11.24145
2           N1=30.41382      Q1=2.810365      M1=11.24146
            N2=-30.41382     Q2=-2.810365     M2=2.088258E-06
3           N1=-38.01727     Q1=0             M1=0
            N2=38.01727      Q2=0             M2=0
4           N1=45.62072      Q1=0             M1=0
            N2=-45.62072     Q2=0             M2=0
5           N1=-38.01727     Q1=0             M1=0
            N2=38.01727      Q2=0             M2=0
```

按照上述计算结果可画出刚架的弯矩图、剪力图和轴力图。如图 6.18 所示。

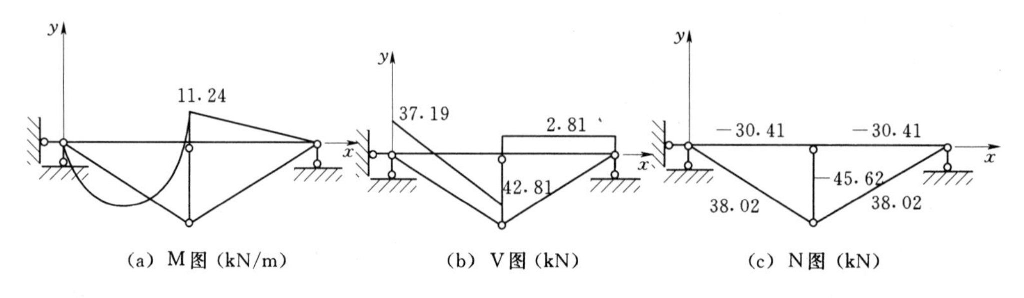

(a) M图 (kN/m)　(b) V图 (kN)　(c) N图 (kN)

图 6.18　组合结构内力图

【例 6.3】 试利用本章程序计算图 6.19 所示连续梁的内力。设支座 C 下沉 1cm。各杆 EA、EI 相同。已知 $EA=6\times10^7$kN，$EI=1.4\times10^5$kN·m^2。

解： 按图 6.19 进行结点编号和单元编号。原始数据填写如下

```
(后处理法)
控制参数:3,4,4,0,0
结点信息:0,0
        6,0
        12,0
        18,0
单元参数:1,2,6e7,1.4e5
        2,3,6e7,1.4e5
        3,4,2e7,1.4e5
支座信息:0,0,1,1
        1,0,1,2
```

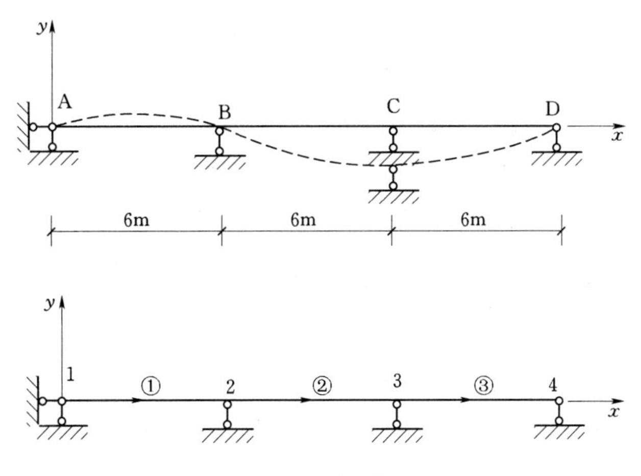

图 6.19　连续梁

```
1,-0.01,1,3
1,0,1,4
```

由以上原始数据建立数据文件 fra3.dat，运行程序并将结果文件取名为 fra3.res。程序运行完毕后，得到结果文件（后处理法）内容如下所示。计算结果包含结点位移、局部坐标系中单元杆端力。

ne=3　nj=4　nz=4　npj=0　npf=0

node	x	y	xx	yy	zz
1	0	0	1	2	3
2	6	0	4	5	6
3	12	0	7	8	9
4	18	0	10	11	12

element	node - i	node - j	ea	ei
1	1	2	6E+07	140000
2	2	3	6E+07	140000
3	3	4	2E+07	140000

xx	yy	zz	node
0	0	1	1
1	0	1	2
1	-.01	1	3
1	0	1	4

****

node	u	v	ceta
1	0	0	6.666666E-04
2	0	0	-1.333333E-03
3	0	-.01	-3.333333E-04
4	0	0	2.666666E-03

Element	N	Q	M

1	N1=0	Q1=−15.55555	M1=−2.993906E−07
	N2=0	Q2=15.55555	M2=−93.33333
2	N1=0	Q1=38.88889	M1=93.33335
	N2=0	Q2=−38.88889	M2=140
3	N1=0	Q1=−23.33334	M1=−140
	N2=0	Q2=23.33334	M2=−1.406123E−05

按照上述计算结果可画出刚架的弯矩图、剪力图和轴力图，如图 6.20 所示。

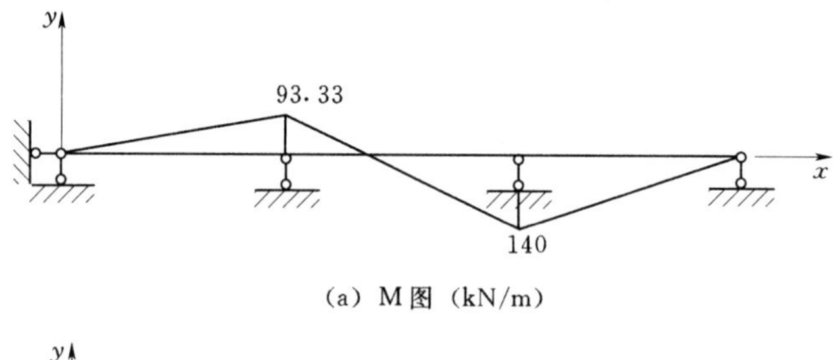

(a) M图（kN/m）

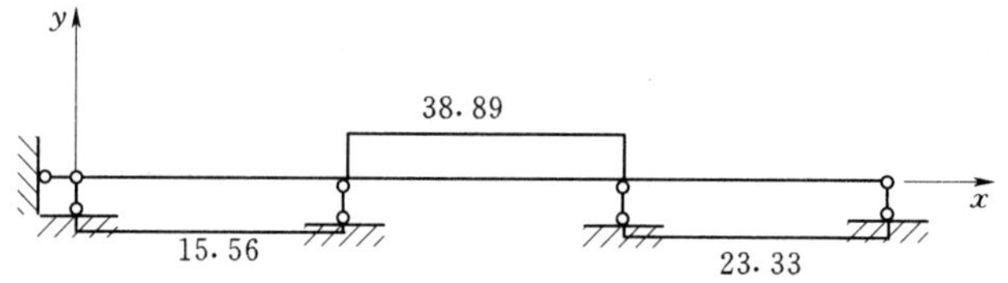

(b) V图（kN）

图 6.20　连续梁内力图

【例 6.4】 试利用本章程序计算图 6.21 所示的静定桁架各杆轴力。各杆 EA、EI 相同。已知 $EA=4\times10^{6}$kN，$EI=1.6\times10^{4}$kN·m^{2}。

解： 按图 6.21 进行结点编号和单元编号。原始数据填写如下：

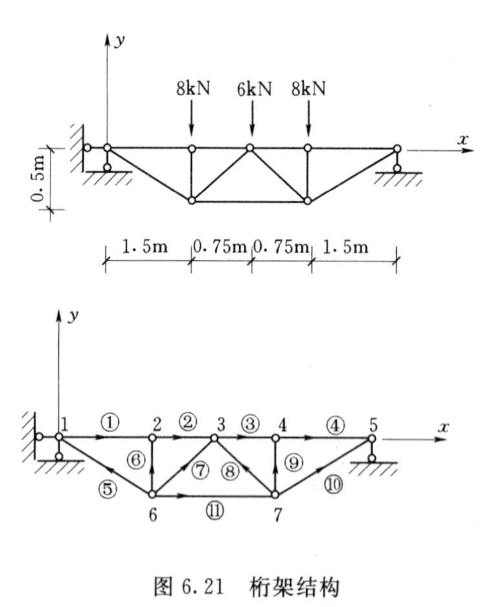

图 6.21　桁架结构

（先处理法）

控制参数:11,7,11,3,0

结点信息:0,0,0,0,0
1.5,0,1,2,0
2.25,0,3,4,0
3,0,5,6,0
4.5,0,7,0,0
1.5,−0.5,8,9,0
3,−0.5,10,11,0

单元参数:1,2,4e6,0
2,3,4e6,0
3,4,4e6,0
4,5,4e6,0
6,1,4e6,0
6,2,4e6,0
6,3,4e6,0

7,3,4e6,0
7,4,4e6,0
7,5,4e6,0
6,7,4e6,0
结点荷载:2,−8
4,−6
6,−8

由以上原始数据建立数据文件 fra4. dat，运行程序并将结果文件取名为 fra4. res。程序运行完毕后，得到结果文件（先处理法）如下及图 6.22。计算结果包含结点位移、局部坐标系中单元杆端力。

ne=11 nj=7 n=11 npj=3 npf=0

node	x	y	xx	yy	zz
1	0	0	0	0	0
2	1.5	0	1	2	0
3	2.25	0	3	4	0
4	3	0	5	6	0
5	4.5	0	7	0	0
6	1.5	0.5	8	9	0
7	3	0.5	10	11	0

element	node-i	node-j	ea	ei
1	1	2	4000000	0
2	2	3	4000000	0
3	3	4	4000000	0
4	4	5	4000000	0
5	6	1	4000000	0
6	6	2	4000000	0
7	6	3	4000000	0
8	7	3	4000000	0
9	7	4	4000000	0
10	7	5	4000000	0
11	6	7	4000000	0

code	px-py-pm
2	−8
4	−6
6	−8

****

node	u	v	ceta
1	0	0	0
2	−1.237502E−05	−1.212627E−04	0
3	−1.856253E−05	−1.330067E−04	0
4	−2.475004E−05	−1.212627E−04	0
5	−3.712505E−05	0	0

6	−2.559378E−05	−1.202627E−04	0
7	−1.153127E−05	−1.202627E−04	0
Element	N	Q	M
1	N1=33.00006	Q1=0	M1=0
	N2=−33.00006	Q2=0	M2=0
2	N1=33.00005	Q1=0	M1=0
	N2=−33.00005	Q2=0	M2=0
3	N1=33.00003	Q1=0	M1=0
	N2=−33.00003	Q2=0	M2=0
4	N1=33.00003	Q1=0	M1=0
	N2=−33.00003	Q2=0	M2=0
5	N1=−34.78508	Q1=0	M1=0
	N2=34.78508	Q2=0	M2=0
6	N1=8.000007	Q1=0	M1=0
	N2=−8.000007	Q2=0	M2=0
7	N1=5.408305	Q1=0	M1=0
	N2=−5.408305	Q2=0	M2=0
8	N1=5.408305	Q1=0	M1=0
	N2=−5.408305	Q2=0	M2=0
9	N1=8.000012	Q1=0	M1=0
	N2=−8.000012	Q2=0	M2=0
10	N1=−34.78508	Q1=0	M1=0
	N2=34.78508	Q2=0	M2=0
11	N1=−37.50002	Q1=0	M1=0
	N2=37.50002	Q2=0	M2=0

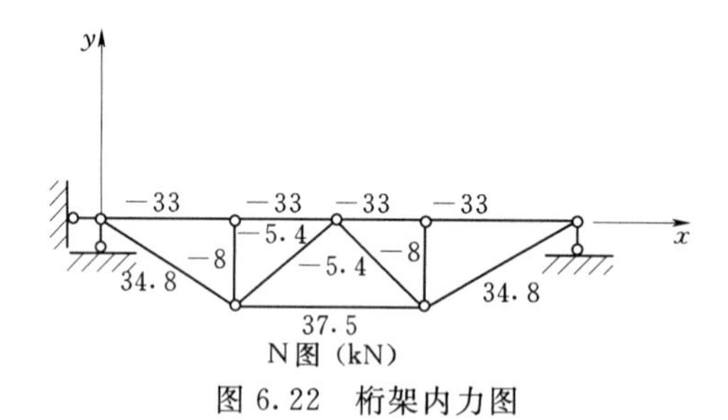

图 6.22　桁架内力图

习　　题

6.1　修改本章中的平面超静定结构静力分析程序，使修改后的程序可以打印输出结构的整体刚度矩阵。

6.2　修改本章中的平面超静定结构静力分析程序，并利用修改后的程序输出［例 6.1］刚架的等效结点荷载。

6.3　修改本章中的平面超静定结构静力分析程序，并利用修改后的程序采用后处理法计算［例 6.4］。

6.4　利用本章程序采用后处理法计算［例 6.1］时，在处理支座位移条件时，数组 $P(\ )$ 中有多少元素被置零，为什么？

6.5　试利用本章程序计算习题 6.5 图所示刚架的内力。各杆 EA、EI 相同。已知 $EA=4\times10^6\text{kN}$，$EI=1.8\times10^4\text{kN}\cdot\text{m}^2$。$P=24\text{kN}$，$q=3\text{kN/m}$。

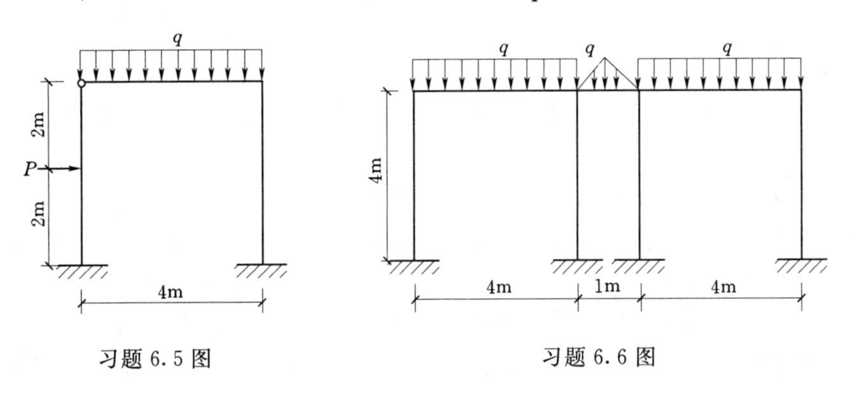

习题 6.5 图　　　　习题 6.6 图

6.6　试利用本章程序计算习题 6.6 图所示刚架的内力。各杆 EA、EI 相同。已知 $EA=5\times10^6\text{kN}$，$EI=2.1\times10^4\text{kN}\cdot\text{m}^2$。$q=2.3\text{kN/m}$。

6.7　试利用本章程序计算习题 6.7 图所示组合结构的内力。已知桁架单元的抗拉刚度为 $EA=2\times10^6\text{kN}$，刚架单元的抗拉刚度为 $EA=4.8\times10^6\text{kN}$，抗弯刚度为 $EI=1.34\times10^5\text{kN}\cdot\text{m}^2$。$P=13\text{kN}$，$q=2.1\text{kN/m}$。

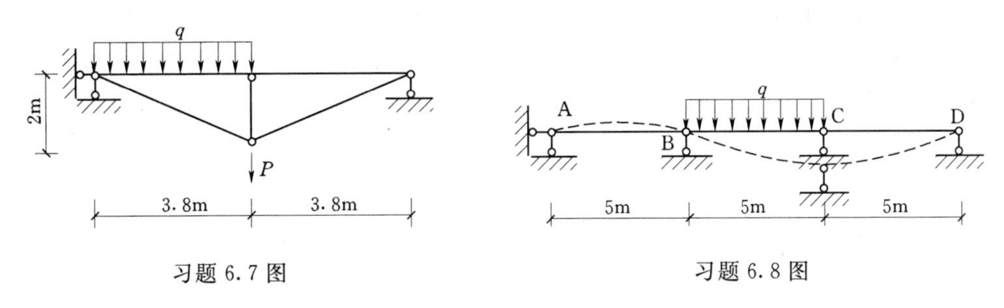

习题 6.7 图　　　　习题 6.8 图

6.8　试利用本章程序计算习题 6.8 图所示连续梁的内力。设支座 C 下沉 1.2cm。各杆 EA、EI 相同。已知 $EA=7\times10^7\text{kN}$，$EI=1.4\times10^5\text{kN}\cdot\text{m}^2$。$q=3\text{kN/m}$。

第7章　空间超静定结构分析

7.1　单　元　分　析

一般结构实际上都是空间结构，各部分相互连接成为一个空间整体，以承受各个方向可能出现的荷载。虽然在多数情况下，常可以忽略一些次要的约束而将实际结构分解为平面结构，使计算得以简化，但是若能按空间结构来分析计算，则其计算结果必定会更接近实际情况，这对完善结构计算理论及实际工程都有重要意义。当然也有一些结构具有明显的空间特性而不宜简化成平面结构，即必须按空间结构来分析计算。本章将利用矩阵位移法分析任意空间杆系结构的内力，讨论程序设计的原理。

空间超静定结构按矩阵位移法分析时，仍遵循以下要点：先把整体拆开，分解成若干个单元（在杆系结构中，一般把每个杆件取作一个单元），这个过程称作离散化。然后再将这些单元按一定的条件集合成整体。在一分一合，先拆后搭的过程中，把复杂的计算问题转化为简单单元的分析和集合问题。

上述过程即为矩阵位移法的两个基本环节：一是单元分析；二是整体分析。

单元分析的过程是建立单元刚度方程，形成单元刚度矩阵；整体分析的主要任务是将单元集合成整体，由单元刚度矩阵按照集成规则形成整体刚度矩阵，建立整体结构的位移法基本方程，从而求出解答。

下面介绍空间超静定结构静力分析程序的设计原理。整体分析时，其基本原理与平面超静定结构并无区别，因此将重点介绍空间超静定结构的单元分析。

7.1.1　整体刚度矩阵

1. 形成局部坐标系中的单元刚度矩阵

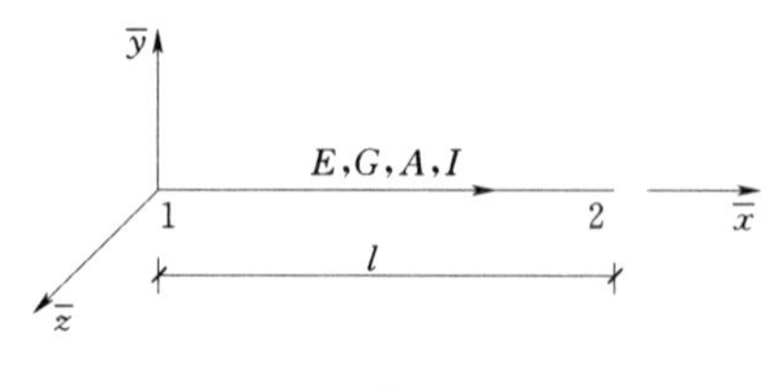

图7.1　等截面杆件

对于空间结构中的任意杆件单元，单元的始端不妨用“1”表示，末端不妨用“2”表示。由端点1到端点2的方向规定为杆轴的正方向。引入单元局部坐标系，其$\bar{x}$轴沿着杆轴，方向从1指向2，如图7.1所示。

在局部坐标系中，单元的每个端点各有6个位移分量$\bar{\mu}_x$、$\bar{\mu}_y$、$\bar{\mu}_z$、$\bar{\theta}_x$、$\bar{\theta}_y$、$\bar{\theta}_z$和对应的6个力分量$\overline{F}_x$、$\overline{F}_y$、$\overline{F}_z$、$\overline{M}_x$、$\overline{M}_y$、$\overline{M}_z$，其正方向如图7.2所示。设杆长为l，截面面积为A，截面惯性矩为I_{xy}、I_{xz}，极惯性矩为I_p，弹性模量为E，剪切模量为G。

单元的12个位移分量和12个力分量按一定顺序排列，形成单元杆端位移向量$\{\overline{\Delta}\}^e$和单元杆端力向量$\{\overline{F}\}^e$如下：

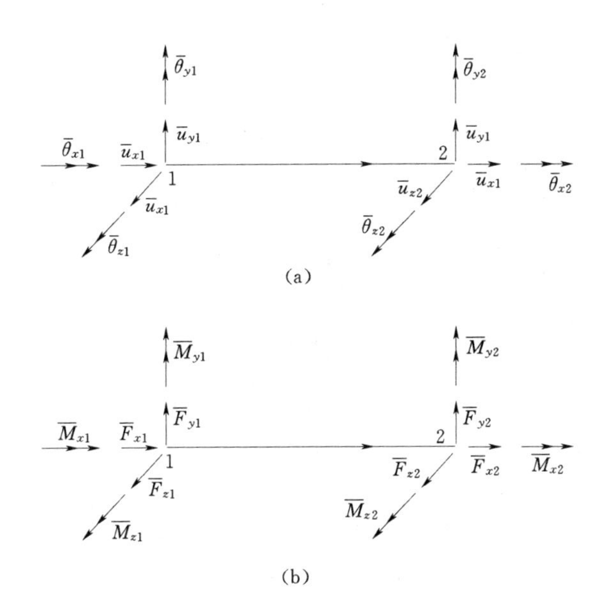

图 7.2 单元杆端位移和杆端力

$$\left.\begin{aligned}\{\overline{\Delta}\}^e&=[\overline{\mu}_{x1}、\overline{\mu}_{y1}、\overline{\mu}_{z1}、\overline{\theta}_{x1}、\overline{\theta}_{y1}、\overline{\theta}_{z1}、\overline{\mu}_{x2}、\overline{\mu}_{y2}、\overline{\mu}_{z2}、\overline{\theta}_{x2}、\overline{\theta}_{y2}、\overline{\theta}_{z2}]^{\mathrm{T}}\\\{\overline{F}\}^e&=[\overline{F}_{x1}、\overline{F}_{y1}、\overline{F}_{z1}、\overline{M}_{x1}、\overline{M}_{y1}、\overline{M}_{z1}、\overline{F}_{x2}、\overline{F}_{y2}、\overline{F}_{z2}、\overline{M}_{x2}、\overline{M}_{y2}、\overline{M}_{z2}]^{\mathrm{T}}\end{aligned}\right\}\tag{7.1}$$

下面忽略轴向受力状态和弯曲受力状态的相互影响，推导单元刚度方程。

由杆端位移 $\overline{\mu}_{x1}$、$\overline{\mu}_{x2}$ 可推算出相应的杆端轴向力 $\overline{F}_{x1}$、$\overline{F}_{x2}$ 为

$$\left.\begin{aligned}\overline{F}_{x1}&=\frac{EA}{L}(\overline{\mu}_{x1}-\overline{\mu}_{x2})\\\overline{F}_{x2}&=-\frac{EA}{L}(\overline{\mu}_{x1}-\overline{\mu}_{x2})\end{aligned}\right\}\tag{7.2}$$

由杆端位移 $\overline{\mu}_{y1}$、$\overline{\theta}_{z1}$、$\overline{\mu}_{y2}$、$\overline{\theta}_{z2}$ 可推算出相应的杆端横向力 $\overline{F}_{y1}$、$\overline{F}_{y2}$ 和杆端力矩 $\overline{M}_{z1}$、$\overline{M}_{z2}$。由转角位移方程得

$$\left.\begin{aligned}\overline{F}_{y1}&=\frac{6EI_{xy}}{L^2}(\overline{\theta}_{z1}+\overline{\theta}_{z2})+\frac{12EI_{xy}}{L^3}(\overline{\mu}_{y1}-\overline{\mu}_{y2})\\\overline{F}_{y2}&=-\frac{6EI_{xy}}{L^2}(\overline{\theta}_{z1}+\overline{\theta}_{z2})-\frac{12EI_{xy}}{L^3}(\overline{\mu}_{y1}-\overline{\mu}_{y2})\\\overline{M}_{z1}&=\frac{4EI_{xy}}{L}\overline{\theta}_{z1}+\frac{2EI_{xy}}{L}\overline{\theta}_{z2}+\frac{6EI_{xy}}{L^2}(\overline{\mu}_{y1}-\overline{\mu}_{y2})\\\overline{M}_{z2}&=\frac{2EI_{xy}}{L}\overline{\theta}_{z1}+\frac{4EI_{xy}}{L}\overline{\theta}_{z2}+\frac{6EI_{xy}}{L^2}(\overline{\mu}_{y1}-\overline{\mu}_{y2})\end{aligned}\right\}\tag{7.3}$$

由杆端位移 $\overline{\mu}_{z1}$、$\overline{\theta}_{y1}$、$\overline{\mu}_{z2}$、$\overline{\theta}_{y2}$ 可推算出相应的杆端横向力 $\overline{F}_{z1}$、$\overline{F}_{z2}$ 和杆端力矩 $\overline{M}_{y1}$、$\overline{M}_{y2}$。由转角位移方程得

$$\left.\begin{aligned}
\overline{F}_{z1}&=-\frac{6EI_{xz}}{L^2}(\overline{\theta}_{y1}+\overline{\theta}_{y2})+\frac{12EI_{xz}}{L^3}(\overline{\mu}_{z1}-\overline{\mu}_{z2})\\
\overline{F}_{z2}&=\frac{6EI_{xz}}{L^2}(\overline{\theta}_{y1}+\overline{\theta}_{y2})-\frac{12EI_{xz}}{L^3}(\overline{\mu}_{z1}-\overline{\mu}_{z2})\\
\overline{M}_{y1}&=\frac{4EI_{xz}}{L}\overline{\theta}_{y1}+\frac{2EI_{xz}}{L}\overline{\theta}_{y2}-\frac{6EI_{xz}}{L^2}(\overline{\mu}_{z1}-\overline{\mu}_{z2})\\
\overline{M}_{y2}&=\frac{2EI_{xz}}{L}\overline{\theta}_{y1}+\frac{4EI_{xz}}{L}\overline{\theta}_{y2}-\frac{6EI_{xz}}{L^2}(\overline{\mu}_{z1}-\overline{\mu}_{z2})
\end{aligned}\right\}\tag{7.4}$$

由杆端位移 $\overline{\theta}_{x1}$、$\overline{\theta}_{x2}$ 可推算出相应的杆端扭矩 $\overline{M}_{x1}$、$\overline{M}_{x2}$ 为

$$\left.\begin{aligned}
\overline{M}_{x1}&=\frac{GI_p}{L}(\overline{\theta}_{x1}-\overline{\theta}_{x2})\\
\overline{M}_{x2}&=-\frac{GI_p}{L}(\overline{\theta}_{x1}-\overline{\theta}_{x2})
\end{aligned}\right\}\tag{7.5}$$

现在将它们合在一起，写成矩阵形式：$\{\overline{F}\}^e=[\overline{k}]^e\{\overline{\Delta}\}^e$，$[\overline{k}]^e$ 称为局部坐标系中的单元刚度矩阵。

$$[\overline{k}]^e=\begin{bmatrix}
\frac{EA}{L} & 0 & 0 & 0 & 0 & 0 & -\frac{EA}{L} & 0 & 0 & 0 & 0 & 0\\
0 & \frac{12EI_{xy}}{L^3} & 0 & 0 & 0 & \frac{6EI_{xy}}{L^2} & 0 & -\frac{12EI_{xy}}{L^3} & 0 & 0 & 0 & \frac{6EI_{xy}}{L^2}\\
0 & 0 & \frac{12EI_{xz}}{L^3} & 0 & -\frac{6EI_{xz}}{L^2} & 0 & 0 & 0 & -\frac{12EI_{xz}}{L^3} & 0 & -\frac{6EI_{xz}}{L^2} & 0\\
0 & 0 & 0 & \frac{GI_p}{L} & 0 & 0 & 0 & 0 & 0 & -\frac{GI_p}{L} & 0 & 0\\
0 & 0 & -\frac{6EI_{xz}}{L^2} & 0 & \frac{4EI_{xz}}{L} & 0 & 0 & 0 & \frac{6EI_{xz}}{L^2} & 0 & \frac{2EI_{xz}}{L} & 0\\
0 & \frac{6EI_{xy}}{L^2} & 0 & 0 & 0 & \frac{4EI_{xy}}{L} & 0 & -\frac{6EI_{xy}}{L^2} & 0 & 0 & 0 & \frac{2EI_{xy}}{L}\\
-\frac{EA}{L} & 0 & 0 & 0 & 0 & 0 & \frac{EA}{L} & 0 & 0 & 0 & 0 & 0\\
0 & -\frac{12EI_{xy}}{L^3} & 0 & 0 & 0 & -\frac{6EI_{xy}}{L^2} & 0 & \frac{12EI_{xy}}{L^3} & 0 & 0 & 0 & -\frac{6EI_{xy}}{L^2}\\
0 & 0 & -\frac{12EI_{xz}}{L^3} & 0 & \frac{6EI_{xz}}{L^2} & 0 & 0 & 0 & \frac{12EI_{xz}}{L^3} & 0 & \frac{6EI_{xz}}{L^2} & 0\\
0 & 0 & 0 & -\frac{GI_p}{L} & 0 & 0 & 0 & 0 & 0 & \frac{GI_p}{L} & 0 & 0\\
0 & 0 & -\frac{6EI_{xz}}{L^2} & 0 & \frac{2EI_{xz}}{L} & 0 & 0 & 0 & 0 & \frac{6EI_{xz}}{L^2} & \frac{4EI_{xz}}{L} & 0\\
0 & \frac{6EI_{xy}}{L^2} & 0 & 0 & 0 & \frac{2EI_{xy}}{L} & 0 & -\frac{6EI_{xy}}{L^2} & 0 & 0 & 0 & \frac{4EI_{xy}}{L}
\end{bmatrix}\tag{7.6}$$

2. 单元坐标转换矩阵

引入整体坐标系 $oxyz$，如图 7.3 所示。根据两种坐标系中单元杆端力的转换式，推

导单元坐标转换矩阵 [T]。

规定局部坐标系中平面 $\overline{x}o\overline{y}$ 始终与整体坐标系中的水平面 xoz 垂直，且 $\overline{y}$ 轴始终向上（$\overline{y}$ 轴与水平面 xoz 的夹角始终大于或等于 0），单元杆轴方向任意。显然按此规定局部坐标系的 $\overline{z}$ 轴始终与水平面 xoz 平行。此时，由两个夹角即可确定局部坐标系的空间位置，如图 7.3 所示。夹角 α 以从 x 轴转向单元在 xoz 面的投影为正；单元杆轴与水平面 xoz 的夹角为 β，夹角 β 当 $\mathrm{d}y=y_2-y_1>0$ 时为正，反之为负。设单元始端 1 在整体坐标系中的坐标为（x_1、y_1、z_1），单元末端 2 在整体坐标系中的坐标为（x_2、y_2、z_2），则夹角 α 和 β 的正弦和余弦值可按下式确定。

$$\left.\begin{aligned}\cos\alpha&=\frac{x_2-x_1}{\sqrt{(x_2-x_1)^2+(z_2-z_1)^2}}\\ \sin\alpha&=\frac{z_2-z_1}{\sqrt{(x_2-x_1)^2+(z_2-z_1)^2}}\\ \cos\beta&=\frac{\sqrt{(x_2-x_1)^2+(z_2-z_1)^2}}{\sqrt{(x_2-x_1)^2+(y_2-y_1)^2+(z_2-z_1)^2}}\\ \sin\beta&=\frac{y_2-y_1}{\sqrt{(x_2-x_1)^2+(y_2-y_1)^2+(z_2-z_1)^2}}\end{aligned}\right\}\tag{7.7}$$

根据两种坐标系中单元杆端力的关系，得

$$\left.\begin{aligned}\overline{F}_{x1}&=\cos\alpha\cos\beta F_{x1}+\sin\beta F_{y1}+\sin\alpha\cos\beta F_{z1}\\ \overline{F}_{y1}&=-\cos\alpha\sin\beta F_{x1}+\cos\beta F_{y1}-\sin\alpha\sin\beta F_{z1}\\ \overline{F}_{z1}&=-\sin\alpha F_{x1}+\cos\alpha F_{z1}\end{aligned}\right\}\tag{7.8}$$

则有

$$\{\overline{F}\}^e=[T]\{F\}^e\tag{7.9}$$

$$[T]=\begin{bmatrix}[\lambda]&&&\\&[\lambda]&&\\&&[\lambda]&\\&&&[\lambda]\end{bmatrix}\tag{7.10}$$

$$[\lambda]=\begin{bmatrix}\cos\alpha\cos\beta&\sin\beta&\sin\alpha\cos\beta\\-\cos\alpha\sin\beta&\cos\beta&-\sin\alpha\sin\beta\\-\sin\alpha&0&\cos\alpha\end{bmatrix}\tag{7.11}$$

$$\{F\}^e=\{F_{x1}、F_{y1}、F_{z1}、M_{x1}、M_{y1}、M_{z1}、F_{x2}、F_{y2}、F_{z2}、M_{x2}、M_{y2}、M_{z2}\}^{\mathrm{T}}\tag{7.12}$$

当 $\sin\beta=1$ 时，规定 $\overline{z}$ 轴与 z 轴方向一致，则

（1）当 $y_2>y_1$ 时，$[\lambda]=\begin{bmatrix}0&1&0\\-1&0&0\\0&0&1\end{bmatrix}$

（2）当 $y_2<y_1$ 时，$[\lambda]=\begin{bmatrix}0&-1&0\\1&0&0\\0&0&1\end{bmatrix}$

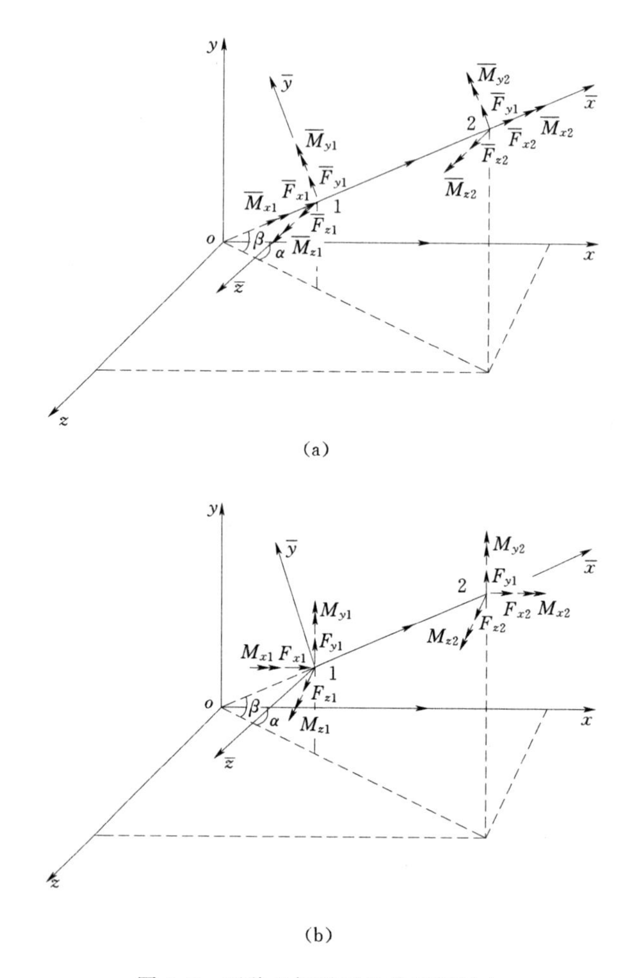

图 7.3　两种坐标系下的单元杆端力

3. 整体刚度矩阵

同平面结构的有限元法一样，整体坐标系中的单元刚度矩阵 $[k]^e=[T]^{\mathrm{T}}[\bar{k}]^e[T]$，然后用单元集成法可得到结构的整体刚度矩阵 $[K]$。

7.1.2　结点荷载向量

用单元集成法可确定结构的等效结点总荷载 $\{P\}$，这样就建立了位移法基本方程（整体刚度方程）$\{P\}=[K]\{\Delta\}$，求解该方程得到位移 $\{\Delta\}$，然后将 $\{\Delta\}$ 回代，得到各杆的杆端内力 $\{\bar{F}\}^e$。

7.2　程　序　设　计

本章程序仍按矩阵位移法的基本原理进行编制，支承条件处理分别采用后处理法和先处理法。程序适用于空间超静定结构的线性分析。本章仍采用 FORTRAN90 和 BASIC 两种计算机语言。

7.2.1 主程序

首先介绍空间超静定程序的数据结构。以下按整型变量、实型变量、整型数组和实型数组四个部分分别加以说明。

(1) 整型变量。

NE——单元数；

NJ——结点数；

N——结点位移未知量总数；

NPJ——结点荷载数；

NPF——非结点荷载数；

IND 非结点荷载类型码；

NW——最大半带宽；

NZ——支座数。

(2) 实型变量。

BL——单元长度；

sia——单元的 sinα 值；

coa——单元的 cosα 值；

sib——单元的 sinβ 值；

cob——单元的 cosβ 值。

(3) 整型数组。

JE(2，NE)——单元杆端结点编号数组；

JN(6，NJ)——结点位移分量编号数组；

JC(12)——单元定位向量数组。

(4) 实型数组。

EA (NE)——单元的 EA 数值；

EIxy (NE)、EIxz (NE) ——单元的 EI 数值；

GIp——单元 GI_p 数值；

X(NJ)、Y(NJ)、Z(NJ)——结点坐标数组；

PJ(2，NPJ)——结点荷载数组；

PF(5，NPF)——非结点荷载数组；

KD(12，12)——存放局部坐标系中的单刚数组；

KE(12，12)——存放整体坐标系中的单刚数组；

T(12，12)——存放单元坐标转换矩阵的数组；

KB(N，NW)——存放整体刚度矩阵的数组（半带存储）；

P(N)——结点总荷载数组，后存结点位移；

Fo(12)——局部坐标系中的单元固端力数组；

F(12)——先存放整体坐标系中的单元等效结点荷载，后存局部坐标系中的单元杆端力；

D(12)——整体坐标系中的单元杆端位移数组；

ZHI(7，NZ)——支座信息数组。

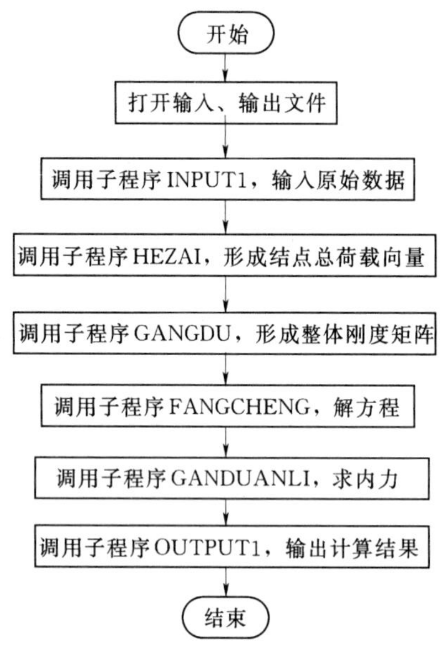

图 7.4　主程序流程图

除了上述变量和数组以外，程序还用到其他工作变量和数组，它们的含义在程序阅读中较易理解，在此不再赘述。主程序流程图如图 7.4 所示。

本章在程序设计时按照矩阵位移法的基本原理，将计算内容分解成若干个子程序，而主程序的工作主要是调用相关子程序。对于后处理法按顺序调用相应子程序 INTPUT1、JNN、BANDAI、HEZAI、GANGDU、HOUCHULI、FANGCHENG、GANDUANLI、OUTPUT1。对于先处理法，按顺序调用相应子程序 INTPUT1、BANDAI、HEZAI、GANGDU、FANGCHENG、GANDUANLI、OUTPUT1。

后处理法同先处理法相比增加了两个子程序 JNN 和 HOUCHULI。另外，后处理法和先处理法对应的输入数据子程序 INPUT1 和输出结果子程序 OUTPUT1 也略有不同。而其他子程序内容则完全一致。

主程序还要声明程序中所需要的变量和数组。对于先处理法和后处理法，程序所需变量和数组略有不同，阅读程序时应注意。例如，先处理法的控制参数为：单元数 NE、结点数 NJ、结点位移未知量总数 N、结点荷载数 NPJ、非结点荷载数 NPF；而后处理法的控制参数为：单元数 NE、结点数 NJ、支座数 NZ、结点荷载数 NPJ、非结点荷载数 NPF。

```
空间超静定结构静力分析主程序(FORTRAN90、后处理法)
common ne,nj,npj,npf,nz,nw,n,bl,m,i
Dimension je(2,100),jn(6,100),EA(100),EIxy(100),EIxz(100),GIp(100),x(100),y(100),z(100)
DIMENSION pjj(3,50),pj(2,50), pf(5,100),zhi(7,50),c(12),jc(12),de(100)
real * 8  kd(12, 12),ke(12, 12),kb(300,100),T(12, 12),ff(12,100), f(12), fo(12),d(12)
real * 8  p(200),dd(6,100)
open(1,file='e:\data\filek6. dat')
open(2,file='e:\data\filek6. res',status='UNKNOWN')
read(1, * ), ne, nj, nz, npj, npf
CALL input1(x,y,z,je,pjj,pf,zhi,EA,EIxy,EIxz,GIp)
call jnn(jn,pj,pjj,X,Y,Z)
call bandai(je,jc,jn,x,y,z,t)
CALL hezai(p,pj,pf,t,fo,je,jc,f,jn,x,y,z)
CALL gangdu(jn,jc,je,kd,kb,ke,t,EA,EIxy,EIxz,GIp,x,y,z)
call houchuli(zhi,kb,p,jn)
CALL fangcheng(kb,p,dd,d,jn)
CALL ganduanli(je,jc,jn,pf,kd,t,f,fo,ff,p,x,y,z,EA,EIxy,EIxz,GIp)
```

```
call output1(je,jn,EA,EIxy,EIxz,GIp,zhi,pjj,pf,x,y,z,dd,ff)
STOP
END
```

空间超静定结构静力分析主程序(FORTRAN90、先处理法)

```
common ne,nj,npj,npf,nw,n,bl,m,i
Dimensionje(2,100),jn(6,100),EA(100),EIxy(100),EIxz(100),GIp(100),x(100), y(100),Z(100)
DIMENSION pj(2,50), pf(5,100), c(12),jc(12),de(100)
real*8  kd(12, 12),ke(12, 12),kb(300,100),T(12, 12),ff(12,100), f(12), fo(12),d(12)
real*8  p(200),dd(6,100)
open(1,file='e:\data\filek5.dat')
open(2,file='e:\data\filek5.res',status='UNKNOWN')
read(1,*), ne, nj, n, npj, npf
CALL input1(x,y,z,je,jn,pj,pf,EA,EIxy,EIxz,GIp)
call bandai(je,jc,jn,x,y,z,t)
CALL hezai(p,pj,pf,t,fo,je,jc,f,jn,x,y,z)
CALL gangdu(jn,jc,je,kd,kb,ke,t,EA,EIxy,EIxz,GIp,x,y,z)
CALL fangcheng(kb,p,dd,d,jn)
CALL ganduanli(je,jc,jn,pf,kd,t,f,fo,ff,p,x,y,z,EA,EIxy,EIxz,GIp)
call output1(je,jn,EA,EIxy,EIxz,GIp,pj,pf,x,y,z,dd,ff)
STOP
END
```

空间超静定结构静力分析主程序(BASIC、后处理法)

```
dim shared ne,nj,n,npj,npf,nw,j1,j2,bl,m,i
dim shared nz
OPEN "e:\data\filek4.dat" FOR INPUT AS #1
OPEN "e:\data\filek4.res" FOR outPUT AS #2
Input #1, ne, nj, nz, npj, npf
Dim shared je(2, ne),jn(6, nj),EA(ne),EIxy(ne),EIxz(ne),GIp(ne),x(nj),y(nj),z(nj)
Dim shared pj(2, npj), pf(5, npf), p(6*nj),zhi(7,nz),pjj(3,npj)
Dim shared jc(12),kd(12, 12),ke(12, 12),t(12, 12),f(12),fo(12),d(12)
DIM shared de(ne), c(12)
dim shared dd(6,nj),ff(12,ne)
CALL input1
call jnn
call bandai
DIM shared kb(6*nj, nw)
CALL hezai
CALL gangdu
call houchuli
CALL fangcheng
CALL ganduanli
call output1
```

```
END
```

空间超静定结构静力分析主程序(BASIC、先处理法)

```
dim shared ne,nj,n,npj,npf,nw,j1,j2,bl,m,i
OPEN "e:\data\filek2.dat" FOR INPUT AS #1
OPEN "e:\data\filek2.res" FOR outPUT AS #2
Input #1, ne, nj, n, npj, npf
Dim shared je(2, ne),jn(6, nj),EA(ne),EIxy(ne),EIxz(ne),GIp(ne),x(nj),y(nj),z(nj)
Dim shared pj(2, npj), pf(5, npf), p(n)
Dim shared jc(12),kd(12, 12),ke(12, 12),t(12, 12),f(12),fo(12),d(12)
DIM shared de(ne), c(12)
dim shared dd(6,nj),ff(12,ne)
CALL input1
call bandai
DIM shared kb(n, nw)
CALL hezai
CALL gangdu
CALL fangcheng
CALL ganduanli
call output1
END
```

7.2.2　子程序及其功能

按照矩阵位移法原理，最基本的子程序分别为：形成结点荷载向量的子程序 HEZAI，形成整体刚度矩阵的子程序 GANGDU，求解方程的子程序 FANGCHENG，利用位移计算结果计算单元杆端力的子程序 GANDUANLI。计算过程中当然还涉及其他子程序。对于先处理法和后处理法，某些子程序略有不同。另外，后处理法中增加了两个子程序 JNN 和 HOUCHULI，下面将一一介绍。

1. 子程序 INPUT1

空间超静定静力分析程序所需要的原始数据通过调用子程序输入计算机。原始数据主要包括：与结点有关的数据（结点坐标、结点位移分量编号）、与单元有关的数据（单元两端编号、单元刚度）、与荷载有关的数据以及支座信息（后处理法）等，原始数据的填写将在下节介绍。采用后处理法时子程序 INPUT1 的流程图如图 7.5 所示。

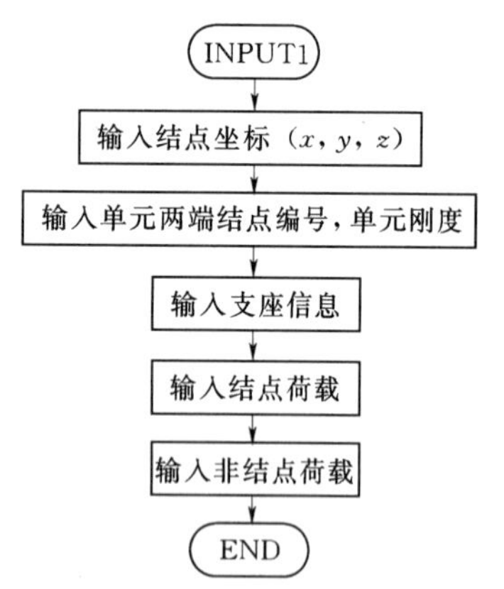

图 7.5　子程序 INPUT1 流程图

下面对该程序中出现的数组加以说明。需要强调的是采用后处理法时，只输入结点坐标，结点位移分量标号由子程序 JNN 完成，并且需要输入与支座有关的信息。

X(i)、Y(i)、Z (i) ——第 i 号结点的 x 坐标、y 坐标和 z 坐标；

JN(1, i)，JN(2, i)，JN(3, i)，JN(4, i)，JN(5, i)，

JN(6，i)——第 i 号结点沿 x 轴、y 轴、z 轴和绕 x 轴、y 轴、z 轴位移分量编号；

JE(1，i)、JE(2，i)——第 i 单元的始端和末端的结点编号；

EA(i)、EIxy(i)、EIxz(i)、GIp(i)——第 i 单元的抗拉（压）刚度、xoy 平面内的抗弯刚度、xoz 平面内的抗弯刚度以及抗扭刚度；

PJ(1，i)——第 i 号结点荷载的方位信息，即对应位移分量的编号；

PJ(2，i)——第 i 号结点荷载的数值。当集中力与整体坐标系的坐标轴正方向一致时输入正值，反之为负，当力偶符合右手规则时输入正值，反之为负；

PJJ(1，i)——第 i 号结点荷载所在结点编号；

PJJ(2，i)——第 i 号结点荷载的数值。当集中力与整体坐标系的坐标轴正方向一致时输入正值，当力偶符合右手规则时输入正值；

PJJ(3，i)——第 i 号结点荷载的方向信息。沿整体坐标系的 x 轴方向为 1，y 轴方向为 2，z 轴方向为 3，绕 x 轴力偶为 4，绕 y 轴力偶为 5，绕 z 轴力偶为 6；

PF(1，i)——第 i 号非结点荷载所在的单元编号；

PF(2，i)——第 i 号非结点荷载的类型码，见表 7.1、表 7.2；

表 7.1　　局部坐标系中单元固端约束力（荷载位于 $\bar{x}o\bar{y}$ 平面）

	荷 载 简 图		始端 1	末端 2
1	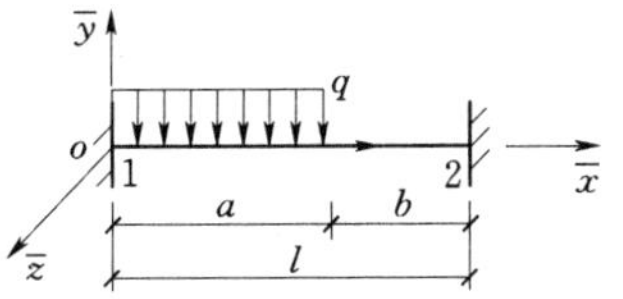 $\bar{y}$, q, o, 1, 2, $\bar{x}$, a, b, l, $\bar{z}$	$\overline{F}_{yp}$ $\overline{M}_{zp}$	$qa(1-a^2/l^2+a^3/2l^3)$ $qa^2(6-8a/l+3a^2/l^2)/12$	$qa^3(1-a/2l)/l^2$ $-qa^3(4-3a/l)/12l$
2	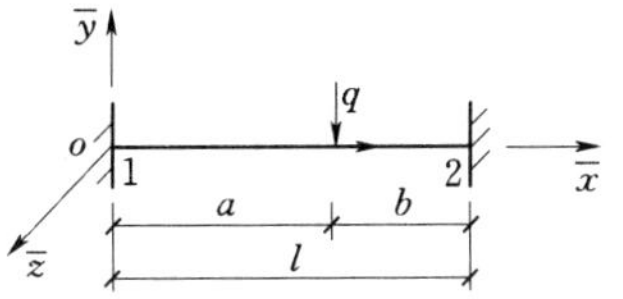 $\bar{y}$, q, o, 1, 2, $\bar{x}$, a, b, l, $\bar{z}$	$\overline{F}_{yp}$ $\overline{M}_{zp}$	$qb^2(1+2a/l)/l^2$ qab^2/l	$qa^2(1+2b/l)/l^2$ $-qa^2b/l^2$
3	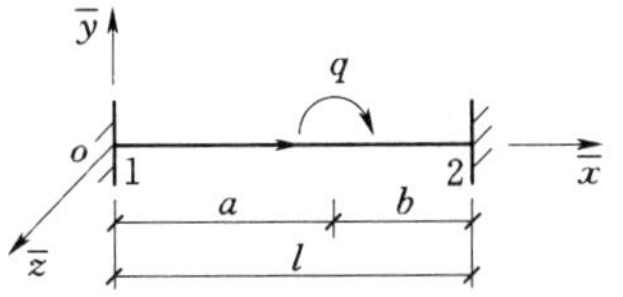 $\bar{y}$, q, o, 1, 2, $\bar{x}$, a, b, l, $\bar{z}$	$\overline{F}_{yp}$ $\overline{M}_{zp}$	$-qab/l^2$ $-qb(2-3b/l)/l$	$6qab/l^3$ $-qa(2-3a/l)/l$
4	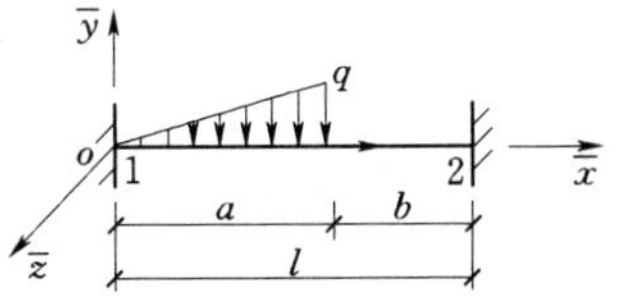 $\bar{y}$, q, o, 1, 2, $\bar{x}$, a, b, l, $\bar{z}$	$\overline{F}_{yp}$ $\overline{M}_{zp}$	$qa(2-3a^2/l^2+1.6a^3/l^3)/4$ $qa^2(2-3a/l+1.2a^2/l^2)/6$	$qa^3(3-1.6a/l)/4l^2$ $-qa^3(1-0.8a/l)/4l$
5	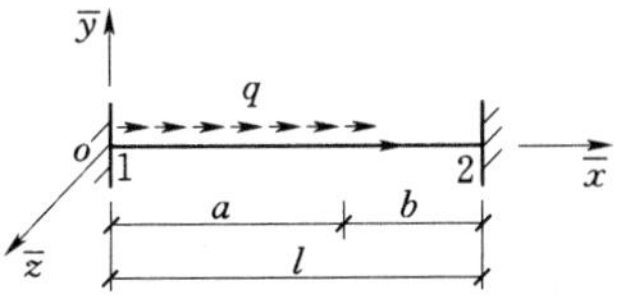 $\bar{y}$, q, o, 1, 2, $\bar{x}$, a, b, l, $\bar{z}$	$\overline{F}_{xp}$	$-qa(1-0.5a/l)$	$-0.5qa^2/l$

续表

	荷载简图		始端 1	末端 2
6	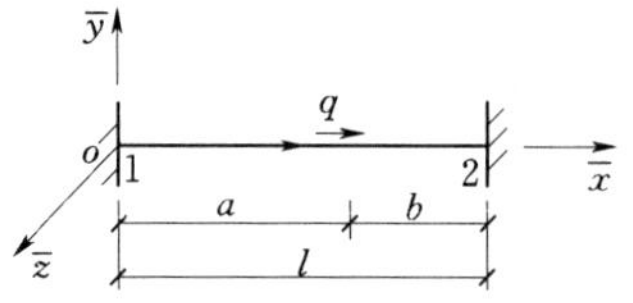 $\bar{y}$, q, o, 1, 2, $\bar{x}$, $\bar{z}$, a, b, l	$\overline{F}_{xp}$	$-qb/l$	$-qa/l$
7	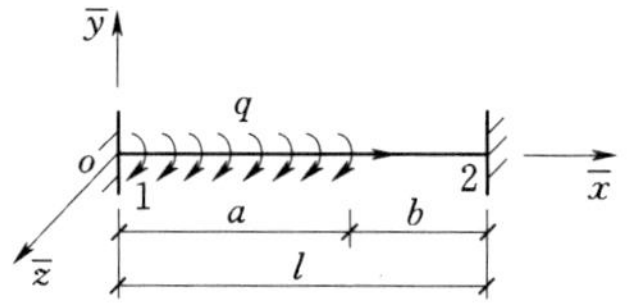 $\bar{y}$, q, o, 1, 2, $\bar{x}$, $\bar{z}$, a, b, l	$\overline{F}_{yp}$ $\overline{M}_{zp}$	$-qa^2(a/l+3b/l)/l^2$ qab^2/l^2	$qa^2(a/l+3b/l)/l^2$ $-qa^2b/l^2$

表 7.2　局部坐标系中单元固端约束力（荷载位于 $\bar{x}o\bar{z}$ 平面）

	荷载简图		始端 1	末端 2
1	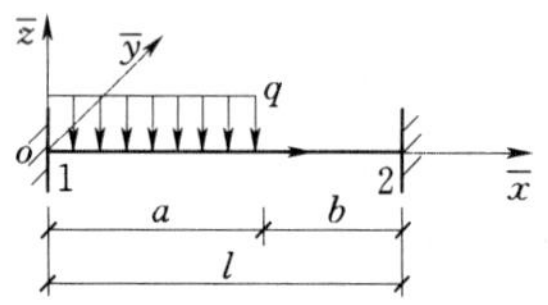 $\bar{z}$, $\bar{y}$, q, o, 1, 2, $\bar{x}$, a, b, l	$\overline{F}_{zp}$ $\overline{M}_{yp}$	$qa(1-a^2/l^2+a^3/2l^3)$ $qa^2(6-8a/l+3a^2/l^2)/12$	$qa^3(1-a/2l)/l^2$ $-qa^3(4-3a/l)/12l$
2	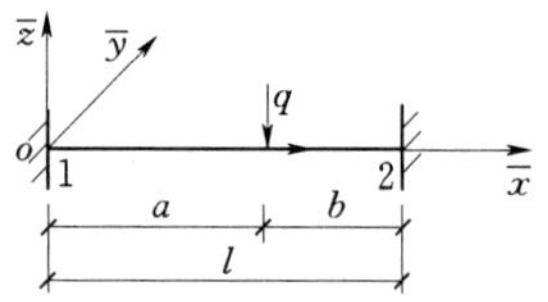 $\bar{z}$, $\bar{y}$, q, o, 1, 2, $\bar{x}$, a, b, l	$\overline{F}_{zp}$ $\overline{M}_{yp}$	$qb^2(1+2a/l)/l^2$ qab^2/l	$qa^2(1+2b/l)/l^2$ $-qa^2b/l^2$
3	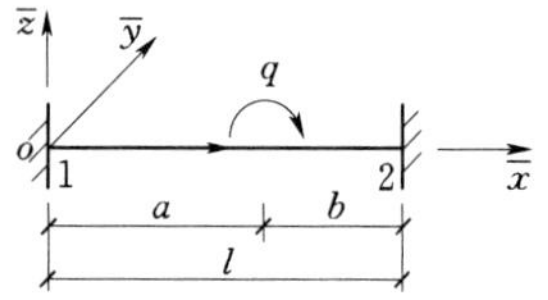 $\bar{z}$, $\bar{y}$, q, o, 1, 2, $\bar{x}$, a, b, l	$\overline{F}_{zp}$ $\overline{M}_{yp}$	$-qab/l^2$ $-qb(2-3b/l)/l$	$6qab/l^3$ $-qa(2-3a/l)/l$
4	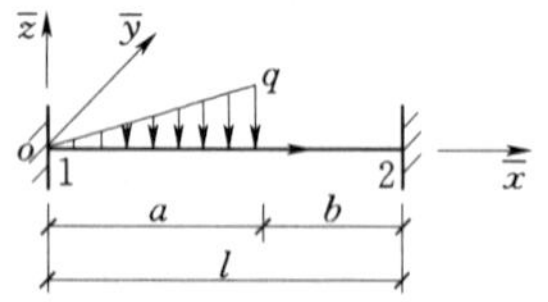 $\bar{z}$, $\bar{y}$, q, o, 1, 2, $\bar{x}$, a, b, l	$\overline{F}_{zp}$ $\overline{M}_{yp}$	$qa(2-3a^2/l^2+1.6a^3/l^3)/4$ $qa^2(2-3a/l+1.2a^2/l^2)/6$	$qa^3(3-1.6a/l)/4l^2$ $-qa^3(1-0.8a/l)/4l$
5	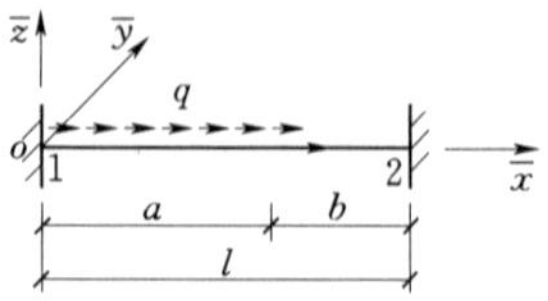 $\bar{z}$, $\bar{y}$, q, o, 1, 2, $\bar{x}$, a, b, l	$\overline{F}_{x1}$	$-qa(1-0.5a/l)$	$-0.5qa^2/l$
6	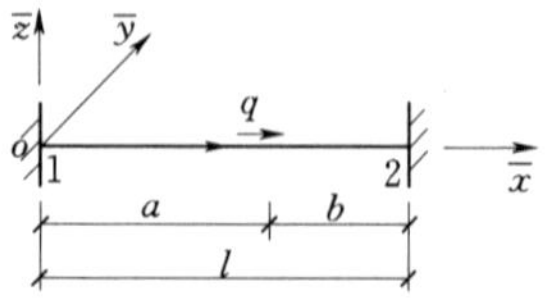 $\bar{z}$, $\bar{y}$, q, o, 1, 2, $\bar{x}$, a, b, l	$\overline{F}_{x1}$ $\overline{Y}_P$ $\overline{M}_P$	$-qb/l$	$-qa/l$

续表

	荷 载 简 图		始端 1	末端 2
7		$\overline{F}_{zp}$ $\overline{M}_{yp}$	$-qa^2(a/l+3b/l)/l^2$ qab^2/l^2	$qa^2(a/l+3b/l)/l^2$ $-qa^2b/l^2$

PF(3，i)——第 i 号非结点荷载的位置参数。对于集中力或力偶，为荷载作用点与单元始端的距离 a。对于分布荷载，则为荷载的分布长度 a，分布荷载的起点均设在单元的始端；

PF(4，i)——第 i 号非结点荷载的数值。当与表 7.1 中作用方向一致时输入正值，反之为负；

PF(5，i)——第 i 号非结点荷载所在平面信息。当位于局部坐标系的 xoy 平面内时输入 1，当位于 xoz 平面内时输入 2；

ZHI(1，i)——第 i 个支座沿 x 轴方向的位移信息。当位移为 0 时此值输入 0，当位移未知时输入 1，当位移为已知时输入实际数值；

ZHI(2，i)——第 i 个支座沿 y 轴方向的位移信息。当位移为 0 时此值输入 0，当位移未知时输入 1，当位移为已知时输入实际数值；

ZHI(3，i)——第 i 个支座沿 z 轴方向的位移信息。当位移为 0 时此值输入 0，当位移未知时输入 1，当位移为已知时输入实际数值；

ZHI(4，i)——第 i 个支座绕 x 轴方向的位移信息。当位移为 0 时此值输入 0，当位移未知时输入 1，当位移为已知时输入实际数值；

ZHI(5，i)——第 i 个支座绕 y 轴方向的位移信息。当位移为 0 时此值输入 0，当位移未知时输入 1，当位移为已知时输入实际数值；

ZHI(6，i)——第 i 个支座绕 z 轴方向的位移信息。当位移为 0 时此值输入 0，当位移未知时输入 1，当位移为已知时输入实际数值；

ZHI(7，i)——第 i 个支座的结点编号。

```
空间超静定结构静力分析子程序 INPUT1(FORTRAN90、后处理法)
SUBROUTINE input1(x,y,z,je,pjj,pf,zhi,EA,EIxy,EIxz,GIp)
common ne,nj,npj,npf,nz,nw,n,bl,m,i
DIMENSION  je(2,ne), EA(ne),EIxy(ne),EIxz(ne),GIp(ne), x(nj), y(nj),z(nj)
DIMENSION  pjj(3,npj), pf(5,npf),zhi(7,nz)
do i=1,nj
read(1,*) x(i), y(i),z(i)
end do
do i=1,ne
read(1,*) je(1, i), je(2, i), EA(i), EIxy(i), EIxz(i), GIp(i)
end do
do i=1,nz
read(1,*) zhi(1, i), zhi(2, i), zhi(3,i), zhi(4,i),zhi(5, i), zhi(6, i), zhi(7,i)
```

```
end do
IF(npj. ne. 0) read(1, * )((pjj(i, j), i=1,3),j=1,npj)
IF(npf. ne. 0) read(1, * )((pf(i, j), i=1,5),j=1,npf)
RETURN
End
```

空间超静定结构静力分析子程序 INPUT1(FORTRAN90、先处理法)

```
SUBROUTINE input1(x,y,z,je,jn,pj,pf,EA,EIxy,EIxz,GIp)
common ne,nj,npj,npf,nw,n,bl,m,i
DIMENSION  je(2,ne), jn(6,nj),EA(ne),EIxy(ne),EIxz(ne),GIp(ne), x(nj), y(nj),z(nj)
DIMENSION  pj(2,npj), pf(5,npf)
do i=1,nj
read(1, * ) x(i), y(i),z(i),jn(1,i),jn(2,i),jn(3,i),jn(4, i),jn(5, i),jn(6, i)
end do
do i=1,ne
read(1, * ) je(1, i), je(2, i), EA(i), EIxy(i), EIxz(i), GIp(i)
end do
IF(npj. ne. 0) read(1, * )((pj(i, j), i=1,2),j=1,npj)
IF(npf. ne. 0) read(1, * )((pf(i, j), i=1,5),j=1,npf)
RETURN
End
```

空间超静定结构静力分析子程序 INPUT1(BASIC、后处理法)

```
SUB input1
For i=1 To nj
Input #1, x(i), y(i), z(i)
Next i
For i=1 To ne
Input #1, je(1, i), je(2, i), EA(i), EIxy(i), EIxz(i), GIp(i)
Next i
for i=1 to nz
INPUT #1, zhi(1, i), zhi(2, i), zhi(3,i), zhi(4, i), zhi(5, i), zhi(6,i),zhi(7,i)
next i
If npj <> 0 Then
For i=1 To npj
Input #1, pjj(1, i), pjj(2, i),pjj(3,i)
Next i
End If
If npf <> 0 Then
For i=1 To npf
Input #1, pf(1, i), pf(2, i), pf(3, i), pf(4, i), pf(5, i)
Next i
End If
close #1
```

```
end sub
```

空间超静定结构静力分析子程序 INPUT1(BASIC、先处理法)

```
SUB input1
For i=1 To nj
Input #1, x(i), y(i), z(i), jn(1, i), jn(2, i), jn(3, i), jn(4, i), jn(5, i), jn(6, i)
Next i
For i=1 To ne
Input #1, je(1, i), je(2, i), EA(i), EIxy(i), EIxz(i), GIp(i)
Next i
If npj <> 0 Then
For i=1 To npj
Input #1, pj(1, i), pj(2, i)
Next i
End If
If npf <> 0 Then
For i=1 To npf
Input #1, pf(1, i), pf(2, i), pf(3, i), pf(4, i), pf(5, i)
Next i
End If
close #1
end sub
```

2. 子程序 BANDAI

为了节省存储空间，刚度矩阵采用等带宽存储，亦称半带存储。此时需要计算出刚度矩阵 $[K]$ 的半带宽 NW。NW 可按照单元编号从小到大的顺序，利用单元定位向量求出。

设用 MAX 表示单元定位向量中的最大分量，用 MIN 表示其中的最小非零分量，则当向整体刚度矩阵中累加单刚的元素时所产生的半带宽为

$$d = \text{MAX} - \text{MIN} + 1 \tag{7.13}$$

每一个单元均可按式（7.13）求出一个 d 值，其中最大的 d 值即为整体刚度矩阵的最大半带宽 NW。子程序 BANDAI 的流程图如图 7.6 所示。

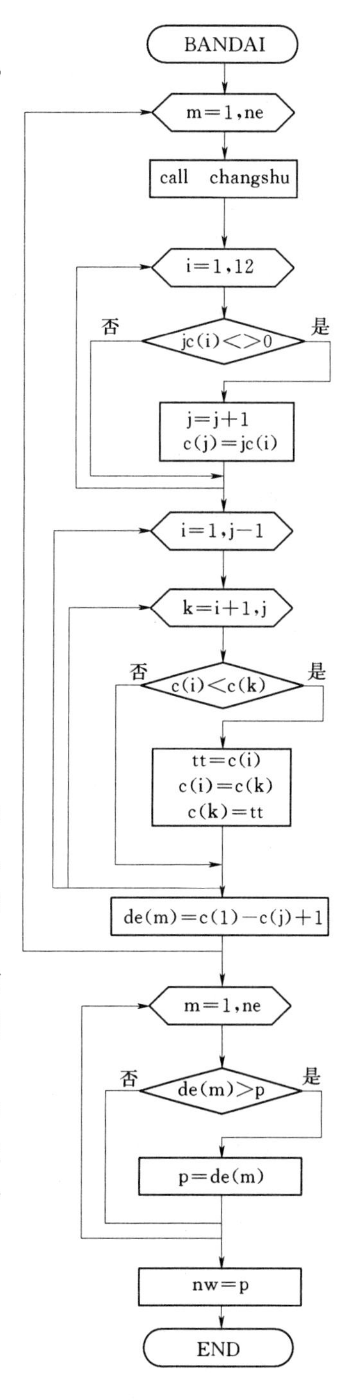

图 7.6 子程序 BANDAI 流程图

空间超静定结构静力分析子程序 BANDAI(FORTRAN90)

```
SUBROUTINE bandai(je,jc,jn,x,y,z,t)
common ne,nj,npj,npf,nz,nw,n,bl,m,i
DIMENSION je(2,ne),jc(12),c(12),de(ne),jn(6,nj),t(12,12)
do m=1,ne
```

```
call changshu(je,jn,x,y,z,jc,t)
j=0
do i=1,12
IF(jc(i).NE.0) THEN
j=j+1
c(j)=jc(i)
end if
end do
do i=1,j-1
do k=i+1, j
IF(c(i).LT.c(k)) THEN
tt=c(i)
c(i)=c(k)
c(k)=tt
end if
end do
end do
de(m)=c(1)-c(j)+1
end do
p=0
do m=1,ne
IF(de(m).GT.p) p=de(m)
end do
nw=p
return
END
```

空间超静定结构静力分析子程序 BANDAI(BASIC)

```
sub bandai
For m=1 To ne
j1=je(1, m)
j2=je(2, m)
call changshu
j=0
For i=1 To 12
If jc(i) <> 0 Then
j=j+1
c(j)=jc(i)
End If
Next i
For i=1 To j-1
For k=i+1 To j
If c(i) < c(k) Then
ttppp=c(i)
```

```
ggoo=c(k)
c(i)=ggoo
c(k)=ttppp
End If
Next k
Next i
de(m)=c(1)-c(j)+1
Next m
pa=0
For m=1 To ne
If de(m) > pa Then pa=de(m)
Next m
nw=pa
end sub
```

3. 子程序 HEZAI

作用在结构上的荷载包括结点荷载和非结点荷载，非结点荷载类型见表 7.1。结点荷载按其对应的作用位置直接集成到荷载向量中。单元上的非结点荷载引起的单元固端力要先转换成整体坐标系的单元等效结点荷载，然后再根据单元定位向量集成到荷载向量中。子程序 HEZAI 的流程图如图 7.7 所示。

```
空间超静定结构静力分析子程序 HEZAI(FORTRAN90)
SUBROUTINE hezai(p,pj,pf,t,fo,je,jc,f,jn,x,y,z)
common ne,nj,npj,npf,nz,nw,n,bl,m,i
DIMENSION jn(6,nj),je(2,ne),pj(2,npj),pf(5,npf),jc(12)
real * 8  T(12,12),f(12),fo(12),p(n)
do i=1, n
p(i)=0
end do
IF(npj. NE. 0) THEN
do i=1,npj
l=pj(1, i)
p(l)=pj(2, i)
end do
end if
IF(npf. NE. 0) THEN
do i=1,npf
m=pf(1, i)
call changshu(je,jn,x,y,z,jc,t)
CALL bound(pf,fo)
do l=1, 12
S=0
do k=1, 12
```

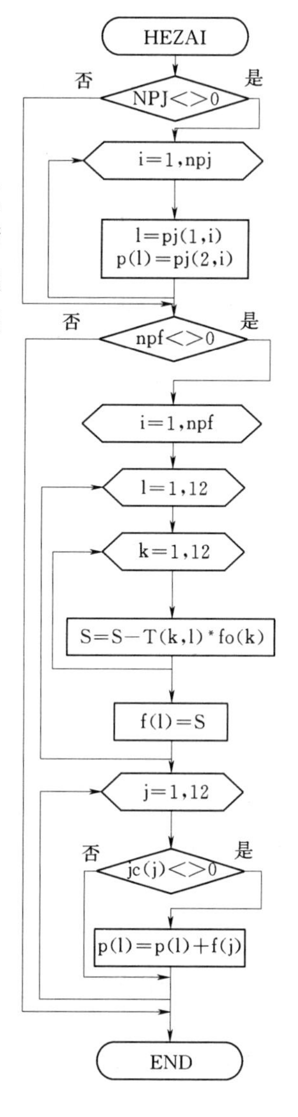

图 7.7 子程序 HEZAI 流程图

```
S=S-T(k, l) * fo(k)
end do
f(l)=S
end do
do j=1, 12
l=jc(j)
IF(l. NE. 0) p(l)=p(l)+f(j)
END DO
END DO
end if
return
END
```

空间超静定结构静力分析子程 HEZAII(BASIC)

```
sub hezai
For i=1 To n
p(i)=0
Next i
If npj <> 0 Then
For i=1 To npj
l=pj(1, i)
p(l)=pj(2, i)
Next i
End If
If npf <> 0 Then
For i=1 To npf
m=pf(1, i)
j1=je(1, m)
j2=je(2, m)
call changshu
CALL bound
For l=1 To 12
s=0
For k=1 To 12
s=s-t(k, l) * fo(k)
Next k
f(l)=s
Next l
For j=1 To 12
l=jc(j)
If l <> 0 Then p(l)=p(l)+f(j)
Next j
Next i
End If
```

```
end sub
```

4. 子程序 GANGDU

空间超静定结构的整体刚度矩阵不仅是对称矩阵，而且还是带状矩阵。矩阵中有许多零元素，非零元素集中分布在主对角线两侧的斜带状区域内，愈是大型结构，整体刚度矩阵的带状分布规律就愈明显。

对于对称带状系数矩阵的线性方程组，在消元过程中，由消元各行的系数组成的子方阵仍是对称矩阵，并且带状区域以外的零元素仍然等于零。所以，系数矩阵带状区域以外的零元素不需要存储，而只需要存储系数矩阵上三角（或下三角）部分半带宽范围内的元素。即等带宽存储，亦称半带存储。

设空间超静定结构的整体刚度矩阵为 N×N 阶矩阵，最大半带宽为 NW（此值可由子程序 BANDAI 求出）。当采用等带宽存储时，可将矩阵上半带范围内的元素，存储在 N×NW 阶矩阵中。子程序 GANGDU 的流程图如图 7.8 所示。

空间超静定结构静力分析子程序 GANGDU(FORTRAN90)

```
SUBROUTINE gangdu(jn,jc,je,kd,kb,ke,t,EA,EIxy,EIxz,
GIp,x,y,z)
common ne,nj,npj,npf,nz,nw,n,bl,m,i
DIMENSION  jn(6,nj),jc(12),je(2,ne)
real * 8  kd(12, 12),ke(12, 12),kb(n, nw),T(12,12)
do i=1, n
do j=1, nw
kb(i, j)=0
end do
end do
do m=1,ne
call changshu(je,jn,x,y,z,jc,t)
CALL dangang(kd,EA,EIxy,EIxz,GIp,je,jn,x,y,z,jc,t)
do i=1, 12
do j=1, 12
S=0
do l=1, 12
do k=1, 12
S=S+T(l, i) * kd(l, k) * T(k, j)
end do
end do
ke(i, j)=S
end do
```

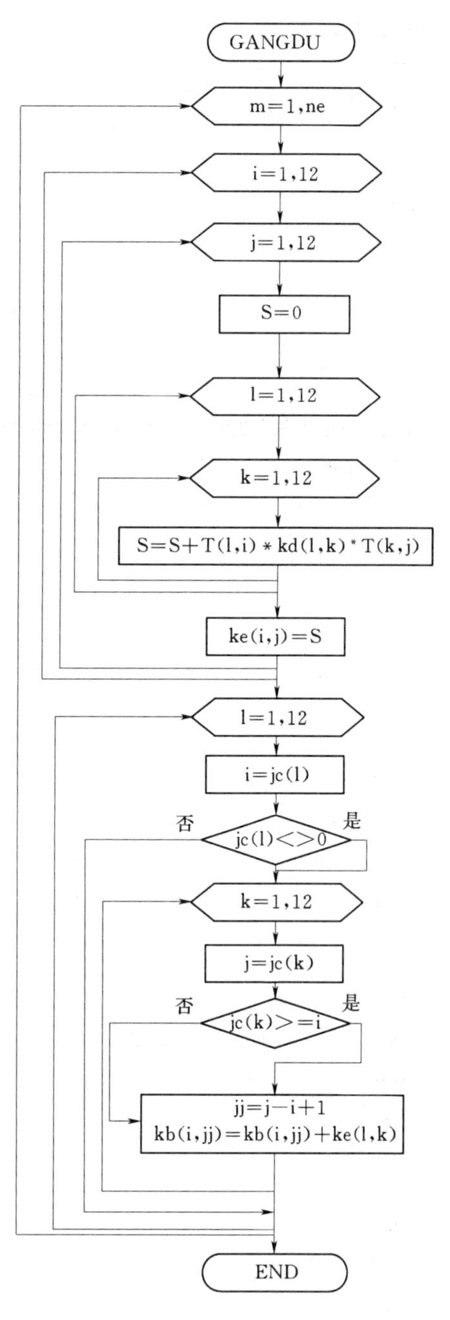

图 7.8 子程序 GANGDU 流程图

```
end do
do l=1, 12
i=jc(l)
IF(i.NE.0) THEN
do k=1, 12
j=jc(k)
IF(j.GE.i) THEN
jj=j-i+1
kb(i, jj)=kb(i, jj)+ke(l, k)
end if
end do
end if
end do
end do
Return
End
```

空间超静定结构静力分析子程序 GANGDU(BASIC)

```
sub gangdu
For i=1 To n
For j=1 To nw
kb(i, j)=0
Next j
Next i
For m=1 To ne
j1=je(1, m)
j2=je(2, m)
call changshu
CALL dangang
For i=1 To 12
For j=1 To 12
s=0
For l=1 To 12
For k=1 To 12
s=s+t(l, i) * kd(l, k) * t(k, j)
Next k
Next l
ke(i, j)=s
Next j
Next i
For l=1 To 12
i=jc(l)
If i <> 0 Then
For k=1 To 12
```

```
j=jc(k)
If j >=i Then
jj=j-i+1
kb(i, jj)=kb(i, jj)+ke(l, k)
End If
Next k
End If
Next l
Next m
end sub
```

5. 子程序 FANGCHENG

矩阵位移法基本方程其矩阵形式为

$$[K]\{\triangle\}=\{P\}$$

该方程可采用高斯消去法进行求解。由于刚度矩阵 $[K]$ 采用了半带存储，因此在求解过程中要注意元素的对应关系。子程序 FANGCHENG 的流程图如图 7.9 所示。

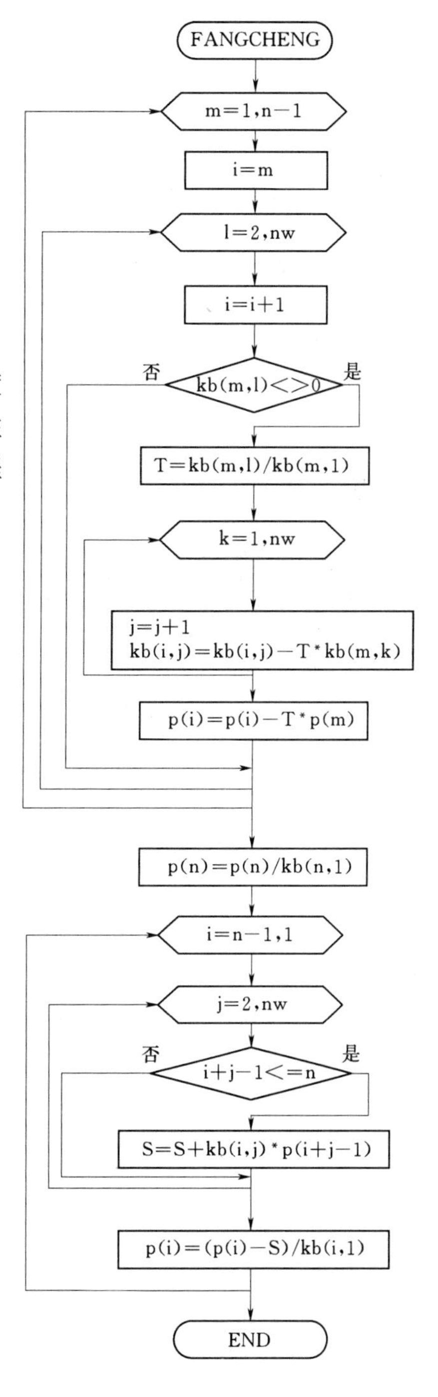

图 7.9 子程序 FANGCHENG 流程图

```
空间超静定结构静力分析子程序 FANGCHENG(FORTRAN90)
SUBROUTINE fangcheng(kb,p,dd,d,jn)
common ne,nj,npj,npf,nz,nw,n,bl,m,i
DIMENSION jn(6,nj)
real * 8   kb(n, nw),d(12),p(n),dd(6,nj)
do m=1,n-1
i=m
do l=2, nw
i=i+1
IF(kb(m, l). NE. 0 )THEN
T=kb(m, l)/kb(m, 1)
j=0
do k=1,nw
j=j+1
kb(i, j)=kb(i, j)-T * kb(m, k)
end do
p(i)=p(i)-T * p(m)
end if
end do
end do
p(n)=p(n)/kb(n, 1)
do i=n-1, 1,-1
S=0
do j=2, nw
IF((i+j-1). LE. n) S=S+kb(i, j) * p(i+j-1)
```

```
end do
p(i) =(p(i)-S)/kb(i, 1)
end do
do i=1, nj
do j=1, 6
d(j)=0
l=jn(j, i)
IF(l.NE.0) d(j)=p(l)
end do
dd(1,i)=d(1)
dd(2,i)=d(2)
dd(3,i)=d(3)
dd(4,i)=d(4)
dd(5,i)=d(5)
dd(6,i)=d(6)
end do
return
END
```

空间超静定结构静力分析子程序 FANGCHENG(BASIC)

```
sub fangcheng
For k=1 To n-1
im=k+nw-1
If im > n Then im=n
i1=k+1
For i=i1 To im
l=i-k+1
tt=kb(k, l)/kb(k, 1)
If(n-k+1) < nw Then
jm=n-k+1 -(i-k)
Else
jm=nw -(i-k)
End If
For j=1 To jm
jj=i-k+j
kb(i, j)=kb(i, j)-tt * kb(k, jj)
Next j
p(i)=p(i)-tt * p(k)
Next i
Next k
p(n)=p(n)/kb(n, 1)
For i=n-1 To 1 Step -1
q=0
For j=2 To nw
```

```
If j+i-1 <=n Then q=q+kb(i, j) * p(j+i-1)
Next j
p(i) =(p(i)-q)/kb(i, 1)
Next i
For i=1 To nj
For j=1 To 6
d(j)=0
l=jn(j, i)
If l <> 0 Then d(j)=p(l)
Next j
dd(1,i)=d(1)
dd(2,i)=d(2)
dd(3,i)=d(3)
dd(4,i)=d(4)
dd(5,i)=d(5)
dd(6,i)=d(6)
Next i
end sub
```

6. 子程序 GANDUANLI

当子程序 FANGCHENG 求出位移后，即可由位移计算杆件单元在局部坐标系中的杆端内力 $\{\overline{F}\}^e$

$$\{\overline{F}\}^e=[\overline{k}]^e\{\overline{\Delta}\}^e+\{\overline{F}_p\}^e \qquad (7.14)$$

由式（7.14），单元杆端内力 $\{\overline{F}\}^e$ 的计算分为两步，先求出单元局部坐标系中的杆端位移 $\{\overline{\Delta}\}^e$ 产生的杆端力，再叠加非结点荷载产生的单元杆端力 $\{\overline{F}_p\}^e$。

程序设计时，先由结点位移取得单元在整体坐标系中的杆端位移 $d(12)$，前乘坐标转换矩阵 $T(12, 12)$，得到局部坐标系中的杆端位移，再次前乘局部坐标系中的单元刚度矩阵 $KD(12, 12)$，就得到单元局部坐标系中的杆端位移 $\{\overline{\Delta}\}^e$ 产生的杆端力 $f(12)$。

当有非结点荷载时，调用子程序 BOUND，得到由非结点荷载引起的局部坐标系中的单元杆端力 $fo(12)$，然后再累加到数组 $f(12)$ 中。最终得到局部坐标系中的单元杆端内力 $f(12)$。

杆端轴力和剪力为正值时表示其方向与局部坐标系坐标轴的正方向一致，反之相反。当杆端

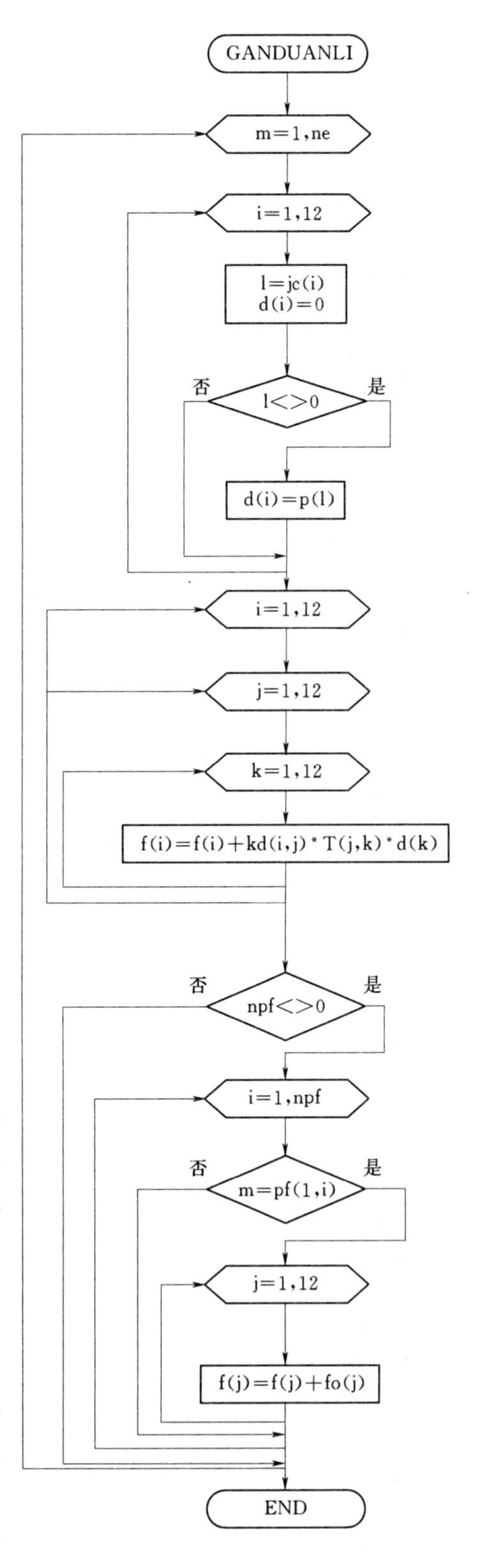

图 7.10 子程序 GANDUANLI 流程图

力矩为正值时表示其方向为逆时针方向，反之相反。子程序 GANDUANLI 的流程图如图 7.10 所示。

空间超静定结构静力分析子程序 GANDUANLI(FORTRAN90)

```
SUBROUTINE ganduanli(je,jc,jn,pf,kd,t,f,fo,ff,p,x,y,z,EA,EIxy,EIxz,GIp)
common ne,nj,npj,npf,nz,nw,n,bl,m,i
DIMENSION jn(6,nj),je(2,ne), pf(5,npf),jc(12)
real * 8  kd(12, 12), ke(12, 12),T(12, 12), f(12), fo(12),ff(12,ne),d(12),p(n)
do m=1,ne
call changshu(je,jn,x,y,z,jc,t)
CALL dangang(kd,EA,EIxy,EIxz,GIp,je,jn,x,y,z,jc,t)
do i=1,12
l=jc(i)
d(i)=0
IF(l. NE. 0) d(i)=p(l)
end do
do i=1,12
f(i)=0
do j=1, 12
do k=1, 12
f(i)=f(i)+kd(i, j) * T(j, k) * d(k)
end do
end do
end do
IF(npf. NE. 0) THEN
do i=1, npf
l=pf(1, i)
IF(m. EQ. l) THEN
call bound(pf,fo)
do j=1,12
f(j)=f(j)+fo(j)
end do
end if
end do
end if
ff(1,m)=f(1)
ff(2,m)=f(2)
ff(3,m)=f(3)
ff(4,m)=f(4)
ff(5,m)=f(5)
ff(6,m)=f(6)
ff(7,m)=f(7)
ff(8,m)=f(8)
ff(9,m)=f(9)
```

```
ff(10,m)=f(10)
ff(11,m)=f(11)
ff(12,m)=f(12)
end do
return
END
```

空间超静定结构静力分析子程序 GANDUANLI(BASIC)

```
sub ganduanli
For m=1 To ne
j1=je(1, m)
j2=je(2, m)
call changshu
CALL dangang
For i=1 To 12
l=jc(i)
d(i)=0
If l <> 0 Then d(i)=p(l)
Next i
For i=1 To 12
f(i)=0
For j=1 To 12
For k=1 To 12
f(i)=f(i)+kd(i, j) * t(j, k) * d(k)
Next k
Next j
Next i
If npf <> 0 Then
For i=1 To npf
l=pf(1, i)
If m=l Then
call bound
For j=1 To 12
f(j)=f(j)+fo(j)
Next j
End If
Next i
End If
ff(1,m)=f(1)
ff(2,m)=f(2)
ff(3,m)=f(3)
ff(4,m)=f(4)
ff(5,m)=f(5)
ff(6,m)=f(6)
```

```
ff(7,m)=f(7)
ff(8,m)=f(8)
ff(9,m)=f(9)
ff(10,m)=f(10)
ff(11,m)=f(11)
ff(12,m)=f(12)
Next m
end sub
```

7. 子程序CHANGSHU

该程序主要用来计算单元常数，包括单元长度、单元杆轴在 xoz 面的投影与整体坐标系 x 轴夹角 α 的正弦值和余弦值。单元杆轴与 xoz 面夹角 β 的正弦值和余弦值。同时形成单元坐标转换矩阵［T］。

```
空间超静定结构静力分析子程序CHANGSHU(FORTRAN90)
SUBROUTINE changshu(je,jn,x,y,z,jc,t)
common ne,nj,npj,npf,nz,nw,n,bl,m,i
DIMENSION jn(6,nj), x(nj), y(nj),z(nj),jc(12),je(2,ne)
real*8  T(12, 12)
j1=je(1, m)
j2=je(2, m)
do l=1, 6
jc(l)=jn(l, j1)
jc(l+6)=jn(l, j2)
end do
dx=x(j2)-x(j1)
dy=y(j2)-y(j1)
dz=z(j2)-z(j1)
bl=SQRT(dx*dx+dy*dy+dz*dz)
If((dx*dx+dz*dz).NE.0) Then
sia=dz/  SQRT(dx*dx+dz*dz)
coa=dx/  SQRT(dx*dx+dz*dz)
End If
sib=dy/bl
cob=Sqrt(dx*dx+dz*dz)/bl
DO l=1, 12
DO k=1, 12
t(l, k)=0
END DO
END DO
If(sib.NE.1) Then
t(1, 1)=coa*cob
t(1, 2)=sib
t(1, 3)=sia*cob
t(2, 1)=-coa*sib
```

```
t(2, 2)=cob
t(2, 3)=-sia * sib
t(3, 1)=-sia
t(3, 3)=coa
t(4, 4)=coa * cob
t(4, 5)=sib
t(4, 6)=sia * cob
t(5, 4)=-coa * sib
t(5, 5)=cob
t(5, 6)=-sia * sib
t(6, 4)=-sia
t(6, 6)=coa
End If
If((dy.GT.0).And.(sib.EQ.1)) Then
t(1, 2)=1
t(2, 1)=-1
t(3, 3)=1
t(4, 5)=1
t(5, 4)=-1
t(6, 6)=1
End If
If((dy.LT.0).And.(sib.EQ.1)) Then
t(1, 2)=-1
t(2, 1)=1
t(3, 3)=1
t(4, 5)=-1
t(5, 4)=1
t(6, 6)=1
End If
DO l=1, 6
DO k=1, 6
t(l+6, k+6)=t(l, k)
END DO
END DO
RETURN
End
```

空间超静定结构静力分析子程序 CHANGSHU(BASIC)

```
sub changshu
For l=1 To 6
jc(l)=jn(l, j1)
jc(l+6)=jn(l, j2)
Next l
dx=x(j2)-x(j1)
```

```
dy=y(j2)-y(j1)
dz=z(j2)-z(j1)
bl=Sqr(dx * dx+dy * dy+dz * dz)
If(dx * dx+dz * dz) <> 0 Then
sia=dz/Sqr(dx * dx+dz * dz)
coa=dx/Sqr(dx * dx+dz * dz)
End If
sib=dy/bl
cob=Sqr(dx * dx+dz * dz)/bl
For l=1 To 12
For k=1 To 12
t(l, k)=0
Next k
Next l
If sib <> 1 Then
t(1, 1)=coa * cob
t(1, 2)=sib
t(1, 3)=sia * cob
t(2, 1)=-coa * sib
t(2, 2)=cob
t(2, 3)=-sia * sib
t(3, 1)=-sia
t(3, 3)=coa
t(4, 4)=coa * cob
t(4, 5)=sib
t(4, 6)=sia * cob
t(5, 4)=-coa * sib
t(5, 5)=cob
t(5, 6)=-sia * sib
t(6, 4)=-sia
t(6, 6)=coa
End If
If dy > 0 And sib=1 Then 'z 轴与 Z 轴完全重合
t(1, 2)=1
t(2, 1)=-1
t(3, 3)=1
t(4, 5)=1
t(5, 4)=-1
t(6, 6)=1
End If
If dy < 0 And sib=1 Then 'z 轴与 Z 轴完全重合
t(1, 2)=-1
t(2, 1)=1
t(3, 3)=1
```

```
t(4, 5)=-1
t(5, 4)=1
t(6, 6)=1
End If
For l=1 To 6
For k=1 To 6
t(l+6, k+6)=t(l, k)
Next k
Next l
end sub
```

8. 子程序 DANGANG

该程序形成局部坐标系中的单元刚度矩阵 $[\bar{k}]^e$。显然，对于空间超静定结构中的一般杆件单元，其单元刚度矩阵为 12×12 阶对称方阵，该方阵表达式参见式（7.6）。

```
空间超静定结构静力分析子程序 DANGANG(FORTRAN90)
SUBROUTINE dangang(kd,EA,EIxy,EIxz,GIp,je,jn,x,y,z,jc,t)
common ne,nj,npj,npf,nz,nw,n,bl,m,i
DIMENSION jn(6,nj),EA(ne),EIxy(ne),EIxz(ne),GIp(ne)
real*8  kd(12, 12)
call changshu(je,jn,x,y,z,jc,t)
g=EA(m)/bl
g1=2*EIxy(m)/bl
g2=3*g1/bl
g3=2*g2/bl
g4=GIp(m)/bl
g1p=2*EIxz(m)/bl
g2p=3*g1p/bl
g3p=2*g2p/bl
DO l=1, 12
DO k=1, 12
kd(l, k)=0
END DO
END DO
kd(1, 1)=g
kd(1, 7)=-g
kd(2, 2)=g3
kd(2, 6)=g2
kd(2, 8)=-g3
kd(2, 12)=g2
kd(3, 3)=g3p
kd(3, 5)=-g2p
kd(3, 9)=-g3p
kd(3, 11)=-g2p
kd(4, 4)=g4
```

```
kd(4, 10)=-g4
kd(5, 3)=-g2p
kd(5, 5)=2*g1p
kd(5, 9)=g2p
kd(5, 11)=g1p
kd(6, 2)=g2
kd(6, 6)=2*g1
kd(6, 8)=-g2
kd(6, 12)=g1
kd(7, 1)=-g
kd(7, 7)=g
kd(8, 2)=-g3
kd(8, 6)=-g2
kd(8, 8)=g3
kd(8, 12)=-g2
kd(9, 3)=-g3p
kd(9, 5)=g2p
kd(9, 9)=g3p
kd(9, 11)=g2p
kd(10, 4)=-g4
kd(10, 10)=g4
kd(11, 3)=-g2p
kd(11, 5)=g1p
kd(11, 9)=g2p
kd(11, 11)=2*g1p
kd(12, 2)=g2
kd(12, 6)=g1
kd(12, 8)=-g2
kd(12, 12)=2*g1
RETURN
End
```

空间超静定结构静力分析子程序 DANGANG(BASIC)

```
sub dangang
g=EA(m)/bl
g1=2*EIxy(m)/bl
g2=3*g1/bl
g3=2*g2/bl
g4=GIp(m)/bl
g1p=2*EIxz(m)/bl
g2p=3*g1p/bl
g3p=2*g2p/bl
For l=1 To 12
For k=1 To 12
```

```
kd(l, k)=0
Next k
Next l
kd(1, 1)=g
kd(1, 7)=-g
kd(2, 2)=g3
kd(2, 6)=g2
kd(2, 8)=-g3
kd(2, 12)=g2
kd(3, 3)=g3p
kd(3, 5)=-g2p
kd(3, 9)=-g3p
kd(3, 11)=-g2p
kd(4, 4)=g4
kd(4, 10)=-g4
kd(5, 3)=-g2p
kd(5, 5)=2*g1p
kd(5, 9)=g2p
kd(5, 11)=g1p
kd(6, 2)=g2
kd(6, 6)=2*g1
kd(6, 8)=-g2
kd(6, 12)=g1
kd(7, 1)=-g
kd(7, 7)=g
kd(8, 2)=-g3
kd(8, 6)=-g2
kd(8, 8)=g3
kd(8, 12)=-g2
kd(9, 3)=-g3p
kd(9, 5)=g2p
kd(9, 9)=g3p
kd(9, 11)=g2p
kd(10, 4)=-g4
kd(10, 10)=g4
kd(11, 3)=-g2p
kd(11, 5)=g1p
kd(11, 9)=g2p
kd(11, 11)=2*g1p
kd(12, 2)=g2
kd(12, 6)=g1
kd(12, 8)=-g2
kd(12, 12)=2*g1
end sub
```

9. 子程序 BOUND

该段程序用于求出非结点荷载产生的单元固端力，并存放在数组 $fo(12)$。非结点荷载类型见表 7.1。

```
空间超静定结构静力分析子程序 BOUND(FORTRAN90)
SUBROUTINE bound(pf,fo)
common ne,nj,npj,npf,nz,nw,n,bl,m,i
DIMENSION pf(5,npf)
real * 8   fo(12)
ind=pf(2, i)
a=pf(3, i)
q=pf(4, i)
cc=a/bl
g=cc * cc
b=bl-a
DO l=1, 12
fo(l)=0
END DO
IF((pf(5, i)).EQ.1) THEN
If(ind.EQ.1) Then
s=q * a * 0.5
fo(2)=s * (2-2 * g+cc * g)
fo(8)=s * g * (2-cc)
s=s * a/6
fo(6)=s * (6-8 * cc+3 * g)
fo(12)=-s * cc * (4-3 * cc)
ElseIf(ind.EQ.2) Then
s=b/bl
fo(2)=q * s * s * (1+2 * cc)
fo(8)=q * g * (1+2 * s)
fo(6)=q * s * s * a
fo(12)=-q * b * g
elseIf(ind.EQ.3) Then
s=q * a * 0.25
fo(2)=s * (2-3 * g+1.6 * g * cc)
fo(8)=s * g * (3-1.6 * cc)
fo(6)=s * (2-3 * cc+1.2 * g)/1.5
fo(12)=-s * cc * (1-0.8 * cc)
ElseIf(ind.EQ.4) Then
s=q * a * 0.25
fo(8)=s * (2-3 * g+1.6 * g * cc)
fo(2)=s * g * (3-1.6 * cc)
fo(12)=-s * (2-3 * cc+1.2 * g)/1.5
fo(6)=s * cc * (1-0.8 * cc)
```

```
ElseIf(ind. EQ. 5) Then
s=b/bl
fo(2)=-q * g * (3 * s+cc)
fo(8)=-fo(2)
s=s * b/bl
fo(6)=q * s * a
fo(12)=-q * g * b
ElseIf(ind. EQ. 6) Then
fo(1)=-q * a * (1-0. 5 * cc)
fo(7)=-0. 5 * q * cc * a
ElseIf(ind. EQ. 7) Then
fo(1)=-q * b/bl
fo(7)=-q * cc
ElseIf(ind. EQ. 8) Then
s=b/bl
fo(2)=-6 * q * cc * s/bl
fo(8)=-fo(2)
fo(6)=-q * s * (2-3 * s)
fo(12)=-q * cc * (2-3 * cc)
End If
END IF

IF((pf(5, i)). EQ. 2) THEN
If(ind. EQ. 1) Then
s=q * a * 0. 5
fo(3)=s * (2-2 * g+cc * g)
fo(9)=s * g * (2-cc)
s=s * a/6
fo(5)=-s * (6-8 * cc+3 * g)
fo(11)=s * cc * (4-3 * cc)
ElseIf(ind. EQ. 2) Then
s=b/bl
fo(3)=q * s * s * (1+2 * cc)
fo(9)=q * g * (1+2 * s)
fo(5)=-q * s * s * a
fo(11)=q * b * g
ElseIf(ind. EQ. 3) Then
s=q * a * 0. 25
fo(3)=s * (2-3 * g+1. 6 * g * cc)
fo(9)=s * g * (3-1. 6 * cc)
fo(5)=-s * (2-3 * cc+1. 2 * g)/1. 5
fo(11)=s * cc * (1-0. 8 * cc)
ElseIf(ind. EQ. 4) Then
s=q * a * 0. 25
```

```
fo(9)=s*(2-3*g+1.6*g*cc)
fo(3)=s*g*(3-1.6*cc)
fo(11)=s*(2-3*cc+1.2*g)/1.5
fo(5)=-s*cc*(1-0.8*cc)
ElseIf(ind.EQ.5) Then
s=b/bl
fo(3)=q*g*(3*s+cc)
fo(9)=-fo(2)
s=s*b/bl
fo(5)=q*s*a
fo(11)=-q*g*b
ElseIf(ind.EQ.6) Then
fo(1)=-q*a*(1-0.5*cc)
fo(7)=-0.5*q*cc*a
ElseIf(ind.EQ.7) Then
fo(1)=-q*b/bl
fo(7)=-q*cc
ElseIf(ind.EQ.8) Then
s=b/bl
fo(3)=6*q*cc*s/bl
fo(9)=-fo(2)
fo(5)=-q*s*(2-3*s)
fo(11)=-q*cc*(2-3*cc)
End If
End IF
RETURN
End
```

空间超静定结构静力分析子程序 BOUND(BASIC)

```
sub bound
ind=pf(2, i)
a=pf(3, i)
q=pf(4, i)
cc=a/bl
g=cc*cc
b=bl-a
For l=1 To 12
fo(l)=0
Next l
Select Case pf(5, i)
Case 1 ' xoy平面内的荷载
If ind=1 Then ' 竖向均布荷载(xoy平面内,与y轴方向相反为正值)
s=q*a*0.5
fo(2)=s*(2-2*g+cc*g)
```

```
fo(8)=s*g*(2-cc)
s=s*a/6
fo(6)=s*(6-8*cc+3*g)
fo(12)=-s*cc*(4-3*cc)
ElseIf ind=2 Then'竖向集中荷载
s=b/bl
fo(2)=q*s*s*(1+2*cc)
fo(8)=q*g*(1+2*s)
fo(6)=q*s*s*a
fo(12)=-q*b*g
elseIf ind=3 Then'正三角形荷载
s=q*a*0.25
fo(2)=s*(2-3*g+1.6*g*cc)
fo(8)=s*g*(3-1.6*cc)
fo(6)=s*(2-3*cc+1.2*g)/1.5
fo(12)=-s*cc*(1-0.8*cc)
ElseIf ind=4 Then'反三角形荷载
s=q*a*0.25
fo(8)=s*(2-3*g+1.6*g*cc)
fo(2)=s*g*(3-1.6*cc)
fo(12)=-s*(2-3*cc+1.2*g)/1.5
fo(6)=s*cc*(1-0.8*cc)
ElseIf ind=5 Then'均布力偶(xoy面内,顺时针为正)
s=b/bl
fo(2)=-q*g*(3*s+cc)
fo(8)=-fo(2)
s=s*b/bl
fo(6)=q*s*a
fo(12)=-q*g*b
ElseIf ind=6 Then'均布水平荷载
fo(1)=-q*a*(1-0.5*cc)
fo(7)=-0.5*q*cc*a
ElseIf ind=7 Then'集中力(水平方向)
fo(1)=-q*b/bl
fo(7)=-q*cc
ElseIf ind=8 Then'集中力偶(xoy面内,顺时针为正)
s=b/bl
fo(2)=-6*q*cc*s/bl
fo(8)=-fo(2)
fo(6)=-q*s*(2-3*s)
fo(12)=-q*cc*(2-3*cc)
End If
Case 2'xoz平面内的荷载
If ind=1 Then'竖向均布荷载(xoz平面内,与z轴方向相反为正值)
```

```
s=q*a*0.5
fo(3)=s*(2-2*g+cc*g)
fo(9)=s*g*(2-cc)
s=s*a/6
fo(5)=-s*(6-8*cc+3*g)
fo(11)=s*cc*(4-3*cc)
ElseIf ind=2 Then '竖向集中荷载
s=b/bl
fo(3)=q*s*s*(1+2*cc)
fo(9)=q*g*(1+2*s)
fo(5)=-q*s*s*a
fo(11)=q*b*g
ElseIf ind=3 Then '正三角形荷载
s=q*a*0.25
fo(3)=s*(2-3*g+1.6*g*cc)
fo(9)=s*g*(3-1.6*cc)
fo(5)=-s*(2-3*cc+1.2*g)/1.5
fo(11)=s*cc*(1-0.8*cc)
ElseIf ind=4 Then '反三角形荷载
s=q*a*0.25
fo(9)=s*(2-3*g+1.6*g*cc)
fo(3)=s*g*(3-1.6*cc)
fo(11)=s*(2-3*cc+1.2*g)/1.5
fo(5)=-s*cc*(1-0.8*cc)
ElseIf ind=5 Then '均布力偶(xoz 面内,顺时针为正)
s=b/bl
fo(3)=q*g*(3*s+cc)
fo(9)=-fo(2)
s=s*b/bl
fo(5)=q*s*a
fo(11)=-q*g*b
ElseIf ind=6 Then '均布水平荷载
fo(1)=-q*a*(1-0.5*cc)
fo(7)=-0.5*q*cc*a
ElseIf ind=7 Then '集中力(水平方向)
fo(1)=-q*b/bl
fo(7)=-q*cc
ElseIf ind=8 Then '集中力偶(xoz 面内,顺时针为正)
s=b/bl
fo(3)=6*q*cc*s/bl
fo(9)=-fo(2)
fo(5)=-q*s*(2-3*s)
fo(11)=-q*cc*(2-3*cc)
End If
```

```
End Select
End Sub
```

10. 子程序 OUTPUT1

所有原始数据以及计算结果在调用子程序 OUTPUT1 时输出，输出内容包括所有原始数据，结点位移以及局部坐标系中的单元杆端力。子程序 OUTPUT1 的流程图如图 7.11 所示。

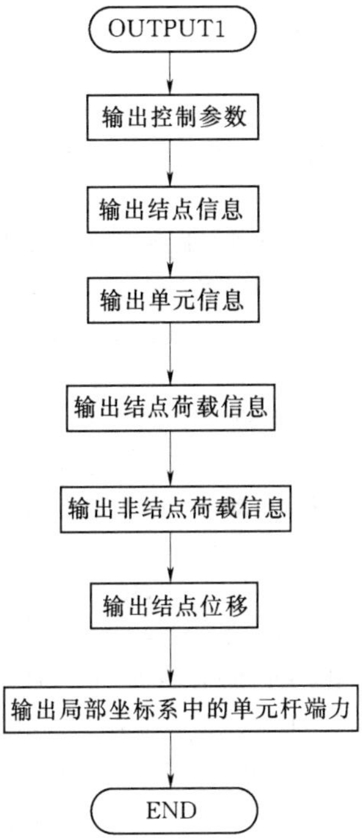

图 7.11 子程序 OUTPUT1 流程图

```
空间超静定结构静力分析子程序 OUTPUT1(FORTRAN90、后处理法)
SUBROUTINE output1(je,jn,EA,EIxy,EIxz,GIp,zhi,pjj,pf,x,y,z,dd,
ff)
common ne,nj,npj,npf,nz,nw,n,bl,m,i
DIMENSION  je(2,ne), jn(6,nj), EA(ne),EIxy(ne),EIxz(ne),GIp
(ne), x(nj), y(nj),z(nj)
DIMENSION  pjj(3,npj),pf(5,npf),zhi(7,nz)
real * 8 ff(12,ne),dd(6,NJ)
WRITE(2,10) NE,NJ,NZ,NPJ,NPF
WRITE(2,20)(J,X(J),Y(J),Z(J),(JN(I,J),I=1,6),J=1,NJ)
WRITE(2,30)(J,(JE(I,J),I=1,2),EA(J),EIxy(J),EIxz(j), GIp(j),J=
1,NE)
WRITE(2,40)(j,(ZHI(I,J),I=1,7),J=1,NZ)
IF(NPJ.NE.0) WRITE(2,50)((PJJ(I,J),I=1,3),J=1,NPJ)
IF(NPF.NE.0) WRITE(2,60)((PF(I,J),I=1,5),J=1,NPF)
10 FORMAT(/6X,'NE=',I5,2X,'NJ=',I5,2X,'Nz=',I5,2X,'NPF=',I5,
2X,'NPF=',I5,2X)
20FORMAT(/7X,'NODE',7X,'X',11X,'Y',11X,'Z',12X,'XX',8X,'YY',8X,'ZZ',8X,'ROTX',8X,'ROTY',8X,'TOTZ'/&
&(1X,I10,3F12.4,6I10))
30FORMAT(/4X,'ELEMENT',4X,'NODE-1',4X,'NODE-J',11X,'EA',13X,'EIxy'13X,'EIxz',13X,'GIp'/(1X,
3I10,4E15.6))
40FORMAT(/4x,'node',7X,'X',11X,'Y',7X,'Z',8X,'ROTX',8X,'ROTY',8X,'TOTZ',8x,'code'/(1X,I10.0,6F10.4,
F10.0))
50 FORMAT(/7X,'CODE',7X,'PX-PY-PM',7X,'DIRECTION'/(1X,F10.0,F15.4,F10.0))
60FORMAT(/4X,'ELEMENT',7X,'IND',10X,'A',14X,'Q',14X,'Coordinate system(1--XOY;2--XOZ)'/(1X,
2F10.0,3F15.4))
WRITE(2,70)(J,(DD(I,J),I=1,6),J=1,NJ)
write(2,81)
81FORMAT(/7X,'ELEMENT',7X,'FX',20X,'FY',20X,'FZ',20X,'M-X(RotX)',20X,'M-Y(RotY)',20X,'M-Z
(RotZ)')
do j=1,ne
WRITE(2,80) J,(FF(I,J),i=1,12)
end do
70FORMAT(/7X,'NODE',7X,'Ux',14X,'Uy',14X,'Uz',14X,'ROTx',14X,'ROTy',14X,'ROTz'/(1X,I10,6F15.6))
80FORMAT(/1X,I10,7X,'Fx1=',F12.4,7X,'Fy1=',F12.4,7X,'Fz1=',F12.4,7X,'Mx1=',F12.4,7X,'My1=',
```

```
F12.4,7X,&
    &'Mz1=',F12.4/18X,'Fx1=',F12.4,7X,'Fy1=',F12.4,7X,'Fz1=',F12.4,7X,'Mx1=',F12.4,7X,'My1=',F12.4,
7X,'Mz1=',F12.4)
    CLOSE(1)
    CLOSE(2)
    return
    end
```

空间超静定结构静力分析子程序 OUTPUT1(FORTRAN90、先处理法)

```
    SUBROUTINE output1(je,jn,EA,EIxy,EIxz,GIp,pj,pf,x,y,z,dd,ff)
    common ne,nj,npj,npf,nw,n,bl,m,i
    DIMENSION  je(2,ne), jn(6,nj), EA(ne),EIxy(ne),EIxz(ne),GIp(ne), x(nj), y(nj),z(nj)
    DIMENSION  pj(2,npj), pf(5,npf)
    real * 8 ff(12,ne),dd(6,NJ)
    WRITE(2,10) NE,NJ,N,NPJ,NPF
    WRITE(2,20)(J,X(J),Y(J),Z(J),(JN(I,J),I=1,6),J=1,NJ)
    WRITE(2,30)(J,(JE(I,J),I=1,2),EA(J),EIxy(J),EIxz(j), GIp(j),J=1,NE)
    IF(NPJ.NE.0) WRITE(2,50)((PJ(I,J),I=1,2),J=1,NPJ)
    IF(NPF.NE.0) WRITE(2,60)((PF(I,J),I=1,5),J=1,NPF)
    10 FORMAT(/6X,'NE=',I5,2X,'NJ=',I5,2X,'N=',I5,2X,'NPF=',I5,2X,'NPF=',I5,2X)
    20 FORMAT(/7X,'NODE',7X,'X',11X,'Y',11X,'Z',12X,'XX',8X,'YY',8X,'ZZ',8X,'ROTX',8X,'ROTY',8X,'TOTZ'/&
    &(1X,I10,3F12.4,6I10))
    30 FORMAT(/4X,'ELEMENT',4X,'NODE-1',4X,'NODE-J',11X,'EA',13X,'EIxy'13X,'EIxz',13X,'GIp'/(1X,
3I10,4E15.6))
    50 FORMAT(/7X,'CODE',7X,'PX-PY-PM'/(1X,F10.0,F15.4))
    60FORMAT(/4X,'ELEMENT',7X,'IND',10X,'A',14X,'Q',14X,'Coordinate system(1--XOY;2--XOZ)'/(1X,
2F10.0,3F15.4))
    WRITE(2,70)(J,(DD(I,J),I=1,6),J=1,NJ)
    write(2,81)
    81 FORMAT(/7X,'ELEMENT',7X,'N',20X,'Q',20X,'M')
    do j=1,ne
    WRITE(2,80) J,(FF(I,J),i=1,12)
    end do
    70FORMAT(/7X,'NODE',7X,'Ux',14X,'Uy',14X,'Uz',14X,'ROTx',14X,'ROTy',14X,'ROTz'/(1X,I10,6F15.6))
    80FORMAT(/1X,I10,7X,'Fx1=',F12.4,7X,'Fy1=',F12.4,7X,'Fz1=',F12.4,7X,'Mx1=',F12.4,7X,'My1=',
F12.4,7X,&
    &'Mz1=',F12.4/18X,'Fx1=',F12.4,7X,'Fy1=',F12.4,7X,'Fz1=',F12.4,7X,'Mx1=',F12.4,7X,'My1=',F12.4,
7X,'Mz1=',F12.4)
    CLOSE(1)
    CLOSE(2)
    return
    end
```

空间超静定结构静力分析子程序 OUTPUT1(BASIC,后处理法)

```
sub output1
Print #2, Tab(6); "ne="; ne; "nj="; nj; "nz="; nz; "npj="; npj; "npf="; npf
Print #2,
Print #2, Tab(6); "node"; Tab(15); "x"; Tab(25); "y"; Tab(35); "z";
Print #2, Tab(45); "jn(1,i)"; Tab(55); "jn(2,i)"; Tab(65); "jn(3,i)"; Tab(75);
Print #2, "jn(4,i)"; Tab(85); "jn(5,i)"; Tab(95); "jn(6,i)"
For i=1 To nj
Print #2, Tab(5); i; Tab(15); x(i); Tab(25); y(i); Tab(35); z(i);
Print #2, Tab(45); jn(1, i); Tab(55); jn(2, i); Tab(65); jn(3, i); Tab(75); jn(4, i);
print #2, Tab(85); jn(5, i); Tab(95); jn(6, i)
Next i
Print #2,
Print #2, Tab(6); "element"; Tab(15); "je1"; Tab(25); "je2"; Tab(35); "EA"; Tab(45); "EIxy";
Print #2, Tab(55); "EIxz"; Tab(65); "GIp"
For i=1 To ne
Print #2, Tab(6); i; Tab(15); je(1, i); Tab(25); je(2, i); Tab(35); EA(i); Tab(45); EIxy(i);
Print #2, Tab(55); EIxz(i); Tab(65); GIp(i)
Next i
Print #2,
PRINT #2,TAB(6); "xx"; TAB(15); "yy"; TAB(25); "zz";TAB(35); "ROTx";
print #2, TAB(45); "ROTy"; TAB(55); "ROTz";TAB(65)"node"
for i=1 to nz
print #2, TAB(6);zhi(1, i);TAB(15); zhi(2, i);TAB(25); zhi(3,i);TAB(35); zhi(4,i);
print #2, TAB(45);zhi(5, i);TAB(55); zhi(6, i);TAB(65); zhi(7,i)
next i
PRINT #2,
IF npj <> 0 THEN
PRINT #2,TAB(6); "code"; TAB(15); "px-py-pm";TAB(25);"direction"
FOR i=1 TO npj
PRINT #2,TAB(6); pjj(1, i); TAB(15); pjj(2, i);TAB(25); pjj(3, i)
NEXT i
end if
Print #2,
If npf <> 0 Then
Print #2, Tab(3); "element "; Tab(15); "ind"; Tab(25); "a"; Tab(35); "q";
print #2, Tab(45);"Coordinate system(1--XOY;2--XOZ)"
For i=1 To npf
Print #2, Tab(3); pf(1, i); Tab(15); pf(2, i); Tab(25); pf(3, i); Tab(35); pf(4, i); Tab(45); pf(5, i)
Next i
End If
Print #2,"****************************************************************"
Print #2, Tab(6); "node"; Tab(15); "Ux"; Tab(25); "Uy"; Tab(35); "Uz";
Print #2, Tab(45); "RotX"; Tab(55); "RotY"; Tab(65); "RotZ"
for i=1 to nj
```

```
Print #2, Tab(6); i; Tab(14); dd(1,i); Tab(24); dd(2,i); Tab(34); dd(3,i);
Print #2, Tab(44); dd(4,i); Tab(54); dd(5,i); Tab(64); dd(6,i)
next i
Print #2, Tab(3); "element "; Tab(18); "FX"; Tab(33); "FY"; Tab(48); "FZ";
Print #2, Tab(63); "M-X(RotX)"; Tab(78); "M-Y(RotY)"; Tab(93); "M-Z(RotZ)"
Print #2,
for m=1 to ne
Print #2, Tab(6); m; Tab(12); "Fx1="; ff(1,m); Tab(27);
Print #2, "Fy1="; ff(2,m); Tab(42); "Fz1="; ff(3,m);
Print #2, Tab(57); "Mx1="; ff(4,m); Tab(72); "My1="; ff(5,m); Tab(87); "Mz1="; ff(6,m)
Print #2, Tab(6); m; Tab(12); "Fx2="; ff(7,m); Tab(27);
Print #2, "Fy2="; ff(8,m); Tab(42); "Fz2="; ff(9,m);
Print #2, Tab(57); "Mx2="; ff(10,m); Tab(72); "My2="; ff(11,m); Tab(87); "Mz2="; ff(12,m)
Print #2,
next m
close #2
end sub
```

空间超静定结构静力分析子程序 OUTPUT1(BASIC,先处理法)

```
sub output1
Print #2, Tab(6); "ne="; ne; "nj="; nj; "n="; n; "npj="; npj; "npf="; npf
Print #2,
Print #2, Tab(6); "node"; Tab(15); "x"; Tab(25); "y"; Tab(35); "z";
Print #2, Tab(45); "jn(1,i)"; Tab(55); "jn(2,i)"; Tab(65); "jn(3,i)"; Tab(75); "jn(4,i)"; Tab(85); "jn(5,i)"; Tab(95); "jn(6,i)"
For i=1 To nj
Print #2, Tab(5); i; Tab(15); x(i); Tab(25); y(i); Tab(35); z(i);
Print #2, Tab(45); jn(1, i); Tab(55); jn(2, i); Tab(65); jn(3, i); Tab(75); jn(4, i); Tab(85); jn(5, i); Tab(95); jn(6, i)
Next i
Print #2,
Print #2, Tab(6); "element"; Tab(15); "je1"; Tab(25); "je2"; Tab(35); "EA"; Tab(45); "EIxy"; Tab(55); "EIxz"; Tab(65); "GIp"
For i=1 To ne
Print #2, Tab(6); i; Tab(15); je(1, i); Tab(25); je(2, i); Tab(35); EA(i); Tab(45); EIxy(i); Tab(55); EIxz(i); Tab(65); GIp(i)
Next i
Print #2,
If npj <> 0 Then
Print #2, Tab(6); "code"; Tab(15); "px-py-pm"
For i=1 To npj
Print #2, Tab(6); pj(1, i); Tab(15); pj(2, i)
Next i
End If
```

```
Print #2,
If npf <> 0 Then
Print #2, Tab(3); "element "; Tab(15); "ind"; Tab(25); "a"; Tab(35); "q"; Tab(45); "Coordinate system(1--
XOY;2--XOZ)"
For i=1 To npf
Print #2, Tab(3); pf(1, i); Tab(15); pf(2, i); Tab(25); pf(3, i); Tab(35); pf(4, i); Tab(45); pf(5, i)
Next i
End If
Print #2,"**********************************************************"
Print #2, Tab(6); "node"; Tab(15); "Ux"; Tab(25); "Uy"; Tab(35); "Uz";
Print #2, Tab(45); "RotX"; Tab(55); "RotY"; Tab(65); "RotZ"
for i=1 to nj
Print #2, Tab(6); i; Tab(14); dd(1,i); Tab(24); dd(2,i); Tab(34); dd(3,i);
Print #2, Tab(44); dd(4,i); Tab(54); dd(5,i); Tab(64); dd(6,i)
next i
Print #2, Tab(3); "element "; Tab(18); "FX"; Tab(33); "FY"; Tab(48); "FZ";
Print #2, Tab(63); "M-X(RotX)"; Tab(78); "M-Y(RotY)"; Tab(93); "M-Z(RotZ)"
Print #2,
for m=1 to ne
Print #2, Tab(6); m; Tab(12); "Fx1="; ff(1,m); Tab(27);
Print #2, "Fy1="; ff(2,m); Tab(42); "Fz1="; ff(3,m);
Print #2, Tab(57); "Mx1="; ff(4,m); Tab(72); "My1="; ff(5,m); Tab(87); "Mz1="; ff(6,m)
Print #2, Tab(6); m; Tab(12); "Fx2="; ff(7,m); Tab(27);
Print #2, "Fy2="; ff(8,m); Tab(42); "Fz2="; ff(9,m);
Print #2, Tab(57); "Mx2="; ff(10,m); Tab(72); "My2="; ff(11,m); Tab(87); "Mz2="; ff(12,m)
Print #2,
next m
close #2
end sub
```

11. 子程序 JNN（仅用于后处理法）

支承条件采用后处理法时，结点位移分量编号由子程序 JNN 按照结点编号的顺序进行编写。每个结点有 6 个位移分量，故每个结点位移分量编号有 6 个。

需要注意的是，当杆件单元之间的连接为铰结点或刚铰混合结点时，该位置处结点位移分量个数将≥6。其中，沿 x 轴、y 轴和 z 轴方向的位移分量编号相同，而转角位移分量编号不同。同时，在为结点位移分量编码时，我们可以发现对于存在铰结点或刚铰混合结点的空间结构，整个结构的结点位移分量个数应为 $jn(6, nj)$，该值小于或等于 $3\times nj$，nj 为结点总数。子程序 JNN 的流程图如图 7.12 所示。

另外，下面的子程序仅适用于空间刚架结构，即要求所有单元均为刚架单元，杆端有转角。如果结构中存在桁架单元，其转角位移分量为 0，则要么采用先处理法，要么修改子程序 JNN。修改子程序 JNN 的同时，还需要为结点增加控制参数，来提示是否为桁架单元的结点。

空间超静定结构静力分析子程序 JNN(FORTRAN90、后处理法)

```
    SUBROUTINE jnn(jn,pj,pjj,X,Y,Z)
    common ne,nj,npj,npf,nz,nw,n,bl,m,i
    DIMENSION jn(6,nj),pjj(3,npj),pj(2,npj), x(nj),
y(nj),z(nj)
    real * 8   p(6 * nj)
    jn(1,1)=1
    jn(2,1)=2
    jn(3,1)=3
    jn(4,1)=4
    jn(5,1)=5
    jn(6,1)=6
    DO j=2,nj
    if((x(j). NE. x(j-1)). OR. (y(j). NE. y(j-1)). OR.
(z(j). NE. z(j-1))) then
    jn(1,j)=jn(6,j-1)+1
    jn(2,j)=jn(6,j-1)+2
    jn(3,j)=jn(6,j-1)+3
    jn(4,j)=jn(6,j-1)+4
    jn(5,j)=jn(6,j-1)+5
    jn(6,j)=jn(6,j-1)+6
    end if
    if((x(j). EQ. x(j-1)). and. (y(j). EQ. y(j-1)). and.
(z(j). EQ. z(j-1))) then
    jn(1,j)=jn(1,j-1)
    jn(2,j)=jn(2,j-1)
    jn(3,j)=jn(3,j-1)
    jn(4,j)=jn(6,j-1)+1
    jn(5,j)=jn(6,j-1)+2
    jn(6,j)=jn(6,j-1)+3
    end if
    END DO
    n=jn(6,nj)
    DO k=1,npj
    pj(1,k)=jn(pjj(3,k),pjj(1,k))
    pj(2,k)=pjj(2,k)
    END DO
    return
    end
```

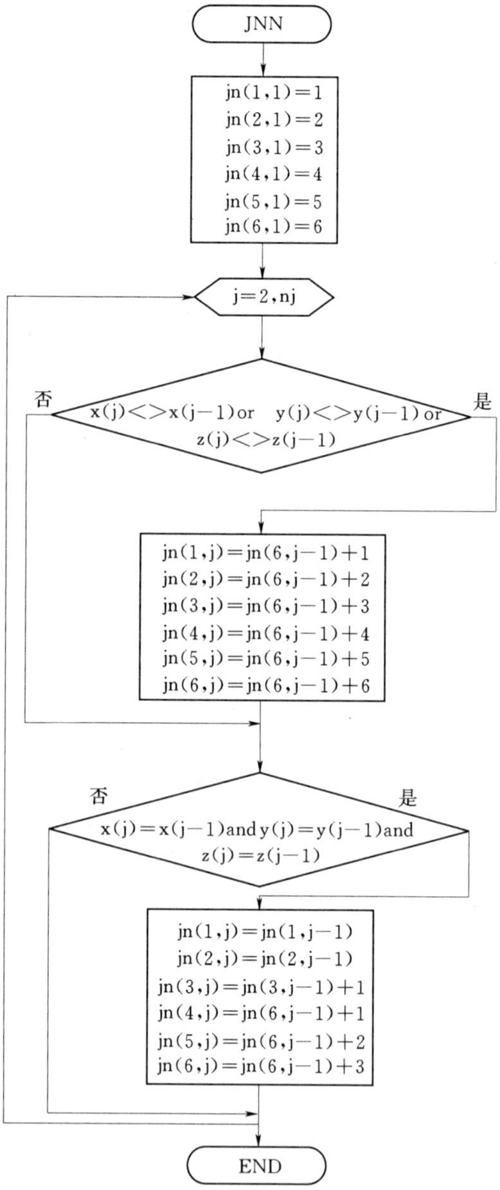

JNN

jn(1,1)=1
jn(2,1)=2
jn(3,1)=3
jn(4,1)=4
jn(5,1)=5
jn(6,1)=6

j=2,nj

否　x(j)<>x(j-1)or　y(j)<>y(j-1) or z(j)<>z(j-1)　是

jn(1,j)=jn(6,j-1)+1
jn(2,j)=jn(6,j-1)+2
jn(3,j)=jn(6,j-1)+3
jn(4,j)=jn(6,j-1)+4
jn(5,j)=jn(6,j-1)+5
jn(6,j)=jn(6,j-1)+6

否　x(j)=x(j-1)and y(j)=y(j-1)and z(j)=z(j-1)　是

jn(1,j)=jn(1,j-1)
jn(2,j)=jn(2,j-1)
jn(3,j)=jn(3,j-1)+1
jn(4,j)=jn(6,j-1)+1
jn(5,j)=jn(6,j-1)+2
jn(6,j)=jn(6,j-1)+3

END

图 7.12　子程序 JNN 流程图

空间超静定结构静力分析子程序 JNN(BASIC,后处理法)

```
sub jnn
jn(1,1)=1
```

```
jn(2,1)=2
jn(3,1)=3
jn(4,1)=4
jn(5,1)=5
jn(6,1)=6
for j=2 to nj
if x(j)<>x(j-1) or y(j)<>y(j-1) or z(j)<>z(j-1) then
jn(1,j)=jn(6,j-1)+1
jn(2,j)=jn(6,j-1)+2
jn(3,j)=jn(6,j-1)+3
jn(4,j)=jn(6,j-1)+4
jn(5,j)=jn(6,j-1)+5
jn(6,j)=jn(6,j-1)+6
end if
if x(j)=x(j-1) and y(j)=y(j-1)and z(j)=z(j-1) then
jn(1,j)=jn(1,j-1)
jn(2,j)=jn(2,j-1)
jn(3,j)=jn(3,j-1)
jn(4,j)=jn(6,j-1)+1
jn(5,j)=jn(6,j-1)+2
jn(6,j)=jn(6,j-1)+3
end if
next j
n=jn(6,nj)
for k=1 to npj
pj(1,k)=jn(pjj(3,k),pjj(1,k))
pj(2,k)=pjj(2,k)
next k
end sub
```

12. 子程序 HOUCHULI（仅用于后处理法）

整个结构如果没有足够的支承，可以产生刚体位移，这在位移法基本方程中表现为整体刚度矩阵是奇异的，方程无解。为此要根据支承条件对刚度矩阵进行修正。支承处位移为零或为已知位移时，修改刚度矩阵有两种方法，化零置 1 法和乘大数法，本处采用前者。

若某支座的某位移分量为已知值（含已知值为 0 的情况），且其对应的位移分量编号为 k，则可以按照以下步骤对位移法基本方程进行处理：

1）将结点荷载向量 $\{P\}$ 中的第 k 项 P_k 改为已知值 $\overline{\Delta}_k$，即 $P_k=\overline{\Delta}_k$；将其余分量 P_i（$i=1$ to n，且 $i<>k$）减去整体刚度矩阵 $[K]_{n\times n}$ 第 k 列元素 K_{ik} 与该已知值 $\overline{\Delta}_k$ 的乘积，即 $P_i=P_i-K_{ik}\overline{\Delta}_k$（$i=1$ to n，且 $i<>k$）。

2）将整体刚度矩阵 $[K]_{n\times n}$ 的第 k 行和第 k 列所有元素化为 0，主对角线元素化为 1。

注意上述步骤不能调换。另外，由于本程序采用半带存储，在化零置 1 时要注意元素的对应关系。子程序 HOUCHULI 的流程图如图 7.13 所示。

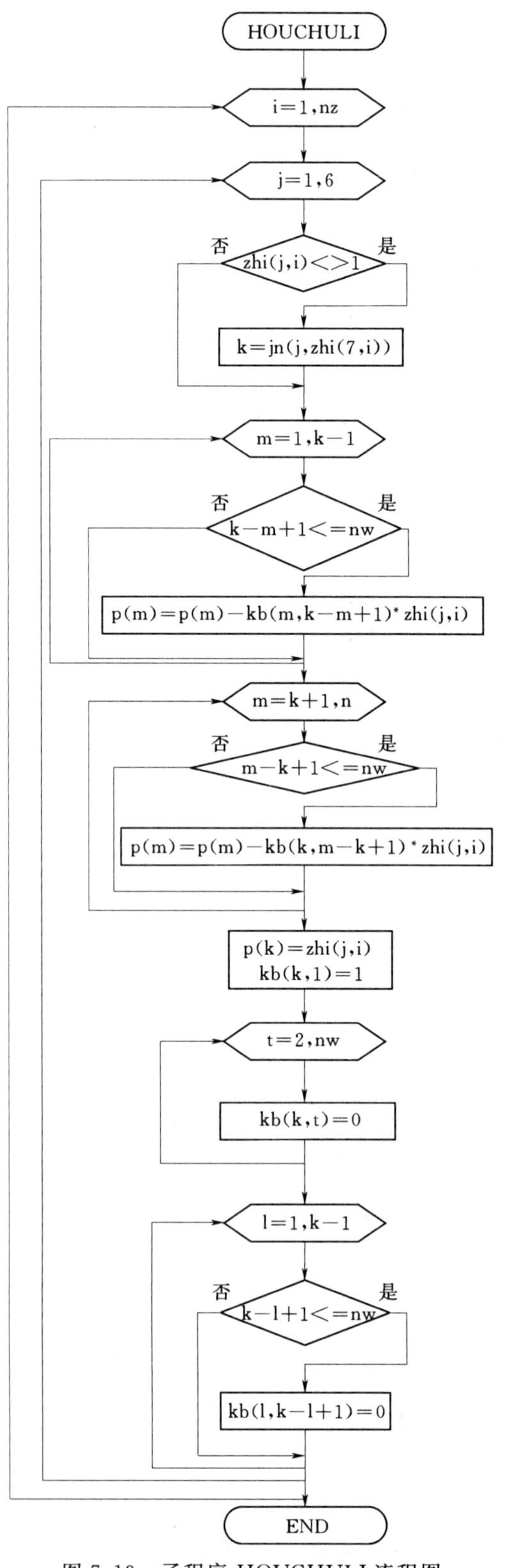

图 7.13　子程序 HOUCHULI 流程图

空间超静定结构静力分析子程序 HOUCHULI(FORTRAN90、后处理法)

```
SUBROUTINE houchuli(zhi,kb,p,jn)
common ne,nj,npj,npf,nz,nw,n,bl,m,i
DIMENSION jn(6,nj),zhi(7,nz)
real * 8   kb(n, nw),p(n)
DO i=1,nz
DO j=1,6
if(zhi(j,i). NE. 1) then
k=jn(j,zhi(7,i))
do m=1, k-1
if((k-m+1). LE. nw) p(m)=p(m)-kb(m,k-m+1) * zhi(j,i)
end do
do m=k+1, n
if((m-k+1). LE. nw) p(m)=p(m)-kb(k,m-k+1) * zhi(j,i)
end do
p(k)=zhi(j,i)
kb(k,1)=1
DO t=2,nw
kb(k,t)=0
END DO
DO l=1,k-1
if((k-l+1). LE. nw) kb(l,k-l+1)=0
END DO
end if
END DO
END DO
return
end
```

空间超静定结构静力分析子程序 HOUCHULI(BASIC,后处理法)

```
sub houchuli
for i=1 to nz
for j=1 to 6
if zhi(j,i)<>1 then
k=jn(j,zhi(7,i))
for m=1 to k-1
if k-m+1<=nw then p(m)=p(m)-kb(m,k-m+
```

```
1) * zhi(j,i)
     next m
     for m=k+1 to n
     if m-k+1<=nw then p(m)=p(m)-kb(k,m-k+1) * zhi(j,i)
     next m
     p(k)=zhi(j,i)
     kb(k,1)=1
     for t=2 to nw
     kb(k,t)=0
     next t
     for l=1 to k-1
     if k-l+1<=nw then kb(l,k-l+1)=0
     next l
     end if
     next j
     next i
     end sub
```

7.3 空间超静定结构静力分析程序的应用

上节重点介绍了空间超静定结构静力分析程序的编写。为了更好地应用，现将该程序的适用范围总结如下。另外，需要注意的是，该程序在分析计算过程中，考虑了杆件的弯曲变形和轴向变形，而忽略了剪切变形的影响。

7.3.1 程序适用范围

（1）结构形式。由等截面直杆组成的具有任意几何形状的空间杆系结构。

（2）支座形式。结构的支座可以是固定支座、铰支座、滚轴支座和滑动支座。

（3）荷载形式。作用在结构上的荷载包括结点荷载和非结点荷载，各种非结点荷载类型见表7.1。

（4）材料性质。结构的各个杆件可以用不同的弹性材料组成。

7.3.2 数据整理

应用该程序时，首先应画出的计算简图，将结点和单元编号，规定单元的杆轴正方向，确定整体坐标系的原点位置，整理好相关的原始数据。采用后处理法和先处理法时，原始数据略有不同，下面具体介绍。

（1）控制参数。

后处理法的控制参数依次为：结点数 NJ、单元数 NE、支座数 NJ、结点荷载数 NPJ 和非结点荷载数 NPF。先处理法的控制参数依次为：结点数 NJ、单元数 NE、结点位移未知量总数 N、结点荷载数 NPJ 和非结点荷载数 NPF。

（2）结点信息。

后处理法按结点编号整理好结点的 x 坐标、y 坐标和 z 坐标。先处理法则要按照结点序号输入结点的 x 坐标、y 坐标、z 坐标，结点沿 x 轴、y 轴、z 轴方向的位移分量编号，

结点绕 x 轴、y 轴、z 轴的位移分量编号。

(3) 单元参数。

按单元编号整理单元的始端结点编号、末端结点编号、单元的抗拉刚度、单元的抗弯刚度和单元的抗扭刚度。

(4) 支座信息（仅限于后处理法）。

按支座序号依次输入支座沿 x 轴、y 轴、z 轴位移信息，绕 x 轴、y 轴、z 轴转角位移信息，以及支座结点编号。

(5) 结点荷载。

后处理法：按结点荷载序号依次输入所在结点编号、结点荷载数值和结点荷载方向信息。当结点荷载为集中力时，若其方向与整体坐标系的坐标轴正方向一致，输入正值，否则为负；当为力偶时，以绕整体坐标系的坐标轴逆时针方向为正。第 i 号结点荷载的方向信息，沿整体坐标系的 x 轴方向为 1，y 轴方向为 2，z 轴方向为 3，绕 x 轴力偶为 4，绕 y 轴力偶为 5，绕 z 轴力偶为 6。

先处理法：按结点荷载序号依次输入结点荷载方位信息、结点荷载数值。荷载方位信息即荷载对应的位移分量编号。荷载数值正负规定同上。

(6) 非结点荷载。

按非结点荷载序号依次输入荷载所在单元编号、荷载类型码、位置参数、荷载数值和荷载所在平面。荷载所在平面信息规定如下，当位于 xoy 平面时输入 1，当位于 xoz 平面时输入 2。荷载数值当与表 7.1 中的方向一致时为正，反之为负。

本程序中原始数据仍采用文件输入和输出。使用程序时要按照上述要求填写原始数据并建立数据文件，可取扩展名为 *.dat。存放输出结果的文件扩展名可取为 *.res。

【例 7.1】 试利用本章程序计算图 7.14 (a) 所示刚架的内力。各杆 EA、$EIxy$、$EIxz$、GIp 相同。已知 $EA=4\times10^4$kN，$EIxy=EIxz=13333$kN·m^2，$GIp=9013$。

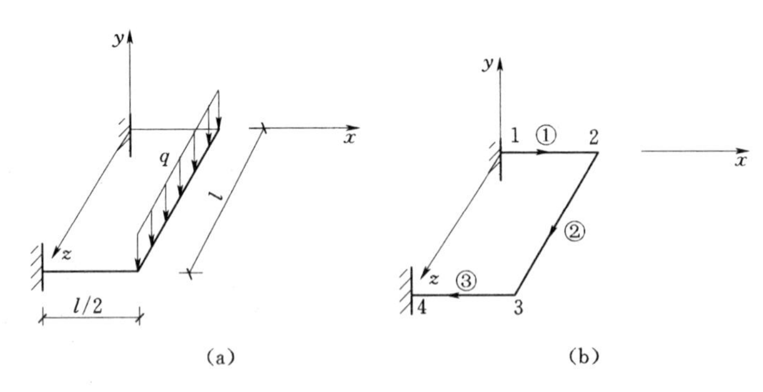

图 7.14 ［例 7.1］图

解： 按图 7.14 (b) 进行结点编号和单元编号。原始数据填写如下：

```
(后处理法)
控制参数:3,4,2,0,1
结点信息:0,0,0
         1,0,0
```

　　　　1,0,2

　　　　0,0,2

单元参数:1,2,40000,13333,13333,9013

　　　　2,3,40000,13333,13333,9013

　　　　3,4,40000,13333,13333,9013

支座信息:0,0,0,0,0,0,1

　　　　0,0,0,0,0,0,4

非结点荷载:2,1,2,10,1

(先处理法)

控制参数:3,4,12,0,1

结点信息:0,0,0,0,0,0,0,0,0

　　　　1,0,0,1,2,3,4,5,6

　　　　1,0,2,7,8,9,10,11,12

　　　　0,0,2,0,0,0,0,0,0

单元参数:1,2,40000,13333,13333,9013

　　　　2,3,40000,13333,13333,9013

　　　　3,4,40000,13333,13333,9013

非结点荷载:2,1,2,10,1

由以上原始数据建立数据文件 file7 - 1.dat。运行程序并将结果文件取名为 file7 - 1.res，程序运行完毕后，得到结果文件（先处理法）内容如下所示。计算结果包含结点位移、局部坐标系中单元杆端力。

ne=3　nj=4　n=12　npj=0　npf=1

node	x	y	z	jn(1,i)	jn(2,i)	jn(3,i)	jn(4,i)	jn(5,i)	jn(6,i)
1	0	0	0	0	0	0	0	0	0
2	1	0	0	1	2	3	4	5	6
3	1	0	2	7	8	9	10	11	12
4	0	0	2	0	0	0	0	0	0

element	je1	je2	EA	EIxy	EIxz	GIp
1	1	2	40000	13333	13333	9013
2	2	3	40000	13333	13333	9013
3	3	4	40000	13333	13333	9013

element	ind	a	q	Coordinate system(1－－XOY;2－－XOZ)
2	1	2	10	1

****

node	Ux	Uy	Uz	RotX	RotY	RotZ
1	0	0	0	0	0	0
2	0	－2.500E－04	0	1.491E－04	0	－3.750E－04
3	0	－2.500E－04	0	－1.491E－04	0	－3.750E－04
4	0	0	0	0	0	0

element	FX	FY	FZ	M－X(RotX)	M－Y(RotY)	M－Z(RotZ)

1	Fx1=0	Fy1=10	Fz1=0	Mx1=－1.344461	My1=0	Mz1=10
1	Fx2=0	Fy2=－10	Fz2=0	Mx2=1.344461	My2=0	Mz2=2.8871E－08
2	Fx1=0	Fy1=10	Fz1=0	Mx1=2.177E－07	My1=0	Mz1=1.344462
2	Fx2=0	Fy2=10	Fz2=0	Mx2=－2.177E－07	My2=0	Mz2=－1.344461
3	Fx1=0	Fy1=－10	Fz1=0	Mx1=1.344461	My1=0	Mz1=－7.392373E－07
3	Fx2=0	Fy2=10	Fz2=0	Mx2=－1.344461	My2=0	Mz2=－10

【例 7.2】 试利用本章程序计算图 7.15（a）所示刚架的内力。各杆 EA、$EIxy$、$EIxz$、GIp 相同，$P=10\text{kN}$，$l=2\text{m}$。已知 $EA=16\times10^4\text{kN}$，$EIxy=EIxz=10^4\text{kN}\cdot\text{m}^2$，$GIp=0.8\times10^4\text{kN}\cdot\text{m}^2$。

解： 按图 7.15（b）进行结点编号和单元编号。原始数据填写如下：

（后处理法）
控制参数:3,4,2,1,0
结点信息:0,0,0
　　　　2,0,0
　　　　2,0,2
　　　　0,0,2
单元参数:1,2,160000,10000,10000,8000
　　　　2,3,160000,10000,10000,8000
　　　　3,4,160000,10000,10000,8000
支座信息:0,0,0,0,0,0,1
　　　　0,0,0,0,0,0,4
结点荷载:2,－10,2
（先处理法）
控制参数:3,4,12,1,0
结点信息:0,0,0,0,0,0,0,0,0
　　　　2,0,0,1,2,3,4,5,6
　　　　2,0,2,7,8,9,10,11,12
　　　　0,0,2,0,0,0,0,0,0
单元参数:1,2,160000,10000,10000,8000
　　　　2,3,160000,10000,10000,8000
　　　　3,4,160000,10000,10000,8000
结点荷载:2,－10

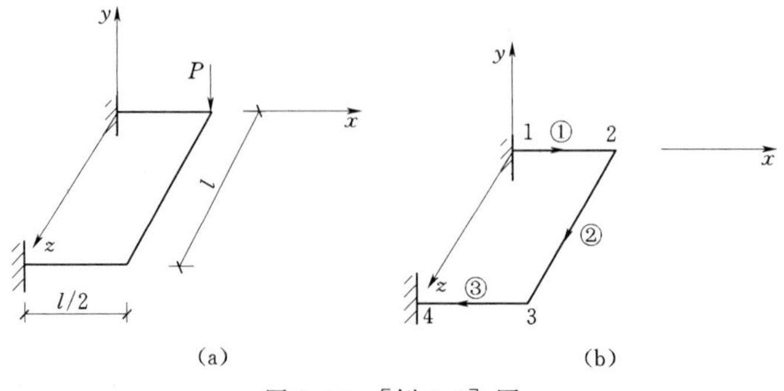

图 7.15　［例 7.2］图

由以上原始数据建立数据文件 file7－2.dat。运行程序并将结果文件取名为 file7－2.res，程序运行完毕后，得到结果文件（先处理法）内容如下所示。计算结果包含结点位移、局部坐标系中单元杆端力。

ne＝3　nj＝4　nz＝2　npj＝1　npf＝0

node	x	y	z	jn(1,i)	jn(2,i)	jn(3,i)	jn(4,i)	jn(5,i)	jn(6,i)
1	0	0	0	1	2	3	4	5	6
2	2	0	0	7	8	9	10	11	12
3	2	0	2	13	14	15	16	17	18
4	0	0	2	19	20	21	22	23	24

element	je1	je2	EA	EIxy	EIxz	GIp
1	1	2	16	1	1	.8
2	2	3	16	1	1	.8
3	3	4	16	1	1	.8

xx	yy	zz	ROTx	ROTy	ROTz	node
0	0	0	0	0	0	1
0	0	0	0	0	0	4

code	px－py－pm	direction
2	－10	2

****

node	Ux	Uy	Uz	RotX	RotY	RotZ
1	0	0	0	0	0	0
2	0	－18.0981	0	－4.204204	0	－12.55255
3	0	－8.568567	0	－4.204204	0	－7.447445
4	0	0	0	0	0	0

element	FX	FY	FZ	M－X(RotX)	M－Y(RotY)	M－Z(RotZ)
1	Fx1＝0	Fy1＝8.318317	Fz1＝0	Mx1＝1.681682	My1＝0	Mz1＝14.59459
1	Fx2＝0	Fy2＝－8.318317	Fz2＝0	Mx2＝－1.681682	My2＝0	Mz2＝2.042042
2	Fx1＝0	Fy1＝－1.681681	Fz1＝0	Mx1＝－2.042042	My1＝0	Mz1＝－1.681681
2	Fx2＝0	Fy2＝1.681681	Fz2＝0	Mx2＝2.042042	My2＝0	Mz2＝－1.681682
3	Fx1＝0	Fy1＝－1.681683	Fz1＝0	Mx1＝1.681682	My1＝0	Mz1＝2.04204
3	Fx2＝0	Fy2＝1.681683	Fz2＝0	Mx2＝－1.681682	My2＝0	Mz2＝－5.405406

【例 7.3】 试利用本章程序计算图 7.16 所示交叉梁的内力。各梁 EA、$EIxy$、$EIxz$、GIp 相同。已知 $EA=16\times10^4$kN，$EIxy=EIxz=10^4$kN·m²，$GIp=0.8\times10^4$kN·m²。$P=10$kN，$l=4$m。

解： 按图 7.16 进行结点编号和单元编号。本题只采用先处理法。极惯性矩 GIp 分别按实际值和按较小值（但不为 0）输入。当极惯性矩 GIp 按实际值输入时，原始数据填写如下：

（1）极惯性矩 GIp＝实际值

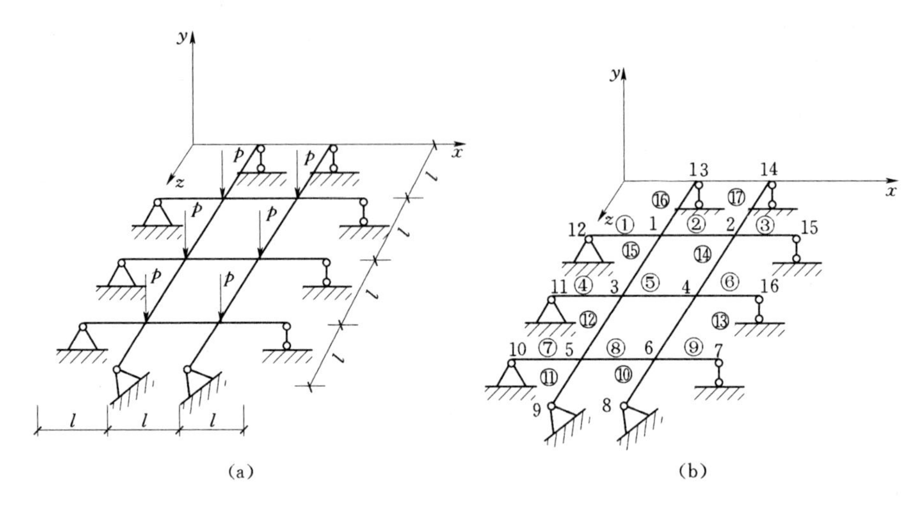

图 7.16 ［例 7.3］图

控制参数:17,16,71,6,0

结点信息:4,0,4,1,2,3,4,5,6

8,0,4,7,8,9,10,11,12

4,0,8,13,14,15,16,17,18

8,0,8,19,20,21,22,23,24

4,0,12,25,26,27,28,29,30

8,0,12,31,32,33,34,35,36

12,0,12,37,0,0,38,39,40

8,0,16,0,0,0,41,42,43

4,0,16,0,0,0,44,45,46

0,0,12,0,0,0,47,48,49

0,0,8,0,0,0,50,51,52

0,0,4,0,0,0,53,54,55

4,0,0,0,0,56,57,58,59

8,0,0,0,0,60,61,62,63

12,0,4,64,0,0,65,66,67

12,0,8,68,0,0,69,70,71

单元参数:12,1,16e4,1e4,1e4,0.8e4

1,2,16e4,1e4,1e4,0.8e4

2,15,16e4,1e4,1e4,0.8e4

11,3,16e4,1e4,1e4,0.8e4

3,4,16e4,1e4,1e4,0.8e4

4,16,16e4,1e4,1e4,0.8e4

10,5,16e4,1e4,1e4,0.8e4

5,6,16e4,1e4,1e4,0.8e4

6,7,16e4,1e4,1e4,0.8e4

6,8,16e4,1e4,1e4,0.8e4

5,9,16e4,1e4,1e4,0.8e4

3,5,16e4,1e4,1e4,0.8e4

4,6,16e4,1e4,1e4,0.8e4
2,4,16e4,1e4,1e4,0.8e4
1,3,16e4,1e4,1e4,0.8e4
13,1,16e4,1e4,1e4,0.8e4
14,2,16e4,1e4,1e4,0.8e4

结点荷载:2,－16
8,－16
14,－16
20,－16
26,－16
32,－16

由以上原始数据建立数据文件 file7－3.dat。运行程序并将结果文件取名为 file7－3.res，程序运行完毕后，得到结果文件内容如下所示。注意此时极惯性矩 GIp 按实际值输入。

NE=　17　NJ=　16　N=　71　NPF=　6　NPF=　0

NODE	X	Y	Z	XX	YY	ZZ	ROTX	ROTY	TOTZ
1	4.0000	0.0000	4.0000	1	2	3	4	5	6
2	8.0000	0.0000	4.0000	7	8	9	10	11	12
3	4.0000	0.0000	8.0000	13	14	15	16	17	18
4	8.0000	0.0000	8.0000	19	20	21	22	23	24
5	4.0000	0.0000	12.0000	25	26	27	28	29	30
6	8.0000	0.0000	12.0000	31	32	33	34	35	36
7	12.0000	0.0000	12.0000	37	0	0	38	39	40
8	8.0000	0.0000	16.0000	0	0	0	41	42	43
9	4.0000	0.0000	16.0000	0	0	0	44	45	46
10	0.0000	0.0000	12.0000	0	0	0	47	48	49
11	0.0000	0.0000	8.0000	0	0	0	50	51	52
12	0.0000	0.0000	4.0000	0	0	0	53	54	55
13	4.0000	0.0000	0.0000	0	0	56	57	58	59
14	8.0000	0.0000	0.0000	0	0	60	61	62	63
15	12.0000	0.0000	4.0000	64	0	0	65	66	67
16	12.0000	0.0000	8.0000	68	0	0	69	70	71

ELEMENT	NODE-I	NODE-J	EA	EIxy	EIxz	GIp
1	12	1	0.160000E+06	0.100000E+05	0.100000E+05	0.800000E+04
2	1	2	0.160000E+06	0.100000E+05	0.100000E+05	0.800000E+04
3	2	15	0.160000E+06	0.100000E+05	0.100000E+05	0.800000E+04
4	11	3	0.160000E+06	0.100000E+05	0.100000E+05	0.800000E+04
5	3	4	0.160000E+06	0.100000E+05	0.100000E+05	0.800000E+04
6	4	16	0.160000E+06	0.100000E+05	0.100000E+05	0.800000E+04
7	10	5	0.160000E+06	0.100000E+05	0.100000E+05	0.800000E+04
8	5	6	0.160000E+06	0.100000E+05	0.100000E+05	0.800000E+04

9	6	7	0.160000E+06	0.100000E+05	0.100000E+05	0.800000E+04
10	6	8	0.160000E+06	0.100000E+05	0.100000E+05	0.800000E+04
11	5	9	0.160000E+06	0.100000E+05	0.100000E+05	0.800000E+04
12	3	5	0.160000E+06	0.100000E+05	0.100000E+05	0.800000E+04
13	4	6	0.160000E+06	0.100000E+05	0.100000E+05	0.800000E+04
14	2	4	0.160000E+06	0.100000E+05	0.100000E+05	0.800000E+04
15	1	3	0.160000E+06	0.100000E+05	0.100000E+05	0.800000E+04
16	13	1	0.160000E+06	0.100000E+05	0.100000E+05	0.800000E+04
17	14	2	0.160000E+06	0.100000E+05	0.100000E+05	0.800000E+04

CODE	PX - PY - PM
2.	−16.0000
8.	−16.0000
14.	−16.0000
20.	−16.0000
26.	−16.0000
32.	−16.0000

NODE	Ux	Uy	Uz	ROTx	ROTy	ROTz
1	0.000000	−0.055480	0.000000	0.010441	0.000000	−0.008662
2	0.000000	−0.055480	0.000000	0.010441	0.000000	0.008662
3	0.000000	−0.076465	0.000000	0.000000	0.000000	−0.010789
4	0.000000	−0.076465	0.000000	0.000000	0.000000	0.010789
5	0.000000	−0.055480	0.000000	−0.010441	0.000000	−0.008662
6	0.000000	−0.055480	0.000000	−0.010441	0.000000	0.008662
7	0.000000	0.000000	0.000000	−0.010441	0.000000	0.016474
8	0.000000	0.000000	0.000000	−0.015584	0.000000	0.008662
9	0.000000	0.000000	0.000000	−0.015584	0.000000	−0.008662
10	0.000000	0.000000	0.000000	−0.010441	0.000000	−0.016474
11	0.000000	0.000000	0.000000	0.000000	0.000000	−0.023280
12	0.000000	0.000000	0.000000	0.010441	0.000000	−0.016474
13	0.000000	0.000000	0.000000	0.015584	0.000000	−0.008662
14	0.000000	0.000000	0.000000	0.015584	0.000000	0.008662
15	0.000000	0.000000	0.000000	0.010441	0.000000	0.016474
16	0.000000	0.000000	0.000000	0.000000	0.000000	0.023280

element	FX	FY	FZ	M - X(RotX)	M - Y(RotY)	M - Z(RotZ)
1	Fx1=0	Fy1=9.764348	Fz1=0	Mx1=−6.735325E−06	My1=0	Mz1=5.215406E−08
1	Fx2=0	Fy2=−9.764348	Fz2=0	Mx2=6.735325E−06	My2=0	Mz2=39.05739
2	Fx1=0	Fy1=−4.807487E−06	Fz1=0	Mx1=8.940697E−07	My1=0	Mz1=−43.31117
2	Fx2=0	Fy2=4.807487E−06	Fz2=0	Mx2=−8.940697E−07	My2=0	Mz2=43.31117
3	Fx1=0	Fy1=−9.764357	Fz1=0	Mx1=2.756715E−06	My1=0	Mz1=−39.0574
3	Fx2=0	Fy2=9.764357	Fz2=0	Mx2=−2.756715E−06	My2=0	Mz2=−1.958013E−05
4	Fx1=0	Fy1=15.61329	Fz1=0	Mx1=3.596746E−06	My1=0	Mz1=7.197261E−06

4	Fx2=0	Fy2=−15.61329	Fz2=0	Mx2=−3.596746E−06	My2=0	Mz2=62.45313
5	Fx1=0	Fy1=1.290813E−06	Fz1=0	Mx1=−2.213977E−06	My1=0	Mz1=−53.9456
5	Fx2=0	Fy2=−1.290813E−06	Fz2=0	Mx2=2.213977E−06	My2=0	Mz2=53.94558
6	Fx1=0	Fy1=−15.6133	Fz1=0	Mx1=−3.34937E−06	My1=0	Mz1=−62.45319
6	Fx2=0	Fy2=15.6133	Fz2=0	Mx2=3.34937E−06	My2=0	Mz2=−2.729893E−05
7	Fx1=0	Fy1=9.764351	Fz1=0	Mx1=2.875924E−06	My1=0	Mz1=1.783669E−05
7	Fx2=0	Fy2=−9.764351	Fz2=0	Mx2=−2.875924E−06	My2=0	Mz2=39.0574
8	Fx1=0	Fy1=7.28108E−06	Fz1=0	Mx1=−2.801418E−06	My1=0	Mz1=−43.31114
8	Fx2=0	Fy2=−7.28108E−06	Fz2=0	Mx2=2.801418E−06	My2=0	Mz2=43.31115
9	Fx1=0	Fy1=−9.764348	Fz1=0	Mx1=−8.940697E−07	My1=0	Mz1=−39.05738
9	Fx2=0	Fy2=9.764348	Fz2=0	Mx2=8.940697E−07	My2=0	Mz2=7.56979E−06
10	Fx1=0	Fy1=−6.428999	Fz1=0	Mx1=3.129244E−07	My1=0	Mz1=−25.71598
10	Fx2=0	Fy2=6.428999	Fz2=0	Mx2=−3.129244E−07	My2=0	Mz2=−6.124377E−06
11	Fx1=0	Fy1=−6.428992	Fz1=0	Mx1=−2.682209E−07	My1=0	Mz1=−25.71598
11	Fx2=0	Fy2=6.428992	Fz2=0	Mx2=2.682209E−07	My2=0	Mz2=9.134412E−06
12	Fx1=0	Fy1=−0.1933571	Fz1=0	Mx1=−4.253783	My1=0	Mz1=−26.4894
12	Fx2=0	Fy2=0.1933571	Fz2=0	Mx2=4.253783	My2=0	Mz2=25.716
13	Fx1=0	Fy1=−0.1933835	Fz1=0	Mx1=4.253775	My1=0	Mz1=−26.48948
13	Fx2=0	Fy2=0.1933835	Fz2=0	Mx2=−4.253775	My2=0	Mz2=25.71594
14	Fx1=0	Fy1=0.1933562	Fz1=0	Mx1=−4.253771	My1=0	Mz1=−25.71601
14	Fx2=0	Fy2=−0.1933562	Fz2=0	Mx2=4.253771	My2=0	Mz2=26.48941
15	Fx1=0	Fy1=0.1933464	Fz1=0	Mx1=4.253777	My1=0	Mz1=−25.71603
15	Fx2=0	Fy2=−0.1933464	Fz2=0	Mx2=−4.253777	My2=0	Mz2=26.48939
16	Fx1=0	Fy1=6.429014	Fz1=0	Mx1=−4.023314E−07	My1=0	Mz1=3.08454E−05
16	Fx2=0	Fy2=−6.429014	Fz2=0	Mx2=4.023314E−07	My2=0	Mz2=25.71603
17	Fx1=0	Fy1=6.42901	Fz1=0	Mx1=4.023314E−07	My1=0	Mz1=3.08454E−05
17	Fx2=0	Fy2=−6.42901	Fz2=0	Mx2=−4.023314E−07	My2=0	Mz2=25.71603

（2）极惯性矩 $GIp=0$

当极惯性矩 GIp 按较小值（但不为0）输入时，原始数据填写如下：

控制参数:17,16,71,6,0

结点信息:4,0,4,1,2,3,4,5,6

8,0,4,7,8,9,10,11,12

4,0,8,13,14,15,16,17,18

8,0,8,19,20,21,22,23,24

4,0,12,25,26,27,28,29,30

8,0,12,31,32,33,34,35,36

12,0,12,37,0,0,38,39,40

8,0,16,0,0,0,41,42,43

4,0,16,0,0,0,44,45,46

0,0,12,0,0,0,47,48,49

0,0,8,0,0,0,50,51,52

0,0,4,0,0,0,53,54,55

```
          4,0,0,0,0,56,57,58,59
          8,0,0,0,0,60,61,62,63
          12,0,4,64,0,0,65,66,67
          12,0,8,68,0,0,69,70,71
单元参数:12,1,16e4,1e4,1e4,0.8e4
          1,2,16e4,1e4,1e4,0.8e4
          2,15,16e4,1e4,1e4,0.8e4
          11,3,16e4,1e4,1e4,0.8e4
          3,4,16e4,1e4,1e4,0.8e4
          4,16,16e4,1e4,1e4,0.8e4
          10,5,16e4,1e4,1e4,0.8e4
          5,6,16e4,1e4,1e4,0.8e4
          6,7,16e4,1e4,1e4,0.8e4
          6,8,16e4,1e4,1e4,0.8e4
          5,9,16e4,1e4,1e4,0.8e4
          3,5,16e4,1e4,1e4,0.8e4
          4,6,16e4,1e4,1e4,0.8e4
          2,4,16e4,1e4,1e4,0.8e4
          1,3,16e4,1e4,1e4,0.8e4
          13,1,16e4,1e4,1e4,0.8e4
          14,2,16e4,1e4,1e4,0.8e4
结点荷载:2,-16
          8,-16
          14,-16
          20,-16
          26,-16
          32,-16
```

由以上原始数据建立数据文件 file7 - 3p. dat。运行程序并将结果文件取名为 file7 - 3p. res，程序运行完毕后，得到结果文件内容如下所示。注意此时极惯性矩 GIp 按较小值（但不为 0）输入。

NE=17　NJ=16　N=71　NPF=6　NPF=0

NODE	X	Y	Z	XX	YY	ZZ	ROTX	ROTY	TOTZ
1	4.0000	0.0000	4.0000	1	2	3	4	5	6
2	8.0000	0.0000	4.0000	7	8	9	10	11	12
3	4.0000	0.0000	8.0000	13	14	15	16	17	18
4	8.0000	0.0000	8.0000	19	20	21	22	23	24
5	4.0000	0.0000	12.0000	25	26	27	28	29	30
6	8.0000	0.0000	12.0000	31	32	33	34	35	36
7	12.0000	0.0000	12.0000	37	0	0	38	39	40
8	8.0000	0.0000	16.0000	0	0	0	41	42	43
9	4.0000	0.0000	16.0000	0	0	0	44	45	46
10	0.0000	0.0000	12.0000	0	0	0	47	48	49

11	0.0000	0.0000	8.0000	0	0	0	50	51	52
12	0.0000	0.0000	4.0000	0	0	0	53	54	55
13	4.0000	0.0000	0.0000	0	0	56	57	58	59
14	8.0000	0.0000	0.0000	0	0	60	61	62	63
15	12.0000	0.0000	4.0000	64	0	0	65	66	67
16	12.0000	0.0000	8.0000	68	0	0	69	70	71

ELEMENT	NODE-1	NODE-J	EA	EIxy	EIxz	GIp
1	12	1	0.160000E+06	0.100000E+05	0.100000E+05	0.800000E+00
2	1	2	0.160000E+06	0.100000E+05	0.100000E+05	0.800000E+00
3	2	15	0.160000E+06	0.100000E+05	0.100000E+05	0.800000E+00
4	11	3	0.160000E+06	0.100000E+05	0.100000E+05	0.800000E+00
5	3	4	0.160000E+06	0.100000E+05	0.100000E+05	0.800000E+00
6	4	16	0.160000E+06	0.100000E+05	0.100000E+05	0.800000E+00
7	10	5	0.160000E+06	0.100000E+05	0.100000E+05	0.800000E+00
8	5	6	0.160000E+06	0.100000E+05	0.100000E+05	0.800000E+00
9	6	7	0.160000E+06	0.100000E+05	0.100000E+05	0.800000E+00
10	6	8	0.160000E+06	0.100000E+05	0.100000E+05	0.800000E+00
11	5	9	0.160000E+06	0.100000E+05	0.100000E+05	0.800000E+00
12	3	5	0.160000E+06	0.100000E+05	0.100000E+05	0.800000E+00
13	4	6	0.160000E+06	0.100000E+05	0.100000E+05	0.800000E+00
14	2	4	0.160000E+06	0.100000E+05	0.100000E+05	0.800000E+00
15	1	3	0.160000E+06	0.100000E+05	0.100000E+05	0.800000E+00
16	13	1	0.160000E+06	0.100000E+05	0.100000E+05	0.800000E+00
17	14	2	0.160000E+06	0.100000E+05	0.100000E+05	0.800000E+00

CODE	PX-PY-PM
2.	−16.0000
8.	−16.0000
14.	−16.0000
20.	−16.0000
26.	−16.0000
32.	−16.0000

NODE	Ux	Uy	Uz	ROTx	ROTy	ROTz
1	0.000000	−0.055840	0.000000	0.010617	0.000000	−0.008376
2	0.000000	−0.055840	0.000000	0.010617	0.000000	0.008376
3	0.000000	−0.077468	0.000000	0.000000	0.000000	−0.011620
4	0.000000	−0.077468	0.000000	0.000000	0.000000	0.011620
5	0.000000	−0.055840	0.000000	−0.010617	0.000000	−0.008376
6	0.000000	−0.055840	0.000000	−0.010617	0.000000	0.008376
7	0.000000	0.000000	0.000000	−0.010617	0.000000	0.016752
8	0.000000	0.000000	0.000000	−0.015631	0.000000	0.008376
9	0.000000	0.000000	0.000000	−0.015631	0.000000	−0.008376
10	0.000000	0.000000	0.000000	−0.010617	0.000000	−0.016752

11	0.000000	0.000000	0.000000	0.000000	0.000000	−0.023241
12	0.000000	0.000000	0.000000	0.010617	0.000000	−0.016752
13	0.000000	0.000000	0.000000	0.015631	0.000000	−0.008376
14	0.000000	0.000000	0.000000	0.015631	0.000000	0.008376
15	0.000000	0.000000	0.000000	0.010617	0.000000	0.016752
16	0.000000	0.000000	0.000000	0.000000	0.000000	0.023241

element	FX	FY	FZ	M-X(RotX)	M-Y(RotY)	M-Z(RotZ)
1	Fx1=0	Fy1=10.46994	Fz1=0	Mx1=2.477542E−10	My1=0	Mz1=3.407151E−05
1	Fx2=0	Fy2=−10.46994	Fz2=0	Mx2=−2.477542E−10	My2=0	Mz2=41.87972
2	Fx1=0	Fy1=1.482293E−05	Fz1=0	Mx1=7.599816E−10	My1=0	Mz1=−41.88039
2	Fx2=0	Fy2=−1.482293E−05	Fz2=0	Mx2=−7.599816E−10	My2=0	Mz2=41.88041
3	Fx1=0	Fy1=−10.46993	Fz1=0	Mx1=6.148972E−11	My1=0	Mz1=−41.87972
3	Fx2=0	Fy2=10.46993	Fz2=0	Mx2=−6.148972E−11	My2=0	Mz2=2.712011E−06
4	Fx1=0	Fy1=14.52551	Fz1=0	Mx1=3.045724E−10	My1=0	Mz1=6.966293E−06
4	Fx2=0	Fy2=−14.52551	Fz2=0	Mx2=−3.045724E−10	My2=0	Mz2=58.10201
5	Fx1=0	Fy1=1.44802E−05	Fz1=0	Mx1=−8.280793E−10	My1=0	Mz1=−58.10069
5	Fx2=0	Fy2=−1.44802E−05	Fz2=0	Mx2=8.280793E−10	My2=0	Mz2=58.10074
6	Fx1=0	Fy1=−14.52547	Fz1=0	Mx1=1.210732E−10	My1=0	Mz1=−58.10196
6	Fx2=0	Fy2=14.52547	Fz2=0	Mx2=−1.210732E−10	My2=0	Mz2=6.55055E−05
7	Fx1=0	Fy1=10.46992	Fz1=0	Mx1=1.247748E−10	My1=0	Mz1=−3.233552E−06
7	Fx2=0	Fy2=−10.46992	Fz2=0	Mx2=−1.247748E−10	My2=0	Mz2=41.87968
8	Fx1=0	Fy1=4.990026E−06	Fz1=0	Mx1=2.644732E−10	My1=0	Mz1=−41.88036
8	Fx2=0	Fy2=−4.990026E−06	Fz2=0	Mx2=−2.644732E−10	My2=0	Mz2=41.88041
9	Fx1=0	Fy1=−10.46994	Fz1=0	Mx1=3.164255E−11	My1=0	Mz1=−41.87976
9	Fx2=0	Fy2=10.46994	Fz2=0	Mx2=−3.164255E−11	My2=0	Mz2=−1.591444E−05
10	Fx1=0	Fy1=−6.267302	Fz1=0	Mx1=2.07868E−10	My1=0	Mz1=−25.06922
10	Fx2=0	Fy2=6.267302	Fz2=0	Mx2=−2.07868E−10	My2=0	Mz2=4.380941E−06
11	Fx1=0	Fy1=−6.2673	Fz1=0	Mx1=−2.160347E−11	My1=0	Mz1=−25.06921
11	Fx2=0	Fy2=6.2673	Fz2=0	Mx2=2.160347E−11	My2=0	Mz2=9.536743E−06
12	Fx1=0	Fy1=−.7372377	Fz1=0	Mx1=−6.488129E−04	My1=0	Mz1=−28.01817
12	Fx2=0	Fy2=.7372377	Fz2=0	Mx2=6.488129E−04	My2=0	Mz2=25.06921
13	Fx1=0	Fy1=−.7372155	Fz1=0	Mx1=6.488138E−04	My1=0	Mz1=−28.01813
13	Fx2=0	Fy2=.7372155	Fz2=0	Mx2=−6.488138E−04	My2=0	Mz2=25.06926
14	Fx1=0	Fy1=.7372163	Fz1=0	Mx1=−6.488129E−04	My1=0	Mz1=−25.06923
14	Fx2=0	Fy2=−.7372163	Fz2=0	Mx2=6.488129E−04	My2=0	Mz2=28.01813
15	Fx1=0	Fy1=.7372319	Fz1=0	Mx1=6.488126E−04	My1=0	Mz1=−25.06921
15	Fx2=0	Fy2=−.7372319	Fz2=0	Mx2=−6.488126E−04	My2=0	Mz2=28.01817
16	Fx1=0	Fy1=6.267299	Fz1=0	Mx1=7.467377E−10	My1=0	Mz1=−6.66827E−06
16	Fx2=0	Fy2=−6.267299	Fz2=0	Mx2=−7.467377E−10	My2=0	Mz2=25.0692
17	Fx1=0	Fy1=6.267313	Fz1=0	Mx1=−5.604731E−10	My1=0	Mz1=−7.115304E−06
17	Fx2=0	Fy2=−6.267313	Fz2=0	Mx2=5.604731E−10	My2=0	Mz2=25.06925

以单元 1 为例，将上述两种计算结果和手算结果对比。手算时，通常假定极惯性矩 GIp=0，此时单元 1 末端在平面内（竖向平面）的弯矩为：$\frac{142}{217}PL=41.88\text{kN}\cdot\text{m}$。方法一的结果为 39.05739kN·m，方法二的结果为 41.87972kN·m。

综合以上计算结果可知，当极惯性矩 GIp 按较小值（但不为 0）输入时，计算结果与手算基本一致。需要注意的是，当采用程序计算时，极惯性矩 GIp 按较小值输入，但不能为 0。

习　题

7.1　修改本章中的空间超静定结构静力分析程序，使修改后的程序可以打印输出结构的整体刚度矩阵。

7.2　修改本章中的空间超静定结构静力分析程序，并利用修改后的程序输出［例 7.1］刚架的等效结点荷载。

7.3　试利用本章程序计算习题 7.3 图所示刚架的内力。各杆 EA、$EIxy$、$EIxz$、GIp 相同。已知 $EA=4\times10^4$kN，$EIxy=EIxz=13333$kN·m^2，$GIp=9013$。

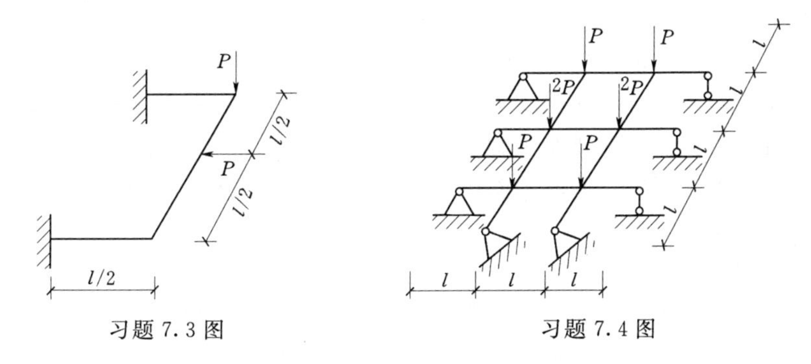

习题 7.3 图　　　　习题 7.4 图

7.4　试利用本章程序计算习题 7.4 图所示交叉梁的内力。各梁 EA、$EIxy$、$EIxz$、GIp 相同。已知 $EA=16\times10^4$kN，$EIxy=EIxz=10^4$kN·m^2，$GIp=0.8\times10^4$kN·m^2。$P=10$kN，$l=4$m。

7.5　试利用本章程序计算习题 7.5 图所示平面刚架的内力。各杆 EA、EI 相同。已知 $EA=4\times10^6$kN，$EI=1.8\times10^4$kN·m^2。$P=24$kN，$q=3$kN/m。

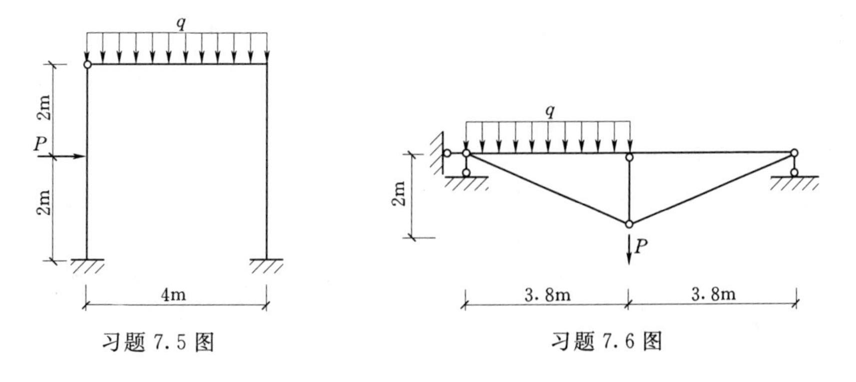

习题 7.5 图　　　　习题 7.6 图

7.6　试利用本章程序计算习题 7.6 图所示组合结构的内力。已知桁架单元的抗拉刚度为 $EA=2\times10^6$kN，刚架单元的抗拉刚度为 $EA=4.8\times10^6$kN，抗弯刚度为 $EI=1.34\times10^5$kN·m^2。$P=13$kN，$q=2.1$kN/m。

第8章　农田水利工程结构分析

8.1　水利工程简介

水是人类生产和生活必不可少的宝贵资源，但其存在状态并不完全符合人类的需要。采取的最根本措施是兴建水利工程。水利工程是对水资源进行开发和保护，解决水资源的时空分配不均，兴水利除水害，满足人民生活和生产用水需要的工程设施。

8.1.1　水利工程及水工建筑物

水利工程按照不同特征目标有不同的分类方法。

按目的或服务对象可分为防洪工程、农田水利工程（或称灌排工程）、水力发电工程、航道和港口工程、城镇供水和排水工程、水土保持工程、环境水利工程、渔业水利工程、围海造田和海涂围垦工程等。同时为防洪、灌溉、发电、航运等多种目标服务的水利工程称为综合利用水利工程。

水利工程按照功能分为蓄水工程、挡水工程、取水（引水）工程、输水工程、排水工程、水能利用工程及水生物保护工程等不同类型工程。蓄水工程指水库和塘坝（不包括专为引水、提水工程修建的调节水库）。引水工程指从河道、湖泊等地表水体自流引水的工程（不包括从蓄水、提水工程中引水的工程）。提水工程指利用扬水泵站从河道、湖泊等地表水体提水的工程（不包括从蓄水、引水工程中提水的工程）。调水工程指水资源一级区或独立流域之间的跨流域调水工程。地下水源工程指利用地下水的水井工程。

水利工程中的不同功能与类型的建筑物统称水工建筑物。水工建筑物按服务对象可分为通用性水工建筑物和专门性水工建筑物。

通用性水工建筑物服务于多种目的，包括挡水建筑物、泄水建筑物、取水建筑物、输水建筑物、专门水工建筑物。

1. 挡水建筑物

挡水建筑物是控制江河水流、抬高水位、调蓄水量，或为阻挡洪水泛滥、海水入侵而修建的各种闸、坝、堤防、海塘等水工建筑物，如图8.1所示。此外河床式水电站厂房、河道中船闸的闸首、闸墙和临时性的围堰等，也属于挡水建筑物。有不少挡水建筑物兼有其他功能，也常列入其他水工建筑物。如溢流坝、拦河闸、泄水闸常列入泄水建筑物，进水闸则常列入取水建筑物。

2. 泄水建筑物

泄水建筑物是宣泄水库、河道、渠道、涝区超过调蓄或承受能力的洪水或涝水，以及为泄放水库、渠道内存水以利于安全防护或检查维修的水工建筑物，如图8.2所示。常用的泄水建筑物有：①低水头水利枢纽的滚水坝、拦河闸（泄水闸）、冲沙闸；②高水头水

图 8.1 挡水建筑物

图 8.2 泄水建筑物

利枢纽的溢流坝、溢洪道、泄水孔、泄水涵管、泄水隧洞；③由河道分泄洪水的分洪闸、溢洪堤；④由渠道分泄入渠洪水或多余水量的泄水闸、退水闸；⑤由涝区排泄涝水的排水闸、排水泵站等。泄水建筑物是保证水利枢纽和水工建筑物安全、减免洪涝灾害的重要水工建筑物。

3. 取水建筑物

取水建筑物是从河流、水库、湖泊、地下水等水源取水的水工建筑物，包括进水闸、取（引）水隧洞、坝下取水涵管、坝身取（引）水管、取水泵站等，又称进水建筑物，如图 8.3 所示。取水建筑物是农田灌溉、城乡供水、水力发电等用水部门从水源取水必不可少的水工建筑物。

4. 输水建筑物

输水建筑物是输送水的建筑物，是取水建筑物和配（用）水建筑物之间的连接建筑物，如图 8.4 所示。主要有输水渠道、输水隧洞、输水涵管、输水管网、渡槽、倒虹吸、跌水、陡坡等。根据不同的水文、地形、地质条件和用水要求选用不同的输水建筑物。输水建筑物是水资源配置中不可缺少的水工建筑物。

5. 专门水工建筑物

除上述常见的一般性建筑物外，为某一专门目的或为完成某一特定任务所设的建筑物，称为专门水工建筑物（图 8.5）。专门性水工建筑物服务于单一目的，包括水力发电的水电站厂房、高压室（井）、压力前池、压力管道，城镇供排水的沉淀池、污水处理厂，内河航运的船闸、升船机、码头、防波堤，过木、过鱼的筏道、鱼道，农田水利专用的灌溉管道、喷灌、滴灌等灌水设施以及水土保持、水产养殖、环境水利等水工建筑物。

图 8.3 取水建筑物

图 8.4 输水建筑物

图 8.5 过坝建筑物

8.1.2　水利工程等别和水工建筑物设计标准

“等”和“级”是依据规模、效益、失事后果来衡量水利工程和水工建筑物的重要性的指标。这种指标直接关系到工程本身的造价、效益、安全及其下游人民生命财产安危，是我国社会经济发展水平和技术政策的具体体现。

1. 水利工程等别

水利工程按其规模、效益和在国民经济中的重要性进行分等。《水利水电工程等级划分及洪水标准》(SL 252—2000) 规定：水利水电枢纽工程根据水库规模、防洪保护对象的重要性和范围、治涝和灌溉规模、供水对象的重要性、水电站装机容量等划分为5等；拦河水闸工程根据其设计过闸流量划分为5等；灌溉、排水泵站工程根据其装机流量和装机功率划分为5等，水利水电工程分等指标见表8.1。综合利用水利工程，根据各项分等指标确定的等别不同时，以其最高等别定为整个工程的等别。

表8.1　水利水电工程分等指标

工程等别	工程规模	分等指标						
		水库总库容/亿 m^3	防洪 保护城镇及工矿区的重要性	防洪 保护农田面积/万亩	治涝面积/万亩	灌溉面积/万亩	供水对象重要性	水电站装机容量/万 kW
一	大(1)型	≥10	特别重要城市	≥500	≥200	≥150	特别重要	≥120
二	大(2)型	10～1.0	重要城市	500～100	200～60	150～50	重要	120～30
三	中型	1.0～0.1	中等城市	100～30	60～15	50～5	中等	30～5
四	小(1)型	0.1～0.01	一般城镇	<30	15～3	5～0.5	一般	5～1
五	小(2)型	0.01～0.001			<3	<0.5		<1

2. 水工建筑物级别

水利工程中的永久性建筑根据所属工程的等别及其在工程中的作用和重要性进行分级，临时建筑物根据被保护建筑物的级别、本身规模、使用年限和重要性进行分级。水工建筑物分级，主要是为了对不同级别的水工建筑物采用不同的设计标准，以达到既安全又经济的目的。水利工程永久性水工建筑物，根据其所属工程的等别及其在工程中的重要性划分5级，见表8.2；施工期的临时挡水和泄水建筑物的级别，根据被保护对象的重要性、失事后果、使用年限和临时建筑物的规模确定。

表8.2　水工建筑物级别的划分

工程等别	永久性建筑物级别		临时性建筑物级别
	主要建筑物	次要建筑物	
一	1	3	4
二	2	3	4
三	3	4	5
四	4	5	5
五	5	5	

当永久性水工建筑物基础的地质条件复杂或采用实践经验较少的新型结构时，可提高一级设计，但洪水设计标准不予提高；工程位置特别重要，失事后损失巨大或影响十分严重者，经过论证并报主管部门批准，2～5级主要永久性水工建筑物可提高一级设计，并按提高后的级别确定洪水设计标准；工程失事后损失不大者，经过论证并报主管部门批准，1～4级主要永久性水工建筑物可降低一级设计，并按降低后的级别确定洪水设计标准。

水库大坝的土石坝高度超过90m的2级建筑物和超过70m的3级建筑物可提高一级设计，洪水设计标准不予提高；水库大坝的混凝土坝、浆砌石坝高度超过130m的2级建筑物和超过100m的3级建筑物可提高一级设计，洪水设计标准不予提高，详见表8.3。

表8.3　需要提高级别的坝高界限

坝的原级别		2	3	4	5
坝高/m	土坝、堆石坝、干砌石坝	90	70	50	30
	混凝土坝、浆砌石坝	130	100	70	40

3. 水工建筑物安全标准

水工建筑物的安全问题，不仅关系到其自身的安全，而且直接影响到服务对象的安全。因此，其从设计、建设到运行管理都必须严格执行相关规程规范的标准，确保工程安全。

根据水利工程长期运行经验总结，水工建筑物的主要安全影响因素有：

（1）防洪安全标准。各种防洪保护对象和建筑物本身要求达到防御洪水的标准。通常以频率法计算的某一重现期的设计洪水为防洪标准。我国的防洪标准按《防洪标准》（GB 50201—2014）执行。各种挡水建筑物顶部安全超高按《水利水电工程等级划分及洪水标准》（SL 252—2000）执行。城市等级和防洪标准见表8.4。

表8.4　城市等级和防洪标准

等　级	重　要　性	非农业人口/万人	防洪标准（重现期）/a
Ⅰ	特别重要的城市	≥150	≥200
Ⅱ	重要的城市	50～150	100～200
Ⅲ	中等城市	20～50	50～100
Ⅳ	一般城镇	≤20	20～50

（2）抗滑稳定安全系数。该系数是标志水工建筑物在荷载作用下抵抗滑动、保持稳定程度的数据指标。通常以滑动面上的抗滑力与滑动力的比值表示。我国在水利水电工程设计中，对于不同的建筑物（重力坝、拱坝、土石坝等）有关规范都有明确规定。

（3）抗倾覆稳定安全系数。水工建筑物在荷载作用下抵抗倾覆、保持稳定程度的数据指标。一般为作用在建筑物上的力，通常以建基面上某一计算点所产生抗倾覆力矩与倾覆力矩之比值。

（4）强度安全系数。在结构设计中，为保证水工建筑物的安全，对材料强度计算所采用的系数。材料强度系数是对不同材料不同设计方法在不同的范围内取值，它是一个综合性系数。其取值大小直接影响到建筑物的经济性和安全度。而《工程结构可靠度设计统一标准》（GB 50153—2008）中规定，强度安全系数的各影响因素在 5 个分项指标中分别考虑。

8.1.3　工作环境及受力状态

水利工程在具有各种不同作用的水体和复杂的地质环境中工作。水工建筑物的形式、构造和尺寸与建筑物所在的地形、地质、水文等条件密切相关，尤以地质条件对建筑物的形式、尺寸和造价的影响更大。在设计与施工中，如果对以上各种情况考虑不周，将会影响建筑物的质量甚至安全。在具体工程中，应当主要考虑以下几方面的力：

（1）静水压力。由于上、下游水位差的存在，挡水建筑物要承担相当大的静水压力。静水压力的水平分力能使建筑物滑动或倾覆。

（2）动水压力。动水压力发生在液体流动的部位，一般和水流流速的平方成正比。一般包括在水库表面有风浪时产生的动水压力（浪压力），在地震情况下出现的地震动水压力。此外，对于高速水流还应考虑其他问题，如空蚀、掺气、脉动、振动、以及挟沙水流对过水表面的磨损等。

（3）冰压力。水不仅作用为液体时会产生压力，作为固体时也会产生压力，如在中、高纬度地区水库中产生的冰盖。冰压力可分静压力（当冰温升高而又不能自由扩展时）和动压力（当冰块和冰场流动时）。

（4）渗透压力。土石材料挡水建筑物，在上下游水位差的作用下，在孔隙和裂隙中流动的渗流会产生一系列对水工建筑物的不利作用。渗流一方面会造成水量损失，另外还会对建筑物的地板产生扬压力，这种压力的作用如同减轻建筑物重量一样会降低建筑物抵抗水平滑动的能力。此外，渗透水会在基岩中引起化学反应，溶解盐类或将细微的土壤颗粒带走，最终削弱地基。

（5）地震力。水利工程工作需考虑由地层活动和断裂可能引起的地震现象。这些会使已有的建筑物变得不安全，甚至导致失事。

此外，水利工程除了受各种自然条件制约，还应注意其他问题。如施工导流问题，截流度汛问题、温控问题、地基处理问题、交通运输问题等。

8.1.4　水工建筑物荷载

作用在水工建筑物上的各种外力及其他产生内力和变形的因素，称为荷载（或作用）。荷载是水工建筑物设计的重要依据。作用在水工建筑物上的荷载按其特性及出现概率分为基本荷载和特殊荷载两类。

1. 基本荷载

直接施加在结构物上的集中力或分布力，对建筑物安全经常起作用的荷载，称为基本荷载。水工建筑物的基本荷载主要有：①结构物自重和永久设备自重；②水压力，包括静水压力、扬压力（渗透压力和浮托力）、动水压力（水流冲击力、离心力）、浪压力；③冰压力（静冰压力和动冰压力）、冻胀力；④土压力和淤沙压力；⑤地应力和围岩压力；⑥风荷载和雪荷载；⑦温度荷载（根据混凝土结构特征，分别考虑施工期和运行期温度变化对结构的影响）；⑧移动设备和人群活动产生的可动荷载等。

2. 特殊荷载

在水工建筑物设计基准期内出现的机会（概率）很小，一旦出现其破坏力（量值）很大且持续时间很短的突发性荷载，称为特殊荷载。水工建筑物的特殊荷载主要有：①地震荷载，包括地震惯性力、地震动水压力、地震动土压力；②校核洪水位时的静水压力。

3. 荷载组合

同时作用在水工建筑物上的各种荷载，称为荷载组合。水工建筑物的荷载除自重外，其他荷载在一定范围变化，各种荷载的耦合概率也不相同。因此，在设计时需要根据实际情况考虑可能同时出现的荷载组合，分别进行建筑物的水力和结构计算，并按荷载组合出现的概率，采用不同的安全系数。

我国在水工建筑物荷载设计规范中把荷载组合分为基本组合和特殊组合两类。基本组合由同时出现的几种基本荷载组成，正常蓄水位情况、设计洪水位情况和冰冻情况都属于基本组合。在水工建筑物运行期内，两种特殊荷载同时出现的概率很小，因此，特殊组合由同时出现的几种基本荷载和其中一种特殊荷载组合。

长期以来，水工结构设计的荷载计算和组合情况，一般均有各类水工结构设计规范分别作出规定，缺乏统一的取值标准和方法。1994年颁布的《水利水电工程结构可靠度设计统一标准》（GB 50199—94）将荷载统称为作用，荷载组合改称为作用效应组合。目前在实施过程中，荷载与作用、荷载组合与作用效应组合均可采用，经过一段过渡时期后，将统一为一种标准。

8.1.5 水工建筑材料

水工建筑材料是指可用以修建水工建筑物的各种材料的总称。水工建筑材料随着社会生产力的发展而逐步发展。19世纪以来，建筑钢材、水泥、混凝土和钢筋混凝土相继问世，成为主要的建筑材料。20世纪又有多种具有特殊性能的水泥、混凝土外加剂、防水材料、合成高分子材料和预应力混凝土等逐步得到发展和应用。由于水工建筑物经常受到水压力、水流冲刷、磨损、冻融或干湿循环等作用，易出现混凝土冻胀破裂、收缩开裂、腐蚀、空蚀、化学侵蚀、海生物侵蚀、钢材锈蚀、木材腐蚀、沥青与合成高分子材料老化等问题，需要引起重视。

水工建筑物所用的基本材料主要有：矿物质材料、有机质材料、金属材料和复合材料。

（1）矿物质材料。矿物质材料是以矿物为主要成分的材料，主要包括石料、无机胶凝材料（石灰、水泥、粉煤灰、硅粉、磨细矿渣与天然矿石粉等）。天然石料丰富，且分布很广，便于就地取材。新鲜石料的抗压强度较高，坚固耐久。块状石料多用于堆石或砌石工程，散粒石料或按一定级配轧制的石料用作混凝土的骨料。石灰与水泥为富含钙质的无机胶凝材料，其中石灰为气硬性胶凝材料，水泥则为水硬性胶凝材料。粉煤灰、硅粉、磨细矿渣等工业废料为现代混凝土的重要辅助胶凝材料。以水泥及其辅助胶凝材料配制的砂浆、混凝土和钢筋混凝土在水利工程中应用极为广泛。

（2）有机质材料。有机质材料是含有机质的材料，主要包括木材、沥青及高分子合成材料等。木材具有质轻、强度高，能承受冲击和振动，易于加工，在适宜环境下经久耐用，产地分布广，易于就地取材等特点，是水利工程中的常用材料。沥青主要用于防水、防腐材料。沥青及其改性沥青常用于渠道、蓄水池防渗、大坝的防渗墙、灌注伸缩缝、止水井及灌浆材料。高分子合成材料主要包括合成树脂、塑料、涂料、胶黏剂、合成橡胶、合成纤维及合成化学外加剂等。主要用作黏结剂、防水止水、护面、装修、改性材料以及加固与修补材料等。高分子合成材料发展很快，其品种时有更新，性能不断改善。

（3）金属材料。金属材料是由金属元素组成的单质与合金材料，具有良好的导电性和导热性、强度和弹性，以及延展性，其组织均匀密实，为晶体结构。分为黑色金属和有色金属两大类。黑色金属材料在水利工程中应用广泛，如用于钢结构中的型钢（圆钢、角钢、槽钢、工字钢）、板材和管材；用于钢筋混凝土结构中的钢筋和钢丝等。水力发电工程中的电厂设备、送变电设备、施工机械及钢闸门、钢模板等都需用大量钢材和有色金属材料。

（4）复合材料。两种或两种以上的材料复合组成的材料，一般常以不同的非金属（或金属）材料相复合或非金属材料与金属材料相复合。复合材料能发挥组成材料各自的优点，克服单一材料的缺点，其综合性能往往是单一材料无法相比的。工程复合材料一般由高强度、高弹模的增强材料（如玻璃纤维、钢纤维、合成纤维、碳纤维、金属材料等）和基体（如塑料、树脂、橡胶、水泥砂浆、混凝土等）组成，如水利工程用的聚合物混凝土、土工合成材料、合成胶黏剂等。

8.2　农田水利工程设计及其电算

8.2.1　农业水利工程

农业水利工程是水利工程的重要组成部分，是为发展农业生产、确保农村饮水安全、改善农村水环境质量等服务的水利事业。农业水利工程的基本任务是通过水利工程技术措施改变不利于农业生产发展、农民生活、农村生态环境的自然条件，为农业高产稳产、农民生活、农村经济和农村生态环境提供高效服务，通过农业水利工程措施，可以形成良好的灌、排系统，调节和改变农田水分状态和地区水利条件，使之符合农业生产发展的需要。农业水利工程主要包括堤、坝、水闸、涵洞、渡槽、沟渠、井、水泵站、水土保持、污水处理以及水产养殖、旅游和环境保护中与水有关的工程设施。根据功能，可将其归为三种类型：取水工程、输水配水工程和排水工程。

取水工程是指从河流、湖泊、水库、地下水等水源适时适量地引取水量用于农田灌溉的工程。在河流中引水灌溉时，取水工程一般包括抬高水位的拦河闸、沉砂池等。当河流流量较大、水位较高能满足引水灌溉要求时，可以不修建拦河坝（闸）。当河流水位较低又不宜修建坝（闸）时，可以修建提灌站来提水灌溉。

输水配水工程是指将一定流量的水流输送并配置到田间的建筑物综合体，如各级固定渠道系统及渠道上涵洞、渡槽、交通桥、分水闸等。

排水工程是指各级排水沟及沟道上的建筑物。其作用是将农田内多余水分排泄到一定范围以外，使农田水分保持适宜状态，满足通气、养料和热状况的要求，以适应农作物的正常生长，如排水沟、排水闸等。

8.2.2 农业水利工程设计简化

水利工程中建筑物的结构计算将最终确定建筑物各部位构件的截面尺寸及配筋，直接关系到工程造价及建筑物安全。水利工程实际结构极为复杂，要想完全、严格地按照结构的实际情况进行力学分析不可能也不必要，因此，对实际结构进行力学计算以前，必须加以简化，略去不重要的细节，突出其基本特点，用一个简化的图形来代替实际结构，然后再对计算简图进行计算。在结构分析中，把实际结构简化计算模型，称为结构计算简图。农田水利工程中建筑物的种类较多，每一种建筑物都有其各自的用途和结构设计特点。任何水工建筑物的运行都符合力学平衡原理，实际工程结构大都可以简化成杆件结构、板壳结构、实体结构。在具体设计工作中，简化工作还包括：

（1）荷载的简化：结构承受的荷载可分为体积力和表面力两大类。体积力一般指结构的自重或惯性力等；表面力则是由其他物体通过接触面而传给结构的作用力，如土压力、车辆的轮压力等。不管是体积力还是表面力都可以简化为作用在杆件轴线上的力。荷载按其分布情况可简化为集中荷载和分布荷载，重物看做是集中荷载，梁的自重看做是均布荷载等。

根据《水工建筑物荷载设计规范》（DL 5077—1997）可知，水工结构主要作用按随时间变异的分类可分为：永久作用、可变作用和偶然作用。其中永久作用包括建筑物的自重及永久设备自重、土压力和淤沙压力、地应力及围岩压力；可变作用包括静水压力、管道及地下结构的外水压力、风荷载和雪荷载、冰压力和冻胀力、浪压力；偶然作用主要包括地震作用和校核洪水位时的静水压力。

（2）结构体系的简化：一般结构实际都是空间结构，各部分相互连接成为一个空间整体，以承受各个方向可能出现的荷载。但在多数情况下，常可能忽略一些次要的空间约束而将实际结构分解为平面杆件结构。常见杆件结构的类型：①梁：梁是一种受弯杆件，其轴线通常为直线，梁有单跨的和多跨的。②拱：拱的轴线为曲线，且在竖向荷载作用下会产生水平反力，这使得拱内弯矩比跨度、荷载相同的梁的弯矩小。③刚架：由直杆组成并具有刚结点。④桁架：由直杆组成，但所有结点均为铰结点。当只受到作用于结点的集中荷载时，各杆只产生轴力。⑤组合结构：是由桁架与梁或桁架与刚架组合在一起的结构。

（3）杆件的简化：梁可以用一轴线来代表，杆件之间的连接区用结点表示，杆长用结点的距离表示，而荷载的作用点也转移到轴线上。

（4）支座和结点的简化：支座是将结构和基础连接起来的装置，其作用是将结构固定于基础上，并将荷载通过支座传到基础和地基上。平面结构的支座一般简化为固定铰支座、活动铰支座、滑动支座和固定支座。

（5）杆件间连接的简化：杆件间的连接区一般简化为结点。结点通常简化为两种理想情形：①铰结点，被连接的杆件在连接处不能相对移动，但可相对转动，只可以传递力，但不能传递力矩；②刚结点，被连接的杆件在连接处既不能相对移动，又不能相对转动；既可以传递力，也可以传递力矩。现浇钢筋混凝土结点通常属于刚结点。

（6）材料性质简化：在水利工程于中结构所用的建筑材料通常为钢、混凝土、砖、石、木材等。在结构计算中，为了简化，对组成各构件的材料一般都假设为连续的、均匀的、各向同性的、弹性或弹塑性的。假设对于金属材料在一定受力范围内是符合实际情况。对于混凝土、钢筋混凝土、砖、石等材料则带来有一定程度的近似性。

为了提高设计效率，使设计者免除繁琐的计算工程量，可以编制电算程序，由计算机完成结构设计计算。过去由于缺乏现代化的计算手段，以往结构分析计算都是靠手算。电子计算机的出现，对结构设计计算产生了巨大的影响。过去无法解算的许多大型结构计算问题，现在都已经成为“电算”中的常规问题。

8.2.3　结构力学电算在农业水利工程中的应用

农业水利工程中建筑物和工程设施中承受、传递荷载而起骨架作用的部分为结构。从几何角度来看，农业水利工程结构可分为三类：①杆件结构，这类结构是由杆件所组成。杆件的几何特征是横截面尺寸要比长度小得多。梁、拱、桁架、刚架是杆件结构的典型形式。②板壳结构，它的厚度要比长度和宽度小得多。它的厚度要比长度和宽度小得多。水工结构中的拱坝都是板壳结构。③实体结构，这类结构的长、宽、厚三个尺度大小相仿。水工结构中重力坝属于实体结构。

农业水利工程中的实际结构可简化成结构力学中的简化结构，根据简化结构应用结构力学电算计算可得实际结构中相应的计算。结构力学电算可计算多种荷载作用下连续梁任意截面的弯矩和剪力、指定截面的弯矩、剪力影响线、指定支座的反力影响线、均布活荷载作用下的弯矩、剪力包络图等。既可以节省设计者从事水工建筑物设计的时间，也可对作为计算的辅助用具对其他方法计算结果进行校核验算。

结构力学电算应符合水利工程设计相应的设计规范和荷载的取值。下面介绍荷载分项系数及取值问题。

有关计算公式的介绍及算例中，为便于说明，本书荷载分项系数，取值按《水工混凝土结构设计规范》(SL 191—2008）的规定。

基本组合：

1）混凝土结构自重的荷载分项系数及永久设备自重的作用分项系数，对结构起不利作用时采用1.05，对结构起有利作用时采用0.95。

2）土压力及围岩压力的荷载分项系数，对结构起不利作用时采用1.20，对结构起有利作用时采用0.95。

3）地下水压力的荷载分项系数采用1.2。

4）人群荷载的荷载分项系数采用1.1。

5）对于渡槽内的水压力，《水工混凝土结构设计规范》(SL 191—2008）将满槽水压力作为“可控制其不超过规定限值的可变荷载”，规定其荷载分项系数对结构起不利及有利作用时均为1.1。对设计水深的水压力未给出明确的说明，考虑到一般灌区渡槽的实际运用情况，渡槽设计水深的水压力也可视作“可控制其不超过规定限值的可变荷载”，即渡槽设计水深及满槽水深的水压力荷载分项系数均采用1.1。

偶然组合：

1）混凝土结构自重的荷载分项系数采用1.05。

2）土压力及围岩压力的荷载分项系数采用1.2。

3）地下水压力的荷载分项系数采用1.2。

4）人群荷载的荷载分项系数采用1.1。

5）渡槽设计水深及满槽水深的荷载分项系数均采用1.1。

部分工程结构简化较复杂（如实体结构），简化后不能很好地反映原工程结构特点。因此，本书针对农业水利工程中常见的结构对其进行杆件的简化，然后应用结构力学电算方法进行结构计算。

8.3 闸门（平板，弧形）

8.3.1 水工闸门

水闸是修建在河道、渠道或湖、海口，利用闸门控制流量和调节水位的水工建筑物。闸门是装于溢流坝、岸边、溢洪道、泄水孔、水工隧洞和水闸等建筑物的空口上，用以调节流量，控制上、下游水位、宣泄洪水、排除泥沙或漂浮物等，是水工建筑物的重要组成部分。在水闸工程中，闸门是主体部分，常占其挡水面积的一大半。闸门由活动部分、埋件构件和悬吊设备三部分组成。其中，活动部分是门体结构，埋固构件是预制在闸墩和胸墙等结构内的固定构件，悬吊设备系指连接闸门和启闭设备的拉杆或牵引索。

闸门的形式很多，按其结构形式通常分为平面闸门（图8.6）、弧形闸门（图8.7）及自动翻倒闸门等种类；按闸门工作条件可分为：工作闸门（或称主闸门，用以控制孔口，调节流量和水位）、检修闸门（用以临时挡水，以便检修工作闸门、门槽和门槛等）；按闸门所处的位置不同，又可将闸门分为露顶闸门（当闸门关闭时，露顶闸门的门顶高于上游最高蓄水位）和潜孔闸门（潜孔闸门则低于最高蓄水位，如设胸墙时的闸门）。

图8.6 平面闸门

图8.7 弧形闸门

作用在闸门上的荷载，按设计条件和校核条件分为两类：

（1）设计荷载。包括闸门自重、设计水头下的静水压力、动水压力、浪压力、地震动水压力、水锤压力、泥沙压力、风压力和启闭力。

（2）校核荷载。包括闸门自重、校核水头下静水压力、动水压力、浪压力、地震动水压力、水锤压力、泥沙压、风压力、冰、漂浮物和推移物的撞击力、温度荷载、启闭力。

弧形闸门和平面闸门上的荷载均分为两大类。无论设计还是校核情况下荷载与水头变化都有一定关系，在闸门结构布置中，通常是按等荷载原则来布置主梁的，但实际运行中，闸门主梁所受荷载显然是不相等的，是随水头变化的。水头并不是荷载取值的唯一影响因素，泥沙压力与所含泥沙的孔隙率、重度、淤积的厚度等有关，一般成近似线性关系。其他荷载与其自身形成条件有关，也大多呈线性关系。

闸门是水工建筑为的重要组成部分，其运行情况关系到整个枢纽建筑物的安全，闸门设计除需满足安全、经济条件外，还应具有操作灵活可靠、止水效果良好及过水平顺等性能，应尽量避免产生空蚀和震动。此外，还应便于制作、运输、安装以及检修和养护。

8.3.2　弧形闸门

弧形闸门是我国使用最广泛的一种闸门类型，它具有结构简单、启闭力小、操作简单、水流条件好等优点，适用于泄水建筑物上作为工作闸门之用。与其他形式的闸门相比，弧形闸门有其独特的特点：

1）可封闭相当大面积的孔口；

2）所需闸墩高度和厚度较小，可以利用水柱下门；

3）没有影响水流流态的门槽，水道连续，水流条件良好。特别是高水头工作闸门及需要局部开启的工作闸门中，由于水力条件是门型选择的关键因素，因而弧形闸门应用更为普遍；

4）由于弧形闸门的铰轴一般布置在弧形面板曲率中心，故作用在面板上的全部水压力通过铰轴中心。启门时只需要克服闸门自重以及止水与铰轴的摩阻力对轴心的阻力矩，因而弧形闸门启闭省力、迅速、运转可靠，可以减小启闭机容量以达到降低工程造价的目的，而且对于特高水头的闸门来说，启闭机容量是一个非常大的限制条件；

5）门槽埋件数量较少，在埋件上省材料最为显著，从总体材料而言是各种闸门中最省材料的一种门形。

弧形闸门被普遍认为是闸门中最可靠、经济、灵活的一种门型而广泛应用于泄水建筑物中。目前国内外需要局部开启的深孔工作闸门绝大多数都采用弧门这种形式，如图 8.8 所示。

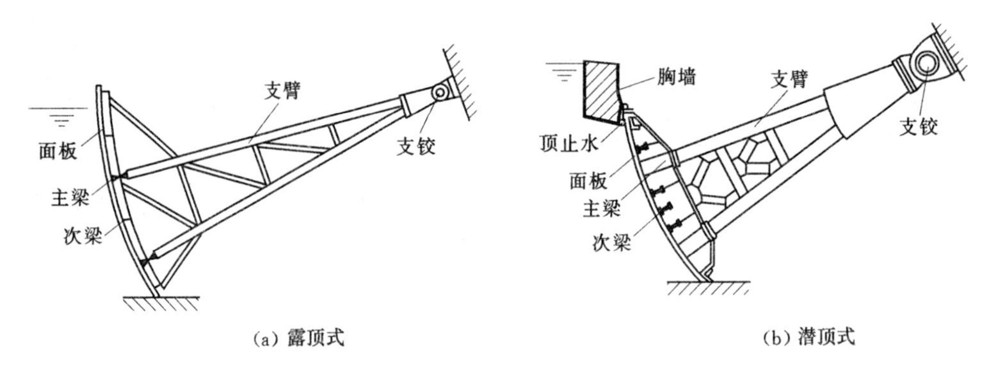

图 8.8　弧形闸门结构示意图

弧形闸门的结构设计必须保证结构具有足够的强度和整体刚度，具有良好的加工工艺，便于制造、运输、安装和防锈，并节省钢材。

弧形闸门主要由门叶结构、支臂结构和支铰三大部分组成。

弧形闸门按其门叶结构主要承重梁的布置，可分为主横梁式和主纵梁式两种。一般对宽扁形孔口宜采用主横梁式弧形闸门，而对高而窄型孔口宜以采用主纵梁式为宜。梁系的连接又有同层布置（等高连接）和迭层布置（非等高连接）等方式，目前常用的有三种结构形式。

第一种是主横梁同层布置形式，面板支承在水平次梁、垂直次梁（隔板）和主横梁组成的梁格上，隔板与主横梁在同一高度，主横梁与面板直接焊接，支臂与主横梁用螺栓连接构成刚性框架，水压力轻面板、水平次梁传给横梁主框架，再通过支铰传至基础，这种结构的优点是闸门整体刚度大，适用于宽高比较大的弧形闸门。

第二种是主纵梁迭层布置，这种布置是将面板支承在水平次梁、垂直次梁构成的梁格上，梁格又支承在两根主纵梁上，支臂与主纵梁用螺栓连接组成主框架，水压力经面板梁格传给纵梁主框架，再通过支铰传至基础。这种结构的布置的主要优点是便于运输分段，安装拼接简便，其缺点是增加了梁系连接高度，结构整体刚度较同层布置差，适用于宽高比较小的弧形闸门。

第三种是主纵梁同层布置形式，其面板支承在垂直次梁和主纵梁上，而垂直次梁与主纵梁之间的高差，采用多跟横梁支承前者，并与后者等高连接，从而形成整体刚度较强的门叶结构，支臂与主纵梁用螺栓组成主框架。水压力经面板、垂直次梁、横梁传给纵梁主框架，再通过支铰传至基础。这种结构的特点是面板直接参与主纵梁工作，降低了梁格连接高度，增加了闸门整体刚度，但主纵梁的制造加工要求较高。当闸门纵向分块时，分缝的拼接比较困难，适用于宽度比较小的弧形闸门。

弧形闸门的支臂的作用是支撑面板梁格并将其荷载传给支铰等主要构件。在传统的弧形闸门设计方案中，闸门的支臂桁架大多采用三角形，这主要是因为按平面体系进行闸门设计时忽略了结构的整体性和弧形闸门的空间结构特点，为了保证整个闸门的结构稳定，采取了比较保守的设计。支臂与主横梁的连接与主横梁的形式有关。横桁架的主横梁，常将支臂直接深入桁架，作为它的一根竖杆。实腹截面的主横梁，可将支臂端部直接与主横梁的下翼缘板焊接，并在支臂端部的两侧加焊肋板；或者是在支臂端部焊上接头板，用精制螺栓与主横梁的下翼缘板相连接，并在主横梁下翼缘的内侧，安装后加焊抗剪板，上述两种连接方式中，后者较好，它便于安装和拆卸。

弧形闸门的支铰是整个闸门中最重要的组成部分，它的主要作用是将闸门所受的全部水压力和一部分门重传给闸座，同时，它又是启闭机闸门转动的支承中心，因此它是弧形闸门的支承行走装置。弧形闸门的支铰应尽量布置在不受水流及漂浮物冲击的高程上。对于溢流坝上的露顶式弧形门，其支铰位置一般在 $1/2H$ 至 $1/3H$ 附近（H 为门高），并高于该处最高泄洪水面线，对于水闸上的露顶式弧形闸门，支铰可设在 $2/3H$ 至 H 附近，并应高于下游最高水位。对于潜孔式弧形闸门，支铰可布置在 $1.1H$ 以上，使支铰不直接受水流冲击。

除门叶结构、支臂结构和支铰外，弧形闸门还设有启闭设备和埋设构件。

启闭设备弧形闸门启闭力小，起吊点的运动轨迹是弧线，露顶式或宽高比较大的弧门多用两个吊点，启闭设备多采用一门一机的布置。根据建筑物的结构，弧形闸门的启闭形式常采用：吊点设在门叶面板前，采用钢丝绳卷扬机或板链式启闭机；吊点设在门叶面板后的梁系或支臂上，可采用钢丝绳卷扬机和液压启闭机。弧形闸门液压启闭机的缸体一般作成可摇摆式，以达到布置紧凑，设备重量也可减轻。

埋设构件包括侧止水座、底坎止水座、顶止水装置和支铰座承重构件，一般均埋入混凝土相关部位表面以内，起止水严密和承重作用。中、小型及承受总水压力不大的弧门止水装置用一般橡皮，潜孔式高压力弧形闸门用特制密封橡皮。露顶式弧形闸门的支铰座承重构件一般均埋入闸墩的悬伸牛腿内；潜孔式弧形闸门支铰座承重梁有的直接埋入大体积混凝土内，有的两端插入边墙内锚固。

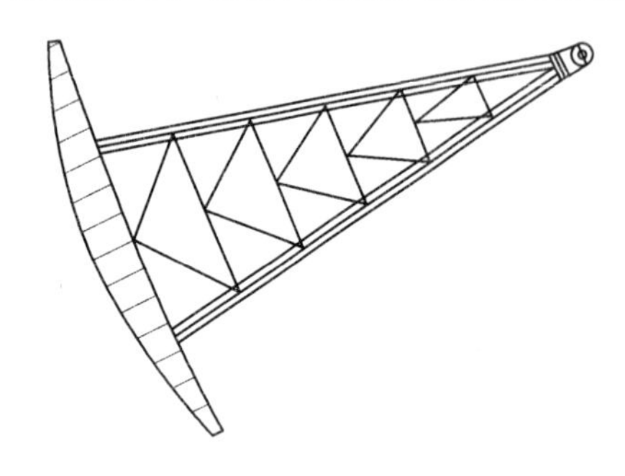
图 8.9　弧形闸门结构简化图

在具体的设计计算过程中，弧形闸门可将结构简化为平面体系进行设计计算，如图 8.9 所示。弧形闸门的面板和纵向梁系忽略其曲率影响，近似按平板和直梁计算。面板、水平次梁、竖直次梁等构件的计算方法均和平面闸门相应构件的计算方法相同。面板直接承受水压力产生局部弯应力，局部弯应力按四边固定（或三边固定一边简支）的弹性薄板理论进行计算。面板作为梁系的一部分参与主（次）梁的整体弯曲，将面板的局部弯曲应力与主（次）梁的整体弯曲应力按照第四强度理论进行叠加。水平次梁的荷载分配按相邻间距和之半法进行，再根据构造按连续梁或简支梁进行计算。竖直次梁承受的荷载有水平次梁传来的集中荷载和面板直接传来的三角形分布荷载，一般竖直次梁可按悬臂梁或简支梁进行计算，梁系的计算均要考虑面板兼作梁翼缘的影响。总之，整个闸门的结构计算，按实际可能发生的最不利荷载组合情况，对各个构件进行强度计算、刚度计算和稳定性计算。

8.3.3　平面闸门

平面闸门的形式，一般分为直升式和升卧式两种。

直升式平面闸门是最常用的形式，门体结构简单，可吊出孔口进行检修，所需闸墩长度较小，也便于使用移动式启闭机。其缺点是，启闭力较大，工作桥较高，门槽处也易磨损。

升卧式平面闸门是在直升式闸门的基础上发展起来的。闸门在关闭状态直立挡水，启门时首选直立上升，然后边上升边转动（向上游或下游），全开时闸门平卧在闸墩顶部。这种闸门最大的特点是工作桥高度小，从而可以降低造价，提高抗震能力。闸门的吊点一般设在闸门底部的上游一侧，这样，启吊钢丝绳将长期浸没水中，易于锈蚀，为此，可将吊点位置放在下游一侧。另外，升卧式平面闸门在除锈涂漆方面也比较困难。

平面钢闸门是由活动的门叶结构、埋固构件和启闭机械三部分组成，如图 8.10 所示。

门叶结构是用来封闭和开启孔口的活动挡水结构，由门叶主体、支承、止水装置和吊耳四个部分组成。门叶主体一般由面板、主横梁、边梁（柱）和次梁组成有面板的梁格结构。门叶支承部分应用较多的是滑动支承、滚轮支承和链轮支承等。支承部分也是门叶移动的行走部分。滑动支承是装在门叶主体边梁处的滑块，其在固结于门槽内的支承轨道上作滑动摩擦运动，接触处是面或线。滚动支承是装在门叶边梁上的轮子，其在门槽轨道上作滚动摩擦运动，接触处是点或线。链轮支承是环绕门叶边柱由一系列圆柱滚子组成的形似链条式的闭合链环。

埋固构件包括主轮或主滑道的轨道，侧轮和反轮的轨道，简称侧轨和反轨，止水埋件，顶止水埋件简称门楣，底止水埋件简称底坎，门槽护角、护面和底槛，用以保护混凝

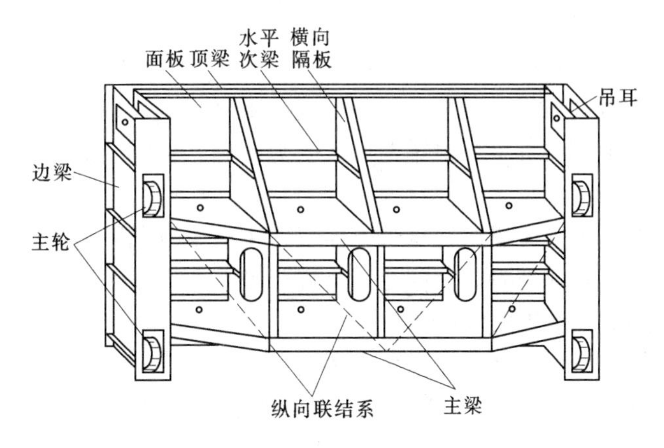

图 8.10 平面钢闸门结构示意图

土不受漂浮物的撞击、泥沙磨损和气蚀剥落。

闸门的启闭机械常用的闸门启闭机有卷扬式、螺杆式和液压式三种。闸门门叶运移（开或关）的操作机械。根据平面闸门的操作特点及孔口尺寸，设备直接与闸门门叶连接并固定在门槽（埋设件）上，形成一个整体（如闸阀、截门）；启闭机固定或移动于建筑物上，远离闸门门叶，通过吊具与门叶连接（见闸门启闭机）。

平面钢闸门门叶承重结构包括钢面板、梁格及纵向、横向联结系。

面板是用一定厚度的钢板拼焊而成的平面式结构，为主要的挡水构件。它一方面直接承受水压力，并把它传给梁格，另一方面又起到了承重结构的作用。面板设在上游面可以避免梁格和行走支承浸没在水中而聚积污物，同时可减小闸门底部过水时产生的振动；面板设在下游面对于设置止水比较方便。

梁格是用来支承面板，以缩小面板的跨度和减少面板的厚度。梁格一般由主梁、次梁和边梁组成。梁格有简式（面板是直接由多个主梁来支撑的，面板上的水压力直接通过主梁传给两侧的边梁）、普通式（梁格的主梁数目较少，其间距和截面尺寸较大，一般在主梁之间设置有水平次梁）、复式（梁格的主梁数目更少，其间距和截面尺寸也更大，中间设有垂直次梁和水平次梁）三种形式。

从图 8.11 可知，简式梁格不设次梁，面板直接支承在主梁上。普通式梁格由水平主梁、竖立次梁和边梁组成。复式梁格由水平主梁、竖立次梁、水平次梁和边梁组成。

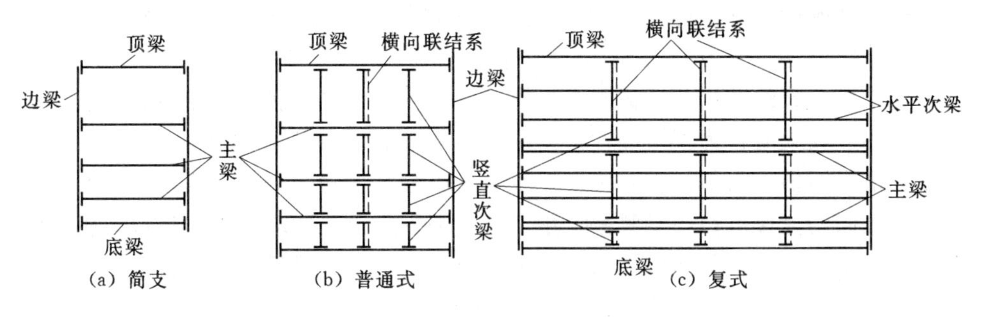

图 8.11 平面闸门结构简化图

主梁是闸门的主要受力构件，水压力通过面板传到主梁上，再由主梁传到边梁，边梁再通过支承结构将力传到门槽埋件上。

次梁是用来加强面板强度和刚度的构件，包括水平次梁、垂直次梁、顶梁和底梁，一般均采用型钢制作。主梁和次梁分层布置形式受力明确，但刚度差。同层布置形式因其结构紧凑刚度好，目前采用也较多。

边梁实质上是垂直布置的梁，它承受由面板、主横梁及起重桁架传来的力，并把力传给支承行走部分。在提升闸门时，它往往还与启闭设备相联系，受到闸门自重和阻力的作用。通常做成单腹板或双腹板的实腹梁。

平面钢闸门可简化为梁系结构，平面钢闸门主梁的数目主要取决于闸门的尺寸和水头的大小。主梁的数目可为双主梁式和多主梁。一般当闸门的跨高比 $L/H \geqslant 1.2$ 时，采用双主梁；当闸门的跨高比 $L/H \leqslant 1.0$ 时，采用多主梁。在大跨度的露顶式闸门中常采用双主梁。

8.4 拦　污　栅

拦污栅是设在进水口前，用于拦阻水流挟带的水草、漂木等杂物（一般称污物）的框栅式结构，如图 8.12 所示。拦污栅在平面上可以布置成直线形或半圆的折线形，在立面上可以是直立或倾斜，依水流挟带污物的性质、多少、运用要求和清污方式决定。水头较高的坝后式水电站的进水口常用直立半圆形；进水闸、水工隧洞、输水管道多用直线形。

图 8.12　拦污栅

拦污栅包括栅叶和栅槽埋件两部分。栅叶是由栅面和支承框架构成，栅面是数块栅片连接排列而成。

拦污栅支承框架的结构与平面闸门一样，由主梁、边梁、纵向联结系和支承等组成。

当主梁高度较大时，为了增加拦污栅的横向刚度，可在主梁之间加设横向联系构件。对于高度大的拦污栅，为了便于安装及运输，可以分节设置，分节的高度一般在 3.5m 以下。节与节之间的连接可在边梁腹板上用连接板和轴相连，并应考虑起吊拦污栅时的锁定装置小起吊设备的容量，节与节之间可不设连接装置，但起吊设备应配置自动挂脱梁。如果拦污栅有机械清污的要求，节与节之间应设导向定位装置，使得节间栅条对齐，以免卡阻清污机的清污耙。框架的主梁与边梁应等高布置，主梁的间距应按等荷载要求确定，并应考虑栅条的强度与稳定。拦污栅主梁的形式应根据跨度及荷载而采用轧成梁、组合梁或桁架。当主梁跨度较小时采用轧成梁，对于中等跨度的拦污栅一般采用工字形组合梁，对于跨度较大的拦污栅可以采用桁架式主梁。桁架式梁多用平行弦桁架，节间数目为偶数，跨中对称，桁架高度一般为桁架跨度的1/7～1/8。为减少水头损失，主梁可采用流线形轮廓。拦污栅的支承一般采用滑动支承，当要求在一定水头下动水提栅时，为了减少启闭力，也可采用轮式支承。拱形拦污栅的栅面结构与普通拦污栅相同，其支承框架采用拱形结构。

栅片由平行置放的金属栅条连接而成，连接的方式有螺栓连接和焊接两种。螺栓连接的拦污栅，是一种栅片和栅条均可拆卸和更换的拦污栅，其栅片是用长螺栓将平行置放的栅条贯穿于一起。焊接连接的拦污栅是不可拆卸的焊接结构，其栅条与肋板焊接在一起构成栅片，栅片上的栅条则直接焊在支承框架上，形成了栅面。这种结构形式的拦污栅不仅可以加强拦污栅的整体刚度，同时也简化了制造拦污栅的工艺流程，在工程实践中较常用。栅条一般用扁钢制成，其截面常为矩形，有时为了减小水头损失，可采用流线形截面。对于矩形截面的栅条，其高度不宜大于12倍厚度，也不宜小于50mm；栅条的侧向支承间距不宜大于70倍栅条厚度。有清污要求的拦污栅，应满足耙齿进入栅面的要求。栅条间距视污物大小、多少和运用要求而定。水电站用的栅条间距取决于水轮机型号及尺寸，以保证通过拦污栅的污物不会卡在水轮机过流部件中为准。泄水隧洞和泄水孔一般不设拦污栅，如洞径或孔径不大，而沉木较多需要设置时，栅条间距宜加大。

拦污栅一般设置在进水口检修闸门和工作闸门的上游。有时也可将拦污栅设置在工作闸门和检修闸门之间，这时因受空间尺寸限制，拦污栅一般只能垂直置放，这种布置拦污栅可在孔口内检修。由于拦污栅和检修闸门不同时使用，为布置紧凑，有的进水口两者共用一个闸槽，这种布置形式虽节省了一道栅槽，但也增大了检修闸门的尺寸，其操作也不方便。在污物较多而又不便于设置机械清污的进水口，可设置两道拦污栅，以便于轮换提出水面清除污物。在污物特别严重的大中型电站中，可将进水口布置成连通式或分段连通式。当某孔拦污栅被污物局部堵塞时，其他孔口可向该孔口补充水流，以保证机组的正常运行。

拦污栅的布置得当与否，对建筑物和拦污栅自身的安全运行是非常重要的。如果布置不妥当，会在经济上、运行管理上造成不利影响。布置和设计拦污栅时，应尽可能地利用水流流向及地形等有利条件，尽量避免污物进入进水口，以减轻对拦污栅的威胁。此外，应考虑清污方便，便于安装、检修及更换。在寒冷地区，必要时应采取有效措施，以防止拦污栅结冰或被冰屑堵塞。拦污栅宜设置清污平台。对于污物严重的河流，在做枢纽整体模型试验时，应对拦污栅进行定性观测和试验。

作用在拦污栅上的荷载包括作用在栅面上的水压力、流水及原木对栅面的撞击力、机械清污机具作用在栅面上的附加荷载以及拦污栅的自重等。拦污栅设计荷载主要决定于栅面的水压差。在正常工作状态下，作用在拦污栅上的荷载是水流通过拦污栅时所形成的上下游水位差，其数值常为几厘米至几十厘米。如果存在污物，则压差将增加。当拦污栅被污物和冰冻完全封堵时，拦污栅将承受单方向的全部水头。这在电站运行上及拦污栅受力上是不允许的。所以必须采取有效的清污及防冻措施，来保证拦污栅不被完全封堵。引水发电系统的拦污栅的设计荷载，应按栅面局部堵塞考虑，设计水位差一般采用2～4m。对于河床式和引水式电站的拦污栅，一般可选取较大的水头差；高水头坝后式电站的拦污栅，则可选取较小的压差。为减少水头损失和便于清污，一般要求过栅流速不大于1.0m/s左右。拦污栅可以做成固定的或能够起吊的。其次对于坝后式和引水式水电站的进水口拦污栅，其流速一般采用0.8～1.2m/s，水流中杂物较多时为0.8～1.0m/s。小水电站一般采用人工清污，流速建议不大于0.5～0.8m/s。由于难于清污，深式进水口拦污栅前流速不宜超过0.5m/s。

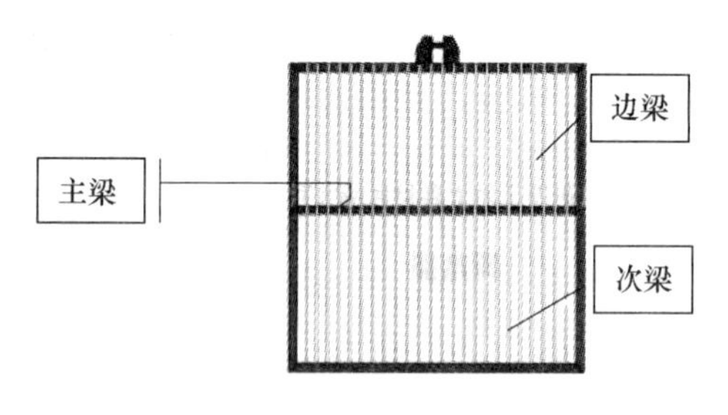

图8.13　拦污栅结构简图

由于实际应用中拦污栅上经常有污物附着，水头损失要比计算值大得多，通常实际值可为计算值的3倍。作为拦污栅设计的水压差，应考虑部分堵塞情况，比如取4m的水位差设计。

拦污栅的受力情况和闸门近似，因此可以将拦污栅简化成梁式结构，如图8.13所示。

拦污栅的主梁（图8.14）是闸门的主要受力构件，水压力传至主梁，再由主梁传至边梁，边梁通过支承结构将力传到门槽埋件上。

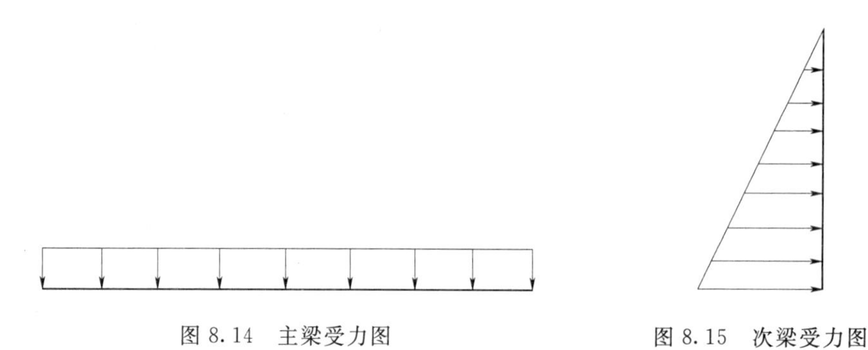

图8.14　主梁受力图　　　　图8.15　次梁受力图

次梁（图8.15）是用来加强强度和刚度的构件。（包括水平次梁、垂直次梁、顶梁和底梁）一般均采用型钢制作。主梁和次梁分层布置形式受力明确，但刚度差。同层布置形式因其结构紧凑刚度好，目前采用也较多。

（1）静水压强。

次梁单位长度上所承受的荷载根据式（8.1）计算

$$q=\gamma H e_l \tag{8.1}$$

式中：q为静水压力荷载，kN/m；γ为水的比重，kN/m^3；H为水头，m；e_l为次梁中心距，m。

（2）强度计算。

强度计算根据公式（8.2）计算：

次梁截面上的弯矩

$$M=1/8qL^2 \tag{8.2}$$

式中：M为次梁截面上的弯矩，kN·m；q为静水压力荷载，kN/m；L为主梁间距，mm；

(3) 矩形栅条截面的抗弯模量。

$$W=1/6\delta h^2 \tag{8.3}$$

式中：W 为抗弯模量，mm^3；δ 为次梁截面厚度，mm；h 为次梁高度，mm。

(4) 正应力。

$$\sigma=M/W \tag{8.4}$$

式中：σ 为正应力，N/mm^2；W 为抗弯模量，m；M 为次梁截面上的弯矩，kN·m。

(5) 稳定计算。

将长方形断面栅条按承受均布荷载的简支梁计算其临界荷载。边梁实质上是垂直布置的梁，它承受由主横梁及起重桁架传来的力，并把力传给支承行走部分。

8.5 渡　　槽

渡槽是输送水渠道水流跨河渠、道路、山冲、谷口等的架空交叉建筑物，如图8.16所示。

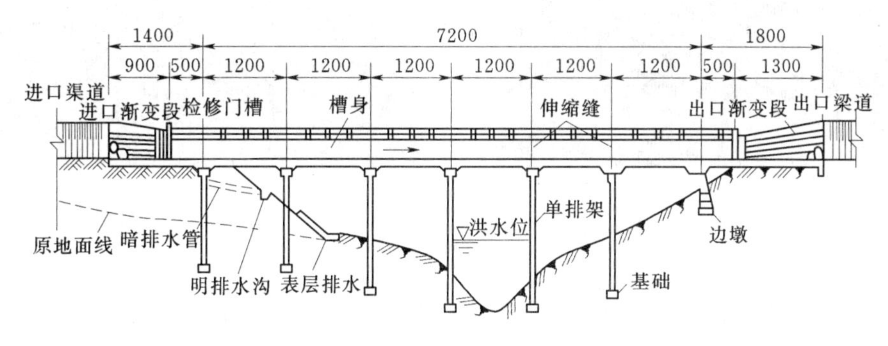

图8.16 输水渡槽（单位：mm）

人类应用渡槽已有2700多年历史，早年用石块砌造渡槽，水泥发明以后，高强度、抗渗漏的钢筋混凝土渡槽便应运而生。混凝土渡槽的形式也不断演变，从单一的梁式、拱式（板拱、肋拱、双曲拱、箱形拱、桁架拱、折线拱）、斜拉式、悬吊式，发展到组合式（拱梁和斜撑组合式等）。渡槽断面也造型各异，有矩形、箱型和U形等多种形式。

渡槽由进出口段、槽身、支承结构和基础等部分组成。①进出口：包括进出口渐变段、与两岸渠道连接的槽台、挡土墙等。其作用是使槽内水流与渠道水流平顺衔接，减小水头损失并防止冲刷。②槽身：主要起输水作用，对于梁式、拱上结构为排架式的拱式渡槽，槽身还起纵向梁的作用。槽身横断面形式有矩形、梯形、U形、半椭圆形和抛物线形等，常用矩形与U形。横断面的形式与尺寸主要根据水力计算、材料、施工方法及支承结构形式等条件选定。也有的渡槽将槽身与支承结构结合为一体。③支承结构：其作用是将支承结构以上的荷载通过它传给基础，再传至地基。按支承结构形式的不同，可将渡槽分为梁式、拱式、梁型桁架式及桁架拱（或梁）式以及斜拉式等。梁式渡槽的支承结构有重力式槽墩、钢筋混凝土排架及桩柱式排架等。拱式渡槽的支承结构由墩台、主拱圈及拱上结构组成。槽身荷载通过拱上结构传给主拱圈，再由主拱圈传给墩台。根据拱上结构形式的不同，拱式渡槽又可分为实腹式及空腹式两类。桁架拱式渡槽按结构特征和槽身在桁架拱上位置的不同，可分为上承式、下承式、中承式和复拱式四种。斜拉式渡槽支承结构由塔架与塔墩（或承台）组成，并由固定在塔架上的斜拉索悬吊槽身。④基础：为渡槽下部结构，其作用是将渡槽全部重量传给地基。

渡槽槽身及支承结构的类型各式各样，所用材料又有不同，组合不同，施工方法也各异，因而分类方式很多。

按所用材料分，有木渡槽、砖石渡槽、无筋及少筋混凝土渡槽、钢筋混凝土渡槽，以及钢丝网水泥渡槽等。

按支承结构分，渡槽可分为拱式（图 8.17）、梁式（图 8.18）、桁架拱式、悬吊式、斜拉式等。此外，尚有三铰片拱式（或片拱式）、马鞍式、拱管式等过水结构与承重结构相结合的特殊拱形渡槽。

图 8.17　拱式渡槽

图 8.18　梁式渡槽

（1）梁式渡槽。

梁式渡槽的槽身是直接置于槽墩或槽架上的，既起输水作用又起纵向梁作用，在铅直荷载作用下槽身像梁一样受力产生弯曲变形，为了适应温度变化及地基不均匀沉陷等原因引起的槽身变形，必须设置横向变形缝，将槽身分为独立工作的若干节，并将槽身与进出口建筑物分开。变形缝之间的每一节槽身沿纵向一般是两处支承，支承点只产生竖向反力。按支承点在槽身上的位置不同，可分为简支梁式、双悬臂梁式和单悬臂梁式三种形式，如图 8.19 所示。前两种是常用形式，单悬臂梁式一般只在悬臂梁式向简支架过渡或与进出口建筑物连接时采用。简支梁式槽身施工吊装方便，按缝止水构造简单，但槽底全部受拉，跨中弯矩较大。双悬臂梁式槽身又分等跨双悬臂和等弯矩双悬臂两种形式。在均匀荷载作用下，等跨双悬臂的跨中弯矩为零，但支座负弯矩较大；等弯矩双悬臂的跨中正弯矩数值等于支座负弯矩数值，且比等跨双悬臂的支座负弯矩数值小，但由于在上、下层均需配置纵向受拉钢筋及构造筋，所以总配筋量可能比等跨双悬臂梁式要多，且墩架的间距不等，故采用较少。

（2）拱式渡槽。

拱式渡槽的支承结构由墩台、主拱圈及拱上结构三部分组成。与梁式渡槽支承结构明显不同之处是在槽身与墩台之间增设主拱圈和拱上结构。拱上结构将槽身等上部荷载传给主拱圈，主拱圈将拱上铅直荷载转变为轴向压力传给墩台。拱圈内弯矩较小，能充分发挥

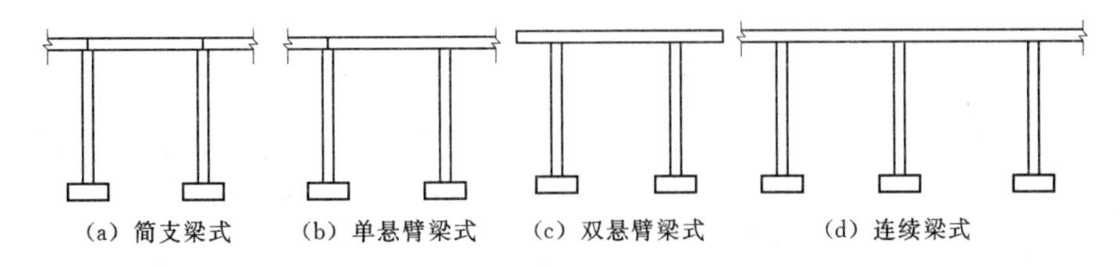

图 8.19 梁式渡槽纵剖面布置

材料的抗压性能优势，故跨度较大，可达百米以上。

拱式渡槽的拱上结构形式有实腹式和空腹式两类。空腹式拱上结构中，有横墙腹拱式和排架式等形式。拱式渡槽纵剖面布置如图 8.20 所示。

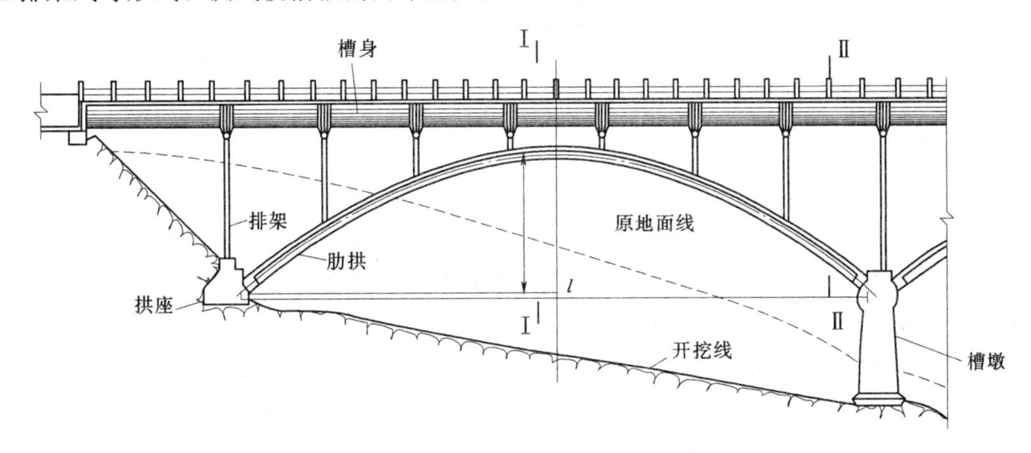

图 8.20 拱式渡槽纵剖面布置

(3) 桁架梁式渡槽、桁架拱式渡槽。

近 30 余年是我国渡槽形式变化发展较快的时期，先后采用了一些新型渡槽的结构形式。

渡槽工程中的梁型桁架如图 8.21 所示，腹杆的布置一般应使桁架结构成为静定桁架，槽身采用微弯板或平板组装，或采用简支于桁架节点处横系梁上的整体结构，使槽身荷载成为桁架的节点荷载。影响梁型结构内力及其变化大小和工程量的重要参数是高跨比和节间距。

桁架梁式渡槽与梁型桁架的不同之处是，以矩形截面槽身的侧面墙和 1/2 槽底板（呈 L 形）取代梁型桁架的下弦杆和上弦杆而成，是不产生水平反力的梁型结构。取代下弦杆的称为下承式桁架梁渡槽，取代上弦杆的称为上承式桁架梁渡槽。

下承式桁架梁式渡槽是由拱和梁共同承担荷载。竖腹杆是拉杆，其作用是将部分槽身荷载传递给上弦拱承担，并使槽身成为多跨弹性支承连续梁，以减小槽身的纵线弯矩。这种形式的渡槽，槽身处于桁架的下弦位置，因而受到较大的轴向拉力。为克服这一缺点，可采用另外一种布置方式，即在上弦拱的两拱脚间设置承受拱脚水平力的下弦拉杆，在下弦杆与竖杆的交点位置设置横系梁，槽身搁置于横系梁上，桁架与梁联合工作，可称为桁架梁联合式渡槽。

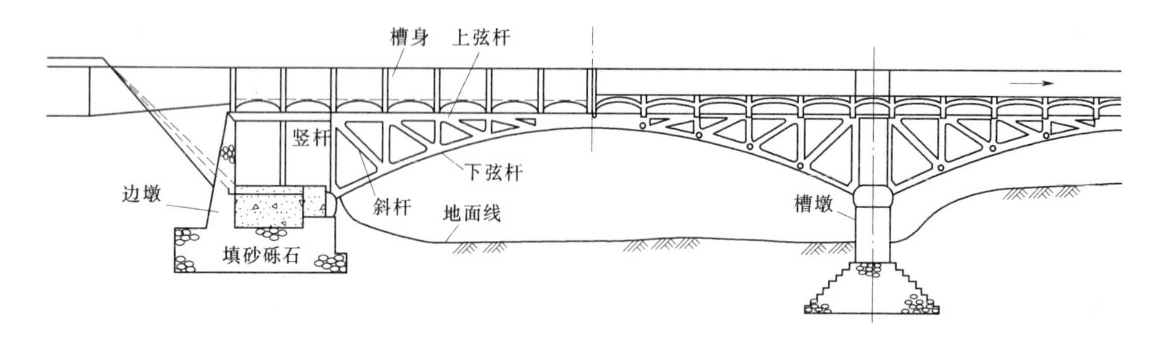

图 8.21　梁型桁架渡槽

上承式桁架渡槽的特点是，下弦布置成折形线，在竖杆传来的节点荷载作用下产生拉力，端部下弦斜杆拉力的水平分力成为输水槽身的轴向压力，这不仅克服了下承式槽身受拉的弱点，而且还使槽身轴向受压。槽身在竖杆的支撑作用下，成为多跨弹性支承连续梁，因而其纵向弯矩较简支梁式大为减小。

桁架拱式渡槽的桁架拱是墩台与槽身之间的支承结构，相当于拱式渡槽的主拱圈和拱上结构，其下的墩台与拱式渡槽基本相同。桁架拱渡槽的槽身，一般采用矩形断面，支承与桁架拱的节点上，故槽身荷载是桁架拱的节点荷载。拱形弦杆与墩台的连接分有铰和无铰两种，地基条件较差时常采用两铰式，以减小温度变化、弹性压缩和墩台变位而产生的应力。无铰拱要求较好的地基。桁架拱渡槽多采用两铰拱，适用于较弱地基桁架拱渡槽，按结构特征和槽身在桁架拱上位置的不同，分为上承式、下承式、中承式和复拱式四种形式，如果腹杆既有竖杆也有斜杆，称为斜杆式桁架拱；只设竖杆，不设斜杆，称为竖杆式桁架拱。

作用于渡槽上的荷载有结构自身及槽中水体的重力、水压力、风压力、动水压力、漂浮物的撞击力、预应力、温度变化及混凝土收缩与徐变引起的力、地震作用、人群荷载及施工吊装时的动力荷载等。对于中、小型渡槽一般都不考虑地震作用。在地震区的大型渡槽需计入地震作用。

通过对渡槽结构特点及分类的了解，可以将梁式渡槽简化为简支梁、悬臂梁、连续梁结构。拱式渡槽可以简化为拱结构。

8.6　启　闭　机　架

水利工程中起重机械是水工机械的重要组成部分，其主要的结构形式是启闭闸门的启闭机，而支撑启闭机的结构为启闭机架，如图 8.22 所示。启闭机架传载、承载力的作用。启闭机架主要排架由横梁、柱和基础组成，梁与柱刚接铰接，与基础刚接。排架结构按材料分可分为钢筋混凝土结构、钢结构的和混凝土结构三种。

启闭机架是在自身的平面内承载力和刚度都较大，而排架间的承载能力则较弱，通常在两个支架之间应该加上相应的支撑，避免风荷载的一个推动，发生侧向的移动。

启闭机架基础部分先浇筑，然后浇筑柱和梁，使全部排架成为整体。经过简化，梁和

图 8.22　启闭机架

柱各自的轴线代替，梁和柱的联结处刚结点代替；柱和基础的联结处可视为固定支座，如图 8.23 所示。

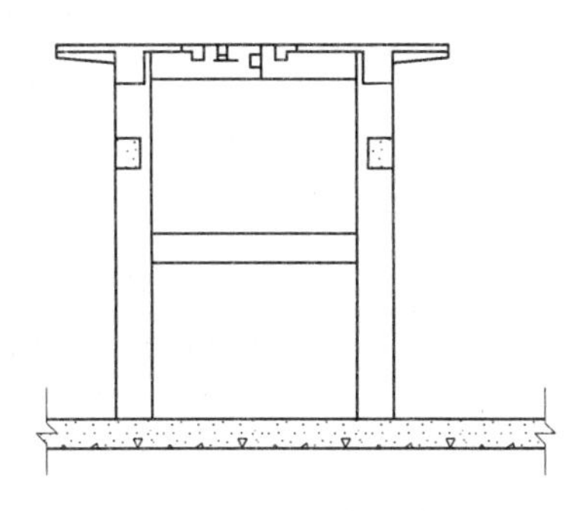

图 8.23　启闭机架的简化图

启闭机架主要荷载包括启闭机架自重、设备自重、启闭力、温度荷载、风荷载、活荷载。启闭机架自重、设备自重属于恒荷载，其中设备自重取决于水利工程的运行中的对设备的要求。温度荷载、风荷载、活荷载属于可变荷载，视不同情况而定。启闭力是开启、关闭或保持闸门在一定开度时所需的力，启闭力与闸门自重、水压力、摩擦阻力等有关。

8.7 闸　室

闸室是水闸的主体部分，如图 8.24 所示，其由底板、闸墩、闸门、工作桥及交通桥等部分组成，有许多水闸设有胸墙。设置闸孔及闸门以控制水流的水闸主体段。一般由闸底板、启闭机台、交通桥等结构物所组成。在其上下游及左右两侧分别为进、出口段及岸边连接建筑物。

闸室结构按其受力状态可分为整体式结构和分离式结构两大类。两侧闸墙和闸底浇筑在一起的为整体式结构；闸墙和闸底分别设置的为分离式结构，分离式结构闸墙类型较多，常用于土基上的有重力式、悬臂式、扶壁式。土基上的分离式闸室，大都采用带有横撑格梁的透水闸底。在岩基上常用的形式有重力式、衬砌式和混合式。

8.7.1　闸室底板

闸室底板支承在地基上，因其平面尺寸远大于厚度，可视为地基上的一块板。按照不同的地基情况可以采用不同的计算方法；对相对紧密度 $Dr>0.5$ 的非黏性土地基或黏性土地基，可采用弹性地基梁法。对于相对密度 $Dr\leqslant0.5$ 的非黏性土地基，因地基松软，底板刚度相对较大，变形容易得到调整，可以采用地基反力沿水流流向呈直线分布、垂直水流流向为均匀分布的反力直线分布法。对小型水闸，则常采用倒置梁法。

1. 弹性地基梁法

弹性地基梁法在大中型水闸设计中应用甚广。该法认为梁和地基都是弹性体，梁在外

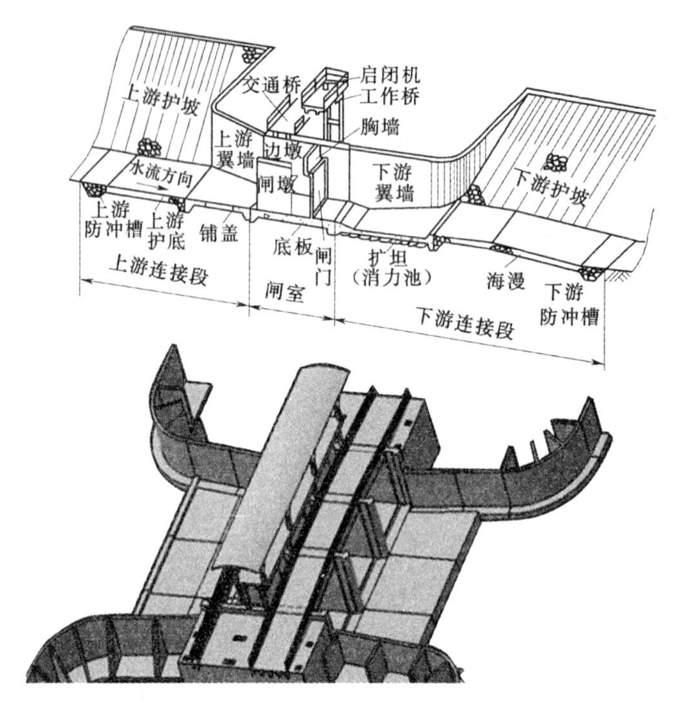

图 8.24　闸室组成图

荷载作用下发生弯曲变形，地基受压而沉降，根据变形协调条件和静力平衡条件，确定地基反力和梁的内力，同时还计及底板范围以外的荷载对梁的影响。

底板连同闸墩在顺水流方向的刚度很大，可以忽略底板沿该方向的弯曲变形，假定地基反力呈直线变化（即梯形分布），在垂直水流方向按曲线型即弹性分布。在垂直水流流向截取单宽板条及墩条作为脱离体（地基梁），按弹性地基梁计算地基反力和底板内力。计算步骤可基本分为以下几步：①用偏心受压公式计算闸底纵向（顺水流流向）的地基反力。②计算板条及墩条上的不平衡剪力。以闸门为界，将底板分为上、下两段，分别在两段的中央截取单宽板条及墩条进行分析计算。③确定不平衡剪力在闸墩和底板上的分配。不平衡剪力应由闸墩及底板共同承担，各自承担的数值，可根据剪应力分布图面积按比例确定，也可直接应用积分法求得。一般情况，不平衡剪力的分配比例是：底板占 10%～15%，闸墩占 85%～90%。④计算地基梁上的荷载。当采用弹性地基梁时，可不计闸室底板自重，但当作用在基底面上的均布荷载为负值时，则仍应计及底板自重的影响，计及的百分数则以使用在基底面上的均布荷载值等于零为限度确定。⑤考虑边荷载的影响。边荷载是指计算闸段底板两侧的闸室或边墩背后回填土及岸墙等作用于计算闸段上的荷载。边荷载对底板内力的影响，与地基土质、边荷载大小及作用位置、地基可压缩土层厚度及施工程序等有关。一般可按下述原则考虑：由于边荷载使底板内力增加时，必须考虑 100%的影响；如果由于边荷载作用使底板内力减小，在砂性土地基中只考虑 50%的影响；在黏性土地基中则不计其影响。计算采用的边荷载作用范围可根据基坑开挖及墙后土料回填的实际情况确定，通常可采用弹性地基梁长度 1 倍或可压缩土层厚度的 1.2 倍。⑥计算地基反力及梁的内力。用弹性地基梁法分析闸室底板应力时，首先要根据压缩土层

厚度 T 与弹性地基梁半长 $L/2$ 的比值来判别所需采用的计算方法。当比值 $2T/L<0.25$ 时，可按基床系数法（文克尔假定）计算；当 $2T/L>2.0$ 时，可按半无限深的弹性地基梁法计算；当 $2T/L=0.25\sim2.0$ 时，可按有限深的弹性地基梁法计算。然后利用相应的已编制好的数表计算地基反力和梁的内力，最后验算强度并进行配筋。

2. 倒置梁法

倒置梁法是将垂直水流方向截取的单位宽度板条，视为倒置于闸墩上的连续梁，即把闸墩当做底板的支座。作用在梁上的荷载有底板自重、水重、扬压力及地基反力。同样，假定顺水水流流向地基反力呈直线变化（梯形分布），垂直水流流向均匀变化（矩形分布）。最后按连续梁计算底板内力并配筋。

3. 反力直线分布法（荷载组合法、截面法）

反力直线分布法仍假定地基反力在顺水流方向按梯形分布，垂直水流方向按矩形分布。在垂直水流方向截取单位宽度的板条作为脱离体，但不把闸墩当做底板的支座，而认为闸墩是作用在底板上的荷载，按截面法进行内力计算。其计算步骤是：①用偏心受压公式计算闸底纵向地基反力；②确定单宽板条及墩条上的不平衡剪力；③将不平衡剪力在闸墩和底板上进行分配；通常闸墩分配到不平衡剪力约占 90%，底板约 10%；④计算作用在底板梁上的荷载；⑤按静定结构计算底板内力。

8.7.2　闸室设计

闸室为一受力比较复杂的空间结构，可用三维有限元法逐段进行整体分析，但工程中为简化计算，一般都将它分解为若干部件（如闸墩、底板、胸墙、工作桥、交通桥等）分别进行结构计算，同时又考虑相互之间的连接作用。

闸室的荷载组合包括基本组合和特殊组合。基本组合计算情况分为运行情况、检修情况、施工情况、完建情况；特殊组合计算情况包括校核洪水、排水管堵塞及止水局部破坏、地震情况等。闸室的主要荷载有 7 种：自重、水重、水平水压力、扬压力、波浪压力、地震作用、泥沙压力。

在水闸闸室设计计算过程中还应根据水闸挡水，泄水条件和运行要求，结合考虑地形、地质等因素，做到结构安全可靠，布置紧凑合理，施工方便，运用灵活，经济美观及以下几点要求。

1）水闸闸顶高程应根据挡水和泄水两种运用情况确定。挡水时，闸顶高程不应低于水闸正常蓄水位（或最高挡水位）加波浪计算高度与相应安全超高值之和；泄水时，闸顶高程不应低于设计洪水位（或校核洪水位）与相应安全超高值之和。水闸安全超高下限值见表 8.5。

表 8.5　　水闸安全超高下限值

运用情况 \ 水闸级别		1	2	3	4，5
挡水时	正常蓄水位/m	0.7	0.5	0.4	0.3
	最高挡水位/m	0.5	0.4	0.3	0.2
泄水时	设计洪水位/m	1.5	1.0	0.7	0.5
	校核洪水位/m	1.0	0.7	0.5	0.4

位于防洪（挡潮）堤上的水闸，其闸顶高程不得低于防洪（挡潮）堤堤顶高程。闸顶高程的确定，还应考虑下列因素：软弱地基上闸基沉降的影响；多泥沙河流上、下游河道变化引起水位升高或降低的影响；防洪（挡潮）堤上水闸两侧堤顶可能加高的影响等。

2）闸槛高程应根据河（渠）底高程、水流、泥沙、闸址地形、地质、闸的施工、运行等条件，结合选用的堰型、门型及闸孔总净宽等，经技术经济比较确定。建造在复式河床上的水闸，当闸基为岩石或坚硬的黏性土时，可选用高，低闸槛的布置形式，但必须妥善布置防渗排水设施。

3）闸孔总净宽应根据泄流特点，下游河床地质条件和安全泄流的要求，结合闸孔孔径和孔数的选用，经技术经济比较后确定。

4）闸孔孔径应根据闸的地基条件、运用要求、闸门结构、启闭机容量以及闸门的制作、运输、安装等因素，进行综合分析确定。

选用的闸孔孔径应符合国家现行的《水利水电工程钢闸门设计规范》（SL 74—95）所规定的闸门孔口尺寸系列标准。闸孔孔数少于 8 孔时，宜采用单数孔。

5）闸室底板型式应根据地基、泄流等条件选用平底板、低堰底板或折线底板。①一般情况下，闸室底板宜采用平底板；在松软地基上且荷载较大时，也可采用箱式平底板。②当需要限制单宽流量而闸底建基高程不能抬高，或因地基表层松软需要降低闸底建基高程，或在多泥沙河流上有拦沙要求时，可采用低堰底板。③在坚实或中等坚实地基上，当闸室高度不大，但上、下游河（渠）底高差较大时，可采用折线底板，其后部可作为消力池的一部分。

6）闸室底板厚度应根据闸室地基条件，作用荷载及闸孔净宽等因素，经计算并结合构造要求确定。

7）闸室底板顺水流向长度应根据闸室地基条件和结构布置要求，以满足闸室整体稳定和地基允许承载力为原则，进行综合分析确定。

8）闸室结构垂直水流向分段长度（即顺水流向永久缝的缝距）应根据闸室地基条件和结构构造特点，结合考虑采用的施工方法和措施确定。对坚实地基上或采用桩基的水闸，可在闸室底板上或闸墩中间设缝分段；对软弱地基上或地震区的水闸，宜在闸墩中间设缝分段。岩基上的分段长度不宜超过 20m，土基上的分段长度不宜超过 35m。当分段长度超过本条规定数值时，宜作技术论证。永久缝的构造型式可采用铅直贯通缝，斜搭接缝或齿形搭接缝，缝宽可采用 2～3cm。

9）闸墩结构应根据闸室结构抗滑稳定性和闸墩纵向刚度要求确定，一般宜采用实体式。闸墩的外形轮廓设计应能满足过闸水流平顺、侧向收缩小、过流能力大的要求。上游墩头可采用半圆形，下游墩头宜采用流线形。

10）闸墩厚度应根据闸孔孔径、受力条件、结构构造要求和施工方法等确定。平面闸门闸墩门槽处最小厚度不宜小于 0.4m。

11）工作闸门门槽应设在闸墩水流较平顺部位，其宽深比宜取 1.6～1.8。根据管理维修需要设置的检修闸门门槽，其与工作闸门门槽之间的净距离不宜小于 1.5m。当设有两道检修闸门门槽时，闸墩和底板必须满足检修期的结构强度要求。

12）闸门结构的选型布置应根据其受力情况，控制运用要求、制作、运输、安装、维修条件等，结合闸室结构布置合理选定。①挡水高度和闸孔孔径均较大，需由闸门控制泄水的水闸宜采用弧形闸门。②当永久缝设置在闸室底板上时，宜采用平面闸门；如采用弧形闸门时，必须考虑闸墩间可能产生的不均匀沉降对闸门强度、止水和启闭的影响。③受涌浪或风浪冲击力较大的挡潮闸，宜采用平面闸门，且闸门面板宜布置在迎潮侧。④有排冰或过木要求的水闸，宜采用平面闸门或下卧式弧形闸门；多泥沙河流上的水闸，不宜采用下卧式弧形闸门。⑤有通航或抗震要求的水闸，宜采用升卧式平面闸门或双扉式平面闸门。⑥检修闸门应采用平面闸门或叠梁式闸门。

13）露顶式闸门顶部应在可能出现的最高挡水位以上有 0.3～0.5m 的超高。

14）启闭机型式可根据门型，尺寸及其运用条件等因素选定。选用启闭机的启闭力应等于或大于计算启闭力，同时应符合国家现行的《水利水电工程启闭机设计规范》（SL 41—93）所规定的启闭机系列标准。当多孔闸门启闭频繁或要求短时间内全部均匀开启时，每孔应设一台固定式启闭机。

15）闸室胸墙结构可根据闸孔孔径大小和泄水要求选用板式或板梁式。孔径小于或等于 6m 时可采用板式，孔径大于 6m 时宜采用板梁式。胸墙顶宜与闸顶齐平。胸墙底高程应根据孔口泄流量要求计算确定。胸墙上游面底部宜做成流线形。胸墙厚度应根据受力条件和边界支承情况计算确定。对于受风浪冲击力较大的水闸，胸墙上应留有足够的排气孔。胸墙与闸墩的连接方式可根据闸室地基、温度变化条件、闸室结构横向刚度和构造要求等采用简支式或固支式。当永久缝设置在底板上时，不应采用固支式。

16）闸室上部工作桥、检修便桥、交通桥可根据闸孔孔径、闸门启闭机型式及容量，设计荷载标准等分别选用板式、梁板式或板拱式，其与闸墩的连接形式应与底板分缝位置及胸墙支承型式统一考虑。有条件时，可采用预制构件，现场吊装。工作桥的支承结构可根据其高度及纵向刚度选用实体式或刚架式。工作桥、检修便桥和交通桥的梁（板）底高程均应高出最高洪水位 0.5m 以上；若有流冰，应高出流冰面以上 0.2m。

17）松软地基上的水闸结构选型布置尚应符合下列要求：①闸室结构布置匀称，重量轻，整体性强，刚度大；②相邻分部工程的基底压力差小；③选用耐久、能适应较大不均匀沉降的止水形式和材料；④适当增加底板长度和埋置深度。

18）冻胀性地基上水闸结构选型布置尚应符合下列要求：①闸室结构整体性强，刚度大；②Ⅲ级冻涨土地基上的 1、2、3 级水闸和Ⅳ、Ⅴ级冻涨土地基上的各级水闸，其基础埋深不小于基础设计冻深；③在满足地基承载力要求的情况下，减小闸室底部与冻涨土的接触面积；④在满足防渗、防冲和水流衔接条件的情况下，缩短进出口长度；⑤适当减小冬季暴露的大、中型水闸铺盖，消力池底板等底部结构的分块尺寸。

19）地震区水闸结构选型布置尚应符合下列要求：①闸室结构布置匀称，重量轻，整体性强，刚度大；②降低工作桥排架高度，减轻其顶部重量，并加强排架柱与闸墩和桥面结构的抗剪连接；③在闸墩上分缝，并选用耐久、能适应较大变形的止水形式和材料；④加强地基与闸室底板的连接，并采取有效的防渗措施；⑤适当降低边墩（岸墙）后的填土高度，减少附加荷载；⑥上游防渗铺盖采用混凝土结构，并适当布筋。

在此，以弹性地基梁法为例说明闸室设计计算方法。

一般把闸室底板化为两个方向的平面问题处理。在顺水流方向，闸墩与板固结在一起，共同抵抗弯曲变形，可假定地基反力呈直线分布，用偏心受压公式计算；在垂直水流方向，底板单独抵抗弯曲变形，刚度相对较小而变形较大，故截取横向单宽板条，按平面的形变的弹性地基梁，计算地基反力和底板内力，如图 8.25 所示。

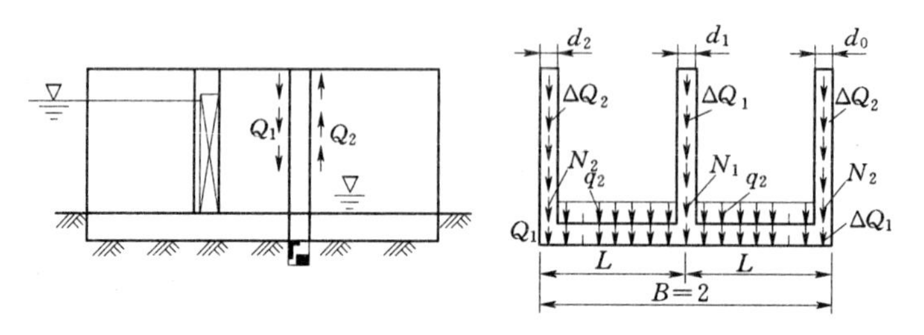

图 8.25　地基反力和底板内力图

在垂直水流方向截取单宽梁（包括底板与闸墩的截面，图 8.26），荷载包括：底板自重 q_1、水重 q_2、中墩中 N_1（包括 1m 宽范围上部结构重）、缝墩重 N_2（也包括上部结构重）浮托力 q_3、渗透压力 q_4、地基反力 p（用偏心受压公式计算闸底顺水流方向直线分布的地基反力，此处为垂直水流方向上的平均地基反力），不平衡剪力 ΔQ（在所取梁两侧截面上的剪力差值，称为不平衡剪力）。

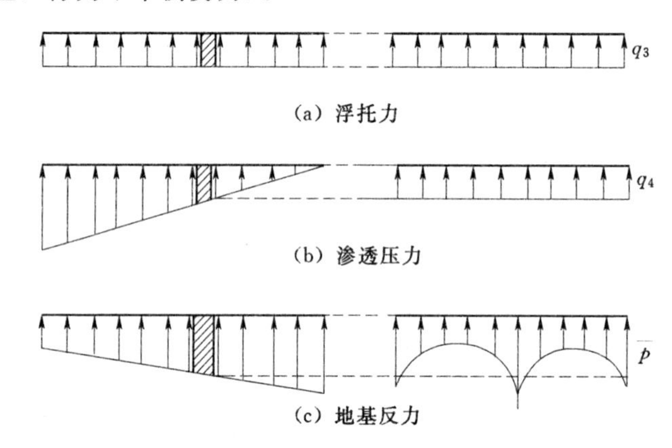

图 8.26　闸底板结构计算图

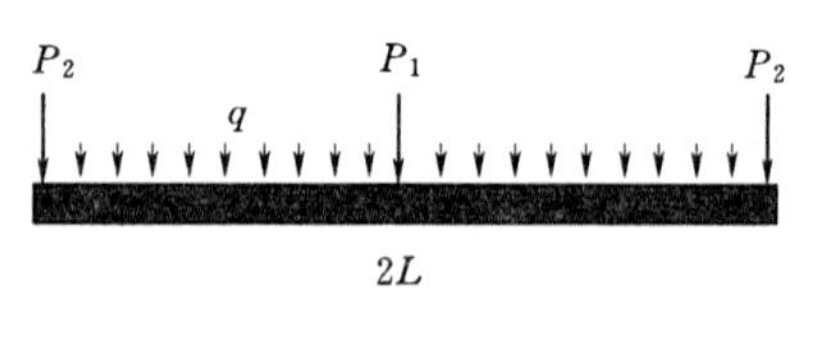

图 8.27　排架荷载示意图

最终获得计算简图如图 8.27 所示。分配给闸墩的不平衡剪力 ΔQ_m 连同包括上部结构的闸墩重力可视力集中力作用于梁上，中墩为 P_1，边墩为 P_2。分配给底板的不平衡剪力 ΔQ_2 化为均布荷载，并与底板自重、水重、浮托力、渗透压力等合并，则得作用在梁上的均布荷载为：$q=q_1+q_2-q_3-q_4+\dfrac{Q_2}{2L}$。

8.8　小　　结

中国是一个传统的农业大国，农村人口占全国人口的 70%左右，同时又是一个水旱灾害频繁的国家。农业水利是农业和农村经济发展的基础设施，在改善农业生产条件、保障农业和农村经济持续稳定增长、提高农民生活水平、保护区域生态环境等方面具有不可替代的重要地位和作用。

据《农业用水管理综合评估（2007 年）》，世界上 1/5 的人口，即超过 12 亿人居住在“天然缺水”的地区。同时，16 亿人生活在“经济缺水”流域，在这些流域，由于人力和财力的制约，灌溉设施落后、低效，影响着生产用水的水质和水量。尽管我国耕地面积从 20 世纪 70 年代后期持续减少，但灌溉面积总体上稳定增加、灌溉水平不断提高，保证了我国农业的稳定发展。改革开放后，一方面农村体制改革极大地调动了广大农民的积极性；另一方面，也使过去在农业基础设施、农业和水利科学研究等方面积累的能量得以集中释放，彻底扭转了中国粮食长期严短缺的局面。

大陆季风气候造成我国降水时空分布极不均衡，洪涝干旱灾害频繁，农业产量低而不稳；约一半的国土属半干旱或干旱地区，降水和水资源不足成为制约农业发展的主要因素。这与欧美许多国家的海洋性气候、农业风调雨顺的得天独厚的自然条件有根据性区别。我国的另一特点是人口多、耕地资源少，难以满足众多人口粮食等农产品的需求。保证社会稳定，对农业始终是一个很大的压力。兴修农业水利，提高农业抗灾能力，改善农业生产条件，在有限的耕地上精耕细作，提高单位面积产量和产值是解决上述问题的根本出路。基本国情决定了农业水利重要地位作用的永久性，在可预见的未来相当长时间内不会有根本改变。

农业水利工程涉及闸、站、堤、河流、沟渠及水利配套设施，它分为农村蓄水设施、引水设施、输水配水设施，是农民抗御自然灾害和改善农业生产、农民生活、农村生态环境条件的基础设施，是促进农业增产、农民增收的物质保障条件，保障了人民生命财产安全和社会稳定，有效地促进和保障了城乡社会经济的发展和人民生活水平的提高，有效地改善了生产条件和生态环境。

农业水利工程对确保国家粮食安全意义重大。我国目前的农产品主要产于灌溉耕地，加快现有灌区的持续配套和更新改造，是稳定粮食生产能力的战略举措。由于农业用水总量不可能大幅度增加，扩大灌溉面积、提高灌溉保证率，均只能依靠提高灌溉水的利用率和水分生产率。此外，高效现代农业对灌溉保证率、灌水方法与技术的要求提高，对灌溉的依赖性更强，农业水利基本建设必须与现代农业发展要求相适应。

农业水利工程对农村经济可持续发展具有重要的促进作用。我国农村经济可持续发展包含农业可持续发展、农民收入稳定增加以及生活质量的提高等具体要求。如果我国农业不能解决未来 16 亿人口的吃饭问题，不能成为支撑国民经济和社会快速发展的基础产业，那么农业的可持续发展就从根本上失去了意义。从这个意义上说，农田水利基础设施是“基础的基础”。农业是否得到可持续发展，还取决于其自身的综合竞争力，而良好的农业基础设施条件，才能保证大幅度降低农业承办、提高农业生产效益。

本书针对农业水利工程中的闸门、渡槽、拦污栅、闸室、启闭装置的排架五个类型的水工建筑物结构及构造进行了介绍，并利用结构力学的杆件简化原理进行了结构简化，简化后应用结构力学电算相应进行相关内力的计算。运用电算的方法可以提高农业水利工程建（构）筑物的设计计算速度，也可以作为手算校核。

农业是国民经济的基础，水利是农业的命脉。农业水利工程建设不仅关系到农业的可持续发展和国家粮食安全，而且关系到一个地区经济社会的可持续发展。2011 年国务院发布了《中共中央国务院关于加快水利改革发展的决定》，文件指出水利是现代农业建设不可或缺的首要条件，是经济社会发展不可代替的基础支撑，是生态环境改善不可分割的保障系统，具有很强的公益性、基础性和战略性。加快水利改革发展，不仅事关农业农村发展，而且事关经济社会全局发展；不仅关系到防洪安全、供水安全和粮食安全，而且关系到经济安全、生态安全和国家安全。文件强调，把水利作为国家基础设施建设的优先领域，把农田水利作为农村基础设施建设的重点任务，把严格水资源管理作为加快转变经济发展模式的战略举措，大力发展民生水利，努力走出一条中国特色的水利现代化道路。

第9章　温室结构分析

温室，又称玻璃温室或暖房，是一种专用作种植植物的建筑物。它的建造物料是玻璃或塑料，温室会因太阳发出的电磁辐射而加热，使温室内的植物、泥土、空气等变暖。

蔬菜和水果是人们日常生活中不可缺少也不可替代的副食品。由于受气候的影响，我国北方广大地区冬季严寒，一年中有120天乃至200天以上不能进行露地蔬菜和水果生产，一直是主要依靠大白菜、萝卜、马铃薯、番茄以及洋葱等耐储菜和一些腌渍菜、干菜供应市场需要。改革开放以来，随着经济的迅速发展，人民生活水平显著提高，市场对四季鲜菜和水果供给的要求日益增高，冬春鲜菜和水果供需矛盾不断加剧。在这种情况下，以塑料薄膜为透明覆盖材料，主要依靠采光与保温的节能型简易塑料日光温室就成为我国独特条件下的一种特殊的栽培形式而在北方广大地区发展起来。近20年来，中国的设施园艺栽培面积已突破200余万公顷。温室种植、养殖已在农业生产中占据重要地位。随着人们生活观念的转变和社会发展的需要，温室的应用也逐步进入到了人类生产和生活的各个领域。

9.1　日光温室结构及分析方法

日光温室是我国特有的一种温室类型，即不加温温室，是20世纪80年代在中国北方地区迅速发展起来的一种作物栽培设施，旨在缓解北方冬季蔬菜供需矛盾。由于日光温室建造和运行成本低，适合中国社会经济的需要，因此成为中国园艺设施的主体。其温室内热源主要靠太阳辐射，仅在一年中最寒冷的季节或遭遇连阴、风、雪等灾害性天气时才辅助以人工加热，因而又称高效节能日光温室。由于日光温室结构合理，能最大限度地利用太阳能，同时利用新型保温覆盖材料进行多层覆盖，蓄热保温，加之选用耐低温、耐弱光蔬菜等良种及配套栽培技术措施。因此，在我国北纬34°～43°的广大地区已成功地进行了喜温果菜类的不加温栽培生产，取得了良好的经济效益和社会效益。目前，日光温室正在我国南北各地迅速发展，已成为最主要的农业设施类型，越来越多地受到设施园艺工作者和生产者的瞩目。

9.1.1　日光温室的结构和类型

我们通常把温室内的热量来源（包括夜间）主要来自太阳辐射的温室称为日光温室。日光温室主要由围护墙体、后屋面和前屋面三部分组成，简称日光温室的“三要素”。后屋面主要起保温作用，围护墙体，既是承力构件，又是保温结构。前屋面是日光温室的全部采光面，温室所有自然能量的获得都要依靠前屋面。

日光温室是我国农业科技工作者在单坡温室的基础上不断完善、提高开发出来的一种适合我国气候条件和国情的温室形式，日光温室成本低廉，保温效果好。日光温室是以太阳能为主要能源，前屋面夜间覆盖活动保温被（草苫）进行越冬生产，正常条件下，在我国北方地区使用，不用人工加温即可保持室内外温差达20～30℃。此类温室现已推广到北纬30°～45°地区，是我国北方地区园艺作物栽培越冬生产的主要温室形式。我国的日光温室经过多年的发展，根据不同地区的气候特点，无论是从材料和结构上都有了很多改进，发展到现在已有玻璃日光温室、单层波浪板日光温室、双层PC板日光温室、单层塑料膜日光温室等较先进类型。

1. 日光温室的结构

我国常用的是塑料日光温室，它是一种以塑料薄膜为透明覆盖材料，以太阳能为主要热能来源的温室类型。以单屋面结构为主，三面围墙，屋脊高度2m以上，根据纬度的不同，跨度在6～10m范围内不等。按照其结构和保温性能的差异可分为两类：一类在严冬只能进行耐寒性园艺作物的生产，称为普通日光温室或春用型日光温室；另一类是在北纬40°以南地区，冬季不加温可生产喜温蔬菜；北纬40°以北地区冬季可生产耐寒的叶菜类蔬菜，生产喜温蔬菜虽然仍需要加温，但是比加温温室可节省较多的燃料。这类温室称为改良型日光温室，也叫节能型日光温室或冬暖型日光温室。改良型和普通型日光温室结构的主要区别见表9.1。

表9.1　改良型和普通型日光温室的主要结构比较

温室类型＼项目	前屋面角度	薄膜类型	脊高/m	后屋面厚度/cm	后屋面角度	最大宽高比	墙体厚度/m	草苫厚度/cm
节能型温室	>20°	高温膜	>2.5	>30	>40°	>2.8	>1	>4
普通型温室	<20°	普通膜	<2.5	<30	<40°	<2.8	<1	<4

2. 日光温室总体结构参数的确定

对于给定的地理位置和初步确定的温室整体尺寸，首先判断冬至日到达温室地面光量是否满足光照设计指标。如果冬至日光照超过设计光照指标，则加大温室跨度或降低温室脊高直到冬至日光照接近设计的光照指标；如果冬至日光照不能满足设计光照指标，则缩短跨度或提高脊高，直至最小跨度或最大脊高；如果还不能满足要求，则推迟生产时间，直到满足设计光照指标。

（1）日光温室几何尺寸。

日光温室体建造参数主要指温室跨度B、温室脊高H、温室后墙高度h、后坡仰角α和长度L，如图9.1所示。温室跨度是温室后墙内侧至前屋面骨架基础内侧的距离，一般为6～10m；温室脊高是基准地面至屋脊骨架上侧的距离，一般为2.8～3.5m；后墙高度为基准地面至后坡与后墙内侧交线的距离，一般取1.8～2.3m，也有矮后墙温室的后墙高度在1m以下，但这种温室后走道操作空间太小，使用者越来越少；后坡仰角为后坡内侧斜面与水平面夹角，一般在30°～45°之间；温室长度指两山墙内侧净距离；温室面积A为温室跨度B与温室长度L的乘积。

（2）温室整体尺寸的初步确定。

初步确定温室整体尺寸可参考表9.2。对北纬40°以北地区，温室跨度一般在7m以

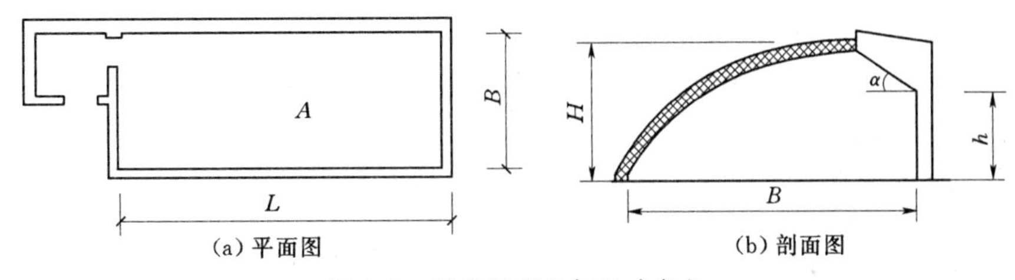

(a) 平面图　　(b) 剖面图

图 9.1　日光温室几何尺寸定义

下；北纬 35°～40°地区，跨度一般为 7～9m；北纬 35°以南地区，跨度可选 8m 以上，但不宜大于 12m。

表 9.2　　日光温室整体尺寸选配表　　单位：m

跨度	脊高						
	2.4	2.6	2.8	3	3.2	3.4	3.6
5.5	*	*	*				
6		*	*	*			
6.5		*	*	*			
7			*	*	*		
8				*	*		
9					*	*	
10						*	*

3. 日光温室的分类

日光温室的结构各地不尽相同，分类方法也比较多。

(1) 根据外围覆盖材料分类。

日光温室根据温室外围覆盖材料的不同，目前国内常用的温室类型主要有玻璃温室、PC 板温室、薄膜温室三种。玻璃温室的主要特点是：使用寿命长；气候调控能力强；采光性能高；造价高；运行费用高。PC 板温室的主要特点是：使用寿命长；气候调控能力强；采光性能仅次于玻璃温室；保温效果好；造价高。薄膜温室的主要特点是：造价较低，属经济型温室，气候调控能力较强。南方地区普遍采用单层膜温室；为了降低冬季加温运行费用，北方地区多采用双层膜温室，但它在提高了节能效果的同时，也降低了温室的采光性能。

玻璃日光温室现以鞍山式日光温室为代表，其结构为单坡面温室，覆盖玻璃，有后墙及后屋面，并设有风障，前屋面覆盖玻璃、纸被、草苫或棉被，前底脚处设防寒沟，可防寒保温，为作物创造适宜的栽培环境（图 9.2）。

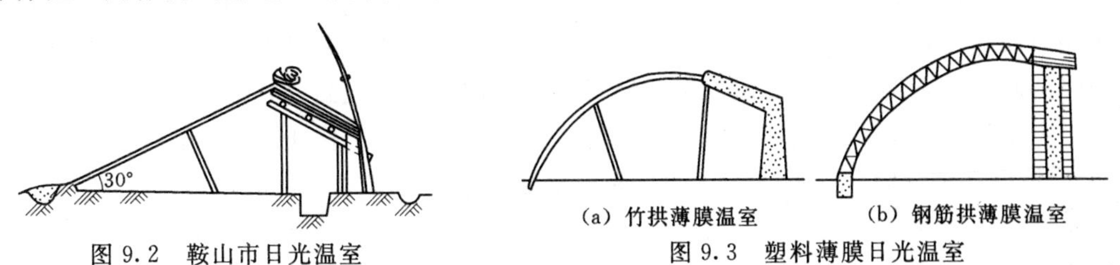

图 9.2　鞍山市日光温室

(a) 竹拱薄膜温室　　(b) 钢筋拱薄膜温室

图 9.3　塑料薄膜日光温室

薄膜日光温室发展迅速，以竹木或钢材为骨架材料，有土筑和砖造后墙，或在墙体内加置保温隔热材料，前屋面有立柱或无立柱钢架结构，覆盖草苫或保温被、保温毯，日光温室有良好的透光性和保温性（图9.3）。

普通日光温室在北方广泛用于冬春菜生产，如晚秋和初冬进行果菜类的延后栽培，严冬生产耐寒叶菜春季提早定植或为露地菜育苗。

（2）根据是否节能分类。

按是否节能温室可分为普通型日光温室和节能型日光温室。节能型日光温室是我国辽宁省农民在长期的设施栽培中研究、总结、创新的一种新的高效节能农业设施，在北纬34°～43°的广大地区，冬天不加温而依靠太阳光热强化保温，可以生产喜温果菜，在元旦和春节淡季供应市场，这是我国设施栽培划时代的发明与创新，对世界园艺设施栽培也作出了新贡献。

节能日光温室为我国独创，其节能栽培技术居国际领先地位。早在20世纪80年代初期，我国辽宁省海城和瓦房店，就已创建了节能型日光温室，并在北纬35°～43°地区的严寒冬季，成功地进行了不加温生产黄瓜等喜温性园艺植物的生产。1990年，高效节能型日光温室蔬菜栽培技术，被列入国家“八五”重大农业技术开发项目，进一步促进了高效节能型日光温室的发展，栽培种类也由蔬菜扩展至花卉、观赏木本植物及草莓、葡萄、桃等园艺植物。

节能日光温室因建筑用材、拱架结构、屋面形状等同而有多种类型。但就屋面形状可大体分为两类：一类是拱圆形屋面，多分布在北京、河北、内蒙古、辽宁等省；另一类是一坡一立形屋面，多分布在辽宁省南部、山东省、河南省一带。其中较有代表性的有以下几种结构类型。

1）第一代节能型日光温室。

a. 半拱圆形竹木结构日光温室。半拱圆形竹木结构日光温室有两种类型：一种为高后墙短后坡半圆拱形砖混复合墙体竹木结构日光温室（图9.4）；另一种为高后墙短后坡夯实土墙竹木结构日光温室（图9.5）。这两种类型均是由辽宁省感王式日光温室演化而来。

这种日光温室的跨度为6～7m，后墙高1.5～1.8m，后屋面长1.0～1.5m，中高2.4～2.6m。由于后墙提高，后屋面缩短，不仅冬季光照充足，而且也减少了春秋后屋面遮阴，改善了室内光照。但因后屋面缩短，保温性降低，需加强保温措施。

由于这种温室缩短了后屋面，增加了前屋面长度，提高了后墙和中脊高度，因此采光面积加大，透光量显著增加，尤其是后墙下面的光照增加明显，在春末、夏初温室后部栽培床面也能照射到直射光，从而提高了温室内的土地利用率。但因后墙加高，后坡缩短，后墙用料及用工量加大，夜间保温能力降低。不过白天的透光量增大，会弥补夜间保温能力下降的缺点。据测定，短后屋面高后墙日光温室内的最低气温，并不比长后屋面矮后墙日光温室低，而且提高了土地利用率，改善了作物生长和人工作业的空间。

b. 长后坡矮后墙日光温室。这种日光温室起源于辽宁省海城市的感王镇。20世纪80年代初期，从河北省永年县引进后，进行了改进，增加了中屋脊高度，调整了前后坡在地面的水平投影宽度。其结构特点是：跨度5.5～6.0m，矢高2.6～2.8m，后坡长2.0～

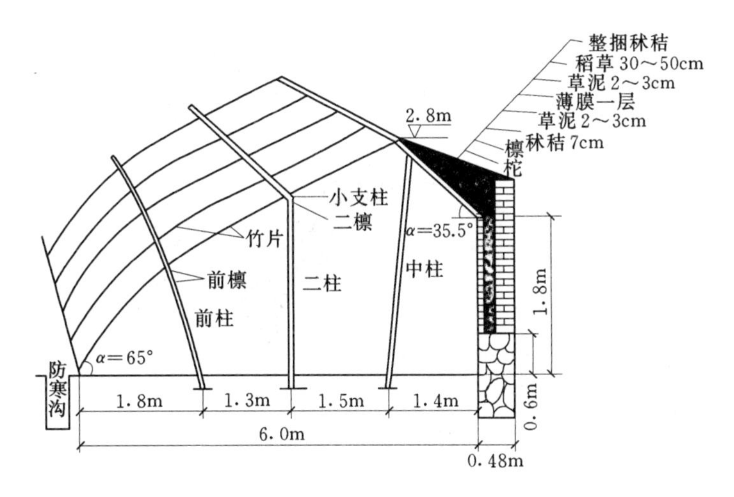

图 9.4 高后墙短后坡砖混合墙体竹木结构日光温室示意图

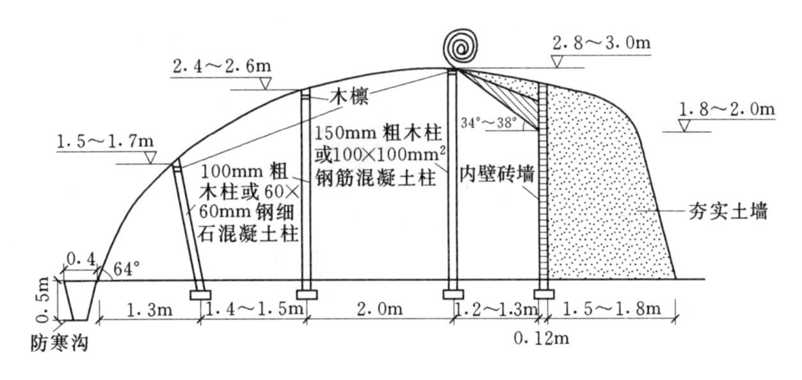

图 9.5 高后墙短后坡夯实土墙竹木结构日光温室示意图

2.5m，由柁和横梁构成，檩上铺麦秸、抹扬脚泥，上面铺秫秸捆；后墙用土筑成，矢高 0.6m，厚 0.6～0.7m，后墙外培土。前屋面为半拱形；拱杆上覆盖塑料薄膜；前屋面外底脚处挖 0.5m 宽、0.6m 深防寒沟，沟内填稻草等隔热物，上面盖土。典型代表有：感王全柱式日光温室、永年 2/3 式全柱日光温室、海城新Ⅰ型日光温室和海城新Ⅱ型日光温室。

这种温室特点是温室后坡仰角大，冬季光照充足，保温性能好，不加温可在冬季进行蔬菜生产。当外界气温降至－25℃时，室内可保持 5℃以上。但是 3 月以后，后部弱光区不能利用。适于北纬 38°～41°之间冬季不加温生产喜温蔬菜（图 9.6）。

c. 鞍Ⅱ型日光温室。鞍Ⅱ型日光温室是由鞍山市园艺研究所设计的一种无柱拱圆结构的日光温室，其结构如图 9.7 所示。该温室前屋面为钢架结构，无立柱，后墙为砖与珍珠岩组成的异质复合墙体，后屋面也为复合材料构成。采光、增温和保温性能良好，便于作物生长和人工作业。

d. 一斜一立式日光温室。一斜一立式日光温室最初在辽宁省瓦房店市发展起来，总体结构如图 9.8 所示。此种温室的特点是：前屋面为斜面，下部为一小立窗，温室跨度 7m 左右，脊高 3～3.2m，前立窗高 80～90cm，后墙高 2.1～2.3m。后屋面水平投影

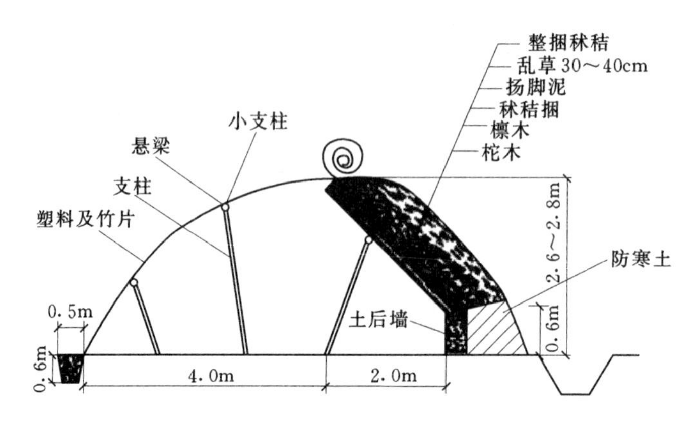

图9.6 长后坡矮后墙半圆拱形日光温室结构

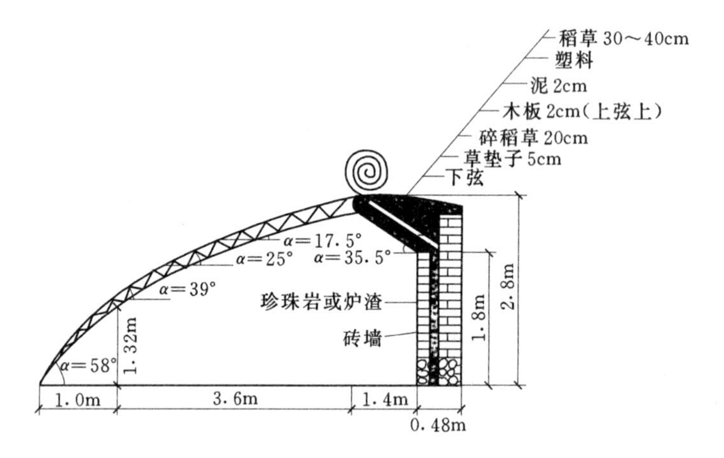

图9.7 鞍Ⅱ型塑料日光温室结构示意图

1.2～1.3m。前屋面采光角达到23°左右。

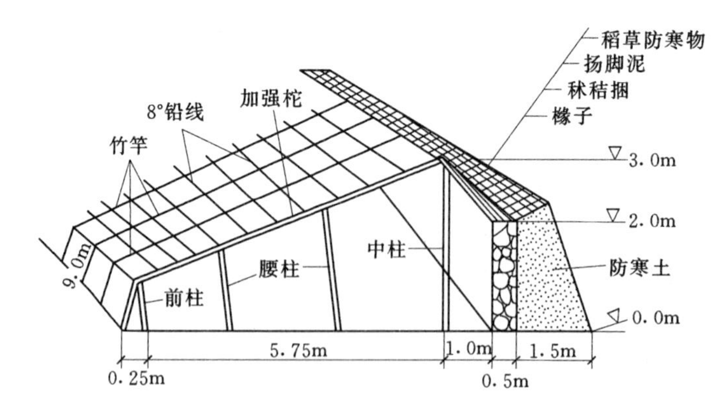

图9.8 一斜一立式日光温室结构示意图

20世纪80年代中期以来，辽宁省瓦房市改进了温室屋面的结构，创造了琴弦式日光温室。前屋面每3m设一桁架，桁架用木杆用直径为14mm钢筋作下弦，用直径10mm钢筋作拉花。在桁架上按30～40cm间距，东西拉8号铁线，铁线东西两端固定在山墙外基部，以提高前屋面强度，铁线上拱架间每隔75cm固定一道细竹竿，上面覆盖薄膜，膜上再压细竹竿，与膜下细竹竿用细铁丝捆绑在一起，盖双层草苫。跨度为7.0～7.1m，高为2.8～3.1m，后墙高为1.8～2.3m，用土或石头垒墙加培土制成，经济条件好的地区以砖砌墙（图9.9）。

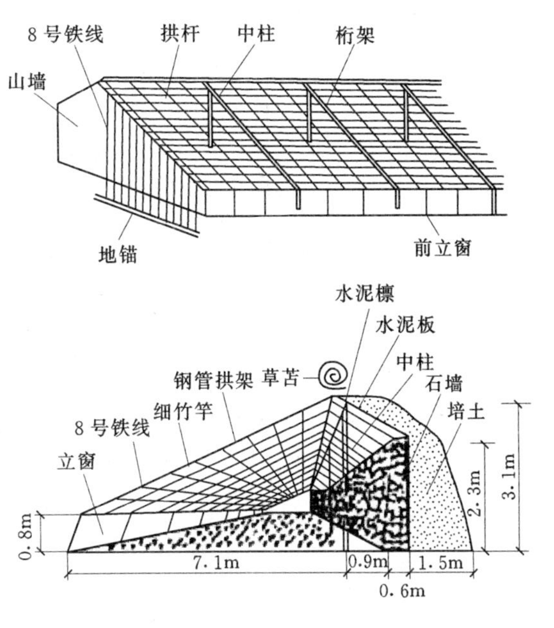

图9.9 琴弦式日光温室

2）第二代节能日光温室。

在第一代节能型日光温室设计参数的基础上，为了进一步提高温室性能，扩大应用范围，通过有关专家和生产者的创新研究与生产实践的检验，优化结构，改进设计：一是提高和加大了前屋面合理采光角5°～7°，使合理采光时段由冬至的中午12点延长至自上午10点至下午2点，共达4h，称这一角度为合理采光时段屋面角；二是采用异质复合墙体增强蓄热保温能力；三是提高脊高、扩大跨度、增加空间，提高温室对高低温的缓冲能力，保持室内气温、地温稳定；四是选用高透光、高保温EVA复合材料，增强透光性和保温性。第二代节能日光温室较第一代性能有所提高，最好的保温效果可达30℃。

a. 辽沈Ⅰ型日光温室。由沈阳农业大学设计的辽沈Ⅰ型日光温室，为无柱式第二代节能型日光温室。这种温室在结构上有如下一些特点：跨度为7.5m，脊高为3.5m，后屋面仰角为30.5°，后墙高为2.5m，后坡水平投影长度为1.5m，墙体内外侧均为37cm砖墙，中间夹为9～12cm厚的聚苯板，后屋面也采用聚苯板等复合材料保温，拱架采用镀锌钢管，配套有卷帘机、卷膜器、地下热交换等设备，其结构如图9.10所示。由于前屋面角度和保温材料等优于鞍Ⅱ型日光温室，因此其性能较鞍Ⅱ型日光温室有较大提高，在北纬42°以南地区，冬季基本不加温便可进行育苗和生产喜温果菜。

b. 熊岳第二代节能日光温室。这是由熊岳农业高等专科学校设计制造的一种无柱拱网结构的日光温室（见图9.11）。这种温室跨度为7.5m，脊高为3.5m；后墙和山墙为37cm厚砖墙，内加12cm珍珠岩；后坡由2cm厚木板、一层油毡、10cm厚聚苯板、细炉渣、3cm厚水泥及防水层构成，后坡水平投影长度为1.5m；骨架为钢管和钢筋焊接成的桁架结构。该温室温光效应均优于第一代节能日光温室，在室外最低温度为－22.5℃时，室内外温差可达32.5℃左右，在北纬41°以南地区可周年进行育苗和水果、蔬菜冬季生产，在北纬41°以北地区严寒季节和不良天气时，进行辅助加温也可取得很好的生产效果。

c. 改进冀优Ⅱ型节能日光温室。这种温室跨度为8m、脊高为3.65m，后坡水平投影长度为1.5m；后墙为37cm厚的砖墙，内填12cm厚的珍珠岩；骨架为钢筋桁架结构。该

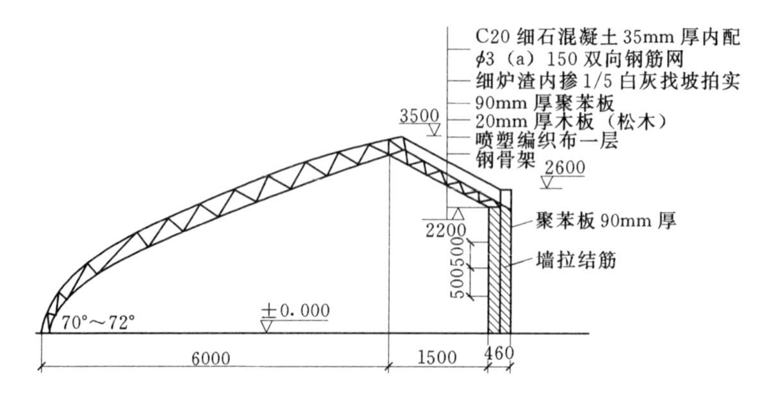

图 9.10　辽沈Ⅰ型日光温室结构示意图（单位：mm）

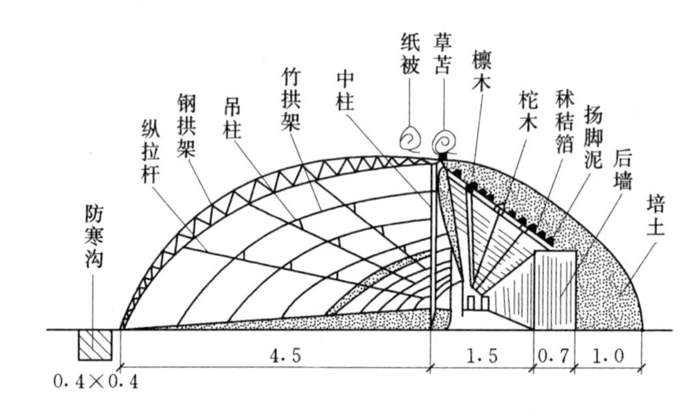

图 9.11　无柱钢竹结构日光温室（单位：m）

温室结构性能优良，在严寒季节最低温度时刻，室内外温差可达 25℃以上，这样，在华北地区正常年份，温室内最低温度一般可在 10℃以上，10cm 深地温可维持在 11℃以上，可基本满足喜温果菜冬季生产（图 9.12）。作为果树栽培的日光温室，从结构特点上与栽培蔬菜和花卉的温室基本相同，由于果树的树体高大，因此温室的跨度与高度可适当增加，但必须考虑保温与透光的要求，不能盲目加大，还应从种植密度、修剪方式、树种和品种选择等方面，适应设施栽培的特点。

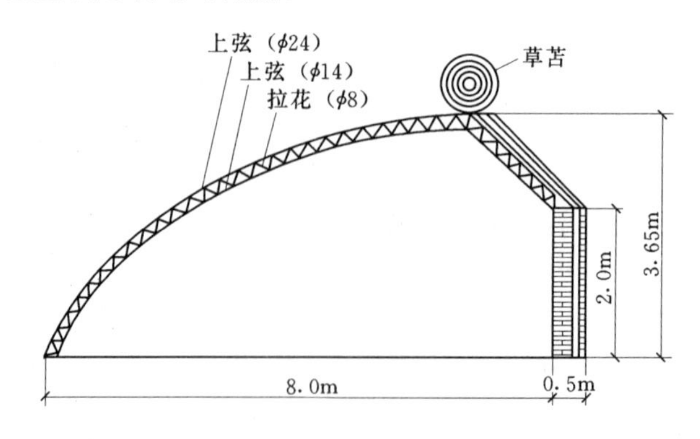

图 9.12　改进冀优Ⅱ型节能日光温室结构示意图

(3) 根据温室结构形式的分类。

根据温室结构形式的不同温室可以分为竹木结构、钢木结构、钢筋混凝土结构、全钢结构、全钢筋混凝土结构、悬索结构和热镀锌钢管装配结构。每种不同结构都可以建成单体温室和连栋温室两大类。其中单体温室又可分为单拱棚温室和单坡面日光温室；连栋温室可分为尖顶屋面温室、拱顶屋面温室、锯齿形屋面温室和单坡面双连栋日光温室等。单拱棚温室主要在中国南方地区使用，功能是冬季保温，夏季遮阳、防雨；在北方地区也有使用，主要用于春提早、秋延后栽培，一般比露地生产可提早或延后一个月左右。由于其保温性能较差，在北方地区一般不用它做越冬生产。单坡面日光温室是一种具有中国特色的温室形式。它是以太阳能为主要能源，夜间不加温或少加温，采用保温被或草帘等在前屋面保温进行越冬生产。是北方地区越冬生产园艺产品的主要温室形式。单体温室的缺点主要是温室表面积比例大，冬季加温负荷高；操作空间小，室内光温环境变化大；占地面积大，土地利用率低等。连栋温室是将多个单跨的温室通过天沟连接起来的大面积生产温室。它克服了单体温室的上述缺点，能够完全实现温室生产的自动化和智能化控制，是当今世界和中国发展现代化设施农业的趋势和潮流。

(4) 根据温室的使用用途分类。

根据使用用途不同温室可以分为种植温室、养殖温室、科研教学温室、检验检疫温室、生态餐厅温室、花卉展厅温室、植物观赏园温室、庭院温室和荫棚等。花卉种植温室的可控程度高，不论外界环境多么恶劣，都能够满足花卉对光照、湿度、温度、空气等因素的需要，并且可以合理灌溉，化肥的用量及水的耗量也相对较少，合理地配置和运行管理可以降低生产成本，提高花卉的产量和品质。目前无公害蔬菜种植正逐渐向高级阶段发展，即采用温室栽培和无土栽培方法培养出高标准的绿色有机蔬菜。采用温室种植蔬菜，可实现少施化肥，多施有机肥，以避免和减少对蔬菜的污染，这已成为目前蔬菜生产的趋势。配套相关的设备，能自动或手动控制温室内的温度、湿度、空气循环和光照等。利用温室培育树苗既可以提高苗木质量，加快苗木生长速度，缩短育苗周期，还可以提高单位面积的产苗量，提高土地利用率。养殖温室是利用现代化温室可调节“小环境”气候的特点，因势利导地创造适宜于畜禽生长的环境，从而达到投资少，收益高的目的。温室的外观及覆盖材料和花卉种植类温室基本一样，可根据具体养殖品种对光照、温度的需求，选择不同类型的温室结构及覆盖材料。科研教学温室是大中院校、科研机构进行植物组培、育种、脱毒等试验、生产的温室类型，单元面积较小，温湿度、光照、CO_2 等指标要求严格，内部隔间多，可对各单元的环境分别控制。检验检疫温室检验检疫隔离温室是为隔离试种对象提供相应的光照、水分、温度、湿度、压力等可控环境条件的一种安全温室。主要用于对可能潜伏危险病虫害的种子、苗木及其他繁殖材料进行隔离试种、繁育及各种检疫试验，并对出口植物进行检疫消毒。同时也可用于植物遗传基因研究等科研领域及一些对环境要求极为苛刻的植物的种植。生态餐厅温室是近几年出现的一种温室使用模式，它依托领先的温室制造技术，综合运用建筑学、园林学、设施园艺学、生物科技等相关学科知识，把大自然丰富多彩的生态景观“微缩化”和“艺术化”，它以绿色景观植物为主，蔬、果、花、草、药、菌为辅的植物配置格局，配以假山、叠水的园林景观，或大或小，或园林或生态，为消费者营造了一个小桥流水、鸟语花香、翠色环绕的饮食环境，赋予传统餐厅健康、休闲的新概念。人们在一个充满绿色的清新幽雅环境中，品尝优质鲜嫩的有机食品或绿色食品，全方位享受“绿色生活”。生态餐厅由于找到了现代农业与城市服务业结合点，使现代农业在得到自身发展的同时更加贴近和服务于现代人的生活。花卉展厅温室主要用于花卉展览和花卉交易。温室功能既要保证花卉的正常生长，又具有一定的观光效应。花卉展厅一般选用高档温室，主要采用PC板温室和玻璃温室，这个类型的温室内部空间广阔，立柱高度高，室内气候宜人。植物观赏温室多以观赏植物的种植为主，它揽天下奇花异草，珍稀树木，展现千奇百态、丰富多彩的植物景观。植物园温室的整体艺术性、观赏性和参与性较强，是集观光、旅游、科普、文化等活动于一体的活动空间。温室的建造构型比其他建筑更具有灵活性，人们完全可以根据地形、植物高矮、植物的生长、光照习性及人们的主观愿望，建造不同风格和多候性的温室，并赋予温室建筑景观化、园林化、生态化的艺术美感。庭院温室外形美观，占地面积小，安装简单、方便、可靠，不仅适用于庭院家庭，同时适用于厂矿、企事业单位、学校等，用于小面积花卉养护、苗木栽培、人工休闲、夏天临时住所等。荫棚主要用于提供苗木存放场所。通过70%遮阳率的遮阴，防止了可能的阳光直射，起到降温作用，并有足够的阳光使苗木处于正常生长状况。还可减少苗木在未木质化时移出温室所引起的冲击；减少当根系在寒冷或结冻条件下叶片脱水所引起的苗木枯萎；在夏天减少蒸腾蒸发量，从而减少了灌溉量；防止苗木受大风、冰雹、大雨造成的损伤等。

(5) 根据是否加温分类。

根据是否加温分类可以分为不加温的日光温室和加温温室。加温温室由前屋面、后屋面、覆盖物和加温设备组成。分为单屋面、双屋面、拱圆屋面以及连栋屋面等多种类型，生产上以东西延长单屋面温室为最多。图9.13是北京改良温室，属单屋面加湿温室，3m宽一间，每16间为1栋，高2m，一般为一斜一立式玻璃温室，天窗坡面角为15°～22°，立窗倾斜角38°～53°，靠近北墙处每4间设1个火炉，由烟道散热加温，栽培床宽5m左右。随着温室设施的发展，加温温室趋向大型化，宽度8～9m，高度2.5～3.0m，出现了三折式温室，由薄膜、玻璃或钢化玻璃覆盖的大型加温温室，采暖方式也由简单的炉火管道加温改变成锅炉水暖或气暖加温，或用工厂余热加温，并改善了内部作业环境。

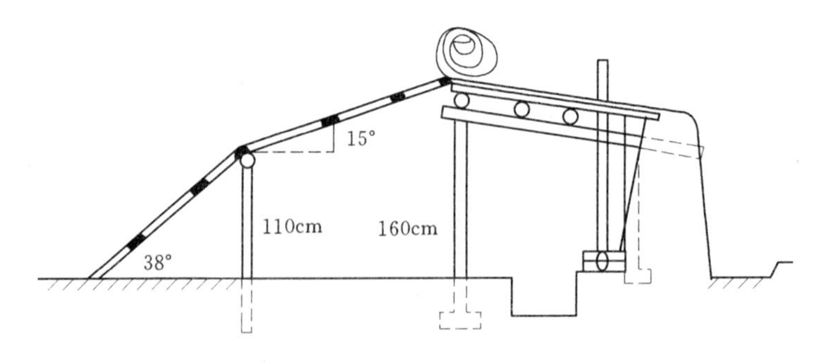

图9.13 北京式改良温室

加温温室光照条件的改善，白天可利用太阳光热提高温室温度，夜间可通过炉火加温补温，并有草苫、保温被等防寒保温，温室内光照及温度条件得到根本的改善。如初冬的日照时数为9.5h，严冬可达8h，春季以后可达11h。早晨拉开蒲席后室内开始增温，午前可超过作物生育适温，开窗通风，下午降温时关闭通风窗保温，夜间根据天气变化和作物对温度的需求加温。由于温室内灌水、加温和通风差，湿度变化较大，白天可达60%～90%，夜间达 80%～90%。管理中要注意通风降湿、防病。

双屋面温室（图 9.14）多为南北延长，上午东屋面受光，下午西屋面受光，光照均匀，受光良好。因其散热面大，夜间要有充足的加温和供暖才能保障作物对温度的需求，炎热的夏季有通风及降温设施才能保证温室的周年利用。

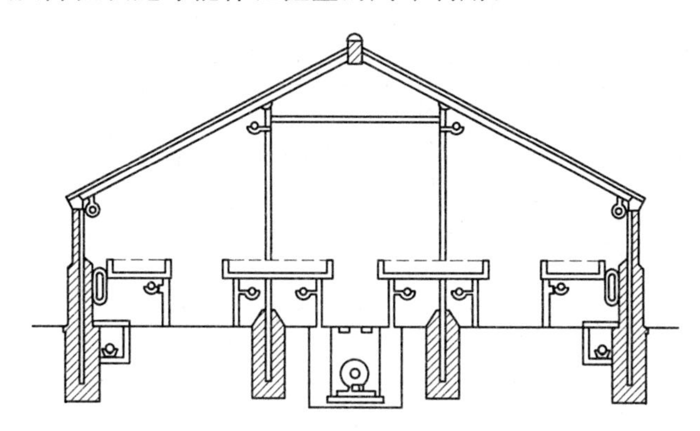

图 9.14 双屋面温室

加温温室的应用以春秋两茬为主，可栽培 2～3 茬，如春栽番茄、黄瓜，秋栽黄瓜；或春栽种叶菜、黄瓜，秋种番茄，也可每年 3 茬或每年越夏一大茬栽培。双屋面温室及北京改良式温室每年也可栽种 2～3 茬作物，或用其为春大棚蔬菜育苗。

9.1.2 结构力学方法分析温室结构算例

将北京式改良温室简化为如图 9.15 所示的形式，对其施加单位 1 的荷载。按照结构力学方法对其进行计算，计算结果见表 9.3。

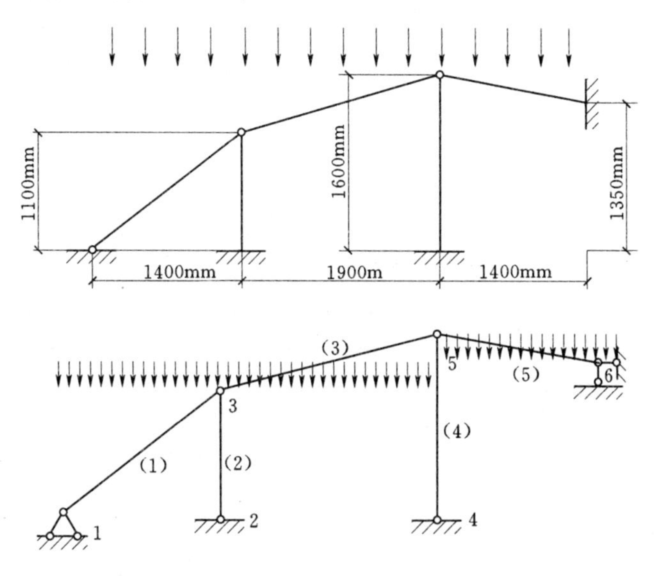

图 9.15 北京式改良温室计算简图

表 9.3 北京式改良温室内力计算结果 单位：kN

杆件编号	杆端 1		杆端 2	
	轴力	剪力	轴力	剪力
1	−842.276934	642.090549	22.6732378	−458.755125
2	−1236.39551	0.00000000	−1236.39551	0.00000000
3	7.39518640	−1071.74577	−476.142082	765.695849
4	−1574.38311	0.00000000	−1574.38311	0.00000000
5	−413.339922	−803.812980	−167.233028	574.385624

双屋面温室计算简化图见图 9.16，按照结构力学方法对其进行计算，计算结果见表 9.4。

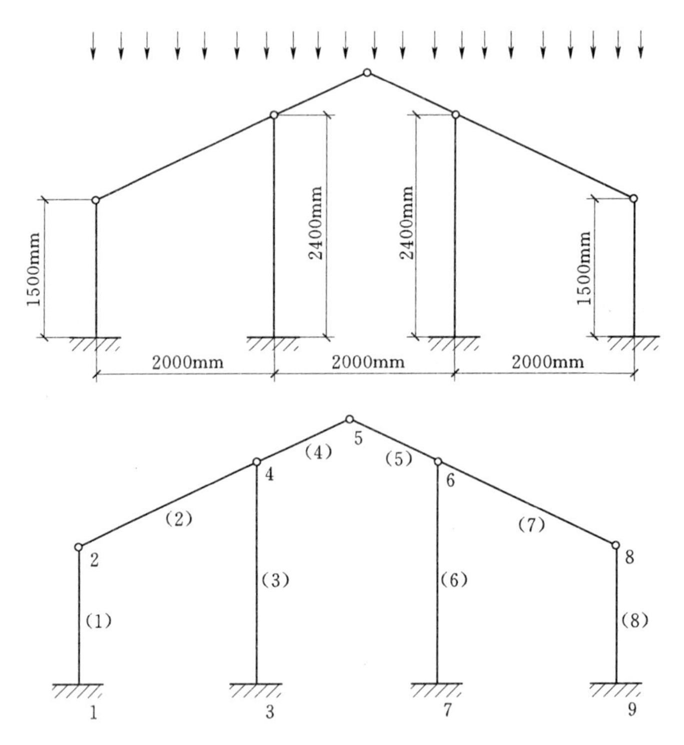

图 9.16 双屋面温室结构计算简图

表 9.4 双屋面温室结构计算结果 单位：kN

单元码	杆端 1		杆端 2	
	轴力	剪力	轴力	剪力
1	−1558.11185	−869.878374	−1558.11185	−869.878374
2	−1432.65486	1063.90834	−611.925510	−759.934663
3	−1525.22131	−212.372707	−1525.22131	−212.372707
4	−1436.82120	529.549792	−1017.41765	−378.250108
5	−947.517195	529.549792	−1366.92074	−378.250108

续表

单元码	杆端 1		杆端 2	
	轴力	剪力	轴力	剪力
6	—1671.67742	249.435318	—1671.67742	249.435318
7	—449.632923	1030.26856	—1270.36227	—793.574440
8	—1244.98940	832.815761	—1244.98940	832.815761

9.2 小　　结

本章确定了日光温室的总体结构参数，对日光温室进行了详细的分类，用结构力学和结构力学电算方法分别对具体结构进行了分析。

第10章 畜禽舍结构分析

10.1 概　　述

畜禽舍建筑，要根据各地全年的气温变化和养殖畜禽的品种而确定。修建畜禽舍要就地取材、经济适用，还要符合兽医卫生要求，做到科学合理。

10.1.1 畜禽舍建筑的要求

1）舍内应干燥、不透水、而且不滑，冬季地面应保温。要求墙壁、屋顶（或天棚）等结构的导热性小、耐热、防潮。

2）舍内要设置一定数量和大小的窗户，以保证太阳光线直接射入和散射光线射入。

3）要求供水充足，污水、粪尿能及时排净，舍内清洁卫生，空气新鲜。

4）安置饲养人员的住房要合理，以便于正常管理。

10.1.2 畜禽舍类型

北方的畜禽舍，要求能保温、防寒；南方要求通风、防暑，根据各地不同气候和畜禽品种采用不同的类型。

1）封闭舍。指上有屋顶遮盖，四周有墙壁保护，通风换气、采光依靠人工调节或者依靠门、窗调节的畜禽舍。这种畜禽舍最主要的特点是抵御外界不良因素影响的能力较强，使舍内保持一个较为理想的空气环境。封闭舍亦可分为无窗和有窗两种型式。

无窗舍又称“环境控制舍”，舍内根据所养畜禽的要求，通过人工调节小气候，主要适用于靠精饲料喂养的畜禽——肥猪、鸡以及其他幼畜。

封闭舍的另一种型式为传统的有窗舍。其通风换气、采光主要依靠门、窗户或通风管。因此，它的特点是防寒较易，防暑较难。

2）半开放舍。指三面有墙，正面仅半截墙的畜禽舍为半开放舍。这类畜禽舍由于舍内空气流动性大，舍内外温差相差不大，御寒能力较低，冬季不适于饲养耐寒能力低的畜禽，尤其不适宜在冬季饲养仔畜和幼畜。较适于耐寒性较好的成年家畜如肉牛、奶牛等。

3）开放舍。指正面无墙或四周均无墙的畜禽舍，有前敞舍和棚舍两种：三面设墙，南侧无纵墙但设有运动场的畜舍为前敞舍；四周无墙的畜舍为棚舍。开放式畜舍跨度较小，适用于农户建造。

10.1.3 畜禽舍建筑结构

现阶段我国畜禽舍的建筑结构仍然以土木、砖木、砖混、钢筋混凝土、轻钢结构为主，由于建筑材料繁多，如何实施结构体系定型、构件和配件的选择，应根据建设地区的气候条件及资金投入情况以及不同生产性质确定。

畜禽舍结构选型原则应该是：在满足饲养工艺要求的前提下，因地制宜、就地取材、结构简单、施工方便。重视经济效益，尽量选择构件简单的轻型结构。

1. 屋盖造型

屋盖构件包括屋架、屋面（包括檩条、瓦材等）两大部分，选型时首先应考虑饲养要求、畜禽舍的建筑形式、当地气候条件及材料来源、建筑习惯做法等因素。

(1) 屋架结构。

屋架是畜禽舍建筑常见的结构型式。按其采用的材料区分，有木屋架、钢屋架、钢木屋架和钢筋混凝土屋架等。钢筋混凝土屋架当其下弦采用预应力钢筋时称为预应力钢筋混凝土屋架。按其屋架型式常有三角形、矩形、梯形和拱形等。在畜禽舍建筑中常采用三角形屋架，因为畜禽舍建筑的跨度一般在18m以下，面跨度小于和等于18m时，三角形屋架的杆件内力较小截面不大，经济指标尚好。

三角形屋架的坡度：当屋面材料为预应力槽瓦、黏土瓦、水泥平瓦、石棉瓦或钢丝网水泥波形瓦时，屋面坡度一般为：$i=1/2\sim1/3$，当屋面采用大型屋面板或加气混凝土板时，构件自防水屋面坡度 $i=1/3\sim1/4$；油毡防水 $i=1/4\sim1/5$。

三角形木屋架的跨度一般为6～15m，木屋架的间距一般不宜大于4m，否则檩条跨度太大，木材用量多、不经济。如木屋架跨度大于15m时，下弦宜采用钢拉杆，形成钢筋木屋架。在当前木材十分紧缺情况下，不宜采用或尽量少用木屋架、钢筋木屋架。应首选钢筋混凝土组合屋架，这种屋架在荷载作用下，上弦主要承受压力，有时还承受弯矩，下弦承受拉力。为了合理地发挥材料的作用，屋架的上弦和受压腹杆可采用钢筋混凝土杆件，下弦及受拉腹杆可采用钢拉杆。组合屋架自重轻、省材料、不需要较大的起重设备，技术经济指标较好。

有条件的地区，畜禽舍亦可采用轻型钢屋架。

1）下撑式五角形组合屋架如图10.1所示。下撑式五角形组合屋架上弦为钢筋混凝土杆件，可在工地或构件厂预制，下弦和腹杆由角钢组成，可在工地安装。此屋架自重轻、重心低、自身稳定性好，因下撑而改善了屋架的受力性能，使内力分布比较均匀；又由于蔽杆少、节点少，所以，省钢材，制造简单方便。下撑式五角形屋架上弦度平缓，一般为1：8～1：10，适用于加气混凝土板屋面，其技术经济指标见表10.1。

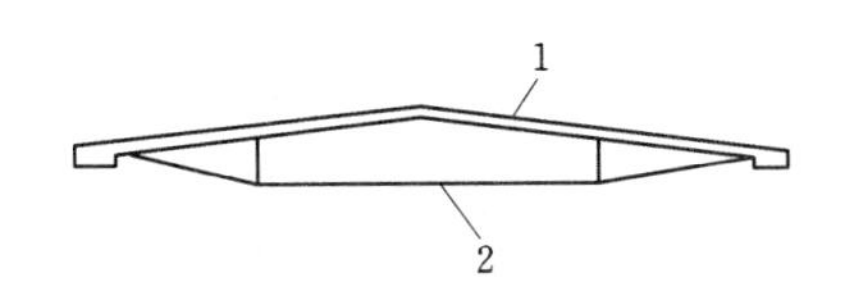

图10.1　下撑式五角形屋架

1—钢筋混凝土；2—型钢

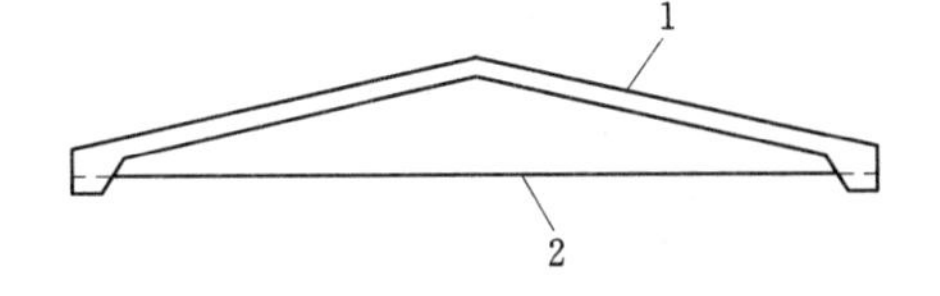

图10.2　钢筋混凝土三铰拱屋架

1—钢筋混凝土；2—型钢或钢筋

表10.1　　　下撑式五角形屋架技术经济指标

构件号	跨度间距 /m	屋面荷载 /(kN/m²)	一榀屋架			单位建筑面积		
			自重/t	钢材/kg	混凝土 /m^3	自重 /(t/m^2)	钢材 /(kg/m^2)	混凝土 /(m^3/m^2)
WJ12.1	12 4.2	3.6	1.925	220	0.77	38.2	4.37	0.0153

续表

构件号	跨度间距/m	屋面荷载/(kN/m²)	一榀屋架			单位建筑面积		
			自重/t	钢材/kg	混凝土/m³	自重/(t/m²)	钢材/(kg/m²)	混凝土/(m³/m²)
WJ15.1	15 4.2	3.6	2.750	296	1.11	43.6	4.70	0.0176

2）钢筋混凝土三角铰拱组合屋架如图 10.2 所示。三铰拱屋架上弦为钢筋混凝土杆件，下弦为圆钢或角钢拉杆，支座节点和顶部节点均为铰接。三铰屋架杆件短，无腹杆，施工用地小。此屋架上弦坡度为 1∶4～1∶5，坡度 1∶4 适用于构件自防水屋面，1∶5 适用予卷材防水屋面。其技术经济指标见表 10.2。

表 10.2　　钢筋混凝土三角铰拱组合屋架技术经济指标

构件号	跨度间距/m	屋面荷载/(kN/m²)	一榀屋架			单位建筑面积		
			自重/t	钢材/kg	混凝土/m³	自重/(t/m²)	钢材/(kg/m²)	混凝土/(m³/m²)
WJ12.1	12 4.2	3.0	2.43	283	0.93	33.75	3.93	0.0129
WJ15.1	15 4.2	3.0	3.85	433	1.40	42.78	480	0.0161

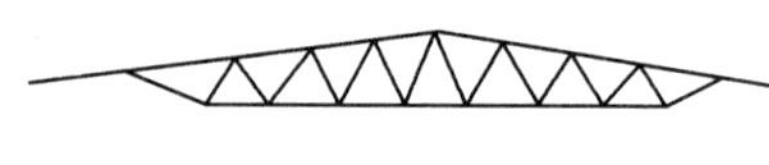

图 10.3　梭形轻钢屋架

3）梭形轻钢屋架如图 10.3 所示。梭形轻钢屋架的上弦宜采用角钢，下弦和腹杆可采用角钢和圆钢。从外形看，和其他型式的不同点是高度小、屋面坡度小，它属于小坡度的无檩屋盖，屋面坡度一般为 1/10、1/12 或 1/15。适用于加气混凝屋面。该屋架可以是平面桁架式和空间桁架式。后者应用较多，因为它具有重心较低、安装方便等优点，但制作比较困难。其技术经济指标见表 10.3。

表 10.3　　梭形轻钢屋架技术经济指标

构件号	跨度间距/m	屋面荷载/(kN/m²)	一榀屋架钢材/kg	钢材重量/(kg/m²)
WJI-12	12 4.2	2.5	403	8.00
WJI-15	15 4.2	2.5	597	9.47

4）三铰拱轻钢屋架如图 10.4。三铰拱轻钢屋架上弦为两片由圆钢、小角钢组成的斜梁，它可以是平面桁架或空间桁架，下弦为水平拉杆，在顶部和两端支座处作成一个铰，为减少拉杆下垂，常设有一道、二道吊杆。该屋架的特点是杆件受力合理，斜梁的腹杆长度短，一般为 0.6～0.8m，这对杆件受力和截面选择比较有利，并能充分利用下脚料，做

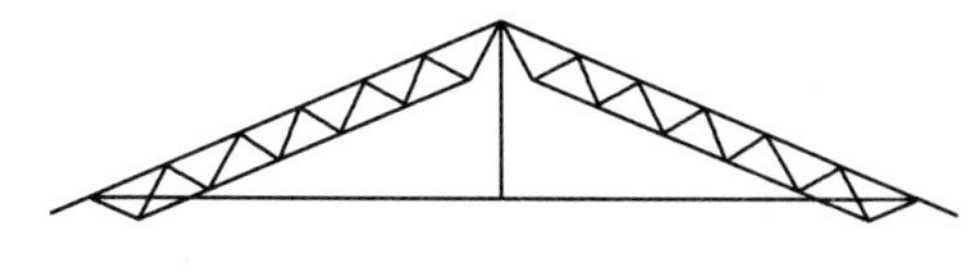

图 10.4　三铰拱轻钢屋架

到取材容易。此外，此屋架便于拆装、运输。但由于屋架坡度陡（1∶3），需增设上弦水平支撑。该屋架适用于有檩体系，瓦楞铁或石棉瓦屋面，多用于开敞式畜禽舍，其技术经济指标见表 10.4。

表 10.4　　　　三铰拱轻钢屋架技术经济指标

构件号	跨度间距 /m	屋面荷载 /(kN/m²)	一榀屋架钢材 /kg	钢材重量 /(kg/m²)
GWJ-12	12 4	0.70	243	5.07
GWJ-15	12 4	0.70	328	5.46

此外，也有采用其他型式的屋架如钢筋混凝土门式屋架、门式钢屋架、三角形再分式轻钢屋架等，需根据当地的材料、技术、经济和施工条件而选用。

（2）屋面板类型。

屋盖结构分成有檩屋盖体系和无檩屋盖体系。有檩屋盖体系采用檩条和小型屋面板或各种瓦材组成。屋盖结构构件轻、体积小，便于运输安装，但屋面刚度较差。无檩屋盖体系采用大型屋面板直接和屋架焊接在一起，屋盖刚度好。但不便于运输安装，需起吊设备。

2. 柱和承重墙

屋盖结构是由柱和承重墙体来支承的。开敞式畜禽舍采用折板结构时，可采用断面 240mm×240mm 的钢筋混凝土柱。当采用三铰拱轻钢屋架时，可采用断面为 150mm×150mm 的钢筋混凝土柱，钢管柱一般取直径 95～102mm。

墙体根据围护结构的热工要求：在寒冷地区墙体较厚。一般为 370mm、490mm，其他地区大多为 240mm。而畜禽舍跨度不大，房屋不高，屋面荷载相应较小。所以，屋架直接搁置在砖墙上或带砖壁柱的柱顶，一般都能满足强度和稳定要求。

3. 基础结构形式

确定基础与当地的气象、场地的水文地质条件有关，基础本身要能适应上部结构，要有足够的抗弯强度和耐久性，还要满足地基强度要求。畜禽舍建筑上部荷载不大，通常利用天然地基，采用砖条形基础，Mu100 机砖、M50 砂浆砌筑，基础垫层常用二步灰土或 C5～C7.5 素混凝土垫层，厚 100mm。山区可采用毛石条形基础，其底宽不得小于 700mm，每一台阶高度不小于 400mm，基础上部宽不小于 400mm，且墙厚每边宽 50mm，由于受力需要，砖基础或毛石基础必须满足刚性角要求。还要根据土质、冰冻深度、地下水位高度等确定基础埋置深度。

当上部结构为钢筋混凝土柱时（开敞式畜禽舍应用较多）或条形基础埋深大于 2.5m 时，常选用钢筋混凝土杯形基础。

10.2 猪　　舍

猪是一种群居动物，具有许多群体生活习性，个体间的相互联系构成群内社会性，表现最突出的是由争斗决定出优胜序列的等级结构，形成一个相对稳定的群体。这种稳定的社群关系，对于维持整个猪群的安静、安全、采食、活动及个体生长发育十分重要。猪的模仿和学习行为对仔猪学习采食、排泄非常必要，而且也常常是猪群聚集、活动和一致吃食、排泄行动的条件。猪的咬尾、咬耳、啃咬腹部和围栏、异嗜等异常行为，往往与饲养环境恶劣、高密度饲养等有关，模仿和学习也是发生这些异常行为的原因。群体发生异常行为，常使饲养管理秩序混乱，群体骚动，生长发育受阻，甚至引起伤残和死亡。

根据这些特点，进行猪场规划和猪舍设计时，要满足猪的群居习性要求。有条件时，可以考虑设运动场；无运动场时，猪舍要有足够面积供猪活动，使猪的吃食、躺卧、饮水、排泄、活动分别具有一定的空间。开放性的猪舍大多与露天部分连接在一起，猪圈实用面积较大，较适于猪的行为习性。大型的、高密度的、笼养式、封闭型等集约化猪舍，往往限制猪的行为，尤其是笼养方式。合圈养猪适合于猪的群居习性，圈面积大小可根据猪的发育阶段和生产环节决定，尽可能合为小群饲养。但为了仔猪安全，产前母猪和哺乳母猪要单圈饲喂，圈栏结构和设备应符合“小猪要温暖，大猪喜凉爽”的生理要求，仔猪有单独的具备保温结构或取暖设备的育仔栏，断奶后可合并为大群饲养。猪舍及圈栏内地面应坚实，以防猪的拱掘。猪躺卧处与排泄活动处的地面可采取不同的材料，躺卧处需隔热、保温，可铺放各种垫料；活动及排泄处要防潮，排水良好，整个圈舍应易于清扫消毒。提高地面的排水性能，采用漏缝地板是一种可行的选择，但要切实防止猪的蹄腿疾患和仔猪的发病增多。

在规划设计养猪场时，采用的生产工艺既应是先进的，集约化的，又要适合猪的生物学特性。猪场规划还要体现农牧结合，避免资源浪费和环境污染；规模上要适合于当地的技术条件和市场要求，不要追求大规模形式；猪舍设计要符合猪的群居习性和适应能力。

10.2.1　猪舍类型

猪舍建造类型按建筑形式、猪的类别、饲养阶段等基本可归纳三类。按建筑形式分为开敞式、有窗式、密闭式三种。

按猪的类别分为种猪舍、育肥猪舍（架子猪）、肥猪舍。

按饲养阶段分为繁殖舍、怀孕舍、分娩舍、仔猪舍、育成舍、肥猪舍六种。

（1）开敞式猪舍。开敞式猪舍是以自然光照和自然通风为主的猪舍，猪舍内外环境条件在完全开敞时几乎完全一致。开敞式猪舍是传统养猪较普遍采用的一种建筑形式，应用范围较广泛，资金投入少，建造成本低，简易实惠。现代养猪多用于育成猪舍和肥育猪舍。

（2）有窗式猪舍。有窗式猪舍是介于开敞式和密闭式之间的一种建造形式，自由度大，灵活性高。例如，当外界环境发生变化，按照舍内环境技术要求，猪舍全部窗户可关闭或开启，实施人工控制或自然为主，变换为密闭舍或开敞舍的功能要求，是现阶段我国养猪生产的主要建筑形式。应用范围广、适宜不同饲养阶段工艺流程要求，节省能源，便于饲养管理。

(3) 密闭式猪舍。密闭式猪舍又称封闭猪舍，四周围护墙体不设窗户，屋面没有气楼或开天窗，只设置有通风排气孔，进出排气孔平常封闭遮光，仅在运行时才自动打开。猪舍内环境，如光照、通风、供暖（温度）等完全实行人工控制环境。有利于猪的生长发育要求，最大限度发挥良种猪的遗传性能和生产性能，有利于卫生防疫和控制疾病，是较理想的一种建筑形式。但造价高，耗能大，运行成本高。

10.2.2 猪舍结构

猪舍平面布置主要是根据饲养工艺、饲养规模、经济投入等要素进行布置。平面布置的优劣好坏，可直接或间接影响猪体的生长发育、饲养管理和经济收入。

猪舍平面由猪栏、饲料间、工作间、管理走道、设施和设备占有面积等组成（图10.5）。

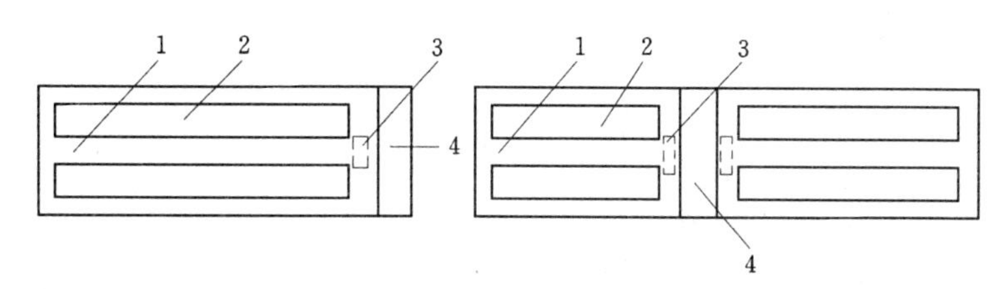

图 10.5 猪舍平面布置图

1—走道；2—猪栏；3—设备设施；4—饲料工作间

(1) 单列舍平面布置。单列舍平面布置如图 10.6 所示。猪只饲养规模小，猪舍为开敞式，屋面为单坡，猪舍跨度一般为 4.2～4.5m，开间为 3.3m，建造简单。猪栏排成一列，舍内北侧墙设有工作走道。此种型式猪舍有的带运动场。

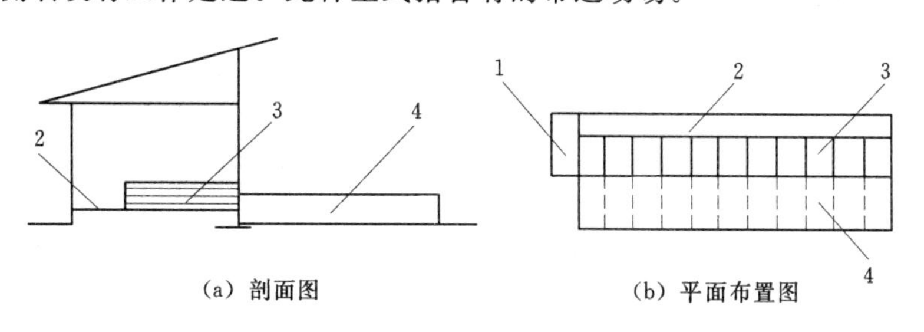

(a) 剖面图　　(b) 平面布置图

图 10.6 单列猪舍布置图

1—工作间；2—走道；3—猪栏；4—运动场

(2) 双列舍平面布置。双列舍平面布置如图 10.7 所示。双列（双列一走道）猪舍一般跨度为 6m，中间是工作走道，两侧为猪栏，多为开敞式或有窗式猪舍，建筑面积利用率较高，便于饲养和管理，可以用于饲养仔猪、育成猪和肥猪。

(3) 三列双走道猪舍布置。三列双走道猪舍如图 10.8 所示平、剖面布置图。一般是有窗式或密闭式猪舍。跨度 12m，高度 2.4～2.6m，长度 80～100m。结构较复杂，投资较大，造价较高。一般用于规模化饲养的大型猪场的繁殖猪舍又称配种猪舍，分公母猪，空怀待配母猪，初期怀孕母猪，后备公、母猪饲养的混合猪舍。

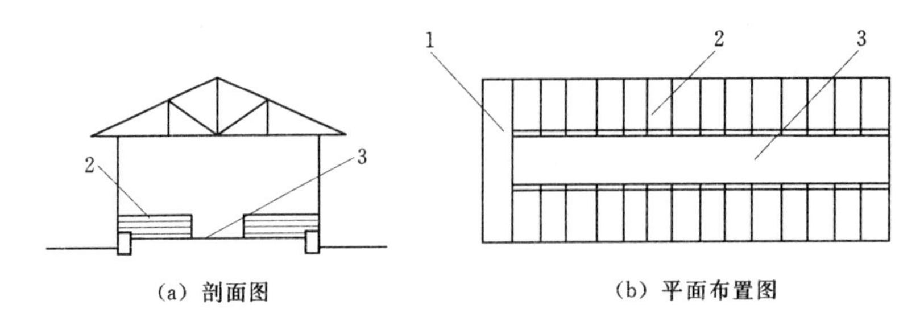

图 10.7 双列猪舍布置图

1—工作间；2—猪栏；3—走道

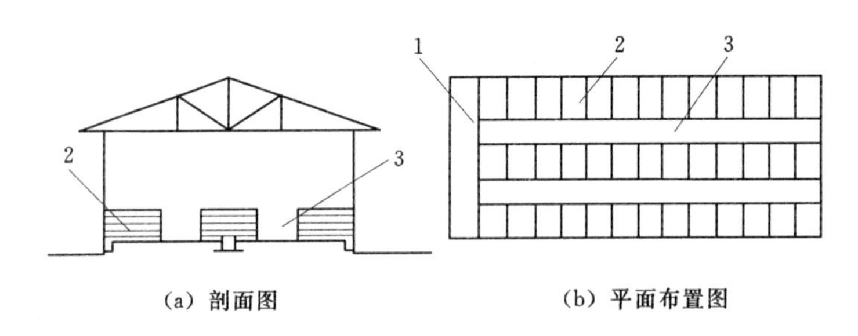

图 10.8 三列双走道猪舍布置图

1—工作间；2—猪栏；3—走道

(4) 四列双走道猪舍布置。四列双走道猪舍布置如图 10.9 所示平、剖面布置图。此猪舍一般是有窗式或密闭式猪舍，猪舍跨度较大，12m 以上，高度 2.6m、长度 100～120m。建筑结构较复杂，造价较高，投资较大。一般用于规模化饲养场育成猪舍和肥猪舍，便于管理，降低运行成本。

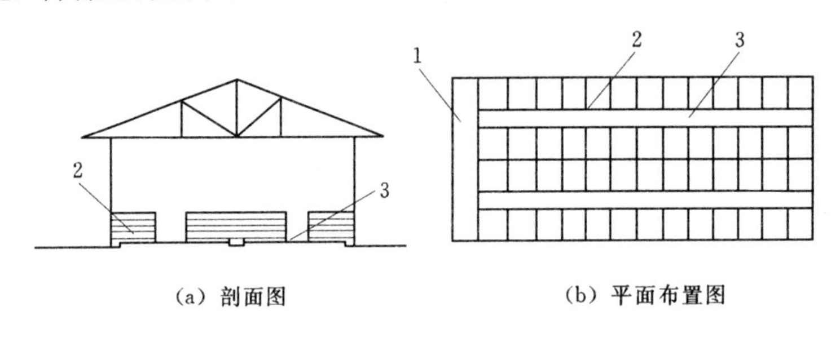

图 10.9 四列双走道猪舍布置图

1—工作间；2—猪栏；3—走道

10.3 牛　　舍

10.3.1 牛舍类型

牛舍建筑类型按建筑形式、饲养阶段、牛的类别等基本归纳为三类。按建造类型分为单坡开敞式、单坡不对称式、双坡开敞式、双坡有窗式、双坡不对称式、双坡对称式、双坡气楼式等。按饲养阶段分为犊牛舍、青年牛舍、育成牛舍、产牛舍、泌乳牛舍、干乳牛舍。按类别可分为奶牛舍和肉牛舍。按建筑类型分类的牛舍，可以适用于不同饲养阶段和不同类别的牛群，故此，这里着重介绍不同建筑类型的牛舍。

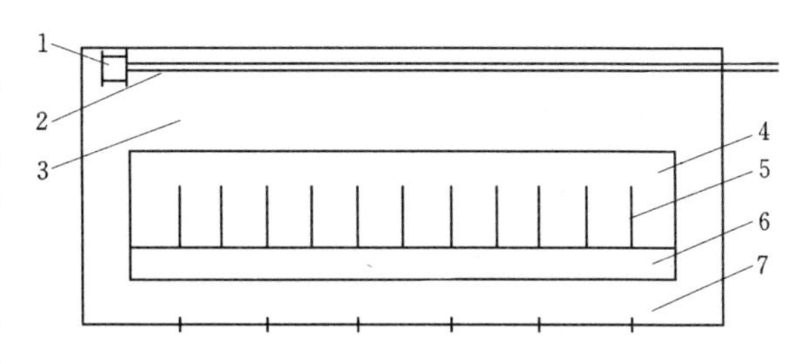

图 10.10 单坡式牛舍平面布置图
1—地漏；2—粪尿沟；3—牛休闲区；4—牛床；5—隔栏；6—饲槽；7—饲喂通道

（1）单坡式牛舍。单坡式牛舍，一般是北、东、西三面为墙体，南面为开敞，规模饲养场多饲养青年牛和育成牛，小规模（户养）多采用该型式牛舍，如图 10.10 所示为平面布置图。其特点是舍内环境以自然条件为主，通风换气畅通，空气新鲜，但不利于夏季防暑降温、冬季防寒保温，其他季节有利于饲养管理。结构简易、造价低，气候适宜地区可广泛应用。

（2）双坡对称牛舍。双坡对称牛舍改造了单坡式牛舍的缺点，如开敞式不能人工控制舍内环境，夏季防暑降温、冬季防寒保温的问题，有效扩大饲养规模，合理利用建筑面积，求得最佳的管理条件和经济效益。该舍可以实行单列牛床位或双列牛床位，采取头对头或尾对尾布置，应用范围较广泛。如图 10.11 和图 10.12 所示，双列式牛舍如何布置，应根据饲养工艺和场区总平面布置要求实施。

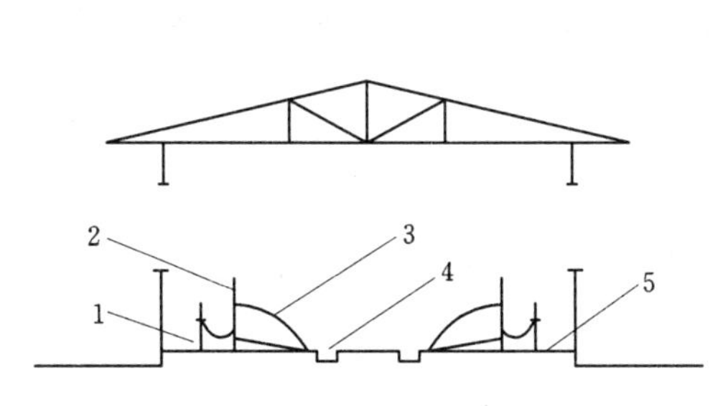

图 10.11 双坡式牛舍剖面图
1—饲槽；2—牛栏杆；3—隔栏；4—粪尿沟；5—饲喂通道

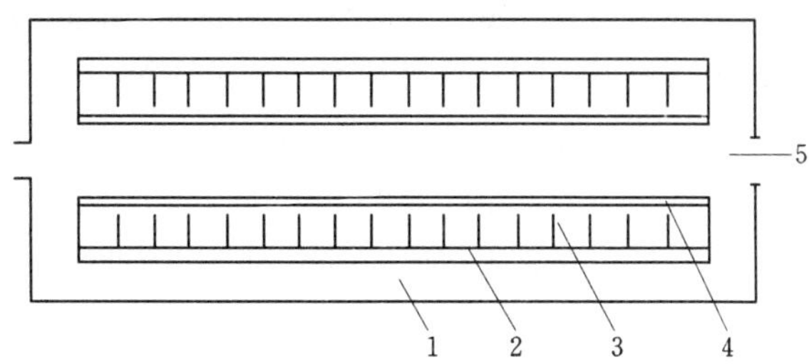

图 10.12 双坡式牛舍平面布置图
1—饲喂通道；2—饲槽；3—隔栏；4—粪尿沟牛床；5—清粪通道

（3）双坡不对称式牛舍。双坡不对称式牛舍是在单坡式牛舍顶的前檐增加了一短檐，如图 10.13，其他构造相同。增加的短檐起保温、挡风、避雨的作用。同时，因为面向阳面，这部分空气中的热量通过辐射方式对牛舍内牛床也直接起着保暖作用，并使从背向吹来的冷风，产生的涡流及背风面所产生的负压力较单坡式减少很多，因此，降低了冷风对舍内的影响。

（4）双坡对称气楼式牛舍。双坡对称气楼式牛舍如图 10.14 所示，是在双坡对称式牛舍的屋顶设置一个贯通的横轴天窗，屋顶坡长和坡角度是对称的。天窗可增加光照强度，同时还有利于通风换气。当舍内暖气流上升后能顺利地从天窗口流出，外面气流吹经窗面时，所产生的涡流和屋顶内部所产生的负压更有利于舍内空气的对流，夏季防暑降温效果良好。

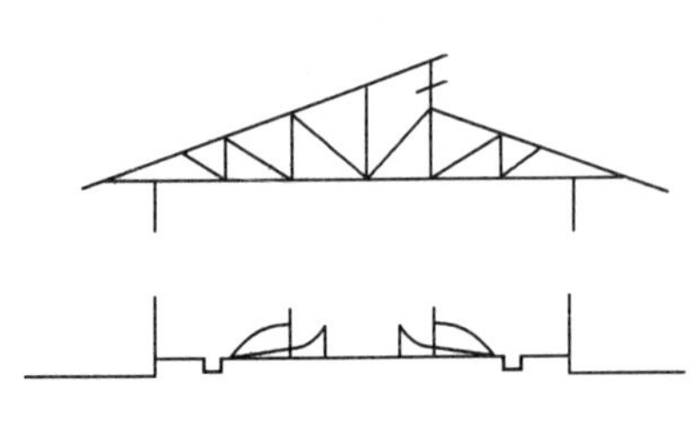

图 10.13　双坡不对称式牛舍

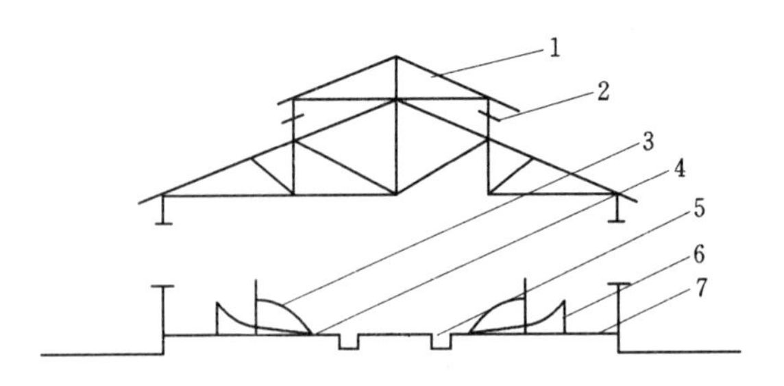

图 10.14　双坡对称气楼式牛舍

1—气楼；2—横轴天窗；3—隔栏；4—牛床；5—粪尿沟；6—饲槽；7—饲喂通道

10.4　羊　舍

10.4.1　羊舍类型

（1）长方型羊舍。这是我国最普遍采用的形式，内部的羊栏布局有单列式、双列式和三列式。半开放型和开放型羊舍多采用单列式。以放牧为主的牧区，羊舍主要在冬春季供怀孕、产羔母羊使用，其他各种羊的饮水、补饲多在舍外运动场进行，所以舍内无需过多设施。在舍饲期或以舍饲为主的地区，羊舍内应有固定的草架、饮水槽、饲槽等设备。双列式羊舍多为封闭型。双列对头式羊舍，中间为喂饲道，走道两侧设有饲槽。双列对尾式羊舍的饲喂道，则靠羊舍的两侧窗户设置。

（2）剪毛产羔两用羊舍。这种羊舍在我国北方牧区较常见，即冬春季用于产羔、育羔，夏秋季用于剪毛。其形式为在一长方形房舍的中部垂直连接一栋房舍，形成“T”字形。其内部除设置羊栏外，还有剪毛、称重、羊毛的分级和打包的设备和设施。

（3）棚舍结合羊舍。在长方形羊舍一端按直角方向修建一个敞开式棚舍，形成“r”字形，棚舍外边的两侧用围墙围住，构成运动场。羊群在棚内或运动场过夜，冬春产羔期进入舍内。这种羊舍适于温暖地区。

（4）楼式羊舍。多见于我国南方炎热、多雨潮湿地区。羊舍分上下两层，上层楼的地面用木条或竹片铺设成间距为1～1.5cm的漏缝地板，距下层地面2m左右。夏秋季将羊圈养在上层，通风防潮。冬春季将下层清理消毒后即可圈羊，楼上用于储存干草。

10.4.2　养羊主要设施

（1）草架。多设在运动场内，有单面、双面和圆形等型式。单面式草架可固定在墙上。草架隔栅用木料或钢材制成。隔栅间距一般为9～10cm。如使羊头伸进栅内采食，间距可达15～20cm。

（2）饲槽。固定式饲槽用砖、石、水泥等材料砌成长方形，移动式饲槽用厚木板等材料制成。

（3）母仔栏。又称分娩栏，一般用两块高1m、长1.2～1.5m的栅板以铰链连接在一起，用多个栅板在羊舍靠墙处围成若干个1.2～1.5m^2的小栏，每栏饲养一只带羔母羊。

（4）羔羊补饲栅。用上述木栅板在羊舍或运动场内围成一定面积的围栏，并设有小门，使大羊不能入内，而羔羊可自由进入栏内采食。

（5）分群栏。是羊场对羊进行鉴定、分群、防疫、注射时使用的栅栏，可修筑成永久性的，也可用栅板临时隔成。分群栏有一条长而窄的通道（亦可用活动栅板组成），其宽度比羊体稍宽，羊在通道内只能成单行前进而不能回头。通道一端的入口处为喇叭形。通道两侧可视需要设若干个小圈，圈门的宽度与通道相同，管理人员可利用此门的开关方向决定羊的去路。

10.4.3　羊舍单体设计

根据工艺设计的初步方案，将羊舍的平面、立面和剖面结构具体化，并绘成图。依据工艺设计要求，母羊舍为有窗封闭舍，砖墙，机制瓦屋顶。舍内羊栏布局为对头双列式，羊床与饲槽之间设栅栏，两列饲槽之间为饲喂道。舍内不设粪尿沟。饲喂和清粪皆用人工。羊舍中部设横通道，与南墙大门相通，为羊进出运动场的出入口。羊舍每间间距3m。羊舍一端设值班室及饲料间，另设两间暖室，为急救初生弱羔之用。每间南、北墙上分别设高1.0m×宽1.3m和高0.8m×宽0.8m的中悬窗一个。羊舍两端山墙各设大门一个，与给饲道相通。每列羊栏与中部横通道均设有栏门。羊舍外墙和内隔墙厚0.24m，外端墙（山墙）厚0.36m（图10.15）。

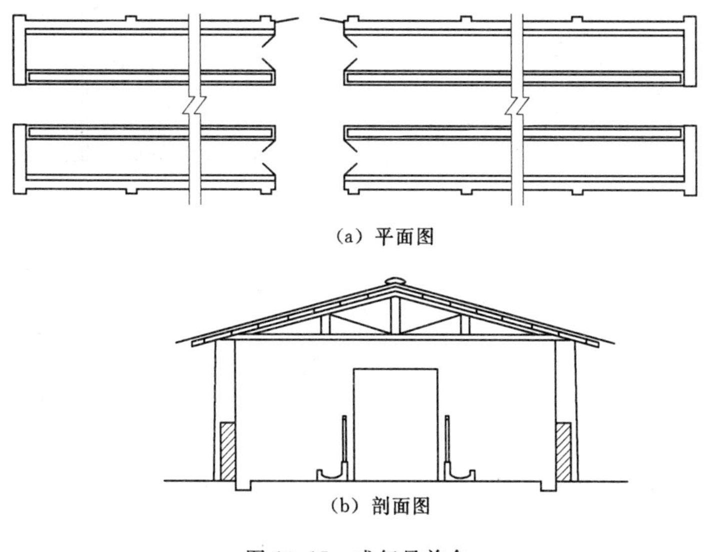

（a）平面图

（b）剖面图

图10.15　成年母羊舍

10.5　鸡　　舍

蛋鸡的饲养管理方式，常用的有以下几种。

1. 散养

这是一种原始、粗放的方式，即在白天将鸡放出，任其不受任何约束地自由活动。到了傍晚，鸡自动归巢，在鸡栖息之前，撒些饲料作为补饲。这种方式因为投资少，节省饲料，过去多为农户所广泛采用。此方式的缺点是易感染寄生虫病，生产效率低，不易管理，故不易规模化养殖。

2. 平养

这种方式又可分为两种：

（1）地面平养。将鸡直接饲养在舍内地面上，饲养管理工作在室内进行，所以鸡舍内有饲槽、饮水器、产蛋箱、栖架等。有的在舍外一侧设有运动场，鸡可自由出入活动（图 10.16），这种鸡舍比较适合于饲养种鸡。有的没有运动场，鸡的活动完全限定在舍内。地面平养方式的优点是饲养管理比较方便，生产效率也比较高；缺点是占用地面比较多，机械化有困难，不易实行大规模饲养，而且容易传播球虫病等。这种饲养方式的清粪方法有两种，一是每日用人工清扫一次，优点是可保持舍内干净，缺点是比较费工，对鸡的干扰也比较大。另一种是厚垫料法，在舍内地面上铺撒垫料，逐日增添，不清除。待鸡群全部转出后，将垫料一次彻底清除干净，并对鸡舍进行清洗和消毒。此种方式因垫料内一直进行着生物发酵过程，产生许多热量，有利用于提高舍内温度，故多用于寒冷地区。鸡整日在垫料上活动，既可取暖，又可从垫料中获取维生素 B12；缺点是易使鸡感染寄生虫病，且易污染羽毛和鸡蛋。

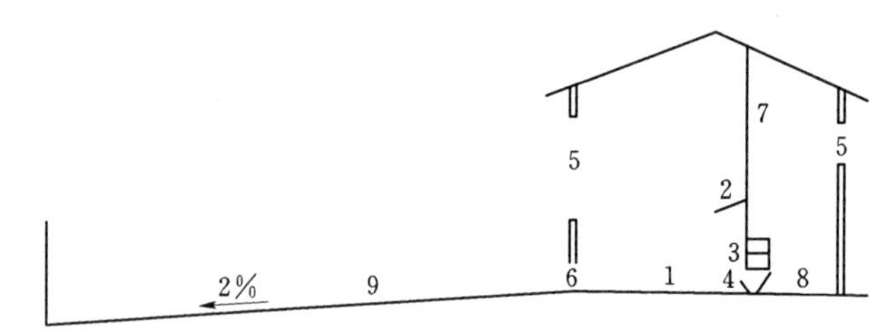

图 10.16　地面平养式种鸡舍剖面示意图（带有舍外运动场）

1—舍内地面；2—栖架；3—产蛋箱；4—饲槽；5—窗；6—鸡出入的小门；7—隔栅；8—人行走道；9—舍外运动场

（2）网上平养。在地面上约 0.6m 处架设网栅，鸡饲养在网栅上，不与粪污接触，避免了羽毛和鸡蛋被污染，并可控制球虫病等的传播。用此方式饲养秭鸡时，可在网上分隔成小格，每格 1.0～1.2m^2，可养 15 只左右成年母鸡和 2 只公鸡。舍外也可设置运动场（图 10.17），在一定时间将鸡放到运动场上去活动。

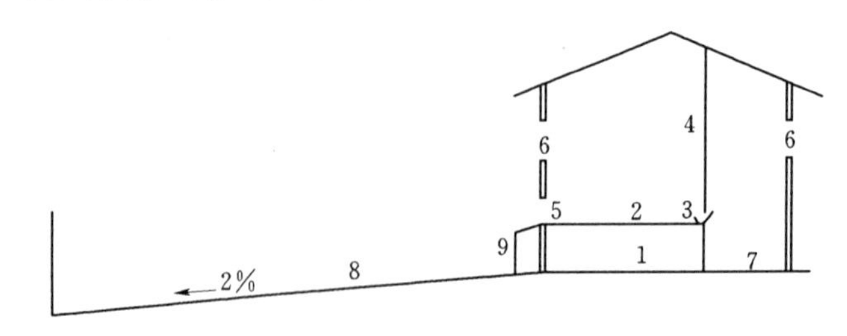

图 10.17　网上平养式种鸡舍剖面示意图

1—舍内地面；2—网床；3—饲槽；4—隔栅；5—鸡出入的小门；6—窗；7—人行走道；8—运动场；9—便于鸡出入的支架

3. 笼养

在鸡舍内设置鸡笼，将鸡常年饲养在笼中。饲养种鸡时，鸡笼较小，每笼1只，实行人工授精。饲养商品蛋鸡时，每笼3～4只。成年蛋鸡笼的式样和尺寸，可参阅图10.18。在鸡舍内，鸡笼可1层排列，也可3～4层立体排列。立体排列时，可以为阶梯式或重叠式。重叠式可以提高单位面积内的饲养数量，缺点是每层笼的下边需设承粪板，清粪比较费事。商品蛋鸡笼的排列方式见图10.19。

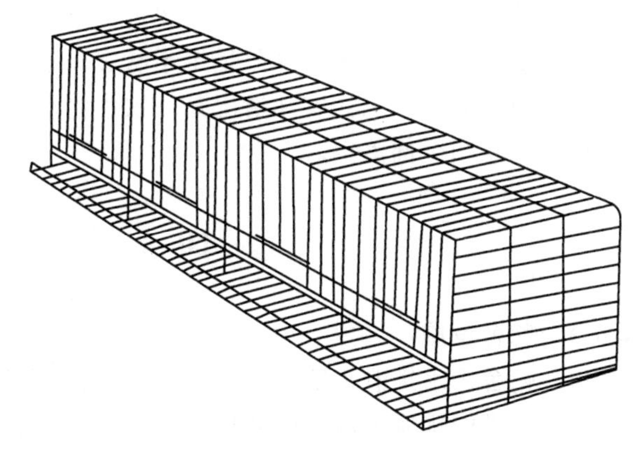

图10.18　成年蛋鸡笼示意图

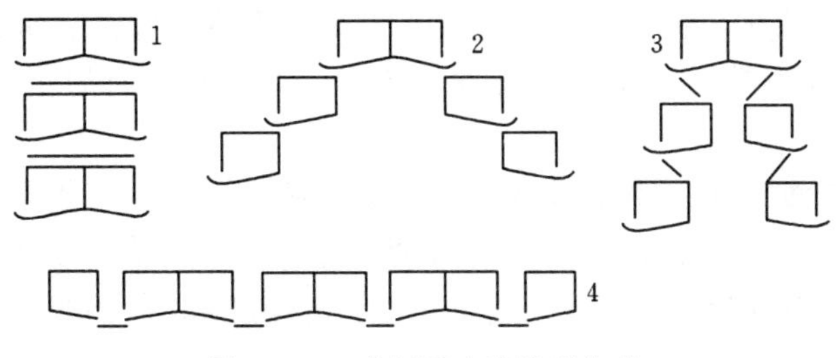

图10.19　成年蛋鸡笼排列方式

1—重叠式；2—阶梯式；3—半阶梯式；4—平列式

鸡舍的式样，在炎热地区可采用开放式或半开放式，其优点是通风好，有利于防暑。天冷时，可用窗帘遮挡住开放部分，提高鸡舍的保暖能力。在比较温暖和寒冷的地区，可考虑采用封闭式。封闭式又分为有窗式和无窗式两种。前者可利用窗的启、闭来调节自然通风量。后者则完全依靠人工和机械来调节舍内小气候，优点是可以在较大程度上减轻外界气候的影响，给鸡提供一个比较理想的环境，以利于生产潜力的充分发挥。

在寒冷地区，有的养鸡场将蛋鸡舍建成“高床式”（图10.20），鸡粪在床下日积月

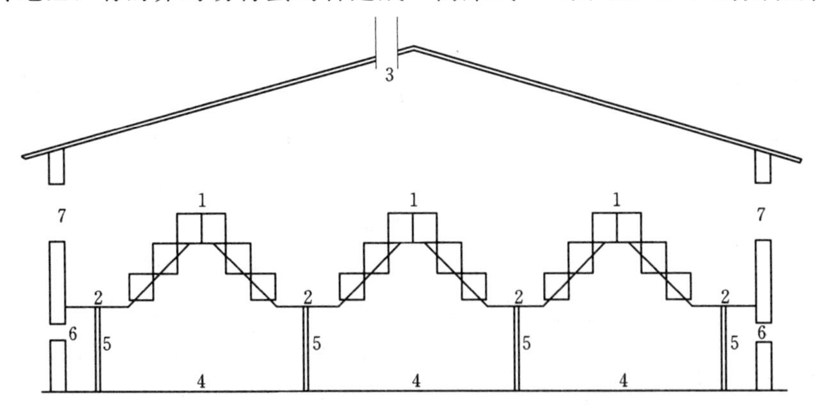

图10.20　高床式笼养鸡舍

1—重三层阶梯式鸡笼；2—人行走道；3—出气管；4—集粪坑；5—支柱；6—地窗；7—窗

累，直到鸡群全部转出时才一次清理出去。这种设计的初衷是好的：①利用地窗可以排出污浊气体，并且使鸡粪减少水分呈半干状态；②冬季可以利用鸡粪中产生的热量提高舍内温度；③节约清粪人工。实际情况是，饮水器漏下的水使整个床下成为一个汪洋粪水池，最初的设计意图全部落空。

10.6 鸭 舍

10.6.1 鸭舍设施

(1) 鸭舍污水排泄系统。舍内排泄系统有两种做法，一是采用纵向排泄至场区外污水管网，二是横向排泄至污水处理场，应视场区地形地势而定。

鸭舍内排水沟有明沟和暗沟两种，后者较安全。暗沟每隔一段间距设置大直径地漏，并设清查孔，舍内排水沟通向纵向或横向排污沟内，再排向场区污水系统。

(2) 鸭舍内清粪系统。鸭舍内清粪系统主要是地面清洁冲洗。每种类鸭舍生产周期结束后，即可人工清鸭粪和垫草，进行冲洗消毒。1/3 地面处的垫草也可每两周清理一次。

(3) 地板网（床面）。地板网材质主要有三种，即金属网、木板条、竹条，木、竹条宽 25～30mm，缝隙 10～15mm，过小不漏粪便，过大易损伤鸭蹼或腿。地板网由床面下立柱支撑，立柱有水泥混凝土、木质、钢质，也有砖垛砌制。立柱间距视人工清粪或机械清粪方式确定。

(4) 运动场设置。运动场的设置对蛋、肉种鸭是十分必要的，对鸭群健康、提高受精率，提高产品数量和质量，便于饲养管理等方面密切相关。运动场土质应坚实渗水、地势高燥，通风良好，同时应有凉棚、水槽、青储料槽、产蛋窝。

运动场的面积应是鸭舍面积的 2 倍以上，水面浴池面积应 1∶1。

10.6.2 鸭舍设计

方案以小规模饲养（农户）为例，规模为饲养蛋鸭 500 只/a。饲养方式为舍饲和放牧（水面与稻田）结合，地面散养。

(1) 饲养阶段。二阶段饲养，即育雏育成一阶段，成鸭（蛋鸭）为一阶段。饲养方式为地面＋垫草平养。

(2) 鸭舍。鸭舍为单坡式，育雏育成为有窗舍，成鸭舍为南面开敞式鸭舍，两者连体为一栋舍。舍全长 27m，开间 3m，跨度 4m，建筑面积 $112m^2$，其中育雏舍 $38m^2$，成鸭舍 $74m^2$。鸭舍的檐高 2.6m，砖木结构。鸭舍平面布局呈“一”字形。

(3) 鸭舍地面砖地面加垫草。

(4) 门窗。门宽×高：0.9m×2m；后窗：0.5m×0.6m；前窗：0.9m×1.2m。

(5) 鸭舍平面布置如图 10.21 所示。

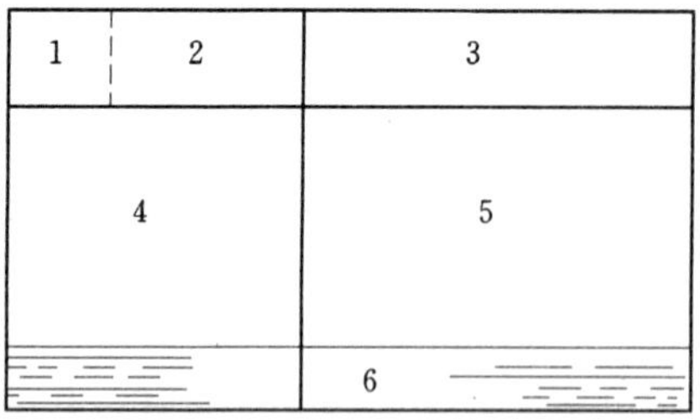

1	2	3
4	5
	6

图 10.21 鸭舍平面布置图

1—育雏间；2—育成间；3—成鸭舍；4—雏鸭运动场；5—成鸭运动场；6—水面

10.7 计 算 分 析

本节针对双坡对称式牛舍和四列双走道猪舍结构进行计算分析。

双坡式牛舍舍内的牛床排列多为双列对头或对尾式，以及多列式。这种牛舍可以是四面无墙的敞棚式，也可以是开敞式、半开敞式或封闭式。敞棚式牛舍适于气候温和的地区。在多雨的地区，可将食槽设在棚内。这种牛舍无墙，依靠立柱设顶。开敞式牛舍有东、北、西三面墙和门窗，可以防止冬季寒风的侵袭。在较寒冷的地区多采用半开敞式与封闭式，牛舍北面及东西两侧有墙和门窗，南面有半堵墙者为半开敞式，南面有整堵墙者即为封闭式。这样的牛舍造价高，有利于冬春季节的防寒保暖，但在炎热的夏季必须注意通风和防暑。

图 10.22 所示的是双坡对称式牛舍的结构简图和计算简图，该牛舍长 9.4m，高 1.5m，内力计算表见表 10.5。

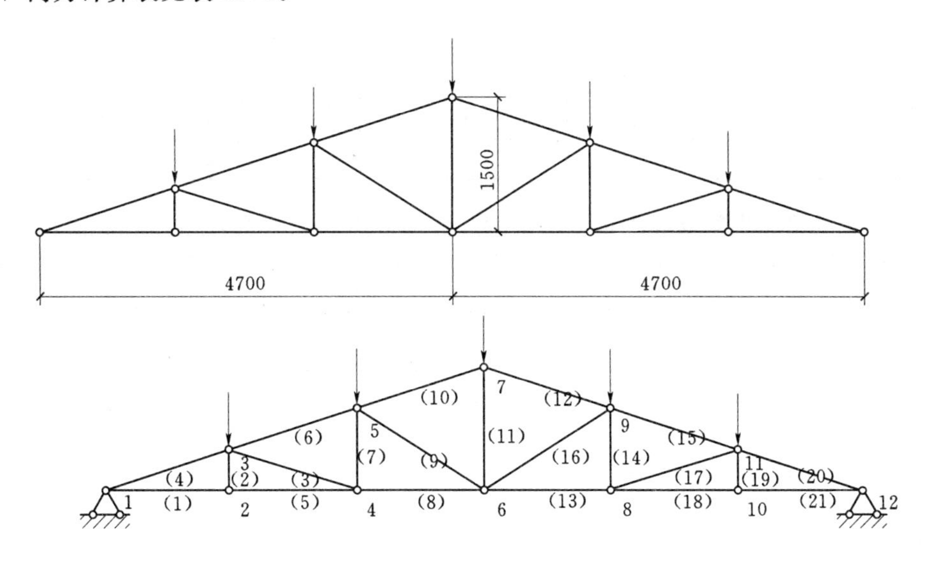

图 10.22 双坡式牛舍结构、计算简图

表 10.5 **双坡式牛舍内力计算表**

单元码	杆端 1		杆端 2	
	轴力	剪力	轴力	剪力
1	0.52220028	0.00000000	0.52220028	0.00000000
2	0.00000000	0.00000000	0.00000000	0.00000000
3	−1.64449645	0.00000000	−1.64449645	0.00000000
4	−8.22257283	0.00000000	−8.22257283	0.00000000
5	0.52220028	0.00000000	0.52220028	0.00000000
6	−6.57807153	0.00000000	−6.57807153	0.00000000

续表

单元码	杆端 1		杆端 2	
	轴力	剪力	轴力	剪力
7	0.49999202	0.00000000	0.49999202	0.00000000
8	−1.04444472	0.00000000	−1.04444472	0.00000000
9	−1.85860650	0.00000000	−1.85860650	0.00000000
10	−4.93355758	0.00000000	−4.93355758	0.00000000
11	2.00000319	0.00000000	2.00000319	0.00000000
12	−4.93356049	0.00000000	−4.93356049	0.00000000
13	−1.04443306	0.00000000	−1.04443306	0.00000000
14	0.50000000	0.00000000	0.50000000	0.00000000
15	−6.57808378	0.00000000	−6.57808378	0.00000000
16	−1.85862378	0.00000000	−1.85862378	0.00000000
17	−1.64452269	0.00000000	−1.64452269	0.00000000
18	0.52223694	0.00000000	0.52223694	0.00000000
19	0.00000000	0.00000000	0.00000000	0.00000000
20	−8.22260647	0.00000000	−8.22260647	0.00000000
21	0.52223694	0.00000000	0.52223694	0.00000000

四列双走道猪舍中间设3条走道，该猪舍保温好，利用率高，但构造复杂，造价高，通风降温较困难，不适宜生物垫料床发酵法养猪。图10.23所示的是四列双走道猪舍的结构简图和计算简图，该猪舍长12m，高1.5m，内力计算表见表10.6。

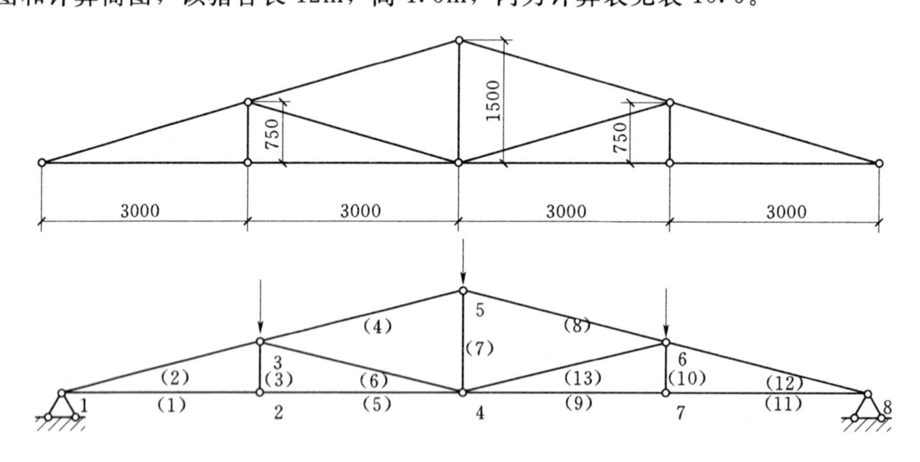

图10.23 四列双走道猪舍计算简图

表10.6 **四列双走道猪舍内力计算表**

单元码	杆端 1		杆端 2	
	轴力	剪力	轴力	剪力
1	0.00000000	0.00000000	0.00000000	0.00000000
2	−6.18465844	0.00000000	−6.18465844	0.00000000

续表

单 元 码	杆 端 1		杆 端 2	
	轴力	剪力	轴力	剪力
3	0.00000000	0.00000000	0.00000000	0.00000000
4	−4.12310563	0.00000000	−4.12310563	0.00000000
5	0.00000000	0.00000000	0.00000000	0.00000000
6	−2.06155281	0.00000000	−2.06155281	0.00000000
7	1.00000000	0.00000000	1.00000000	0.00000000
8	−4.12310563	0.00000000	−4.12310563	0.00000000
9	0.00000000	0.00000000	0.00000000	0.00000000
10	0.00000000	0.00000000	0.00000000	0.00000000
11	0.00000000	0.00000000	0.00000000	0.00000000
12	−6.18465844	0.00000000	−6.18465844	0.00000000
13	−2.06155281	0.00000000	−2.06155281	0.00000000

参 考 文 献

[1] 张伟林，黄晓梅. FORTRAN 语言程序设计 [M]. 合肥：安徽大学出版社，2009.
[2] 袁驯. 程序结构力学 [M]. 北京：高等教育出版社，2008.
[3] 王焕定. 结构力学程序设计 [M]. 北京：高等教育出版社，1993.
[4] 倪福全. 农业水利工程概论 [M]. 北京：中国水利水电出版社，2011.
[5] 熊启钧. 灌区建筑物的混凝土结构计算 [M]. 北京：中国水利水电出版社，2011.
[6] 刘佳佳，李连国，赵旭润，等. 弧形闸门的计算方法分析与探讨 [J]. 水利科技与经济，2013.
[7] 南彦波. 弧形闸门支臂受力计算分析 [J]. 山西水利科技，2004.
[8] 邓麦. 水工建筑物拦污栅设计关键技术 [J]. 科技传播，2012.
[9] SL 265—2001 水闸设计规范 [S]. 北京：中国水利水电出版社，2004.
[10] DL 5180—2003 水电枢纽工程等级划分及设计安全标准 [S]. 北京：中国电力出版社，2006.
[11] SL 191—2008 水工钢筋混凝土结构设计规范 [S]. 北京：中国建筑工业出版社，2008.
[12] DL 5073—2000 水工建筑物抗震设计规范 [S]. 北京：中国建筑工业出版社，2008.
[13] SL 252—2000 水利水电工程等级划分及洪水标准 [S]. 北京：中国建筑工业出版社，2000.
[14] GB 50201—2014 防洪标准 [S]. 北京：中国计划出版社，2014.
[15] GB 50153—2008 工程结构可靠度设计统一标准 [S]. 北京：中国建筑工业出版社，2008.
[16] 易中懿. 设施农业在中国 [M]. 北京：中国农业科学技术出版社，2006.
[17] 冯广和. 设施农业技术 [M]. 北京：气象出版社，1998.
[18] 王双喜. 设施农业装备 [M]. 北京：中国农业大学出版社，2010.
[19] 王双喜，曹琴. 设施农业技术 [M]. 北京：中国社会出版社，2005.
[20] 马占元，周曰荣. 设施农业新技术 [M]. 石家庄：河北科学技术出版社，1995.
[21] 吴淼生. 设施农业技术 [M]. 北京：中国农业出版社，2003.
[22] 邱仲华，邱云慧. 现代设施农业技术 [M]. 兰州：甘肃文化出版社，2008.
[23] 田立亚. 畜禽舍建造与管理 7 日通 [M]. 北京：中国农业出版社，2004.
[24] 郑翠芝，李义. 畜禽场设计及畜禽舍环境调控双色印制 [M]. 北京：中国农业出版社，2012.
[25] 鄂佐星. 节能型畜禽舍 [M]. 哈尔滨：东北林业大学出版社，1999.
[26] 农业部教育司. 畜舍建筑设计常识 [M]. 北京：中国农业出版社，1988.
[27] 李震钟. 畜牧场生产工艺与畜舍设计 [M]. 北京：中国农业出版社，1995.
[28] 龙驭球，包世华. 结构力学（Ⅰ）. 北京：高等教育出版社，2006.
[29] 包世华，辛克贵. 结构力学（上、下册）. 武汉：武汉理工大学出版社，2012.
[30] 于玲玲. 结构力学. 北京：中国电力出版社，2012.
[31] 崔清洋，张大长，朱华. 结构力学（上、下册）. 武汉：武汉理工大学出版社，2006.